Allgemeinwissen aktuell

Mathematik & Physik

Hrsg. Dr. Christian Zentner

Allgemeinwissen aktuell

Mathematik & Physik

Was die Welt im
Inneren zusammenhält:
Algebra, Geometrie, Physik

MOEWIG

www.MOEWIG.de

Redaktion: Dr. Nora Wiedenmann, Dr. Reinhard Barth
Grafik und Zeichnung: Paul Zentner
Herstellung und Layout: Petra Obermeier

Printed in Germany
ISBN 3–8118–1753–1

Inhaltsverzeichnis Mathematik

Inhaltsverzeichnis Physik

MATHEMATIK

ZAHLEN, ZIFFERN, ZAHLENSYSTEME

Zahl

„Zahl" kommt von zählen. Bereits als Kinder zählen wir, d.h., wir versuchen die Anzahl gleicher oder verschiedener Dinge festzustellen. Dabei benutzen wir Wörter für ganze positive Zahlen (eins, zwei, drei usw.). Das sind die „natürlichen Zahlen". Wir bezeichnen sie in diesem Zusammenhang auch als „Kardinalzahlen", im Gegensatz zu den Ordnungszahlen, die den Platz in einer bestimmten Ordnung bezeichnen (der erste, der vierte, der zwanzigste usw.).
Seit etwa 4000 Jahren wird mit den Teilen eines Ganzen – mit „gebrochenen Zahlen" –, also mit „Brüchen", gerechnet. Wir bezeichnen diese Zahlen als „rationale Zahlen" ($^1/_2$; $^3/_5$; $^7/_{100}$ usw.).

Ziffer

Streng vom abstrakten Begriff der Zahl ist der Begriff der „Ziffer" zu trennen. Ziffern sind Zeichen für Zahlen – etwa so, wie unsere Buchstaben Zeichen für bestimmte Laute sind.
Es ist also Unsinn, von „Messziffern" für bestimmte Größen oder Mengen zu reden, es handelt sich immer um „Messzahlen".

Zahlensysteme

Da es unendlich viele Zahlen gibt, ist es unmöglich, für jede Zahl ein besonderes Zeichen zu verwenden. Wer sollte sich diese unendlich vielen Zeichen merken und gar damit umgehen können! Aus diesem Grunde wurden schon früh „Zahlensysteme" entwickelt, die mit Hilfe der Ziffern das Aufschreiben großer Zahlen zuließen. Heute begegnen uns mitunter noch „römische" Ziffern und Zahlen.
Unser Zahlensystem wurde von den Indern und Arabern entwickelt. Es kennt zehn Ziffern und hat die „Basis" 10. Die „Basis" eines Zahlensystems besagt, wie viele Einheiten in einer „Stelle" des Systems höchstens stehen können. Jede Ziffer hat einen bestimmten „Stellenwert".
Die Zahl 111 schreiben wir also mit 3 mal der gleichen Ziffer. Jede 1 hat aber einen anderen Wert: 1 Hunderter, 1 Zehner, 1 Einer.

In einer Stellentafel lassen sich die Stellenwerte übersichtlich darstellen:

Billionen	Hundert-milliarden	Zehn-milliarden	Milliarden	Hundert-millionen	Zehn-millionen	Millionen	Hundert-tausender	Zehn-tausender	Tausender	Hunderter	Zehner	Einer
B	HMd	ZMd	Md	HM	ZM	M	HT	ZT	T	H	Z	E
3	0	1	9	8	2	4	6	8	5	6	4	3

Die kleinste Einheit in unserem Zahlensystem sind die Einer, dann folgen nach links die Zehner, die Hunderter, die Tausender usw. Die Ziffern geben lediglich an, wieviele der betreffenden Einheiten zu unserer Zahl gehören. Sind bestimmte Einheiten nicht vertreten, erkennen wir das an dem Zeichen für „nichts“, der Ziffer 0.
Da die Basis dieses Systems 10 ist, ergeben 10 Einheiten einer Stelle jeweils 1 Einheit der nächstgrößeren Stelle, d.h.

10 E (Einer) bilden einen Zehner
10 Z (Zehner) bilden einen Hunderter usw.

In Millionenschritten folgen dann auf die Billion die Trillion, die Quadrillion, Quintillion, Sextillion.
Zahlen mit mehr als drei Stellen werden häufig der besseren Lesbarkeit wegen in Gruppen zu je 3 Stellen geschrieben. 62 763 587 (in Worten: zweiundsechzigmillionensiebenhundertdreiundsechzigtausendfünfhundertsiebenundachtzig) besteht also aus 3 Gruppen, die erste (von rechts) umfasst die E, Z und H, die zweite Gruppe die T, ZT und HT, die dritte Gruppe besteht hier nur aus zwei Stellen, den M und ZM.
Dieses Zahlensystem (nach der Basis 10 auch „dekadisches System“ genannt) ist ein Positionssystem, das jeweils 10 Einheiten zu der nächstgrößeren „bündelt“ und eine Erweiterung nach beiden Seiten zulässt (siehe Dezimalbrüche).
Eine andere Zahlenschreibweise begegnet uns heute noch in den römischen Zahlen. Die Römer bezeichneten bestimmte Zahlen mit Buchstaben, und zwar:

1 = I   100 = C   5 = V
10 = X   1000 = M   50 = L
500 = D

Ein Stellenwertsystem gibt es nicht (es fehlte ja das Zeichen für „nichts“ – die Ziffer 0 –, ohne das ein Positionssystem nicht denkbar ist).
Beim Entziffern römischer Zahlen sind folgende Regeln zu beachten:

1. Die Zeichen, I, X, C, M können nebeneinandergesetzt werden, die Zeichen V, L, D nicht. (Diese Zeichen können also in einer Zahl nur einmal vorkommen.)
2. Es stehen niemals mehr als 3 gleiche Zeichen hintereinander. Nur das Zeichen M kann in einer Zahl beliebig oft vorkommen.
3. Steht das Zeichen für eine kleinere Zahl rechts neben dem für eine größere, so ist es dazuzuzählen, z.B.

   VI = 6 (5 + 1)   XIII = 13 (10 + 1 + 1 + 1)
   CXXI = 121 (100 + 10 + 10 + 1)

4. Steht das Zeichen für eine kleinere Zahl vor dem Zeichen für eine größere Zahl, so ist die kleinere Einheit von der größeren abzuziehen, z.B.

IV = 4 (5 – 1) IX = 9 (10 – 1) XL = 40 (50 – 10)

I	=	1	XI	=	11	XXX	=	30	CD	=	400
II	=	2	XII	=	12	XL	=	40	D	=	500
III	=	3	XIII	=	13	L	=	50	DC	=	600
IV	=	4	XIV	=	14	LX	=	60	DCC	=	700
V	=	5	XV	=	15	LXX	=	70	DCCC	=	800
VI	=	6	XVI	=	16	LXXX	=	80	CM	=	900
VII	=	7	XVII	=	17	XC	=	90	M	=	1000
VIII	=	8	XVIII	=	18	C	=	100	MCD	=	1400
IX	=	9	XIX	=	19	CX	=	110	MDC	=	1600
X	=	10	XX	=	20	CC	=	200	MCM	=	1900

MIX = 1009
MCMLXXI = 1971

Ein Vorteil unseres Zahlensystems mit der Basis 10 ist seine Übersichtlichkeit. Jede Stelle ist jeweils 10-mal soviel wert wie die echte Nachbarstelle. Verändert sich die Basis, so sind die Zahlen schwerer ihrer Größe nach zu übersehen.
Ist die Basis 20, so braucht man außer der 0 noch 19 Ziffern. Jede Stelle wäre dann 20mal soviel wert wie ihre Nachbarstelle. Mit unseren Ziffern geschrieben sähe das so aus:

	Einhundertsechzigtausender	Achttausender	Vierhunderter	Zwanziger	Einer
Die Zahl 423 sähe dann so aus:			1	1	3
die Zahl 2 585 so:			6	9	5

Wird die Basis größer, dann werden die Zahlen kürzer, dabei übersichtlicher.
Moderne elektronische Rechenmaschinen arbeiten heute mit einem Zahlensystem auf der Basis 2. Die Stellentafel für dieses System (Dualsystem) sieht so aus, dass jede Stelle nach links den doppelten Wert der vorhergehenden Stelle hat. Hier werden also jeweils nur zwei Einheiten gebündelt.

	2048er	1024er	512er	256er	128er	Vierundsechziger	Zweihundertdreißiger	Sechzehner	Achter	Vierer	Zweier	Einer
Die Zahl 423 sähe nach diesem System so aus:				1	1	0	1	0	0	1	1	1
die Zahl 2 585 so:	1	0	1	0	0	0	0	1	1	0	0	1

Bei dieser Basis werden die Zahlen zwar wesentlich länger, da sie aber maschinell verarbeitet werden, spielt die Länge keine Rolle. Außerdem übersetzt der Computer die Zahl auch wieder aus dem Zweiersystem in das gewohnte Zahlensystem, wenn er das Ergebnis seiner Rechnung wiedergibt.

Man kann die Zahlen auf einer Geraden (einem Strahl) darstellen; neben jeder Zahl, beginnend mit der 0, steht die nächstgrößere Zahl.

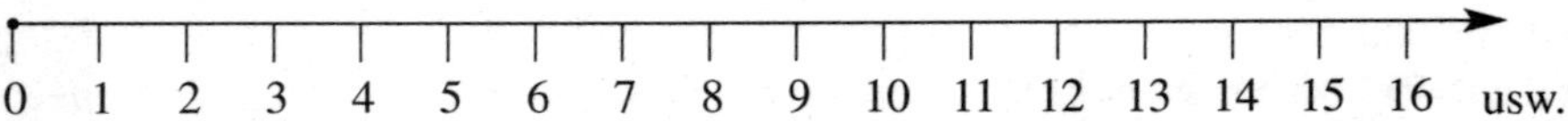

Diese Zahlen nennen wir natürliche Zahlen. Auch nach links lässt sich dieser Strahl denken. Dann steht neben der Null jene Zahl, die um 1 kleiner ist usw.

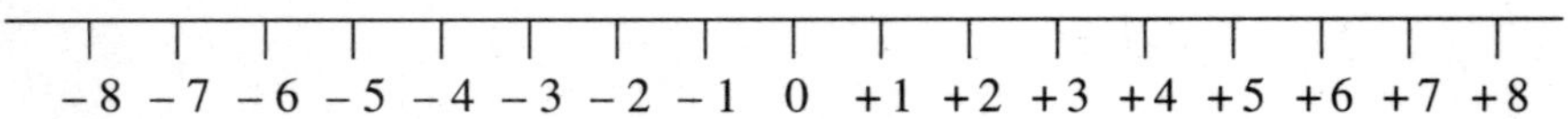

Jetzt stehen die positiven Zahlen den negativen Zahlen gegenüber. Die negativen Zahlen werden durch das Minuszeichen (–) gekennzeichnet, die positiven durch das Pluszeichen (+). Fehlt bei einer Zahl eines dieser beiden Zeichen, dann ist sie nach Übereinkunft positiv. Wir rechnen also mit Zahlen, die wir mit Ziffern schreiben.

In unserem Dezimalsystem, in dem jede Stelle jeweils 10 Einheiten der rechten Nachbarstelle hat, benötigen wir 9 Ziffern für die Zahlen 1 – 9 (denn für die Zahl 10 benötigen wir kein Zeichen mehr, da das wieder eine Einheit der nächsten Stelle ist) und ein Zeichen für die leere Stelle (0). Mit diesen Ziffern können wir alle Zahlen in unserem System schreiben und mit ihnen rechnen.

Die **Rechenzeichen** der Grundrechnungsarten bedeuten Rechenvorschriften; sie haben folgende Bedeutung:

	gelesen	Bedeutung	
+	und plus	Die beiden Zahlen, zwischen denen das Zeichen steht, sollen zusammengezählt werden (Addition).	$14 + 7 = 21$ 14 plus 7 gleich 21
–	weniger weg minus	Die Zahl, die vor diesem Zeichen steht, soll um die Zahl, die dahinter steht, vermindert werden (Subtraktion).	$14 - 7 = 7$ 14 minus 7 gleich 7
·	mal	Die Zahl vor diesem Zeichen soll so oft genommen werden, wie das die Zahl hinter dem Zeichen angibt (Multiplikation).	$14 \cdot 7 = 98$ 14 mal 7 gleich 98
:	durch	Die Zahl vor diesem Zeichen soll durch die Zahl hinter dem Zeichen geteilt werden (Division).	$14 : 7 = 2$ 14 durch 7 gleich 2

Die Gleichheitszeichen

Dieses Zeichen „=“ ist eines der wichtigsten in der Mathematik. Es bedeutet, dass jede der beiden Seiten, die es verbindet, ganz genau gleich groß sind, dass sie sich in ihrem Wert in nichts unterscheiden. (Es kündet also nicht das Ergebnis eines Rechenvorganges an!) Die sinnfälligste „Gleichung“ wäre z.B. $5 = 5$. Richtig sind natürliche auch folgende Gleichungen:

$$5 + 3 = 8; \qquad 16 = 20 - 4; \qquad 7 \cdot 3 = 19 + 2$$

Bei dem Ausdruck $8 + 4 \neq 13$ handelt es sich um eine „Ungleichung“. Hier zeigt das Zeichen $\neq$, dass beide Zeichen nicht gleich sind.
Der folgende Ausdruck $18 \cdot 27 = 468$ ist falsch. Man könnte nun, um ihn richtig zu stellen, entweder schreiben

$18 \cdot 26 = 468$ oder
$18 \cdot 27 = 486$ usw.

In diesen Fällen wird eine Gleichung hergestellt. Man könnte ihn aber auch dadurch richtigstellen, dass man durch das Gleichheitszeichen einen senkrechten Strich macht

$$18 \cdot 27 \neq 468,$$

denn diese Behauptung, dass $18 \cdot 27$ nicht gleich 468 ist, stimmt ja.

DIE GRUNDRECHNUNGSARTEN

Die **Addition** (Zusammenzählen). Rechenzeichen + (plus, und)
Die Zahlen, die zusammengezählt (addiert) werden sollen, sind die Summanden (Posten), das Ergebnis ist der Wert der Summe.

12	+	4	=	16
Summand	plus	Summand	gleich	Wert der Summe
	unausgerechnete Summe			ausgerechnete Summe

Die **Subtraktion** (Abziehen) ist die Umkehrung der Addition. Rechenzeichen – (minus, weniger)
Die Zahl, von der abgezogen (subtrahiert) werden soll, ist der Minuend, die Zahl, die abgezogen wird, der Subtrahend, das Ergebnis ist die Differenz (der Unterschied, der Rest).

12	–	4	=	8
Minuend	minus	Subtrahend	gleich	Wert der Differenz

Die **Multiplikation** (Malnehmen). Rechenzeichen · (mal), früher x
Die Zahlen, die miteinander malgenommen (multipliziert) werden sollen, sind die Faktoren, das Ergebnis ist das Produkt.

12	·	4	=	48
Faktor	mal	Faktor	gleich	Wert des Produktes

Division (Teilen) Umkehrung der Multiplikation. Rechenzeichen : (durch)
Die Zahl, die geteilt (dividiert) werden soll, ist der Dividend, die Zahl, durch die geteilt wird, der Divisor. Das Ergebnis ist der Quotient (Teil).

12	:	4	=	3
Dividend	durch	Divisor	gleich	Wert des Quotienten

Die Addition

Folgende Regeln sind zu beachten: Die Reihenfolge der Summanden spielt keine Rolle. Auch mehrere Summanden lassen sich beliebig vertauschen:

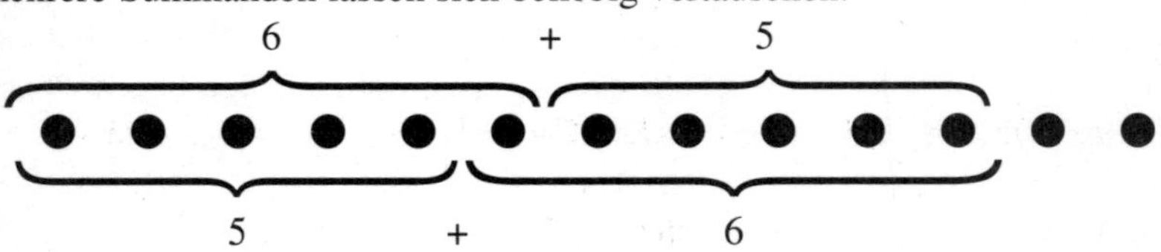

17 + 9 = 9 + 17	8 + 12 + 5	
	5 + 8 + 12	
	5 + 12 + 8	Der Wert der Summen ist jeweils 25
	12 + 5 + 8	
	12 + 8 + 5	

Addieren lassen sich nur unbenannte Zahlen (26 + 38) oder Zahlen mit gleicher Benennung (8 kg + 7 kg). Verschieden benannte Zahlen oder Größen kann man nicht addieren (z.B. 8 Buben und 6 Autos, 12 kg + 3 €, 5 km + 8 mm). Bei Größen gleicher Art muss vor der Addition die gleiche Benennung herbeigeführt werden:

8 m + 7 cm	Umbenannt ergibt das z.B.	800 cm	+	7 cm	=	807 cm
	oder	8,00 m	+	0,07 m	=	8,07 m.

Größere Zahlen, die addiert werden sollen, schreibt man untereinander und rechnet die Aufgabe schriftlich:

7 268 + 5 063 + 427 + 17 153

Dabei ist darauf zu achten, dass immer die gleichen Stellenwerte untereinander stehen, also Einer unter Einern, Zehner unter Zehnern usw.

```
   7268
   5063
    427
+ 17153
  1 22
  29911
```

Das Pluszeichen steht vor dem letzten Summanden. Wir beginnen mit der Summe der Einer – im Allgemeinen von unten nach oben: 3(E) + 7(E) + 3(E) + 8(E) = 21(E). Unter dem Strich erscheint die Ziffer, die die Zahl der Einer darstellt (1). Die Zahl der Zehner (2) kann über dem Strich als Gedächtnisstütze notiert werden. Dann wird die Summe der Zehner errechnet: 2(Z) + 5(Z) + 2(Z) + 6(Z) + 6(Z) = 21(Z). (Dabei spricht oder denkt man gleich in den Ergebnissen, also: zwei – sieben – neun – fünfzehn – einundzwanzig.) Von diesen 21 Zehnern notieren wir die 1 an die Zehnerstelle, die 2 Hunderter über den Strich zu den anderen Hundertern. Die Summe der Hunderter wird ebenso errechnet: zwei – drei – sieben – neun. (Eine Null als Summand ändert am Wert der Summe nichts!) Die 9 Hunderter kommen an die entsprechende Stelle (einen Übertrag von Tausendern gibt es diesmal nicht). Die Summe der Tausender beträgt: sieben – zwölf – neunzehn (diesmal ist 1 Zehntausender zu übertragen!), die Summe der Zehntausender beträgt 2. Damit ist der Wert der Summe errechnet, er beträgt 29 911.

Auch beim Kopfrechnen geht man zweckmäßig in der angegebenen Reihe vor:

29 + 35 = 64 (neunundzwanzig – fünfunddreißig – vierundsechzig).

Die Subtraktion

Sie lässt sich als Umkehrung der Addition verstehen. Wenn 5 + 4 = 9 ist, dann ergibt sich daraus, dass 9 vermindert um 5 genau 4 ergibt (9 – 5 = 4). Die Frage könnte also gestellt werden: Wieviel muss zu 5 addiert werden, wenn der Wert der Summe 9 ist.

5 + ? = 9. Das Subtrahieren wird dann als „Ergänzen“ verstanden.

Folgende Regeln sind zu beachten:

Minuend und Subtrahend können nicht vertauscht werden. Subtrahieren lassen sich nur unbenannte Zahlen oder gleichbenannte Zahlen (27 – 11; 36 kg – 21 kg). Verschieden benannte Zahlen oder Größen können nicht voneinander subtrahiert werden (6 Bananen minus 4 Ananas; 12 m^3 – 4 cm^2). Bei Größen gleicher Art muss vor der Subtraktion die gleiche Benennung herbeigeführt werden:

6 kg – 18 g
Umbenannt ergibt das 6 kg – 0,018 kg = 5,982 kg
oder 6000 g – 18 g = 5982 g

Sollen größere Zahlen voneinander subtrahiert werden, so schreibt man sie untereinander und rechnet die Aufgabe schriftlich: 7589 – 5346.

Dabei ist darauf zu achten, dass immer die gleichen Stellenwerte untereinander stehen.

$$\begin{array}{r} 7589 \\ \underline{-\,5346} \end{array}$$

Das Minuszeichen steht dann vor dem Subtrahenten. Bei den Einern beginnend, wird die untere Zahl zu der oberen ergänzt. In unserem Beispiel sagen wir also 6 + 3 ist 9, d.h. es fehlen noch 3 Einer, um die Einerzahl des Subtrahenten zur Einerzahl des Minuenden zu ergänzen. Die Ergänzungszahl schreiben wir an der entsprechenden Stelle – rechts beginnend – unter den Strich:

	T	H	Z	E		
	T	H	Z	E	→	E: 6 + 3 = 9
	7	5	8	9	→	Z: 4 + 4 = 8
–	5	3	4	6	→	H: 3 + 2 = 5
	2	2	4	3	→	T: 5 + 2 = 7

Das Ergebnis (Wert der Differenz) ist in unserem Fall die Zahl 2243.

Die Richtigkeit der Rechnung lässt sich leicht durch eine Additionsprobe 2243 + 5346 = 7589 feststellen.

In der Aufgabe 4372 – 2864 muss bei manchen Stellen der Zehner überschritten werden.

4372	Wir rechnen jetzt:
– 2864	4 E + 8 E = 12 E (also 2 E und 1 Z)
1 1	Der Zehner wird wie bei der Addition klein als
1508	Gedächtnisstütze bei der Zahl der Zehner notiert 1 Z;
	7 Z + 0 Z = 7 Z.

Da die Zahl der Zehner bei Subtrahend und Minuend gleich ist, muss die Ergänzungszahl „0“ sein.

8 H + 5 H = 13 H (also 3 H und 1 T)

3 T + 1 T = 4 T.

Das hier geschilderte Additionsverfahren erlaubt es, von einem Minuenden in einem Rechengang mehrere Subtrahenden abzuziehen:

7308 – 1542 – 671 – 2044.

7308	Wir berechnen zunächst die Summe der Einer
– 1542	aller Subtrahenten, die wir schließlich zur Zahl
– 671	der Einer des Minuenden ergänzen, d.h.
– 2044	4 + 1 + 2 + 1 = 8.
12	Wir sprechen (oder denken) dabei aber:
3051	(E): 4, 5, 7 + **1** = 8
	(Z): 4, 11, 15 + **5** = 20 (und 2 H!)
	(H): 2, 8, 13 + **0** = 13 (und 1 T)
	(T): 1, 3, 4 + **3** = 7

Die Probe 3051 + 2044 + 671 + 1542 = 7308 bestätigt die Richtigkeit unserer Rechnung.

Die Multiplikation

Die Multiplikation ist als Addition gleicher Summanden zu verstehen:
3 + 3 + 3 + 3 = 3 · 4. Die Aufgabe 8 · 6 besagt also, dass die 8 sechsmal als Summand auftritt. Bei der Multiplikation können die Faktoren vertauscht werden:

3 · 4 = 4 · 3 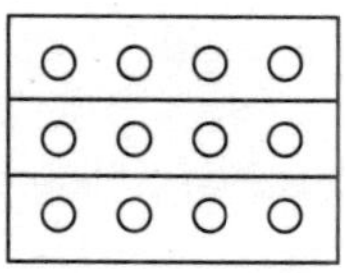 = 3 · 4 = 4 · 3 = 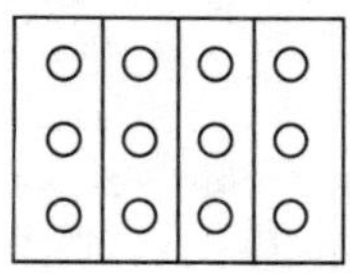

Auch bei einem mehrgliedrigen Produkt ist die Reihenfolge der Faktoren beliebig: $2 \cdot 3 \cdot 5 = 3 \cdot 2 \cdot 5 = 5 \cdot 3 \cdot 2$ usw. Es können unbenannte Zahlen miteinander $(8 \cdot 12)$ und unbenannte Zahlen mit benannten (8 € · 5) multipliziert werden. Teilweise wird noch das liegende Kreuz (x) als Multiplikationszeichen benutzt.
Zur sicheren Bewältigung des schriftlichen Multiplizierens ist die Beherrschung des Einmaleins Voraussetzung. Die folgende Tabelle ruft das Einmaleins ins Gedächtnis zurück.

1	2	3	4	5	**6**	7	8	9	10
2	4	6	8	10	12	14	16	18	20
3	6	9	12	15	18	21	24	28	30
4	8	12	16	20	24	28	32	36	40
5	10	15	20	25	30	35	40	45	50
6	12	18	24	60	36	42	48	54	60
7	14	21	28	35	**42**	49	56	63	70
8	16	24	32	40	48	56	64	71	80
9	18	27	36	45	54	63	72	81	90
10	20	30	40	50	60	70	80	90	100

Man sucht den einen Faktor (6) in der ersten waagrechten Reihe, den anderen Faktor (7) in der ersten senkrechten Reihe. Im Schnittpunkt beider Reihen liegt der Wert der Produkte (42).

Ist ein Faktor 1 $(1 \cdot 8$ oder $8 \cdot 1)$, so bleibt der andere unverändert. Ist ein Faktor 0 $(0 \cdot 7$ oder $7 \cdot 0)$, so ist der Wert des Produkts 0.

Wird eine einstellige mit einer zweistelligen Zahl multipliziert, so zerlegen wir die Aufgabe, z. B.

$$8 \cdot 14 = 8 \cdot 4 + 8 \cdot 10 = 32 + 80 = 112$$

Treten in einer Aufgabe verschiedene Rechenzeichen auf, so werden immer die Multiplikations- und Divisionsaufgaben vor den Additions- und Subtraktionsaufgaben gerechnet:

$$4 \cdot 8 + 15 : 3 - 6 \cdot 2 + 7 \cdot 6 = 32 + 5 - 12 + 42 = 67$$

(Gedächtnisstütze: Punktrechnen (· oder :) stets vor Strichrechnen (+ oder -))

Soll in anderer Reihenfolge gerechnet werden, so wird das durch Klammern angegeben.

Schriftliche Multiplikation

Multiplizieren mit einstelligem Multiplikator, z. B. $842 \cdot 6$. (Wäre die Aufgabe $6 \cdot 842$, so würden wir die Faktoren vertauschen, um die einstellige Zahl als Multiplikator zu bekommen.)

842 · 6	
T H Z E	
1 2	
2 4	
4 8	
1	
5 0 5 2	

Wir beginnen mit der Multiplikation der Einer, dann kommen die Zehner, Hunderter usw.

6 · 2 E = 12 E (2 E + 1 Z)
6 · 4 Z = 24 Z (4 Z + 2 H)
6 · 8 H = 48 H (8 H + 4 T)

Der Wert der Summe aller Produkte beträgt also 5052.

Da unser Stellenwertsystem bekannt ist, können wir aber kürzer rechnen:

842 · 6
5052

6 · 2 E = 12 E
(Davon schreiben wir nur die 2 E hin, den 1 Z behalten wir uns, denn zu den Zehnern kommen noch welche dazu.)

6 · 4 Z = 24 Z
(Dazu kommt 1 Z aus der letzten Rechnung, also 25 Z; wir schreiben nur die 5 Z auf, die 2 H merken wir uns wieder.)

6 · 8 H = 48 H
(Dazu kommen noch 2 H aus der letzten Rechnung, also 50 H. Da die Rechnung fertig ist, können wir die 5 Tausender auch hinschreiben.)

Mit etwas Übung können wir bald zügig rechnen:

842 · 6
5052

6 · 2 = 12
(2 „hin"-schreiben, 1 „im Sinn" behalten)

6 · 4 = 24
(plus 1 ist 25; 5 hin, 2 im Sinn)

6 · 8 = 48
(plus 2 ist 50; 0 hin; 5 auch, da die Aufgabe fertig ist.)

Die Multiplikation mit Zehnern, Hundertern usw.

$\underline{53 \cdot 10}$
530

Bei dieser Aufgabe werden aus 3 Einern 3 Zehner und aus den 5 Zehnern 5 Hunderter. Das Produkt ist also 530. (Scheinbar wurde einfach der Zahl eine 0 angehängt, in Wirklichkeit sind aber alle Ziffern eine Stelle nach links gerückt.)

$\underline{46 \cdot 100}$
4600

Hier werden aus 6 Einern 6 Hunderter und aus 4 Zehnern 4 Tausender, das Produkt ist also 4600.

$\underline{36 \cdot 40}$
1440

$\underline{360 \cdot 4}$
1440

Wir erhalten das Ergebnis, wenn wir das Zehnfache von 36 (360) mit 4 multiplizieren oder wenn wir das Vierfache von 36 (144) mit 10 multiplizieren:
$36 \cdot 10 \cdot 4 = 36 \cdot 4 \cdot 10$

$\underline{621 \cdot 700}$
434700

$\underline{62100 \cdot 7}$
434700

Beim schriftlichen Rechnen setzen wir erst die vorhandene Zahl der Nullen (zwei) in die beiden letzten Stellen und multiplizieren die Zahl dann mit 7. Die Verschiebung der Ziffern im Stellenwertsystem wird dann zwangsläufig richtig.

Ist der Multiplikator mehrstellig, so müssen wir wieder wie beim Kopfrechnen in mehreren Schritten rechnen: $536 \cdot 37 = 536 \cdot 7 + 536 \cdot 30$

$\underline{536 \cdot 7}$
3752

Das Multiplizieren mit den Einern können wir bereits.
$7 \cdot 6$ E = 42 E (2 hin, 4 im Sinn)
$7 \cdot 3$ Z = 21 Z (plus 4 Z = 25 Z; 5 hin, 2 im Sinn)
$7 \cdot 5$ H = 35 H (plus 2 H = 37 H; 7 hin, die 3 T auch)

$\underline{536 \cdot 30}$
16080

Da wir jetzt mit Zehnern multiplizieren, bleibt die Einerstelle leer.
$3 \cdot 6 = 18$ (8 Z hin, 1 H im Sinn; die Stelle der Einer bleibt leer; die Zahl der Einer ist 0)
$3 \cdot 3 = 9$ (plus 1 = 10; 0 hin, 1 im Sinn)
$3 \cdot 5 = 15$ (plus 1 = 16)

536 · 37
3752 (· 7 E)
16080 (· 3 Z)
19832 (· 37)

Diese beiden Rechnungen schreiben wir gleich untereinander, achten aber sorgfältig auf den Stellenwert und addieren die beiden Ergebnisse.

					·		Z	E
3	7	6	5		·		7	3
				1	1	2	9	5
			2	6	3	5	5	
			2	7	4	8	4	5

Wir multiplizieren erst mit den 3 Einern und beginnen mit dem Aufschreiben der Teilprodukte unter den Einern des zweiten Faktors (Multiplikators).

Wenn wir das 3765 · 7 Z errechnen, beginnen wir mit dem Notieren in der Zehnerstelle (also unter dem Zehner des Multiplikators). Die Einerstelle bleibt leer, die 0 können wir weglassen.

				·	H	Z	E
4	3	8	6	·	3	8	5
			2	1	9	3	0
	3	5	0	8	8		
	8	7	7	2			
	1	2	5	0	0	1	0

Haben wir auch noch mit Hundertern usw. zu multiplizieren, so verfahren wir entsprechend.

4386 · 285
8772
35088
21930
1250010

Selbstverständlich kann man auch in umgekehrter Reihenfolge verfahren, also erst das Hundertprodukt und schließlich das Einerprodukt errechnen. Aber auch hier muss sorgfältig auf den richtigen Stellenwert geachtet werden.

				·	H	Z	E
7	3	0	2	·	3	0	8
			5	8	4	1	6
	2	1	9	0	6		
	2	2	4	9	0	1	6

Ergibt eines der Teilprodukte 0, so braucht man das nicht umständlich zu notieren, muss aber beim nächsten Teilprodukt besonders auf den Stellenwert achten.

Da bei allen Multiplikationen die Faktoren vertauschbar sind, ist es meist zweckmäßig, beim schriftlichen Rechnen den kleineren Faktor als Multiplikator zu setzen, also nicht 52 · 8947, sondern 8947 · 52. Das Ergebnis ist dasselbe.

Die Division

Die Division kann als Umkehrung der Multiplikation verstanden werden. Sie tritt in der Form der Teilungsaufgabe auf (wie groß ist der 7. Teil von 35?) oder als Messungsaufgabe (wie oft sind 7 l in 35 l enthalten?). Als Rechenzeichen steht in beiden Fällen der Doppelpunkt.

$35 : 7 = 5$ $35\,l : 7\,l = 5$-mal $40 : 1 = 40$	Dividend und Divisor können nicht vertauscht werden. Wird der Dividend durch 1 geteilt oder mit 1 gemessen, so verändert sich sein Wert nicht.
$0 : 5 = 0$	Ist der Dividend 0, so ist auch der Wert des Quotienten 0.
	Die Division einer Zahl durch 0 ist unmöglich.
$12 : 4 = 3$ $3 \cdot 4 = 12$	Die Kontrolle erfolgt durch Multiplikation des Quotienten mit dem Divisor (Multiplikationsprobe).

Voraussetzung zur Durchführung von Divisionen ist die sichere Beherrschung des Einmaleins bzw. des Einsineins.

4 in 24 = 6-mal 7 in 56 = 8-mal 9 in 63 = 7-mal	Auch die Einsicht in das Stellenwertsystem muss zur Durchführung dieser Aufgabenart vorausgesetzt werden.

Beim Kopfrechnen ist es oft zweckmäßig, den Dividenden zu zerlegen:

$272 : 8 = (240 + 32) : 8 = 240 : 8 + 32 : 8 = 30 + 4 = 34$
(Probe: $34 \cdot 8 = 272$)
$492 : 3 = (300 + 180 + 12) : 3 = 300 : 3 + 180 : 3 + 12 : 3 = 100 + 60 + 4 = 164$
(Probe: $164 \cdot 3 = 492$)

$570 : 10 = 57$ $1340 : 10 = 134$	Beim Dividieren durch 10 vollzieht sich der umgekehrte Vorgang wie beim Multiplizieren mit 10.

Da der Wert jeder Stelle ein Zehntel des Wertes der linken Nebenstelle besitzt, rückt jede Ziffer um eine Stelle nach rechts, d. h. aus Tausendern werden Hunderter, aus Hundertern werden Zehner, aus Zehnern werden Einer. (Scheinbar wird einfach die letzte Null weggelassen.)

Für das Dividieren durch 100, 1000 usw. gilt Entsprechendes.

$$270000 : 1000 = 270$$

Die schriftliche Form der Division

Beim schriftlichen Dividieren (Aufgaben des Teilens und des Messens werden in gleicher Weise durchgeführt) beginnen wir mit der höchsten Stelle:

T H Z E	T H Z E
5 3 4 6 : 3 =	1 7 8 2
3	T (verteilt)
2 3	H (zu teilen)
2 1	H (verteilt)
2 4	Z (zu teilen)
2 4	Z (verteilt)
0 6	E (zu teilen)
6	E (verteilt)
0	(Rest)

5 Tausender : 3 = 1 Tausender, Rest 2 Tausender
Unter die 5 T schreiben wir 3 T (so viele haben wir verteilt!) und errechnen den Rest (2 T). Zu dem Rest (2 T) schreiben wir die 3 H und erhalten so den nächsten Teildividenden.

23 Hunderter : 3 = 7 Hunderter, Rest 2 Hunderter.
7 H · 3 = 21 H (so viele sind eben insgesamt verteilt worden) subtrahieren wir von den 23 H und erhalten den Rest von 2 H, dazu kommt die nächste Stelle, die 4 Z. (2 H und 4 Z sind 24 Zehner.)

24 Zehner : 3 = 8 Zehner.
Diesmal bleibt kein Rest, da wir alle 24 Zehner verteilt haben.

6 Einer : 3 = 2 Einer – auch diesmal bleibt kein Rest.

Probe: 1782 · 3
5346

Die Multiplikationsprobe bestätigt die Richtigkeit unserer Rechnung.

Selbstverständlich können wir bei diesen Aufgaben auf das Errechnen der Reste durch schriftliches Subtrahieren verzichten. Dann schreiben wir uns die Reste in die jeweilige Stelle unseres Systems:

9532 : 4 = 2383
15
 33
  12

9 T : 4 = 2 T (Rest 1 T)
15 H : 4 = 3 H (Rest 3 H)
33 Z : 4 = 8 Z (Rest 1 Z)
12 E : 4 = 3 E (kein Rest)

2383 · 4
  9532

Auf eine Kontrolle sollte nie verzichtet werden.

6525 : 5 = 1305
15
 02
  25

Ergibt eine Teildivision für eine Stelle keine ganze Zahl, so muss an dieser Stelle die 0 erscheinen.

6 T : 5 = 1 T (Rest 1)
15 H : 5 = 3 H (Rest 0)
2 Z : 5 = 0 Z (Rest 2)
25 E : 5 = 5 E (kein Rest)

Probe: 1305 · 5
  6525

Das Dividieren durch mehrstellige Divisoren erfolgt in der gleichen Weise:

1617 : 11 = 147
 51
  77
   0

1 T : 11 = 0 T (Rest 1 T). Diese Rechnung kann weggelassen werden, da das Ergebnis vorher bereits zu übersehen ist. Also gleich:

147 · 11
  147
  147
 1617

16 H : 11 = 1 H (Rest 5 H)
51 Z : 11 = 4 Z (Rest 7 Z)
77 E : 11 = 7 E (kein Rest)

30816 : 48 = 642
288
 201
 192
  96

Wird der Divisor größer, lässt sich das Ergebnis der Teildivision durch Aufrunden des Divisors leicht bestimmen. Da 3 : 48 und 30 : 48 nicht ganzzahlige Ergebnisse bringen, beginnen wir gleich mit 308 H : 48. (Nach dem Überschlag 300 : 50 ist zu erwarten, dass der Quotient 6 betragen wird.)

308 H : 48 = 6 H
(6 H · 48 = 288 H) Die schriftliche Subtraktion ergibt einen Rest von 20 H.

Probe: 642 · 48 5136 2568 30816	**201 Z : 48 = 4 Z** (4 Z · 48 = 192 Z) Rest 9 Z **96 E : 48 = 2 E** (2 E · 48 = 96 E), kein Rest
54321 : 18 = 3017 54 032 18 141 126 15 Rest	54 T : 18 = 3 T (3 T · 18 = 54 T) kein Rest; 3 H : 18 = 0 H, Rest 3 H. (Die Subtraktion erübrigt sich, die nächste Stelle kann gleich heruntergeholt werden! (Nicht die 0 im Quotienten vergessen!)) 32 Z : 18 = 1 Z, Rest 14 Z 141 E : 18 = 7 E (7 E · 18 = 126 E), Rest 15 E
3017 · 18 24136 3017 54306	Diesmal bleibt ein Rest, die Rechnung „geht nicht auf“. Der Rest von 15 müsste natürlich noch geteilt werden.
54306 + 15 = 54321	Die Schreibweise 54321 : 18 = 3017, Rest 15 ist zwar üblich, aber im Sinne einer mathematischen Gleichung nicht richtig. Eigentlich müssten wir schreiben: $$54321 : 18 = 3017\frac{15}{18}$$ Bei der Probe müssen wir zum Produkt von Quotient und Divisor noch den Rest addieren.

Mehrgliedrige Ausdrücke

Werden mehrere Zahlen durch Rechenzeichen zusammengefasst, so sprechen wir von „mehrgliedrigen Ausdrücken“, z. B.

7 + 15 + 28
16 – 2 – 17
28 + 16 – 32
6 · 8 · 7
28 : 2 · 7 usw.

Erscheinen verschiedene Rechenzeichen, so ist folgende Regel zu beachten: Punkt geht vor Strich!

Wir müssen also immer die Rechnungen, die uns durch Punkte vorgeschrieben werden (· und :, Multiplikation und Division), zuerst ausführen, dann erst die Rechnungen, die durch Striche (+ und -, Addition und Subtraktion) vorgeschrieben werden. Also:

$$5 \cdot 9 - 4 = 45 - 4 = 41$$
$$5 + 9 \cdot 4 = 5 + 36 = 41$$
$$18 - 5 \cdot 3 = 18 - 15 = 3$$
$$16 \cdot 2 - 5 \cdot 4 = 32 - 20 = 12$$
$$30 + 7 \cdot 3 - 16 : 4 = 30 + 21 - 4 = 47$$

Soll anders verfahren werden, so umschließt man den zuerst zu errechnenden Ausdruck mit einer Klammer, denn Klammerausdrücke werden noch vor den „Punktrechnungen" ausgerechnet, z. B.:

$$18 + 3 \cdot 4 = 18 + 12 = 30$$
$$(18 + 3) \cdot 4 = 21 \cdot 4 = 84$$
$$6 + 4 \cdot 3 - 2 = 6 + 12 - 2 = 16$$
$$(6 + 4) \cdot 3 - 2 = 10 \cdot 3 - 2 = 30 - 2 = 28$$
$$(6 + 4) \cdot (3 - 2) = 10 \cdot 1 = 10$$

$$25 + 35 - 10 : 5 = 25 + 35 - 2 = 58$$
$$25 + (35 - 10) : 5 = 25 + 25 : 5 = 25 + 5 = 30$$
$$(25 + 35 - 10) : 5 = 50 : 5 = 10$$

PRIMZAHLEN UND TEILBARKEITSREGELN

Alle Zahlen, die ohne Rest nur durch 1 und durch sich selbst teilbar sind, bezeichnen wir als „Primzahlen". Sie lassen sich u. a. dadurch ermitteln, dass wir die ganzen Zahlen in Produkte ganzer Zahlen verwandeln.

1, 2 und 3 sind Primzahlen,
4 ist das Produkt von $2 \cdot 2$, 5 ist wieder eine Primzahl, 6 ist $2 \cdot 3$ usw.

1	$4 = 2 \cdot 2$	$21 = 3 \cdot 7$
2	$6 = 2 \cdot 3$	$22 = 2 \cdot 11$
3	$8 = 2 \cdot 2 \cdot 2$	$24 = 2 \cdot 2 \cdot 2 \cdot 3$
5	$9 = 3 \cdot 3$	$25 = 5 \cdot 5$
7	$10 = 2 \cdot 5$	$26 = 2 \cdot 13$
11	$12 = 2 \cdot 2 \cdot 3$	$27 = 3 \cdot 3 \cdot 3$
13	$14 = 2 \cdot 7$	$28 = 2 \cdot 2 \cdot 7$
17	$15 = 3 \cdot 5$	$30 = 2 \cdot 3 \cdot 5$
19	$16 = 2 \cdot 2 \cdot 2 \cdot 2$	$32 = 2 \cdot 2 \cdot 2 \cdot 2 \cdot 2$
23	$18 = 2 \cdot 3 \cdot 3$	$33 = 3 \cdot 11$
29	$20 = 2 \cdot 2 \cdot 5$	$34 = 2 \cdot 17$ usw.
31		

Die Primzahlen von 1 bis 100 sind:
1, 2, 3, 5, 7, 11, 13, 17, 19, 23, 29, 31, 37, 41, 43, 47, 53, 59, 61, 67, 71, 73, 79, 83, 89, 97.

Alle Primzahlen – mit Ausnahme der 2 – sind „ungerade" Zahlen, deren Einerziffer 1, 3, 5, 7 oder 9 ist. Ist die Einerziffer 0, 2, 4, 6 oder 8, also durch 2 teilbar, so sprechen wir von „geraden" Zahlen.
Das Zerlegen in Primfaktoren ist für die Bruchrechnung sehr wichtig. Man verfährt am zweckmäßigsten so, dass man der Größe nach – mit der kleinsten beginnend – durch alle Primzahlen teilt, bis die Zahl in lauter Grundzahlen zerlegt ist, z.B.

$$\begin{aligned} 1092 &= 2 \cdot 546 \\ 546 &= 2 \cdot 273 \\ 273 &= 3 \cdot 91 \\ 91 &= 7 \cdot 13 \\ 1092 &= 2 \cdot 2 \cdot 3 \cdot 7 \cdot 13 \end{aligned}$$

Dabei ist es nützlich, die wichtigsten Regeln über die Teilbarkeit von Zahlen zu kennen.

Allgemeine Teilbarkeitsregeln (teilbar ohne Rest!)

2 Alle geraden Zahlen sind durch 2 teilbar. Man könnte auch sagen: Ist *die letzte Stelle* (Einerstelle) durch 2 teilbar, so ist die ganze Zahl durch 2 teilbar (z.B. 16, 34, 78, 192, 340, 776, 1046 usw.)

4 Sind die *beiden letzten Zahlen* durch 4 teilbar, so ist die ganze Zahl durch 4 teilbar (z.B. 16, 84, 124, 308, 592, 1012, 876532 usw.).
Sind die beiden letzten Ziffern 00, so ist die Zahl ebenfalls durch 4 teilbar.

8 Sind die *drei letzten Stellen* als Zahl durch 8 teilbar, so ist auch die ganze Zahl durch 8 teilbar (z.B. 824, 1248, 6400, 127968 usw.). Sind die drei letzten Ziffern 000, so ist die Zahl ebenfalls durch 8 teilbar.

5 Steht in der *letzten Stelle* eine 0 oder eine 5, so ist die ganze Zahl durch 5 teilbar (z.B. 15, 70, 125, 2760, 80620, 999565).

10 Ist die *letzte Ziffer* einer Zahl 0, so ist die ganze Zahl durch 10 teilbar.

3 Ist die *Quersumme* (s. Ergebniskontrollen) einer Zahl ohne Rest durch 3 teilbar, so ist auch die ganze Zahl durch 3 teilbar (z.B. 21, 36, 123, 471, 9627, 56781234).

6 Ist die *Quersumme einer geraden Zahl* ohne Rest durch 3 teilbar, so ist auch die ganze Zahl durch 6 teilbar (z.B. 18, 72, 132, 474, 10764).

9 Ist die *Quersumme* einer Zahl 9, so ist auch die ganze Zahl durch 9 teilbar (z.B. 81, 144, 738, 6723, 147924).

7 Bei mehr als dreistelligen Zahlen trennen wir die drei letzten Stellen (H, Z, E) von der ganzen Zahl ab. Diese Zahl subtrahieren wir von der Zahl, die durch die vorderen Stellen gebildet wird, oder umgekehrt. Ist die Differenz ohne Rest durch 7 teilbar, so ist auch die ganze Zahl durch 7 teilbar, z.B.:

849786 oder 96145

$$\begin{array}{r} 849 \\ -786 \\ \hline 63 \end{array} \qquad \begin{array}{r} 145 \\ -\ 96 \\ \hline 49 \end{array}$$

Da 63 bzw. 49 durch 7 ohne Rest teilbar sind, sind auch die ganzen Zahlen durch 7 teilbar.

Das zuletzt beschriebene Verfahren gilt auch für die Teilbarkeit durch 11 und 13.

Aus den obenstehenden Teilbarkeitsregeln ergibt sich Folgendes:

12 Eine Zahl ist durch 12 teilbar, wenn sie durch 3 und durch 4 teilbar ist ($3 \cdot 4 = 12$).

15 Eine Zahl ist durch 15 teilbar, wenn sie durch 3 und durch 5 teilbar ist ($3 \cdot 5 = 15$).

18 Eine Zahl ist durch 18 teilbar, wenn sie durch 2 und 9 teilbar ist ($2 \cdot 9 = 18$).

24 Eine Zahl ist durch 24 teilbar, wenn sie durch 3 und 8 teilbar ist ($3 \cdot 8 = 24$).

BRUCHRECHNEN

Teilen wir einen Kuchen in 4 gleiche Teile, so erhalten wir 4 Viertel.

Ein Teil ist ein Viertel $\left(\frac{1}{4}\right)$.

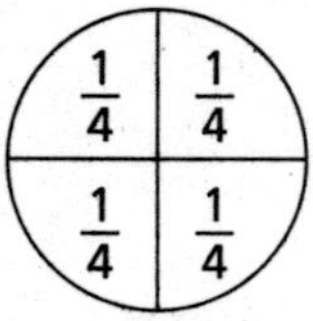

$$1 : 4 = \frac{1}{4}$$

1 Zähler
— Bruchstrich
4 Nenner

Aus dieser Gleichung geht hervor, dass der Bruchstrich dieselbe Bedeutung hat wie das Divisionszeichen.

Die Zahl über dem Bruchstrich sagt aus, wie viele Teile wir haben (Zähler).
Die Zahl unter dem Bruchstrich sagt aus, wie groß diese Teile sind (Nenner).

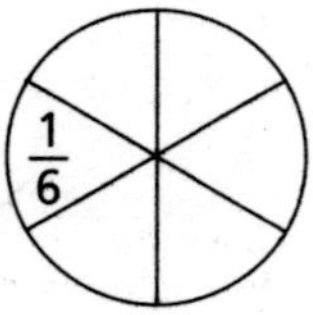

Teilen wir 1 in 6 gleiche Teile, so ist jeder Teil ein Sechstel $\left(\frac{1}{6}\right)$. Fünf dieser Teile sind also fünf Sechstel $\left(\frac{5}{6}\right)$.

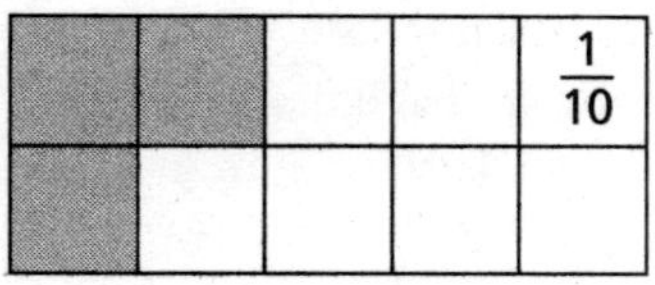

Die nebenstehende Fläche ist in 10 gleiche Teile zerlegt. Jeder Teil ist also ein Zehntel des Ganzen. Die ausgefüllten Flächen sind also drei Zehntel der ganzen Fläche $\left(\frac{3}{10}\right)$.

Arten der Brüche

a) Echte Brüche
Beim echten Bruch ist der Zähler kleiner als der Nenner (der Wert des Bruches ist also kleiner als 1), z.B.:

$$\frac{1}{4}, \quad \frac{7}{8}, \quad \frac{4}{11}, \quad \frac{19}{24}, \quad \frac{37}{100} \quad \text{usw.}$$

Ist der Zähler eines echten Bruches 1, so bezeichnen wir diesen Bruch auch als Stammbruch, z.B.:

$$\frac{1}{3}, \quad \frac{1}{4}, \quad \frac{1}{8}, \quad \frac{1}{15}, \quad \frac{1}{100}$$

b) Unechte Brüche

Beim unechten Bruch ist der Zähler größer als der Nenner (der Wert des Bruches ist also größer als 1, z.B.:

$$\frac{5}{4},\quad \frac{11}{6},\quad \frac{9}{8},\quad \frac{23}{10},\quad \frac{117}{100}$$

Unechte Brüche lassen sich auch als „gemischte Zahl“ schreiben:

$$\frac{5}{4}=1+\frac{1}{4}=1\frac{1}{4};\quad \frac{11}{6}=1+\frac{5}{6}=1\frac{5}{6};\quad \frac{9}{8}=1+\frac{1}{8}=1\frac{1}{8};\quad \frac{23}{10}=2+\frac{3}{10}=2\frac{3}{10}$$

c) Scheinbrüche (uneigentliche Brüche)

Der uneigentliche Bruch ist seinem Wert nach eine ganze Zahl, d.h. der Zähler lässt sich durch den Nenner ohne Rest teilen:

$$\frac{4}{4}=1;\quad \frac{10}{5}=2;\quad \frac{15}{3}=5;\quad \frac{27}{9}=3;\quad \frac{200}{10}=20$$

Erweitern und Kürzen von Brüchen (Formänderungen)

Der Bruch $\frac{2}{3}$ ist dem Wesen nach ein Quotient, nämlich das Ergebnis der Aufgabe 2 : 3.

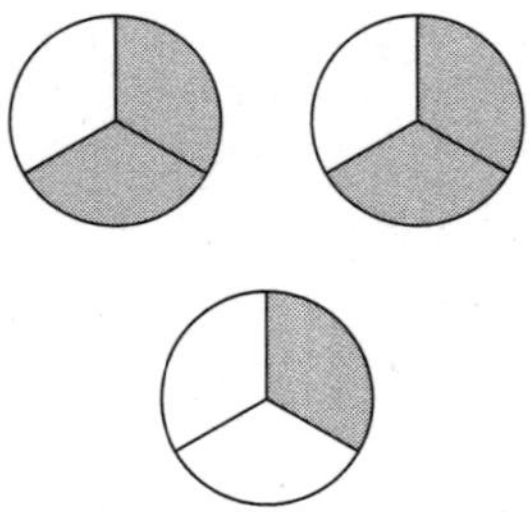

Wir könnten also 2 in je drei gleiche Teile zerlegen und von jedem Ganzen 1 Teil nehmen:

$$\frac{2}{3}.$$

Wir könnten aber auch 1 in drei gleiche Teile zerlegen, und davon 2 Teile nehmen:

$$\frac{2}{3}.$$

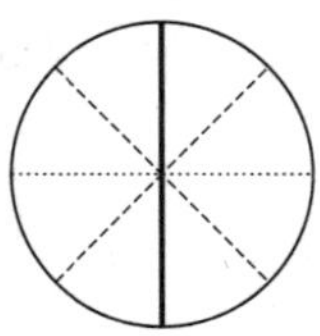

Das nebenstehende Ganze ist durch den durchgehenden Strich in 2 gleiche Teile, durch die punktierte Linie zusätzlich in Viertel und durch die gestrichelte Linie in Achtel aufgeteilt.

Daraus ergibt sich $1=\frac{2}{2}$ oder $\frac{4}{4}$ oder $\frac{8}{8}$.

Demnach ist $\frac{1}{2}=\frac{2}{4}=\frac{4}{8}$ bzw. $\frac{1}{4}=\frac{2}{8}$

Werden Zähler und Nenner eines Bruches mit dem gleichen Faktor (Erweiterungszahl) multipliziert, so bleibt der Wert des Bruches unverändert.

$$\frac{1}{2}=\frac{1\cdot 2}{2\cdot 2}=\frac{2}{4}=\frac{2\cdot 2}{4\cdot 2}=\frac{4}{8} \text{ (zweimal erweitert mit 2)}$$

$$\frac{2}{3}=\frac{2\cdot 3}{3\cdot 3}=\frac{6}{9}=\frac{6\cdot 2}{9\cdot 2}=\frac{12}{18} \text{ usw. (erweitert mit 3 und 2)}$$

$\frac{1}{4}$ erweitert mit 5 ergibt also $\frac{5}{20}\left(\frac{1\cdot 5}{4\cdot 5}\right)$.

Der Wert des Bruches wird durch diese Operation nicht verändert.

Die Umkehrung des Erweiterns ist das Kürzen.
Werden Zähler und Nenner durch den gleichen Teiler (Kürzungszahl) dividiert, so bleibt der Wert des Bruches ebenfalls unverändert.

$$\frac{4}{8}=\frac{4:2}{8:2}=\frac{2}{4}=\frac{2:2}{4:2}=\frac{1}{2} \text{ (gekürzt durch 2 und 2)}$$

$$\frac{12}{18}=\frac{12:3}{18:3}=\frac{4}{6}=\frac{4:2}{6:2}=\frac{2}{3} \text{ usw. (gekürzt durch 3 und 2)}$$

$\frac{9}{15}$ durch 3 gekürzt, ergibt also $\frac{3}{5}\left(\frac{9:3}{15:3}\right)$;

der Wert des Bruches wird durch diese Operation nicht verändert.
Lässt sich ein Bruch nicht kürzen, so steht er in seiner „Grundform":

$$\frac{1}{3},\quad \frac{3}{4},\quad \frac{2}{5},\quad \frac{6}{7},\quad \frac{4}{9} \quad \text{usw.}$$

Erweitern oder Kürzen eines Bruches mit bzw. durch 0 ist nicht erlaubt.
Beim Kürzen eines Bruches ist es oft ratsam, den größten gemeinsamen Teiler zu suchen und durch diesen zu kürzen, da sonst eine Reihe von Kürzungsrechnungen erforderlich werden könnte, z.B.:

$$\frac{48}{72}=\frac{48:2}{72:2}=\frac{24}{36}=\frac{24:2}{36:2}=\frac{12}{18}=\frac{12:2}{18:2}=\frac{6}{9}=\frac{6:3}{9:3}=\frac{2}{3} \text{ (Grundwert)}$$

In diesem Fall hätten wir auch gleich durch $2 \cdot 2 \cdot 2 \cdot 3$, also durch 24 kürzen können:

$$\frac{48}{72}=\frac{48:24}{72:24}=\frac{2}{3}.$$

Die 24 ist in diesem Fall der „größte gemeinsame Teiler" der Zahlen 48 und 72. Beide Zahlen sind (siehe Teilbarkeitsregeln) durch 2, 3, 4, 6, 8, 12 und 24 teilbar.
Der größte gemeinsame Teiler lässt sich dadurch ermitteln, dass wir die Zahl 48 (Nenner) und 72 (Zähler) in Primfaktoren zerlegen:

$$\begin{array}{rcl} 48 &=& \boxed{2} \cdot \boxed{2} \cdot \boxed{2} \cdot 2 \cdot \boxed{3} \\ 72 &=& \boxed{2} \cdot \boxed{2} \cdot \boxed{2} \cdot 3 \cdot \boxed{3} \end{array}$$

Alle gemeinsamen Faktoren beider Produkte ergeben den größten gemeinsamen Teiler; in unserem Fall sind es
$2 \cdot 2 \cdot 2 \cdot 3 = 24$.
Die Zahl 24 ist die größte Zahl, durch die sich die Zahlen 48 und 72 ohne Rest teilen lassen.

Brüche mit gleichem Nenner sind „gleichnamige" Brüche.

Der „Kehrwert" eines Bruches entsteht durch Vertauschen von Zähler und Nenner gegeneinander, z.B.:

$$\frac{1}{2} \text{ Kehrwert:} \frac{2}{1}; \ \frac{5}{6} \text{ Kehrwert:} \frac{6}{5}; \ \frac{18}{5} \text{ Kehrwert:} \frac{5}{18}.$$

Grundrechnungsarten mit Brüchen

Addition von Brüchen

$$\frac{1}{3}+\frac{1}{3}$$

Gleichnamige Brüche werden addiert, indem wir die Zähler addieren. Der Nenner verändert sich nicht.

$$\frac{1}{8}+\frac{3}{8}+\frac{3}{8}=\frac{1+3+3}{8}=\frac{7}{8}$$

Das Ergebnis wird nach Möglichkeit gekürzt.

$$\frac{1}{9}+\frac{2}{9}=\frac{1+2}{9}=\frac{3}{9}=\frac{3:3}{9:3}=\frac{1}{3}$$

$$\frac{1}{2}+\frac{1}{3}$$

Ungleichnamige Brüche (Brüche mit verschiedenen Nennern) lassen sich nicht addieren. Sie müssen erst durch Erweitern in gleichnamige Brüche verwandelt werden:

$$\frac{1}{2}+\frac{1}{4}=\frac{1\cdot 2}{2\cdot 2}+\frac{1}{4}=\frac{2}{4}+\frac{1}{4}=\frac{3}{4}$$

$$\frac{1}{3}+\frac{1}{4}+\frac{1}{5}=\frac{1\cdot 20}{3\cdot 20}+\frac{1\cdot 15}{4\cdot 15}+\frac{1\cdot 12}{5\cdot 12}=\frac{20+15+12}{60}=\frac{47}{60}$$

Im zweiten Beispiel war 60 der „Hauptnenner“, also der gemeinsame Nenner der Brüche $\frac{1}{3}$, $\frac{1}{4}$ und $\frac{1}{5}$.

Der Hauptnenner ist jeweils das „kleinste gemeinsame Vielfache“ aller Zahlen, die als Nenner in einer Aufgabe auftreten, in unserem Beispiel also $3 \cdot 4 \cdot 5 = 60$

$$\frac{1}{4}+\frac{1}{6}+\frac{1}{8}+\frac{1}{9}$$

Um diese Aufgabe lösen zu können, brauchen wir das kleinste gemeinsame Vielfache von 4, 6, 8 und 9.

Dazu zerlegen wir die Zahlen wieder in Primfaktoren:

$4 = 2 \cdot 2$
$6 = 2 \cdot 3$
$8 = 2 \cdot 2 \cdot 2$
$9 = 3 \cdot 3$

Dann streichen wir alle Faktoren, die in anderen Produkten enthalten sind ($2 \cdot 2$ ist in $2 \cdot 2 \cdot 2$ enthalten, $2 \cdot 3$ ist in $2 \cdot 2 \cdot 2$ und $3 \cdot 3$ enthalten).
Das kleinste gemeinsame Vielfache ist also $2 \cdot 2 \cdot 2 \cdot 3 \cdot 3 = 72$.

72 ist demnach die kleinste Zahl, in der alle vier Nenner (4, 6, 8, 9) enthalten sind. Mit der Zahl 72 haben wir den Hauptnenner ermittelt. Alle Brüche, die addiert werden sollen, müssen auf 72stel erweitert werden.

Hauptnenner: $72 = 2 \cdot 2 \cdot 2 \cdot 3 \cdot 3$

$\frac{1}{4}$ muss mit $2\cdot 3\cdot 3=18$ erweitert werden $(72:4=18)$

$\frac{1}{6}$ muss mit $2\cdot 2\cdot 3=12$ erweitert werden $(72:6=12)$

$\frac{1}{8}$ muss mit $3\cdot 3=9$ erweitert werden $(72:8=9)$

$\frac{1}{9}$ muss mit $2\cdot 2\cdot 2=8$ erweitert werden $(72:9=8)$

$$\frac{1\cdot 18}{4\cdot 18}+\frac{1\cdot 12}{6\cdot 12}+\frac{1\cdot 9}{8\cdot 9}+\frac{1\cdot 8}{9\cdot 8}=\frac{18+12+9+8}{72}=\frac{47}{72}$$

$$\frac{1}{4}+\frac{1}{6}+\frac{1}{8}+\frac{1}{9}=\frac{47}{72}$$

Das Ergebnis lässt sich nicht kürzen, da 47 und 72 keinen gemeinsamen Teiler haben.

Gemischte Zahlen werden addiert, indem man die ganzen Zahlen und die Brüche addiert:

$$2\frac{1}{3}+6\frac{1}{3}=2+6+\frac{1}{3}+\frac{1}{3}=8\frac{2}{3}$$

$$4\frac{1}{2}+3\frac{1}{4}=4+3+\frac{1}{2}+\frac{1}{4}=7+\frac{2}{4}+\frac{1}{4}=7\frac{3}{4}$$

$$18\frac{1}{3}+1\frac{3}{4}+\frac{5}{6}=18+1+\frac{1}{3}+\frac{3}{4}+\frac{5}{6}=19\frac{4+9+10}{12}=19\frac{23}{12}=20\frac{11}{12}$$

Subtraktion von Brüchen:

Für die Subtraktion von Brüchen gilt sinngemäß, was für die Addition gilt:
Gleichnamige Brüche werden subtrahiert, indem wir die Zähler subtrahieren. Der Nenner verändert sich nicht.

$$\frac{4}{7}-\frac{3}{7}=\frac{4-3}{7}=\frac{1}{7}$$

Das Ergebnis wird nach Möglichkeit gekürzt:

$$\frac{8}{9}-\frac{2}{9}=\frac{8-2}{9}=\frac{6}{9}=\frac{6:3}{9:3}=\frac{2}{3}$$

Ungleichnamige Brüche müssen vor dem Subtrahieren durch Erweitern oder Kürzen in gleichnamige Brüche umgeformt werden (auch hier ist der Hauptnenner das kleinste gemeinsame Vielfache aller Nenner).
Beim Subtrahieren von gemischten Zahlen kann es notwendig sein, mit unechten Brüchen zu arbeiten:

$$5\frac{1}{4}-2\frac{1}{2}=4\frac{5}{4}-2\frac{2}{4}=4+\frac{5}{4}-\left(2+\frac{2}{4}\right)=4-2+\frac{5}{4}-\frac{2}{4}=2\frac{3}{4},$$

bzw.

$$\frac{21}{4}-\frac{5}{2}=\frac{21-10}{4}=\frac{11}{4}=2\frac{3}{4}$$

Multiplikation von Brüchen

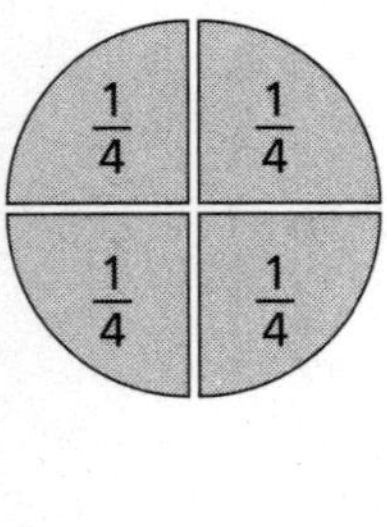

$$4\cdot\frac{1}{4}=\frac{4}{4}=1$$

$$5\cdot\frac{1}{2}=\frac{5\cdot 1}{2}=\frac{5}{2}=2\frac{1}{2}$$

Beim Multiplizieren von Brüchen wird nur die Anzahl (Zähler) der Bruchteile vervielfacht. Der Wert des Nenners bleibt unverändert.
Anschließend wird gekürzt bzw. der unechte Bruch in eine gemischte Zahl verwandelt.

Einen unechten Bruch verwandeln wir in eine gemischte Zahl, indem wir den Zähler durch den Nenner dividieren, z.B. $\frac{17}{4} = 4\frac{1}{4}$. Dieser Bruch entspricht ja der Aufgabe 17:4 = 4 Rest 1, wobei der Rest auch noch durch 4 zu teilen ist; der Wert des Quotienten wäre also genau $4\frac{1}{4}$.

Mitunter ist es notwendig, gemischte Zahlen in unechte Brüche zu verwandeln. Dazu verwandeln wir die ganze Zahl in einen Scheinbruch mit dem Nenner des Bruchteils der gemischten Zahl und addieren dann die Zähler:

$$4\frac{1}{5} = \frac{20}{5} + \frac{1}{5} = \frac{21}{5};\quad 7\frac{2}{3} = \frac{21}{3} + \frac{2}{3} = \frac{23}{3};\quad 6\frac{3}{10} = \frac{60+3}{10} = \frac{63}{10}$$

Praktisch wird also die ganze Zahl mit dem Nenner multipliziert und dieser Wert zu dem Wert des Zählers addiert. Der Nenner bleibt dabei unverändert:

$$3\frac{1}{2} = \frac{3 \cdot 2 + 1}{2} = \frac{7}{2};\quad 18\frac{3}{5} = \frac{18 \cdot 5 + 3}{5} = \frac{93}{5};\quad 11\frac{9}{10} = \frac{11 \cdot 10 + 9}{10} = \frac{119}{10}$$

Eine gemischte Zahl wird mit einer ganzen Zahl multipliziert, indem erst die ganze Zahl und dann der Bruch vervielfacht werden:

$$3\frac{1}{5} \cdot 3 = 3 \cdot 3 + \frac{1}{5} \cdot 3 = 9 + \frac{3}{5} = 9\frac{3}{5};$$

$$6\frac{1}{4} \cdot 7 = 42 + \frac{7}{4} = 42 + 1\frac{3}{4} = 43\frac{3}{4}$$

Brüche werden miteinander multipliziert, indem man Zähler mit Zähler und Nenner mit Nenner malnimmt, z.B.:

$$\frac{1}{2} \cdot \frac{1}{3} = \frac{1 \cdot 1}{2 \cdot 3} = \frac{1}{6}$$

Die Hälfte eines Drittels ist ein Sechstel. Wir könnten also, anstatt mit $\frac{1}{2}$ zu multiplizieren, auch durch 2 dividieren.

$$\frac{1}{3} \cdot \frac{4}{5} = \frac{1 \cdot 4}{3 \cdot 5} = \frac{4}{15}$$

$$\frac{1}{2} \cdot \frac{3}{4} \cdot \frac{5}{7} = \frac{1 \cdot 3 \cdot 5}{2 \cdot 4 \cdot 7} = \frac{15}{56}$$

$\frac{3}{8} \cdot \frac{2}{9} = \frac{3 \cdot 2}{8 \cdot 9} = \frac{6}{72}$, gekürzt durch 6 ergibt $\frac{1}{12}$.

In diesem Fall hätte man aber bereits vor dem Errechnen der Produktwerte kürzen können:

$\frac{3 \cdot 2}{8 \cdot 9}$ gekürzt durch 2 ergibt $\frac{3 \cdot 1}{4 \cdot 9}$ gekürzt durch 3 ergibt $\frac{1 \cdot 1}{4 \cdot 3} = \frac{1}{12}$

Produkte werden nur in einem Faktor gekürzt!

$$\frac{5}{12}\cdot\frac{4}{30}=\frac{5\cdot 4}{12\cdot 30}=\frac{1\cdot 4}{12\cdot 6}=\frac{1\cdot 1}{3\cdot 6}=\frac{1}{18}$$

oder kürzer

$$\frac{\overset{1}{\cancel{5}}\cdot\overset{1}{\cancel{4}}}{\underset{3}{\cancel{12}}\cdot\underset{6}{\cancel{30}}}=\frac{1}{18}$$

Gemischte Zahlen werden vor der Multiplikation in unechte Brüche verwandelt:

$$2\frac{1}{2}\cdot 1\frac{3}{4}=\frac{5}{2}\cdot\frac{7}{4}=\frac{35}{8}=4\frac{3}{8};\quad 8\frac{2}{5}\cdot 5\frac{1}{4}=\frac{\overset{21}{\cancel{42}}\cdot 21}{5\cdot\underset{2}{\cancel{4}}}=\frac{441}{10}=44\frac{1}{10}$$

Wird ein Bruch mit seinem Kehrwert (reziprokem Wert) multipliziert, so ergibt das immer den Wert 1:

$$\frac{5}{6}\cdot\frac{6}{5}=1;\quad \frac{17}{39}\cdot\frac{39}{17}=1$$

Division von Brüchen:

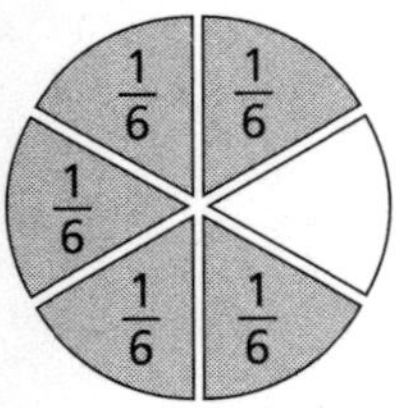

$$\frac{5}{6}:5=\frac{1}{6}$$

$$\frac{8}{15}:4=\frac{8:4}{15}=\frac{2}{15}$$

Ein Bruch wird durch eine ganze Zahl dividiert, indem nur die Anzahl der Bruchteile geteilt wird; der Wert des Nenners bleibt dabei unverändert.

Ist der Wert des Zählers nicht ohne Rest teilbar, so kann die Teilbarkeit durch Erweitern erreicht werden:

$$\frac{3}{5}:2=\text{ (erweitert mit 2) }\frac{6:2}{10}=\frac{3}{10}$$

$$\frac{6}{13}:9=\text{ (erweitert mit 3) }\frac{18:9}{39}=\frac{2}{39}$$

$$\frac{6}{13}:9=\frac{6}{13\cdot 9}=\frac{6}{117},\text{ gekürzt durch 3 ergibt }\frac{2}{39}$$

Aus diesem Beispiel ergibt sich, dass wir – anstatt den Zähler zu dividieren – auch den Nenner mit dem Divisor multiplizieren können.

Ein Bruch wird durch eine ganze Zahl dividiert, indem entweder der Zähler durch den Divisor geteilt oder der Nenner mit dem Divisor multipliziert wird.

$$\frac{4}{9}:4=\frac{4:4}{9}=\frac{1}{9} \quad \text{oder} \quad \frac{4}{9}:4=\frac{4}{9\cdot 4}=\frac{4}{36}=\frac{1}{9}$$

Soll eine gemischte Zahl durch eine ganze Zahl dividiert werden, wird ebenso verfahren, nur muss zunächst der Dividend in einen unechten Bruch verwandelt werden:

$$5\frac{1}{7}:4=\frac{36}{7}:4=\frac{36:4}{7}=\frac{9}{7}=1\frac{2}{7};$$

$$2\frac{1}{3}:7=\frac{7}{3}:7=\frac{7:7}{3}=\frac{1}{3}$$

Soll eine ganze Zahl durch einen Bruch dividiert werden, so können wird das zunächst als eine Aufgabe des Messens (Enthaltenseins) betrachten:

$3:\frac{1}{2}=6$ Wie oft ist $\frac{1}{2}$ in 3 enthalten?

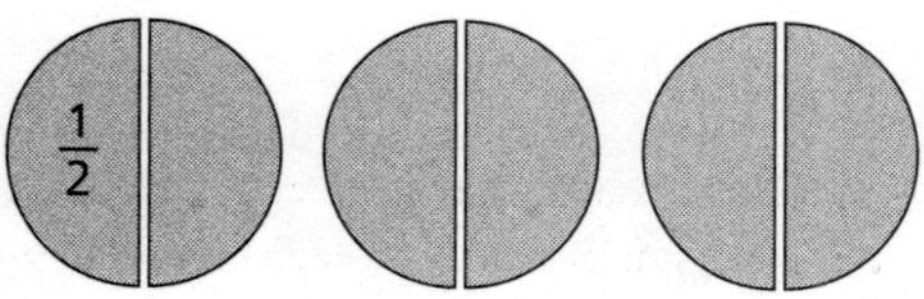

$\frac{1}{2}$ ist in 3 (wie aus der Zeichnung ersichtlich) 6-mal enthalten.

$\frac{1}{5}$ ist in 1 natürlich 5-mal, in 6 demnach 30-mal enthalten.

$$6:\frac{2}{5}=15$$

$$\left.\begin{array}{l}6\cdot 5=30\\ 30:2=15\end{array}\right\}\frac{6\cdot 5}{2}=15$$

$\frac{2}{5}$ sind in der gleichen Zahl aber nur $\frac{1}{2}$-mal so viel, also 15-mal enthalten.
Wir haben das Produkt aus dem Dividenden und dem Divisor des Zählers (6 · 5) durch den Zähler des Divisors geteilt (2).

Eine ganze Zahl wird durch einen Bruch dividiert, indem man den Dividenden mit dem Kehrwert des Divisors multipliziert:

$$7:\frac{3}{4}=7\cdot\frac{4}{3}=\frac{7\cdot 4}{3}=\frac{28}{3}=9\frac{1}{3}; \quad 10:\frac{5}{6}=\frac{\overset{2}{\cancel{10}}\cdot 6}{\underset{1}{\cancel{5}}}=12$$

Für die Division von Brüchen durch Brüche gilt das gleiche:

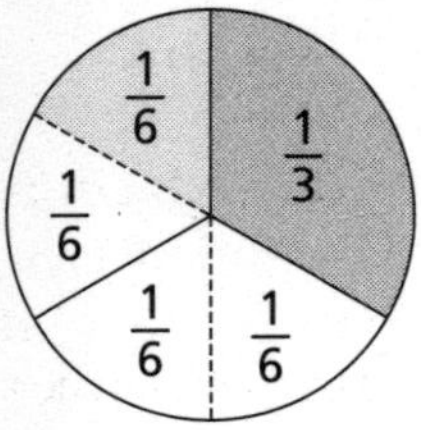

$\frac{2}{3}:\frac{1}{6}=4$ $\qquad$ $\frac{1}{6}$ ist in $\frac{2}{3}$ (siehe Skizze) 4-mal enthalten $\left(\frac{4}{6}:\frac{1}{6}=4\right)$

24 : 4 = 6
24 : 2 = 12

Wird die gleiche Zahl durch die Hälfte des Divisors geteilt, so ist der Wert des Quotienten doppelt so groß.

Aus den folgenden Kolonnen ist das deutlich zu ersehen:

$$\begin{array}{lll}
8:8=1 & \frac{1}{8}:8=\frac{1}{64} & \frac{1}{2}:4=\frac{1}{8} \\
8:4=2 & \frac{1}{8}:4=\frac{1}{32} & \frac{1}{2}:2=\frac{1}{4} \\
8:2=4 & \frac{1}{8}:2=\frac{1}{16} & \frac{1}{2}:1=\frac{1}{2} \\
8:1=8 & \frac{1}{8}:1=\frac{1}{8} & \frac{1}{2}:\frac{1}{2}=1 \\
8:\frac{1}{2}=16 & \frac{1}{8}:\frac{1}{2}=\frac{1}{4} & \frac{1}{2}:\frac{1}{4}=2 \\
8:\frac{1}{4}=32 & \frac{1}{8}:\frac{1}{4}=\frac{1}{2} & \frac{1}{2}:\frac{1}{8}=4 \\
8:\frac{1}{8}=64 & \frac{1}{8}:\frac{1}{8}=1 & \frac{1}{2}:\frac{1}{16}=8
\end{array}$$

Ein Bruch wird durch einen Bruch dividiert, indem man mit dem Kehrwert des Divisors multipliziert:

$$\frac{1}{8}:\frac{1}{4}=\frac{1}{8}\cdot\frac{4}{1}=\frac{1\cdot 4}{8\cdot 1}=\frac{4}{8}=\frac{1}{2};\qquad \frac{3}{5}:\frac{2}{3}=\frac{3\cdot 3}{5\cdot 2}=\frac{9}{10}$$

Bei gemischten Zahlen verfahren wir ebenso:

$$7\frac{1}{5}:\frac{4}{15}=\frac{36}{5}:\frac{4}{15}=\frac{\overset{9}{\cancel{36}}\cdot\overset{3}{\cancel{15}}}{\underset{1}{\cancel{5}}\cdot\underset{1}{\cancel{4}}}=27;\qquad 7\frac{1}{2}:2\frac{2}{5}=\frac{\overset{5}{\cancel{15}}\cdot 5}{2\cdot\underset{4}{\cancel{12}}}=\frac{25}{8}=3\frac{1}{8}$$

Teilen wir 1 durch einen Bruch, so erhalten wir den Kehrwert dieses Bruches:

$$1:\frac{3}{4}=1\cdot\frac{4}{3}=\frac{4}{3};\quad 1:\frac{8}{15}=\frac{15}{8}$$

Doppelbrüche sind Brüche, bei denen Zähler, Nenner (oder beide) Brüche oder gemischte Zahlen sind:

$$\frac{\frac{1}{2}}{4};\quad \frac{3}{\frac{1}{3}};\quad \frac{\frac{4}{5}}{\frac{1}{6}};$$

Da der Bruchstrich als Divisionszeichen verstanden werden kann, könnten die drei Beispiele auch so geschrieben werden:

$$\frac{1}{2}:4;\quad 3:\frac{1}{3};\quad \frac{4}{5}:\frac{1}{6}$$

Durch diese Schreibweise kann der Wert des Doppelbruches in der üblichen Weise errechnet werden.

$$\frac{\frac{1}{2}}{4}=\frac{1}{8};\quad \frac{3}{\frac{1}{3}}=9;\quad \frac{\frac{4}{5}}{\frac{1}{6}}=4\frac{4}{5};$$

Bei der Bruchrechnung können also folgende Fälle in der Division auftreten:

ganze Zahl : ganze Zahl $\quad 5:2=\frac{5}{2}=2\frac{1}{2}$

ganze Zahl : Bruch $\quad 5:\frac{1}{6}=5\cdot\frac{6}{1}=30$

ganze Zahl : gemischte Zahl $\quad 8:2\frac{3}{5}=8:\frac{13}{5}=\frac{8\cdot 5}{13}=\frac{40}{13}=3\frac{1}{13}$

Bruch : ganze Zahl $\quad \frac{27}{41}:9=\frac{3}{41}$

Bruch : Bruch $\quad \frac{1}{7}:\frac{1}{2}=\frac{1}{7}\cdot\frac{2}{1}=\frac{2}{7}$

Bruch : gemischte Zahl $\quad \frac{1}{5}:2\frac{1}{2}=\frac{1}{5}:\frac{5}{2}=\frac{1}{5}\cdot\frac{2}{5}=\frac{2}{25}$

gemischte Zahl : ganze Zahl $\quad 2\frac{1}{3}:5=\frac{7}{3}:5=\frac{7}{3\cdot 5}=\frac{7}{15}$

gemischte Zahl : Bruch $\quad 4\frac{2}{9}:\frac{2}{3}=\frac{\overset{19}{\cancel{38}}\cdot\cancel{3}}{\underset{3}{\cancel{9}}\cdot\cancel{2}}=\frac{19}{3}=6\frac{1}{3}$

gemischte Zahl : gemischte Zahl $1\frac{1}{6}:2\frac{1}{3}=\frac{7\cdot 3}{6\cdot 7}=\frac{21}{42}=\frac{1}{2}$

Das Kürzen ist bei allen Bruchrechnungen eine wesentliche Hilfe; es erspart oft umständliche Rechnungen und hilft so, Fehler zu vermeiden.

$$5\frac{5}{6}+7\frac{7}{8}\cdot 6\frac{2}{7}+8\frac{1}{4}:2\frac{3}{4}=\frac{35}{6}+\frac{\overset{9}{\cancel{63}}\cdot\overset{11}{\cancel{44}}}{\underset{2}{\cancel{8}}\cdot\underset{1}{\cancel{7}}}+\frac{\overset{3}{\cancel{33}}\cdot\overset{1}{\cancel{4}}}{\underset{1}{\cancel{4}}\cdot\underset{1}{\cancel{11}}}=$$

$$\frac{35}{6}+\frac{99}{2}+3=\frac{35+297+18}{6}=\frac{\overset{175}{\cancel{350}}}{\underset{3}{\cancel{6}}}=58\frac{1}{3}$$

DEZIMALZAHLEN

Unser Zahlensystem ist ein Dezimalsystem, d.h. jede Stelle nach links besitzt den 10-fachen Wert der rechten Nachbarstelle. Umgekehrt könnte man sagen: Jede Stelle besitzt ein Zehntel des Wertes ihrer linken Nachbarstelle, d.h. der Hunderter ist ein Zehntel des Tausenders, der Zehner ein Zehntel des Hunderters, der Einer ein Zehntel des Zehners usw.
Setzen wir das System konsequent nach rechts fort, so muss nach rechts die nächste Stelle neben dem Einer den zehnten Teil des Einers bedeuten, also ein Zehntel, die nächste Stelle den zehnten Teil eines Zehntels, also ein Hundertstel usw.

In unserer Stellenwerttafel stehen also nach rechts neben dem Einer Bruchteile des Einers. Sie werden durch ein Komma abgetrennt.

Tausender	Hunderter	Zehner	Einer	Komma	Zehntel	Hundertstel	Tausendstel
4	0	3	7		1	5	2

Die nebenstehende Zahl setzt sich also aus 4 Tausendern, 3 Zehnern, 7 Einern, 1 Zehntel, 5 Hundertsteln und 2 Tausendsteln zusammen.
4 T + 3 Z + 7 E + 1 Zt. + 5 Ht. + 2 Tt. = 4037,152.

Brüche, deren Nenner 10, 100, 1000, 10000 usw. lauten, nennen wir „Dezimalbrüche“.

$4\frac{3}{10}$ könnte also auch 4,3 (4 Einer + 3 Zehntel) geschrieben werden.

$6\frac{7}{100}=$ 6,07 (6 Einer + 7 Hundertstel)

$40\frac{6}{10} =$ 40,6 (4 Zehner + 6 Zehntel)

$201\frac{9}{100} =$ 201,09 (2 Hunderter + 1 Einer + 9 Hundertstel)

„Leere Stellen“ werden rechts vom Komma (ebenso wie links) durch die 0 markiert.

$$400{,}004 = 400 + \frac{4}{1000}$$ (4 Hunderter + 4 Tausendstel)

$$2{,}024 = 2 + \frac{2}{100} + \frac{4}{1000}$$ (2 Einer + 2 Hundertstel + 4 Tausendstel)

Dezimalbrüche lassen sich ebenso erweitern und kürzen wie alle anderen Brüche:

$$\frac{3}{10} = \frac{30}{100} = \frac{300}{1000}; \quad \frac{80}{100} = \frac{8}{10} = \frac{4}{5}; \quad \frac{250}{100} = 2\frac{50}{100} = 2\frac{5}{10} = 2{,}5;$$

$$3{,}4 = 3{,}40 = 3{,}400, \text{ da } 3\frac{4}{10} = 3\frac{40}{100} = 3\frac{400}{1000}$$ (jeweils mit 10 erweitert).

Rechenoperationen mit Dezimalzahlen

Alle Rechenoperationen lassen sich auch mit Dezimalzahlen durchführen.
Bei der Addition und Subtraktion müssen wir wie immer darauf achten, dass die Stellen richtig untereinander stehen (Einer unter Einern, Zehntel unter Zehnteln usw.). Das ist der Fall, wenn Komma unter Komma steht:

	T	H	Z	E	Zt	Ht
	1	3	3	7,	5	8
+		9	4	2,	7	3
	2	2	8	0,	3	1

$$\frac{3}{100} + \frac{8}{100} = \frac{11}{100} = \frac{10}{100} + \frac{1}{100} = \frac{1}{10} + \frac{1}{100}$$

$$\frac{8}{10} + \frac{5}{10} = \frac{13}{10} = 1\frac{3}{10}$$

$$\begin{array}{r} 258{,}47 \\ -\ 168{,}52 \\ \hline 71{,}95 \end{array}$$

302 + 11,5
30,4 − 2,72
0,02 − 0,004

Bei diesen Aufgaben müssen wir jeweils so erweitern, dass ausreichend Stellen nach rechts zur Verfügung stehen:

$$\begin{array}{r} 302{,}0 \\ +\ \ 11{,}5 \\ \hline 313{,}5 \end{array} \qquad \begin{array}{r} 30{,}40 \\ -\ \ 2{,}72 \\ \hline 27{,}68 \end{array} \qquad \begin{array}{r} 0{,}020 \\ -\ 0{,}004 \\ \hline 0{,}016 \end{array}$$

Bei der **Multiplikation** von oder mit Dezimalzahlen verfahren wir genau wie beim Rechnen mit ganzen Zahlen.

$$\frac{423{,}7 \cdot 3}{1271{,}1}$$

Auch beim Rechnen mit Dezimalzahlen ist der Überschlag (s. Ergebniskontrollen) mit runden Zahlen sehr wichtig: (400 · 3 = 1200). Das Ergebnis 127,11 oder 12711 muss also falsch sein.

```
 25,2 · 3,8
 ----------
     2016
      756
 ----------
     95,76
```

Überschlag: $25 \cdot 4 = 100$
Wir rechnen – ohne Rücksicht auf das Komma – wie mit ganzen Zahlen.
Das Ergebnis muss so viele Stellen hinter dem Komma haben wie beide Faktoren zusammen.

$$25{,}2 = 25\frac{2}{10} = \frac{252}{10}$$

$$3{,}8 = 3\frac{8}{10} = \frac{38}{10}$$

Der Grund für diese Regel geht aus folgender Überlegung hervor:

$$\frac{252}{10} \cdot \frac{38}{10} = \frac{252 \cdot 38}{100} = \frac{9576}{100} = 95{,}76$$

Bei der **Division** von Dezimalzahlen durch ganze Zahlen bleibt das Verfahren das gleiche wie bei ganzen Zahlen:

```
425,631 : 3 = 141,877
12
 05
  26
   23
    21
```

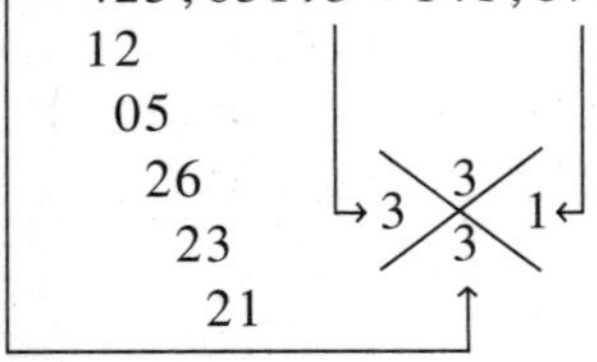

Überschlag 420 : 3 = 140
Wir beginnen die Division wie immer und rechnen bis zur Einerstelle. Wenn die Einer dividiert sind, setzen wir im Ergebnis bereits das Komma. Dadurch kommen die Bruchteile gleich an die richtige Stelle.

23,5 : 4 =

23,5 = 23,500

```
23,5 : 4 = 5,875
 3 5
   30
    20
```

Hier scheint die Division nicht aufzugehen. Wenn wir aber mit 100 erweitern, ist die Aufgabe leicht lösbar:

$$\frac{5}{10} = \frac{500}{1000}$$

27896,27000 : 13 = 2145,86692 18 59 Ergebnis: 2145,87 76 2145,867 112 2145,8669 87 2145,86692 90 usw. 120 30	Hier bleibt bei der Division ein Rest von 9 Hundertsteln. Auch durch Erweitern ist die Rechnung nicht zu lösen. Je nach Genauigkeit, die verlangt wird, können wir jetzt weiterrechnen. In die Stelle der Tausendstel käme eine 6, in die der Zehntausendstel eine 9. In diesen Fällen wird das Ergebnis auf- bzw. abgerundet.

Die Division durch eine Dezimalzahl ist erst möglich, wenn der Divisor durch Erweitern zu einer ganzen Zahl geworden ist:

$78{,}8 : 0{,}4$

$$\frac{788}{10} : \frac{4}{10} = \frac{788 \cdot \overset{1}{\cancel{10}}}{\underset{1}{\cancel{10}} \cdot 4} = \frac{788}{4}$$

$78{,}8 : 0{,}4 = 788 : 4 = 197$

Die Rechnung 8 : 2 ergibt dasselbe Ergebnis wie die Rechnung 80 : 20 oder 800 : 200. Hier wurden die Quotienten durch 10 bzw. 100 erweitert.

Wenn der Divisor eine Dezimalzahl ist, darf erst nach Erweitern dividiert werden.

375,25 : 0,5 = 3752,5 : 5	(erweitert mit 10)
278,1 : 0,26 = 27810 : 26	(erweitert mit 100)
3700 : 0,02 = 370000 : 2	(erweitert mit 100)
4738,1 : 33,1 = 47381 : 331	(erweitert mit 10)
9873,21 : 3,025 = 9873210 : 3025	(erweitert mit 1000)
3,7268 : 0,42 = 372,68 : 42	(erweitert mit 100)

Verwandlung von Brüchen in Dezimalzahlen

$$\frac{1}{2} = \frac{5}{10} = 0{,}5; \quad \frac{1}{5} = \frac{2}{10} = 0{,}2; \quad \frac{1}{4} = \frac{25}{100} = 0{,}25; \quad \frac{1}{25} = \frac{4}{100} = 0{,}04;$$

Alle Brüche, deren Nenner nur die Primfaktoren 2 und 5 enthalten, lassen sich durch Erweitern in Dezimalbrüche und damit in Dezimalzahlen verwandeln.

1 : 2 = 1,0 : 2 = 0,5; 1 : 5 = 1,0 : 5 = 0,2; 1 : 4 = 1,00 : 4 = 0,25;
1 : 25 = 1,00 : 25 = 0,04

Brüche werden in Dezimalzahlen verwandelt, indem man den Zähler durch den Nenner dividiert, d.h. den Wert des Quotienten ermittelt.

$$\frac{1}{8}=1{,}000:8=0{,}125; \quad \frac{21}{70}=21{,}0:70=0{,}3; \quad \frac{15}{30}=15{,}0:30=0{,}5$$

$$\frac{2}{3} = 2 : 3 = 2{,}00000 : 3 = 0{,}66666...$$

```
20
 20
  20
   20
    20
```

In diesem Fall gibt es stets denselben Rest. Das nennen wir einen „periodischen Dezimalbruch". Um die immer wiederkehrenden Zahlen nicht unnötig zu schreiben, setzen wir über die Periode einen waagrechten Strich: $0{,}\overline{6}...$
und deuten durch drei Punkte dahinter die unendliche Zahl der Dezimalstellen an. Gelesen wird: „0, Komma, Periode 6".

$\frac{1}{9}=1{,}0:9=0{,}\overline{1}...$ (0, Komma, Periode 1)

$\frac{4}{7}=4:7=0{,}\overline{571426}...$ (0, Komma, Periode, 5, 7, 1, 4, 2, 6).

```
40
 50
  10
   30
    20
     60
      40
```

Nenner, die neben 2 und 5 andere Primfaktoren enthalten, ergeben gemischt periodische Dezimalbrüche, z.B.:

$\frac{4}{15}=4:15=0{,}2\overline{6}...$

(0, Komma, 2, Periode 6.)

Dezimalzahlen werden in Brüche verwandelt, indem man die Zahl ohne Komma als Zähler setzt und dem Nenner hinter der 1 so viele Nullen gibt, wie die Zahl Stellen hinter dem Komma hat. Nach Möglichkeit ist dabei zu kürzen, z.B.:

$$3{,}14=\frac{314}{100}=\frac{157}{50}=3\frac{7}{50} \quad \text{oder} \quad 3\frac{14}{100}=3\frac{7}{50}$$

$$0{,}375=\frac{375}{1000}=\frac{3}{8}; \quad 0{,}08=\frac{8}{100}=\frac{2}{25}$$

POTENZ UND WURZEL

$5 \cdot 5 \cdot 5 = 5^3$

Tritt ein und dieselbe Zahl mehrmals als Faktor auf, so wenden wir die Potenzschreibweise an.

$$4^3 = 64$$

$$\text{Basis}^{\text{Exponent}} = \text{Wert der Potenz}$$

Aus der Multiplikationsaufgabe $5 \cdot 5 \cdot 5$ wird die Potenz 5^3 (5 hoch 3). Dabei bezeichnen wir 5 als Basis (Grundzahl) und 3 als Exponenten (Hochzahl). Der Exponent gibt an, wie oft die Basis als Faktor zu setzen ist.

$$8^2 = 8 \cdot 8; \quad 10^5 = 10 \cdot 10 \cdot 10 \cdot 10 \cdot 10; \quad 4^6 = 4 \cdot 4 \cdot 4 \cdot 4 \cdot 4 \cdot 4;$$

$6^2 = 6 \cdot 6 = 36$ (6 hoch 2 ist 36); 36 ist also der Wert der Potenz.

Die Potenzschreibweise ist z.B. bei der Zerlegung von Zahlen in Primfaktoren üblich:

$$144 = 2 \cdot 2 \cdot 2 \cdot 2 \cdot 3 \cdot 3 = 2^4 \cdot 3^2; \quad 882 = 2 \cdot 3 \cdot 3 \cdot 7 \cdot 7 = 2 \cdot 3^2 \cdot 7^2$$

$$100 = 2 \cdot 2 \cdot 5 \cdot 5 = 2^2 \cdot 5^2; \quad 1024 = 2^{10} = 2 \cdot 2 \cdot 2 \cdot 2 \cdot 2 \cdot 2 \cdot 2 \cdot 2 \cdot 2 \cdot 2$$

$4^2 = 16$

Hat die Basiszahl den Exponenten 2, so nennen wir das quadrieren (4 im Quadrat). Das „Quadrat" von 3 ist demnach 9 (3^2), das Quadrat von 7 ist 49 (7^2).

Die umgekehrte Rechenoperation nennt man Radizieren (Wurzelziehen). Mit Hilfe des Wurzelziehens soll ermittelt werden, wie groß die Faktoren des Wertes der Wurzel sind.

$$\sqrt[2]{36} = 6 \qquad \sqrt[\text{W.-Exp.}]{\text{Radikand}} = \text{Wert der Wurzel}$$

$$\sqrt[2]{16} = \sqrt{16} = 4 \qquad \sqrt[3]{8} = 2$$

Die Zahl unter dem Wurzelzeichen ($\sqrt{}$) ist der Radikand, d.h. die Zahl, aus der die Wurzel gezogen werden soll. Der Wurzelexponent bestimmt, in wie viele (gleiche) Faktoren der Radikand zerlegt werden soll.

In unserem Beispiel wird die Zahl gesucht, die 2-mal als Faktor gesetzt 36 ergibt. Der Wert der Wurzel ist in diesem Fall 6 ($6 \cdot 6 = 6^2 = 36$).
6 ist also die 2. Wurzel (Quadratwurzel) aus 36. Wird die Quadratwurzel gesucht (Wurzelexponent 2), so wird der Exponent auf dem Wurzelzeichen weggelassen.

Die 3. Wurzel aus 8 ist 2, denn $2 \cdot 2 \cdot 2 = 8$ (Kubikwurzel).
Zum Bestimmen von Potenz- und Wurzelwerten werden im Allgemeinen Tabellen benutzt.
Alle Potenzen lassen sich durch Multiplikation und Quadratwurzeln durch die folgenden Näherungsverfahren ermitteln:

$$\sqrt{60}$$

Gesucht wird die Zahl, die 2-mal als Faktor gesetzt (mit sich selbst multipliziert) 60 ergibt. Die Wurzel aus 60 muss zwischen 7 und 8 liegen ($7^2 = 49$; $8^2 = 64$). Da sie dichter bei 8 liegt, nehmen wir als ersten Näherungswert $\sqrt{60} \approx 7{,}7$ an. Die Division des Radikanden durch den 1. Näherungswert $60 : 7{,}7 = 600 : 77 = 7{,}792$ zeigt, dass der Wert der Wurzel zwischen 7,7 und 7,792 liegen muss. Der Mittelwert $(7{,}7 + 7{,}792) : 2 = 15{,}492 : 2$ ergibt den 2. Näherungswert 7,746. Die Division des Radikanden durch den 2. Näherungswert $60 : 7{,}746 = 60000 : 7746 = 7{,}746$ ergibt eine ausreichend genaue Lösung.

$$\sqrt{300}$$

Der Wert dieser Wurzel liegt zwischen 17 und 18. ($17^2 = 289$; $18^2 = 324$).
Als 1. Näherungswert nehmen wir 17,5 an. $300 : 17{,}5 = 3000 : 175 = 17{,}142$. Der Mittelwert von $17{,}5 + 17{,}142$ ergibt 17,321.

$$\begin{array}{r} 17{,}500 \\ +\ 17{,}142 \\ \hline 34{,}642 \end{array} \qquad 34{,}642 : 2 = 17{,}321.$$

$$\begin{array}{r} \underline{17{,}321 \cdot 17{,}321} \\ 17321 \\ 34642 \\ 5\ 1963 \\ 121\ 247 \\ 173\ 21 \\ 1\ 22 \\ \hline 300{,}017041 \end{array} \qquad \begin{array}{r} \underline{17{,}32\ \cdot 17{,}32} \\ 3464 \\ 5\ 196 \\ 121\ 24 \\ 173\ 2 \\ \hline 299{,}9824 \end{array}$$

Die Probe $17{,}321 \cdot 17{,}321$ ergibt eine hinreichende Genauigkeit, aber auch die Probe $17{,}32 \cdot 17{,}32$.

Daraus folgt:
Relative Zahlen werden subtrahiert, indem man mit umgekehrtem Vorzeichen addiert, d.h. die Subtraktion einer relativen Zahl ist gleich der Addition dieser Zahl mit umgekehrten Vorzeichen.

Für die Multiplikation relativer Zahlen gilt Folgendes:

$$(+5) \cdot (+5) = 5 \cdot 5 = 25$$
$$(+4) \cdot (-4) = 4 \cdot -4 = -16$$
$$(-3) \cdot (-6) = -3 \cdot -6 = 18$$

Der Wert eines Produkts aus zwei Faktoren mit gleichen Vorzeichen ist positiv; werden zwei Faktoren mit verschiedenen Vorzeichen multipliziert, ist der Wert des Produktes negativ. Die Regel von der Vertauschbarkeit der Faktoren bleibt selbstverständlich in Kraft. Besteht das Produkt aus mehreren Faktoren, ändert sich an dieser Regel ebenfalls nichts:

$$(-2) \cdot (-3) \cdot (+4) = (+6) \cdot (+4) = +24$$
$$(-2) \cdot (+3) \cdot (-4) = (-6) \cdot (-4) = +24$$
$$(-2) \cdot (-3) \cdot (-4) = (+6) \cdot (-4) = -24$$
$$(-2) \cdot (+3) \cdot (+4) = (-6) \cdot (+4) = -24$$

Für die Division relativer Zahlen gilt Folgendes:

$$(+4):(+2) = 4:2 = \frac{4}{2} = 2$$
$$(+4):(-2) = 4:-2 = \frac{4}{-2} = -2$$
$$(-4):(-2) = -4:-2 = \frac{-4}{-2} = 2$$

Haben Dividend und Divisor gleiche Vorzeichen, so ist der Wert des Quotienten positiv, haben sie verschiedene Vorzeichen, ist der Wert des Quotienten negativ.

ANGEWANDTES RECHNEN

Zahlenverhältnisse

Vergleichen wir die Zahlen 12 und 36, so können wir sagen:

12 sind 24 weniger als 36 oder
36 sind 24 mehr als 12.

Den Unterschied zweier Zahlen haben wir in diesem Fall dadurch ermittelt, dass wir die kleinere Zahl von der größeren subtrahiert haben (36 – 12).

Wir können aber auch feststellen:

12 ist ein Drittel von 36 oder
36 ist das Dreifache von 12.

Jetzt haben wir ein Verhältnis zwischen diesen beiden hergestellt. Das Verhältnis zweier Zahlen wird dadurch ermittelt, dass man die größere Zahl durch die kleinere dividiert (36 : 12). Das Verhältnis 36 : 12 (gelesen 36 zu 12) kann auch als Bruch $\frac{36}{12}$ geschrieben werden. Der Bruch $\frac{36}{12}$ lässt sich durch 12 kürzen, wir haben dann $\frac{3}{1}$ und damit wieder die Aussage, dass 36 das Dreifache von 12 ist. Wir können aber auch sagen: 36 : 12 = 3 : 1, d. h. 36 verhält sich zu 12 wie 3 zu 1. Damit haben wir das Größenverhältnis beider Zahlen in den kleinstmöglichen ganzen Zahlen angegeben.

Wenn wir das Verhältnis 25 : 100 als Bruch $\frac{25}{100}$ schreiben und diesen Bruch kürzen $\left(\frac{1}{4}\right)$, so erhalten wir als gekürztes Verhältnis 1 : 4. Daraus entsteht die Gleichung:

25 : 100 = 1 : 4 (25 verhält sich zu 100 wie 1 zu 4).

Diese Verbindung gleicher Verhältnisse in einer Gleichung nennen wir Verhältnisgleichung (Proportion). Selbstverständlich lassen sich Verhältnisse auch erweitern:

0,5 : 2,5 = 1 : 5 (erweitert mit 2). (In beiden Fällen beträgt die zweite Zahl das Fünffache der ersten.)

30 : 45 = 2 : 3

Bei dieser Verhältnisgleichung sind 30 und 3 die Außenglieder, 45 und 2 die Innenglieder. Das Produkt der Außenglieder (30 · 3) ist immer genauso groß wie das Produkt der Innenglieder (45 · 2). Dieser Vergleich der Produkte kann der Kontrolle unserer Verhältnisgleichung dienen.

$$30 \cdot 3 = 45 \cdot 2.$$

Diese Verbindung der gleichen Produkte, die aus einer Verhältnisgleichung gewonnen wurde, nennen wir **Produktengleichung**.

60 : 140 = 3 : 7 (Verhältnisgleichung)
60 · 7 = 140 · 3 (Produktengleichung)

Stimmt die Produktengleichung nicht, so ist die Proportion falsch (z. B. Fehler beim Kürzen oder Erweitern).

Die Außenglieder einer Verhältnisgleichung können miteinander vertauscht werden, ebenso die Innenglieder:

$$25 : 40 = 5 : 8$$

Außenglieder vertauscht:	$8 : 40 = 5 : 25$
Innenglieder vertauscht:	$25 : 5 = 40 : 8$

Die Richtigkeit dieser Regel kann durch die Umwandlung in eine Produktengleichung leicht bewiesen werden.

Werden mehr als zwei Größen verglichen, so entsteht eine „fortlaufende Proportion". Wir vergleichen die Zahlen 36, 48 und 84.

$36 : 48 = 3 : 4$ $\quad$ $36 : 84 = 3 : 7$ $\quad$ $48 : 84 = 4 : 7$

Daraus ergibt sich als verkürzende Schreibweise:

$$36 : 48 : 84 = 3 : 4 : 7$$

Dieses Rechnen mit Verhältnissen brauchen wir, wenn wir Mengen in bestimmten Verhältnissen aufteilen oder **Mischungsverhältnisse** berechnen müssen.

Beispiele:

Anton und Berta haben zusammen im Lotto 2520 € gewonnen. A hat 3 €, B hat 2 € des Einsatzes bezahlt. Der Gewinn muss – entsprechend dem Einsatz – im Verhältnis 3 : 2 aufgeteilt werden.
A erhält 3 Teile, B erhält 2 Teile des Gewinnes. Die 2520 € müssen also in 5 gleiche Teile aufgeteilt werden.

2520 € : 5 = 504 € (Ein Teil sind also 504 €).

A bekommt 3 Teile:	$3 \cdot 504$ € = 1512 €
B bekommt 2 Teile:	$2 \cdot 504$ € = 1008 €
$3 : 2 = 1512 : 1008$	Kontrolle: $3 \cdot 1008 = 2 \cdot 1512$

Wir könnten auch so überlegen: Jedesmal wenn A 3 € bekommt, erhält B 2 €. Das Geld wird also zu je 5 € verteilt.

5 € sind in 2520 € (2520 : 5) 504-mal enthalten.
Also bekommt A $504 \cdot 3$ € und B $504 \cdot 2$ €.

In einem Mehrfamilienhaus soll eine Wasserrechnung von 287,60 € von drei Familien bezahlt werden. Als gerechte Lösung erscheint die Aufteilung nach Kopfzahl. (Familie A besteht aus 2 Personen, Familie B aus 5 und Familie C aus 3 Personen.)
Die Kosten wären also im Verhältnis 2 : 5 : 3 aufzuteilen.
Der Rechnungsbetrag wird zunächst in 10 gleiche Teile aufgeteilt:

287,60 € : 10 = 28,76 €.

Ein Teil beträgt also 28,76 €.

Davon muss bezahlen:

Familie A	2 Teile:	2 · 28,76 € =	57,52 €
Familie B	5 Teile:	5 · 28,76 € =	143,80 €
Familie C	3 Teile:	3 · 28,76 € =	86,28 €
		Kontrolle:	287,60 €

In diesem Fall könnte man auch überlegen:
Familie B muss so viel bezahlen wie die Familien A und C zusammen. Familie B bezahlt also die Hälfte der Rechnung (287,60 € : 2), die andere Hälfte (143,80 €) wird unter A und C im Verhältnis 2 : 3 aufgeteilt (zunächst 5 Teile zu je 28,76 €). Das Ergebnis ist selbstverständlich dasselbe wie oben.

Für eine gemeinsame Zentralheizung entstehen für 2 Familien Ölkosten in Höhe von 432 €. Der Rechnungsbetrag soll nach der Wohnungsgröße bzw. nach der davon abhängigen Miete aufgeteilt werden. Familie A bezahlt 175 €, Familie B 275 € Miete. Hier ist es sinnvoll, das Verhältnis 175 : 275 zu kürzen.

175 : 275 = 7 : 11 Familie A müsste also 7, Familie B 11 Teile übernehmen.

Wir könnten auch sagen: Familie A bezahlt 7 von 18 Teilen $\left(\frac{7}{18}\right)$
und Familie B übernimmt 11 von 18 Teilen $\left(\frac{11}{18}\right)$.

Kosten für Familie A: $(432€:18)\cdot 7 = \frac{432}{18}€\cdot 7 = \frac{432\cdot 7}{18}€$

Kosten für Familie B: $(432€:18)\cdot 11 = \frac{432}{18}€\cdot 11 = \frac{432\cdot 11}{18}€$

Bei der Ausrechnung wollen wir hier die Möglichkeiten der Bruchrechnung ausnutzen, um große Zahlen zu vermeiden:

$$\frac{\overset{24}{\cancel{432}}\cdot 7}{\underset{1}{\cancel{18}}}\text{€} = 168\text{€}; \qquad \frac{\overset{24}{\cancel{432}}\cdot 11}{\underset{1}{\cancel{18}}}\text{€} = 264\text{€}.$$

Die Addition der Anteile (168 € + 264 € = 432 €) bestätigt die Richtigkeit unserer Rechnung. (Eine ganz genaue, aber sehr umständliche Kontrolle wäre die Produktengleichung aus der errechneten Verhältnisgleichung: 175 : 275 = 168 : 264   175 · 264 = 275 · 168)

Für einen Zweitaktmotor schreibt der Hersteller die Verwendung eines Öl-Benzin-Gemisches im Verhältnis 1 : 20 vor. Wieviel Öl muss einer Menge von 50 l Benzin beigemischt werden?

20 : 1 = 100 : 5	(erweitert mit 5)
100 : 5 = 50 : 2,5	(gekürzt durch 2). Daraus ergibt sich:
20 : 1 = 50 : 2,5	Es müssen demnach 2,5 l Öl beigemischt werden, um das vorgeschriebene Mischungsverhältnis einzuhalten.

Ein Großhändler stellt eine Bonbonmischung aus 2 Sorten her. Er mischt die Sorte I (15 € je kg) und die Sorte II (11 € je kg) im Verhältnis 1 : 3.
Was kosten 5 kg dieser Mischung?

1 Teil (1 kg) Sorte I kostet 15 € (1 · 15 €)
3 Teile (3 kg) Sorte II kosten 33 € (3 · 11 €)
4 Teile (4 kg) Sorte I + II kosten 48 € (15 + 33 €)

1 kg der Mischung kostet 12 € (48 € : 4)
Demnach kosten 5 kg dieser Mischung 5 · 12 € = 60 €.

Frostschutzmittel werden dem Kühlwasser beigemengt, um ein Einfrieren des Kühlwassers zu verhindern. Bei einem Mischungsverhältnis des Frostschutzmittels zum Wasser von 2 : 3 reicht der Frostschutz bis -18°C. Das Kühlsystem enthält 15 l Flüssigkeit.

2 Teile Frostschutzmittel
3 Teile Wasser ergeben
5 Teile Kühlflüssigkeit (Frostschutz bis –18°C).

5 Teile Kühlflüssigkeit entsprechen 15 l
1 Teil Kühlflüssigkeit entspricht 3 l
2 Teile entsprechen also 6 l, 3 Teile 9 l oder in der Verhältnisgleichung:
2 : 3 = 6 : 9 (erweitert mit 3)

Demnach enthält das Kühlsystem 6 l Frostschutzmittel.

Reines Gold (Feingold) wird mit Kupfer legiert, da es sonst für den praktischen Gebrauch zu weich wäre. Der Feingoldgehalt wird in Tausendsteln des Gesamtgewichtes der Legierung angegeben. Der Stempel „585“ besagt also, dass 585 Tausendstel der Legierung aus Feingold bestehen. Ein goldener Pokal mit dem Stempel 585 wiegt 600 g. Wie groß ist der Feingoldgehalt (Anteile des reinen Goldes)?

585 : 1000 = 117 : 200 (gekürzt durch 5)
d. h. von 200 Teilen sind 117 Teile Feingold
200 Teile entsprechen 600 g
1 Teil entspricht 3 g (600 : 300 = 3)
117 Teile entsprechen 351 g
Der Pokal enthält 351 g Feingold.

Der Goldgehalt steht zur Menge der Legierung im gleichen Verhältnis wie das tatsächliche Gewicht des Goldes zum tatsächlichen Gewicht: 585 : 1000 = 351 : 600

$$1000 \cdot 351 = 585 \cdot 600$$
$$351000 = 351000$$

Hier erfolgte die Kontrolle durch die Produktengleichung.

Die Schlussrechnung

Bei vielen Anwendungen des Rechnens im täglichen Leben wird die Schlussrechnung gebraucht. Beim einfachen Schluss wird von drei gegebenen Größen auf eine vierte, von diesen drei abhängige Größen geschlossen.

1 kg Butter kostet 7,80 €. Was kosten 4 kg Butter?

In dem ersten Satz finden wir die Bedingungen, die wir unserer Rechnung zugrunde legen müssen, der zweite Satz enthält eine Frage, die durch Folgerungen aus Bedingung und Frage zur Lösung der Aufgabe führt.

Bedingung:	1 kg Butter kostet 7,80 €
Frage:	4 kg Butter kosten ? €
Schluss:	Wenn 1 kg Butter 7,80 € kostet, kosten 4 kg Butter viermal soviel
Rechnung:	7,80 € · 4 = 31,20 €
Antwort:	4 kg Butter kosten 31,20 €.

Hier wurde direkt von der Einheit auf die Mehrheit geschlossen.

3 kg Apfelsinen kosten 1,35 €. Was kostet 1 kg Apfelsinen?

3 kg Apfelsinen kosten 1,35 €
1 kg Apfelsinen kostet ? €

Wenn 3 kg Apfelsinen 1,35 € kosten, kostet 1 kg nur ein Drittel davon.

1,35 € : 3 = 0,45 €
1 kg Apfelsinen kostet 0,45 €.

Hier wurde direkt von einer Mehrheit auf die Einheit geschlossen.

1 Dutzend Bleistifte kostet 3 €. Was kosten 5 Bleistifte?

12 Stück kosten 3,00 €
5 Stück kosten ? €

Wenn 12 Bleistifte 3 € kosten, kostet 1 Bleistift ein Zwölftel dieses Preises, und 5 Bleistifte kosten das Fünffache des Einzelpreises.

3 DM : 12 (Preis für 1 Bleistift)

$$\frac{3}{12}\,€\cdot 5 \text{ (Preis für 5 Bleistifte)} \frac{\overset{1}{\cancel{3}}\cdot 5}{\underset{4}{\cancel{12}}}\,€ = \frac{5}{4}\,€ = 1\frac{1}{4}\,€ = 1{,}25\,€.$$

5 Bleistifte kosten 1,25 €.

Hier wurde von einer Mehrheit zunächst auf die Einheit und von der auf eine andere Mehrheit geschlossen.

Bei der Rechnung wird häufig die Bruchrechnung angewandt. Durch das Kürzen in unserem Fall wird Arbeit gespart. Die Einheit wird oft bei diesem Verfahren gar nicht sichtbar. (Sie ist ja auch nicht gefragt.)

Diese Rechnung mit drei (voneinander abhängigen) Größen wird auch als Dreisatz bezeichnet (auch Regeldetri, d. h. Regel der Drei).
In den bisher dargestellten Aufgaben war jedesmal ein direkter Schluss möglich, d. h. je größer die Warenmenge, desto höher der Preis. Wächst die unabhängige Größe (z. B. die Warenmenge), so wächst auch die abhängige Größe (in diesem Fall der Preis).

Fällt die abhängige Größe, wenn die unabhängige Größe wächst, so müssen wir „indirekt“ schließen.

15 Arbeiter brauchen zur Ausbesserung eines Straßenabschnittes 12 Arbeitstage. In welcher Zeit könnte diese Arbeit von 20 Arbeitern bewältigt werden?

Bedingung: 15 Arbeiter brauchen 12 Tage
Frage: <u>20 Arbeiter brauchen ? Tage</u>

Schluss: Wenn 15 Arbeiter 12 Tage brauchen, benötigt ein Arbeiter allein die fünfzehnfache Zeit. 20 Arbeiter könnten die Arbeit in einem Zwanzigstel dieser Zeit schaffen. (Schlussweg: von der Mehrheit zur Einheit und von der Einheit zu einer anderen Mehrheit).

Rechnung: 12 Tage · 15 = 180 (Einheit)
180 Tage : 20 = 9 Tage (andere Mehrheit)

$$\frac{\overset{3}{\cancel{12}} \cdot \overset{3}{\cancel{15}}}{\underset{\underset{1}{\cancel{4}}}{\cancel{20}}}\,\text{Tage} = 9\ \text{Tage}$$

Antwort: 20 Arbeiter bewältigen die Arbeit in 9 Tagen.

Ein Futtervorrat reicht für 21 Tiere 80 Tage. Wieviele Tiere könnten gefüttert werden, wenn der Vorrat nur für 60 Tage bestimmt ist?

Das Zeichen ≙ (gelesen: entspricht) drückt eine Abhängigkeit aus. So entspricht z. B. eine Warenmenge einem bestimmten Preis (und umgekehrt) oder eine Arbeitsleistung einer bestimmten Zeit.

80 Tage = 21 Tiere
<u>60 Tage = ? Tiere</u>

Würde der Vorrat an einem Tag verfüttert, so müsste die Zahl der Tiere 80-mal so groß sein. Soll er 60 Tage reichen, könnte er nur ein Sechzigstel der errechneten Zahl sein.

21 Tiere · 80 (Einheit) = 1680 Tiere

1680 Tiere: 60 (Mehrheit) = 28 Tiere.

$$\frac{\overset{7}{\cancel{21}} \cdot \overset{4}{\cancel{80}}}{\underset{\underset{1}{\cancel{3}}}{\cancel{60}}}\,\text{T.} = 28\ \text{Tiere}$$

Es können 28 Tiere 60 Tage lang gefüttert werden.

Wir könnten auch sagen: Beim direkten Schluss handelt es sich um Größenpaare mit den gleichen Quotienten, beim indirekten Schluss um Größenpaare mit dem gleichen Produkt.

Sind zur Lösung einer Aufgabe mehrere Größen zu berechnen, so handelt es sich um einen doppelten Dreisatz (zusammengesetzter Schluss). Dabei können direkte und indirekte Verhältnisse in einer Aufgabe gekoppelt sein:

In einer Fabrik füllen 15 Arbeiterinnen in 8-stündiger Arbeitszeit täglich 9600 Ampullen ab. Da 3 Arbeiterinnen erkrankt sind, machen die anderen täglich eine Überstunde. Wieviele Ampullen werden jetzt täglich abgefüllt werden?

Hier sind zwei direkte Proportionen gekoppelt. Die Aufgabe kann durch Folgerungen schrittweise gelöst werden.

Bedingung:	15 Arbeiterinnen füllen in 8 Std. zusammen 9600 Ampullen
Frage:	<u>12 Arbeiterinnen füllen in 9 Std. zusammen ? Ampullen</u>
1. Schluss:	1 Arbeiterin füllt in 8 Std. den 15. Teil von 9600 Ampullen ab (Einheit: 640 Amp.)
2. Schluss:	12 Arbeiterinnen füllen in 8 Std. 12-mal so viele Ampullen ab (Mehrheit: 7680 Amp.)
3. Schluss:	12 Arbeiterinnen füllen in 1 Std. den 8. Teil von 7680 Ampullen ab (Einheit: 960 Ampullen)
4. Schluss:	12 Arbeiterinnen füllen in 9 Std. 9-mal so viele Ampullen ab (Mehrheit: 8640 Ampullen)

Rechnung:

9600 Ampullen : 15 = 640 Ampullen
640 Amp. · 12 = 7680 Amp.
7680 Amp. : 8 = 960 Amp.
960 Amp. · 9 = 8640 Amp.

Durch eine Gesamtfolgerung lassen sich diese 4 Teilrechnungen in einer Rechnung zusammenfassen, die folgendermaßen entsteht:

$$9600\ \text{Amp.} : 15; \qquad \frac{9600}{15}\,\text{Amp.}\cdot 12; \qquad \frac{9600\cdot 12}{15}\,\text{Amp.} : 8;$$

$$\frac{9600\cdot 12}{15\cdot 8}\,\text{Amp.}\cdot 9 = \frac{9600\cdot 12\cdot 9}{15\cdot 8}\,\text{Amp.}$$

Wenn wir vor dem Ausrechnen kürzen, werden die obenstehenden Teilergebnisse nicht mehr sichtbar, dafür aber erhalten wir in einer schnelleren Rechnung gleich das Gesamtergebnis:

$$\frac{\overset{\overset{80}{\cancel{1200}}}{\cancel{9600}}\cdot 12\cdot 9}{\underset{1}{\cancel{15}}\cdot \cancel{8}}\,\text{Amp.} = 720\cdot 12\,\text{Amp.} = 8640\,\text{Amp.}$$

Antwort: 12 Arbeiterinnen füllen in 9-stündiger Arbeitszeit zusammen 8640 Ampullen ab.

Selbstverständlich könnten die notwendigen Schlüsse auch in anderer Reihenfolge gezogen werden:

1. Schluss: 15 Arbeiterinnen füllen in 1 Std. den 8. Teil von 9600 Ampullen ab (1200 Amp.)
2. Schluss: 15 Arbeiterinnen füllen in 9 Std. 9-mal so viele Ampullen ab (10800 Amp.)
3. Schluss: 1 Arbeiterin füllt in 9 Std. den 15. Teil von 10800 Ampullen ab (720 Amp.)
4. Schluss: 12 Arbeiterinnen füllen in 9 Std. 12-mal so viele Ampullen ab (8640 Amp.)

Die zusammengesetzte Rechnung wäre aber die gleiche: $\frac{9600 \cdot 9 \cdot 12}{8 \cdot 15}$ Amp.

In der folgenden Aufgabe sind ein direktes und ein indirektes Verhältnis gekoppelt:

Von einer Großbaustelle werden 5760 m^3 Erde von 48 LKW abgefahren. Jedes Fahrzeug muss 20-mal fahren. Auf der nächsten Baustelle sind 2250 m^3 Erde abzufahren. Es stehen 15 LKW zur Verfügung.

48 LKW fahren 5760 m^3 in je 20 Fahrten ab
<u>15 LKW fahren 2250 m^3 in je ? Fahrten ab</u>

1 LKW fährt 5760 m^3 in 48 · 20 Fahrten ab (Einheit/indirekt)

15 LKW fahren 5760 m^3 in $\frac{48 \cdot 20}{15}$ Fahrten ab (Mehrheit/indirekt)

15 LKW fahren 1 m^3 in $\frac{48 \cdot 20}{15 \cdot 5760}$ Fahrten ab (Einheit/direkt)

15 LKW fahren 2250 m^3 in $\frac{48 \cdot 20 \cdot 2250}{15 \cdot 5760}$ Fahrten ab (Mehrheit/direkt)

$$\frac{\overset{1}{\cancel{48}} \cdot \overset{1}{\cancel{20}} \cdot \overset{\overset{25}{\cancel{150}}}{\cancel{2250}}}{\underset{1}{\cancel{15}} \cdot \underset{\underset{\underset{1}{\cancel{6}}}{\cancel{120}}}{\cancel{5760}}} \text{ Fahrten} = 25 \text{ Fahrten}$$

Jedes Fahrzeug muss 25-mal fahren.

An dieser Aufgabe wird deutlich, dass die Zwischenergebnisse mitunter sinnlos sind (wie sollen 15 LKW 1 m^3 Erde abfahren?). In der Kette der Schlussfolgerungen sind diese Schritte aber erforderlich.

Kommen in einer Aufgabe Brüche oder gemischte Zahlen vor, so müssen sie vor der Rechnung in unechte Brüche oder in Dezimalzahlen umgewandelt werden:

Eine Kolonne von 8 Mann verlegte 1,4 km Rohrleitung in $5^1/_2$ Tagen. Nach dieser Zeit werden noch 2 Mann eingestellt. Insgesamt sollen 5,6 km Leitung verlegt werden. Wann wird die Arbeit beendet, wenn am 2. März begonnen wurde?

Als die zusätzlichen Kräfte eingestellt wurden, waren noch 4,2 km (5,6 km – 1,4 km) Leitung zu verlegen.

8 Mann verlegen 1,4 km Leitung in $5\frac{1}{2}$ Tagen
<u>10 Mann verlegen 4,2 km Leitung in ? Tagen</u>

1 Mann verlegt 1,4 km in $5\frac{1}{2}\left(\frac{11}{2}\right)\cdot 8$ Tagen, also in $\frac{11\cdot 8}{2}$ Tagen

10 Mann verlegen 1,4 km in $\frac{11\cdot 8}{2\cdot 10}$ Tagen

10 Mann verlegen 1 km in $\frac{11\cdot 8}{2\cdot 10}:\frac{14}{10}$ Tagen $=\frac{11\cdot 8\cdot 10}{2\cdot 10\cdot 14}$ Tagen $\left(1{,}4=\frac{14}{10}\right)$

10 Mann verlegen 4,2 km in $\frac{11\cdot 8\cdot 10}{2\cdot 10\cdot 14}\cdot\frac{42}{10}$ Tagen $=\frac{11\cdot 8\cdot 10\cdot 42}{2\cdot 10\cdot 14\cdot 10}$ Tagen

$$\frac{11\cdot\overset{\overset{2}{\cancel{4}}}{\cancel{8}}\cdot\overset{1}{\cancel{10}}\cdot\overset{\overset{3}{\cancel{6}}}{\cancel{42}}}{\underset{1}{\cancel{2}}\cdot\underset{1}{\cancel{10}}\cdot\underset{\underset{1}{\cancel{2}}}{\cancel{14}}\cdot\underset{5}{\cancel{10}}}\text{ Tage}=\frac{66}{5}=13\frac{1}{5}\text{ Tage}$$

Rechnen wir mit Dezimalzahlen, sieht die Rechnung so aus:

$$\frac{\overset{1{,}1}{\cancel{5{,}5}}\cdot\overset{4}{\cancel{8}}\cdot\overset{0{,}3}{\cancel{4{,}2}}}{\underset{5}{\cancel{10}}\cdot\underset{0{,}2}{\cancel{1{,}4}}}=\frac{\overset{1{,}1}{\cancel{5{,}5}}\cdot\overset{4}{\cancel{8}}\cdot\overset{3}{\cancel{42}}}{\underset{2}{\cancel{10}\cdot\cancel{14}}}=13{,}2\text{ Tage}$$

Insgesamt werden 5,5 + 13,2 Tage = 18,7 Tage benötigt. Die Arbeit wird also am 19. Tag beendet.

Antwort: Die Arbeit wird am 20. März beendet.

Die Prozentrechnung

Wenn Zahlenangaben verglichen werden sollen, ist es nötig, für alle Vergleichsgrößen eine gemeinsame Bezugszahl zu finden. Bei der Prozentrechnung werden die zu vergleichenden Größen in ein Verhältnis zur Zahl 100 umgerechnet.

Bei einer Wahl erhält eine Partei in einer Stadt 26180 Stimmen von 74800 abgegebenen Stimmen; in der Nachbarstadt erringt sie 13024 von 35200 abgegebenen Stimmen.
Die Frage, in welchem Fall von beiden diese Partei besser abgeschnitten hat, lässt sich nicht auf den ersten Blick beantworten. Beim Vergleich durch Brüche wird das Bild auch nicht wesentlich deutlicher.

$$\text{26810 St. von 74800 St. entspricht } \frac{26180}{74800}\text{St.}$$

$$\text{13024 St. von 35200 St. entspricht } \frac{13024}{35200}\text{St.}$$

Der Überschlag ergibt, dass in beiden Fällen etwa $^1/_3$ der abgegebenen Stimmen auf diese Partei entfällt.

Würden wir die Brüche auf einen gemeinsamen Nenner erweitern, wäre ein Vergleich natürlich möglich.

$$\frac{26180}{74800} \text{ (erweitert mit 8) } = \frac{209440}{598400}$$

$$\frac{13024}{35200} \text{ (erweitert mit 17) } = \frac{221408}{598400}$$

(Jetzt könnte man sagen: Wären in beiden Orten je 598400 Stimmen abgegeben worden, so hätte die Partei im 2. Fall 11968 Stimmen mehr erhalten als im ersten).
Dieses Verfahren ist seiner Umständlichkeit wegen im täglichen Leben nicht durchführbar.

Nach dieser Erfahrung liegt es nahe, eine Vereinfachung der Zahlen durch Kürzen anzustreben:

$$\frac{26180}{74800} \text{ (gekürzt mit 3740) } = \frac{7}{20};$$

$$\frac{13024}{35200} \text{ (gekürzt mit 352) } = \frac{37}{100}$$

Der Vergleich von $\frac{7}{20}$ und $\frac{37}{100}$ wird sinnvoller, wenn wir den ersten Bruch noch mit 5 erweitern.

Jetzt können wir sagen:
Im ersten Ort hätte die Partei 35 von 100 Stimmen, im anderen Ort 37 von 100 Stimmen erhalten. Sie hat also im 2. Fall bezogen auf die Zahl 100 genau 2 Stimmen mehr errungen.
Diese Umrechnung auf die Bezugszahl 100 lässt sich durch einen einfachen Dreisatz viel leichter durchführen:

1. Von 74800 Stimmen erhielt die Partei 26180
   von 100 Stimmen also $\frac{26180 \cdot 100}{74800} = 35$

2. Von 35200 Stimmen erhielt die Partei 13024
   von 100 Stimmen also $\frac{13024 \cdot 100}{35200} = 37$

Im letzten Beispiel waren es also 2 von Hundert (bzw. 2 Hundertstel) mehr. Für die Bruchschreibweise $^2/_{100}$ sagen wir auch 2 Prozent und benutzen das Prozentzeichen %.

Die Prozentrechnung ist also nichts als eine „Hundertstel"-Rechnung! Prozentsätze lassen sich leicht in Brüche umkehren:

$$30\% = \frac{30}{100} = \frac{3}{10}$$
$$50\% = \frac{50}{100} = \frac{1}{2}$$
$$60\% = \frac{60}{100} = \frac{3}{5}$$
$$75\% = \frac{75}{100} = \frac{3}{4}$$
$$80\% = \frac{80}{100} = \frac{4}{5}$$
$$90\% = \frac{90}{100} = \frac{9}{10}$$
$$100\% = \frac{100}{100} = 1$$

$$1\% = \frac{1}{100}$$
$$2\% = \frac{2}{100} = \frac{1}{50}$$
$$4\% = \frac{4}{100} = \frac{1}{25}$$
$$5\% = \frac{5}{100} = \frac{1}{20}$$
$$10\% = \frac{10}{100} = \frac{1}{10}$$
$$20\% = \frac{20}{100} = \frac{1}{5}$$
$$25\% = \frac{25}{100} = \frac{1}{4}$$

Diese Aufstellung lässt sich natürlich auch umgekehrt lesen, d. h. durch Erweitern auf den Nenner 100 lassen sich viele Brüche in Prozentsätze umrechnen:

$$\frac{1}{4} = \frac{25}{100} = 25\%.$$

In einem Betrieb sind von 800 Mitarbeitern 128 Frauen, in einem anderen sind von 1325 Mitarbeitern 212 Frauen. Wieviel Prozent sind dies jeweils?
Das Ganze, das zum Vergleich herangezogen wird, nennen wir „Grundwert". Er ist stets eine benannte Größe und beträgt 100% (in unserem Beispiel die Zahl der Mitarbeiter). Einen Teil des Ganzen nennen wir Prozentwert. Er hat die gleiche Benennung wie der Grundwert (in unserem Beispiel die Zahl der weiblichen Mitarbeiter).

Der Teil in Bezug auf 100 (in Hundertstel des Ganzen) ist der Prozentsatz. (1 Hundertstel des Grundwertes entspricht (≙) 1%).
Prozentwert und Prozentsatz entsprechen einander.
Jede dieser drei Größen kann berechnet werden, wenn die beiden anderen bekannt sind. In unserem Beispiel ist der Prozentsatz (der weiblichen Mitarbeiter) zu berechnen.

1. Betrieb: Von 800 Mitarbeitern sind 128 Frauen
Von 100 Mitarbeitern sind es 128 : 8 = 16
16% $\left(\frac{16}{100}\right)$ der Mitarbeiter sind Frauen.

2. Betrieb: Von 1325 Mitarbeitern sind 212 Frauen
Von 100 Mitarbeitern sind es $\frac{212 \cdot 100}{1325} = 16$.

16% der Mitarbeiter sind Frauen.

Dieser Vergleich zeigt, dass der Prozentsatz der weiblichen Mitarbeiter in diesen beiden Betrieben gleich ist.

Von den 6875 Einwohnern einer Vorortgemeinde besitzen 32% einen eigenen Garten. Hier wird der Prozentsatz (die Zahl der Gartenbesitzer) gesucht. Gegeben sind Grundwert (Einwohnerzahl) und Prozentsatz.

100% = 6875 Einwohner
32% = ? Einwohner

$$\frac{\overset{275}{\cancel{6875}} \cdot \overset{8}{\cancel{32}}}{\underset{25}{\cancel{100}}} \text{ Einwohner} = 2200 \text{ Einwohner}$$

In diesen Fällen ist eine verkürzte Rechnungsweise oft möglich:
100% ≙ 6875 Einwohner
1% ≙ 68,75 Einwohner
32% ≙ 68,75 · 32 = 2200 Einwohner

2200 Einwohner besitzen demnach einen eigenen Garten.

Messing ist eine Legierung von Kupfer und Zink. Ein Werkstück enthält 203 g Kupfer, das sind 58% des Gesamtgewichtes.
Hier wird der Grundwert gesucht. Gegeben sind Prozentsatz (Anteil des Kupfers) und Prozentwert (Gewicht des Kupfers).

$$58\% \mathrel{\widehat{=}} 203\text{g}$$
$$1\% \mathrel{\widehat{=}} \frac{203}{58}\text{g}$$
$$100\% \mathrel{\widehat{=}} \frac{203 \cdot 100}{58}\text{g} = 350\text{g}$$

Das Werkstück wiegt demnach 350 g.

Die Prozentrechnung ist die häufigste Anwendung des Dreisatzes. Sie wird heute auf allen Gebieten des täglichen Lebens angetroffen, da sich Angaben in Prozentsätzen besonders leicht vergleichen und gut in Tabellen und Schaubildern darstellen lassen. Besonders häufig treffen wir diese Art zu rechnen auf dem Gebiet des Geldwesens an. Gewinne und Verluste der Wirtschaft, Lohnsteigerungen, Rabatte und Steuersätze werden häufig in Prozentsätzen angegeben.

Ein Stundenlohn von 4,18 € wird um 6% erhöht:

$$100\% \triangleq 4{,}18\ €$$
$$1\% \triangleq 0{,}0418\ €$$
$$6\% \triangleq 0{,}0418\ € \cdot 6 = 0{,}2508\ €.$$

Der Stundenlohn wird demnach auf 4,43 € erhöht.

Bei einem Konkurs erhielten die Gläubiger nur 55% ihrer Forderung. Die Firma A machte eine Forderung über 24752,20 € geltend.

$$1\% \text{ von } 24752{,}20\ € \triangleq 247{,}522\ €$$
$$55\% = 247{,}522\ € \cdot 55 = 13613{,}71\ €$$

Die Firma erhält 13613,71 €.

Der Preis für einen Damenmantel wird um 21 € auf 219 € heraufgesetzt. (Der Mantel kostete demnach vorher 198 €.)

$$198\,€ \mathrel{\widehat{=}} 100\% \qquad\qquad 21\,€ \mathrel{\widehat{=}} \frac{100 \cdot 21}{198}\% = 10{,}6\%$$

Der Mantel wurde um etwa 10,6% teurer.

Ein Obsthändler nimmt für eine Sendung Bananen 735 €. Dieser Preis bedeutet für ihn einen Verlust von 16%. (Er erhielt also nur 84% des Selbstkostenpreises.)

$$84\% \mathrel{\hat{=}} 735\text{ €}$$

$$100\% \mathrel{\hat{=}} \frac{735 \cdot 100}{84}\text{ €} = 875\text{ €}$$

Der Selbstkostenpreis betrug 875 €.

$$84\% \mathrel{\hat{=}} 735\text{ €}$$

$$16\% \mathrel{\hat{=}} \frac{735 \cdot 16}{84}\text{ €} = 140\text{ €}$$

Sein Verlust betrug 140 € (875 € - 735 € = 140 €)

Einkauf und Verkauf

Im Wirtschaftsleben und beim Geldverkehr ist die Prozentrechnung besonders häufig anzutreffen. Gewinne, Verluste, Rabatte, Zinsen usw. werden in Prozentsätzen berechnet.

Eine Sammlung im Wert von 15200 € soll mit einem Gewinn von 12% verkauft werden.

$$100\% \triangleq 15200\text{ €}$$
$$1\% \triangleq 152\text{ €}$$
$$12\% \triangleq 152\text{ €} \cdot 12 = 1824\text{ € (Gewinn)}$$

Der Verkaufspreis beträgt 15200 € + 1824 € = 17024 €. Dieser Preis könnte auch direkt als der Wert von 112% des Grundwertes berechnet werden (152 € · 112 = 17024 €).

Ist der Verkaufspreis höher als der Einkaufspreis, so entsteht ein Gewinn (er ist nicht dem Verdienst gleichzusetzen!);
liegt der Verkaufspreis unter dem Einkaufspreis, so handelt es sich um einen Verlust. Dabei können Rechnungen auftreten, bei denen mit Werten von über 100% gerechnet werden muss.

Ein Makler erzielt einen Gewinn von 7350 €, das entspricht einem Prozentsatz von 28%.

$$28\% \mathrel{\hat{=}} 7350\text{ €}$$

$$100\% \mathrel{\hat{=}} \frac{7350 \cdot 100}{28}\text{ €} = 26250\text{ €}.$$

Es handelt sich also um ein Objekt im Wert von 26250 €, das für 33600 € verkauft wurde.

Ein Fischhändler übernimmt einen Posten Krabben für 2800 €. Er rechnet mit einem Gewinn von 35%. Durch einen unsachgemäßen Transport bei großer Hitze verderben 40% der Ware. Wie groß ist sein Verlust?

Bei dieser Aufgabenstellung müssen wir darauf achten, dass sich Prozentsätze verschiedener Grundwerte nicht miteinander vergleichen lassen. Außerdem bezieht sich der Wert des Verlustes immer auf den Einkaufspreis.

Der Händler wollte seine Krabben demnach für insgesamt 3780 € verkaufen. Er erhielt aber nur 60% des erwarteten Erlöses, da er 40% seiner Ware vernichten musste.

60% von 3780 € sind 378 · 6 = 2268 € (378 € = 10%!)

Stellen wir diese Einnahme von 2268 € dem Einkaufspreis von 2800 € gegenüber, so ergibt sich ein Verlust von 2800 € - 2268 € = 532 €. Die Berechnung des Prozentsatzes ergibt:

Von 2800 € verliert er 532 €.
Von 100 € verliert er 532 : 28 = 19 €.

Das entspricht einem Verlust von 19%.

Rabatt und Ratenzahlung

Rabatt ist eine Form des Preisnachlasses. Rabatt wird bei sofortiger Barzahlung, beim Bezug größerer Mengen oder an Dauerkunden gewährt. Seine Höhe wird in Prozenten des Barpreises berechnet. Skonto ist ebenfalls ein prozentualer Preisabschlag bei Barzahlung, bei größeren Summen wird er auch bei kurzfristiger Bezahlung gewährt.

Bei einer Bezahlung in Raten wird häufig ein Ratenzuschlag erhoben, der sich ebenfalls als Prozentsatz berechnen lässt und desto höher liegt, je länger der Zeitraum der Ratenzahlung wird.

Eine Waschmaschine kostet 698,– €. Der Händler gewährt bei Barzahlung 5% Skonto, schlägt aber auch 11 Monatsraten zu je 66,– € bei einer Anzahlung von 70,– € vor.

Skonto: 5% von 698,– € sind 6,98 · 5 = 34,90 €
Bei Barzahlung muss der Kunde nur 663,10 € bezahlen.

Ratenzahlung: 70,– € + 11 · 66,– € = 796,– €
Bei Ratenzahlung kostet ihn dieselbe Waschmaschine 132,90 € mehr.

Gewichtsrechnung

Bei vielen Sendungen wird zwischen Bruttogewicht und Nettogewicht unterschieden. Das Nettogewicht ist das wirkliche Gewicht der Ware, das Bruttogewicht ist das Gesamtgewicht, enthält also auch das Gewicht der Verpackung. Das Gewicht der Verpackung wird als Tara bezeichnet.

Gesamtgewicht (Bruttogewicht) = Warengewicht (Nettogewicht) + Verpackung (Tara)

Der Prozentsatz der Verpackung wird vom Gesamtgewicht berechnet.

Ein Glas Marmelade wiegt 680 g. Das leere Glas mit Deckel wiegt 240 g.

$$680 \text{ g (Brutto)} \mathrel{\hat{=}} 100\%$$

$$240 \text{ g (Tara)} \mathrel{\hat{=}} \frac{100 \cdot 240}{680}\% = 35{,}3\%$$

Auf die Tara entfallen 35,3%. (Das Nettogewicht entspräche in diesem Fall 64,7% des Gesamtgewichtes).

Zinsrechnung

Ein wichtiges Kapitel innerhalb der Prozentrechnung ist die Zinsrechnung. Wer Geld leiht, muss dafür Zinsen zahlen, wer Geld verleiht, bekommt dafür Zinsen.

Die Höhe der Zinsen (Prozentwert) hängt von der Höhe des Kapitals (Grundwert), dem Zinssatz (Prozentsatz) und der Zeit ab.

Ein Zins von $4\frac{1}{2}\%$ besagt, dass es für (je) 100 € Kapital in einem Jahr 4,50 € Zinsen gibt.

Falls die Zeit nicht besonders genannt wird, handelt es sich immer um Jahreszinsen. (Das Jahr wird dabei mit 360 Tagen und jeder Monat mit 30 Tagen gerechnet.)

Auf einem Sparbuch sind 3276,- €. Die Kasse gewährt einen Zinssatz von $3\frac{1}{4}\%$.

Für 100 € bekommt der Sparer 3,25 €

Für 3276 € bekommt er $\frac{3{,}25 \cdot 3276}{100}€ = 106{,}47€.$

Nach einem Jahr bekommt der Sparer in diesem Fall 106,47 € Zinsen. Falls er sie nicht abhebt, werden sie seinem Kapital zugeschlagen, und die Zinsen für das kommende Jahr werden um die Zinsen für die Zinsen (Zinseszins) höher.

Zinseszinsen werden heute durch Rechenautomaten ermittelt oder aus Zinstabellen abgelesen.

Für ein geliehenes Kapital von 12000 € werden $8\frac{3}{4}$ % Zinsen berechnet.

Nach 8 Monaten wird die Schuld getilgt, d. h. die ganze Schuldsumme zurückbezahlt. Hier müssen also nicht die Zinsen für ein ganzes Jahr bezahlt werden:

Für 100,– € werden in 12 Monaten 8,75 € berechnet,
<u>für 12000 sind es in 8 Monaten ? €.</u>

Es handelt sich also um einen doppelten Dreisatz, dessen Lösung uns keine Schwierigkeiten bereitet:

(Kapital)		(Zinsen)	
100,– €	$\hat{=}$	875,– €	in 12 Monaten
12000,– €	$\hat{=}$	$8{,}75 \cdot 120$ €	in 12 Monaten
12000,– €	$\hat{=}$	$\frac{8{,}75\cdot 120}{12}$ €	in 1 Monat
12000,– €	$\hat{=}$	$\frac{8{,}75\cdot 120\cdot 8}{12}$ €	in 8 Monaten

$$\frac{8{,}75\cdot \overset{10}{\cancel{120}}\cdot 8}{\underset{1}{\cancel{12}}}\,€ = 700,–\,€$$

Nach 8 Monaten müssten demnach 12700,– € (Kapital + Zinsen) zurückgezahlt werden.

Tageszinsen werden genauso – durch Rückschluss auf einen Tag $\left(\frac{1}{360}\right)$ berechnet:

Herr A. leiht sich am 5. März 1971 zur Finanzierung eines Autokaufs 6000,– € bei einem Satz von $9^1/_2$ % für Sollzinsen. Durch eine unvorhergesehene Erbschaft kann er diese 6000,– € bereits am 26. Juni desselben Jahres zurückzahlen.
Er bezahlt also für 3 Monate und 21 Tage Zinsen.

100,– € in 360 Tagen $\hat{=}$ 9,50 €

6000,– € in 111 Tagen $\hat{=} \frac{9{,}5\cdot 6000\cdot 111}{100\cdot 360}$ € = 175,75 €

Herr A. muss für den genannten Zeitraum 175,75 € Zinsen bezahlen.

Sollzinsen sind Zinsen für geliehenes Geld (Schulden).
Habenzinsen sind Zinsen für gespartes Geld (Guthaben).
Der Satz für Sollzinsen liegt im Allgemeinen über dem Zinssatz für Guthaben. Von der Differenz beider Zinssätze leben Geldverleiher und unterhalten unsere Banken und Sparkassen die für den Geldverkehr notwendigen Einrichtungen.

Herr B. erhielt eine Nachricht seines Geldinstitutes, dass ihm für das abgelaufene Jahr 762,27 € Zinsen gutgeschrieben wurden. Er weiß, dass er bei langfristiger Anlage (jährlicher Kündigung) $5^1/_4$ % Habenzinsen erhält.

(Zinsen) (Kapital)

$$5{,}25\ € \mathrel{\hat{=}} 100\ €$$

$$762{,}27\ € \mathrel{\hat{=}} \frac{100 \cdot 762{,}27}{5{,}25}\ € = 14519{,}43\ €$$

Wir haben auf diese Weise errechnet, dass Herr B. ein Guthaben von fast 14520,– € hatte. (Inzwischen ist es ja um den Betrag der Zinsen angewachsen.)
Er hat jetzt 15281,70 € auf seinem Konto.

Herr C. leiht sich bei einem Kollegen 300,– €. Nach 2 Monaten gibt er das Geld zurück und legt (freiwillig) für jeden Monat 10 € (als Zinsen) dazu.

Wenn 300,– € in 2 Monaten 20 € Zinsen bringen,
gibt es für 100,– € in 12 Monaten ? € Zinsen.

$$\frac{20 \cdot 100 \cdot 12}{300 \cdot 2}\ € = 40\ €$$

Das entspricht einem Zinssatz von 40%. (Hätten Sie das geschätzt?)

Zusammenfassung

Jeder Dreisatz lässt sich auch als Verhältnis auffassen. Die Verhältnisgleichung ergibt sich wieder aus dem Ansatz.

Frau A. kauft 5 m Hemdenstoff und bezahlt dafür 28,– €. Frau D. kauft 3 m von demselben Stoff.

5 m Stoff = 28,– €
3 m Stoff = x €.

Das Verhältnis der Menge zum Preis bleibt gleich (je mehr Stoff, desto höher der Preis und umgekehrt).
Demnach verhält sich 5 : 28 wie 3 : x.
x ist die Unbekannte (unbekannte Größe) in einer Gleichung, die bestimmt werden soll.

$$5 : 28 = 3 : x \text{ (Verhältnisgleichung)}$$
$$5\,x = 28 \cdot 3 \quad \text{(Produktengleichung)}$$

Wenn das Fünffache von x gleich 84 ist, dann ist x ein Fünftel von 84.

$$x = 84 : 5 = 16{,}8$$

3 m Stoff kosten 16,80 €.

Bei einem indirekten Verhältnis müssen wir beim Aufstellen der Gleichung besonders aufpassen:
6 Arbeiter brauchen zum Ausschachten einer Baugrube 10 Tage. Nach 2 Tagen stehen nur noch 4 Arbeiter zur Verfügung. Auch hier ist der Ansatz der Schlüssel zur Lösung:

6 Arbeiter ≙ 8 Tage
4 Arbeiter = ≙ Tage

(Wir rechnen natürlich nur mit dem Rest, der noch bewältigt werden muss.)
Daraus ergibt sich folgendes Verhältnis:

$$6 : 4 = x : 8 \qquad 4\,x = 6 \cdot 8 = 48 \qquad x = 48 : 4 = 12$$

Die Arbeiten dauern demnach 4 Tage länger, wenn nach dem 2. Tag nur noch 4 Arbeiter zur Verfügung stehen.
Bei allen Dreisatzaufgaben ist ein durchdachter Ansatz das Wichtigste. Aus ihm ergibt sich immer der richtige Rechenweg. Auf eine Schematisierung des Ansatzes wurde bewusst verzichtet. Die Vielfalt der Aufgaben im täglichen Leben ist so groß, dass ein allgemeines Lösungsschema nicht möglich ist. Bei dem Ansatz ist aber darauf zu achten, dass die gesuchte Größe unter dem Bedingungssatz am Ende des Fragesatzes steht.

GLEICHUNGEN

Das Gleichheitszeichen verbindet Rechenausdrücke gleichen Wertes:

$$27 = 18 + 9$$

Die Frage: Welche Zahl muss ich zu 4 addieren, um 9 zu erhalten, könnten wir in folgender Form darstellen:

$$4 + x = 9$$

x ist dabei der „Platzhalter“ für die Zahl, die noch bestimmt werden soll.

Eine solche Gleichung nennen wir „Bestimmungsgleichung". Sie enthält die Aufgabe, den Wert der „Unbekannten" x zu bestimmen. Setzen wir den für x ermittelten Wert in die Gleichung ein, so lässt sich die Richtigkeit der Lösung leicht kontrollieren.

$4 + 5 = 9$ (Der für x angenommene Wert ist also richtig)

Setzen wir einen falschen Wert ein, so zeigt uns die „Ungleichung" den Fehler an.

$$4 + 6 \neq 9$$

Eine Gleichung ist gelöst, wenn die Unbekannte durch die notwendigen Rechenoperationen allein auf einer Seite der Gleichung steht und die andere Seite keine Unbekannte mehr enthält.

$x + 18 = 27$
$x + 18 - 18 = 27 - 18$
$x = 9$

Auf jeder Seite der Gleichung wird die gleiche Zahl subtrahiert (im nebenstehenden Fall 18).
Probe: $9 + 18 = 27$

$x - 7 = 51$
$x - 7 + 7 = 51 + 7$
$x = 58$

Auf jeder Seite der Gleichung wird die gleiche Zahl addiert.
Probe: $58 - 7 = 51$

$x:4 = 18$ *bzw.* $\frac{x}{4} = 18$
$\frac{x \cdot 4}{4} = 18 \cdot 4$
$x = 72$

Jede Seite der Gleichung wird mit der gleichen Zahl multipliziert.

Probe: $72:4 = 18$; $\frac{72}{4} = 18$

$5x = 120$
$5x:5 = 120$ *bzw.* $\frac{5x}{5} = \frac{120}{5}$
$x = 24$

Jede Seite der Gleichung wird durch die gleiche Zahl dividiert.
Probe: $5 \cdot 24 = 120$

$x^2 = 81$
$\sqrt{x^2} = \sqrt{81}$
$x_1 = 9$
$x_2 = -9$

Jede Seite der Gleichung wird mit der gleichen Zahl radiziert.
Probe: 92 = 81
Probe: $(-9)^2 = 81$
Diese Aufgabe hat also zwei Lösungen!

$\sqrt{x} = 7$
$(\sqrt{x})^2 = 7^2$
$x = 49$

Jede Seite der Gleichung wird mit der gleichen Zahl potenziert.

Probe: $\sqrt{49} = 7$

Eine Gleichung bleibt richtig, wenn jede Seite der gleichen Rechenoperation unterworfen wird, d.h. jede Rechenoperation, die auf der einen Seite der Gleichung vorgenommen wird, muss genauso auf der anderen Seite durchgeführt werden.
Die beiden Seiten einer Gleichung können vertauscht werden:

$x + 7 = 19$ ist gleich dem Ausdruck $19 = x + 7$.

Tritt in einer Gleichung nur eine Unbekannte auf, so sprechen wir von einer „Gleichung mit einer Unbekannten“, z.B.

$x + 8 = 10 \mid -8$
$x = 2$

Wird auf jeder Seite 8 subtrahiert, so erhalten wir die Lösung.

Die gleiche Unbekannte kann zunächst auch auf beiden Seiten der Gleichung auftauchen:

$x + 3 = 7 - x \mid + x$
$x + x + 3 = 7 - x + x$

$2x + 3 = 7 \mid -3$
$2x + 3 - 3 = 7 - 3$

$2x = 4 \mid :2$

$$\frac{2x}{2} = \frac{4}{2}$$

$x = 2$

Probe: $2 + 3 = 7 - 2$

Gleichungen mit mehreren Unbekannten (die „Unbekannten“ werden üblicherweise mit den letzten Buchstaben unseres Alphabetes bezeichnet):

$2x + 3y = 27$
$4x - 2y + 8z = 500$

Die nebenstehenden Gleichungen enthalten zwei bzw. drei Unbekannte.

Den „Grad“ einer Gleichung erkennt man am höchsten Exponenten der Unbekannten, z.B.:

$x + 7 = 10$	Gleichung ersten Grades (lineare Gleichung)
$x^2 + 8\,x + 16 = 0$	Gleichung zweiten Grades (quadratische Gleichung)
$x^3 - 2x^2 + x = 1$	Gleichung dritten Grades (kubische Gleichung) usw.

Beispiele für das Lösen von Gleichungen:
Gleichungen ersten Grades mit einer Unbekannten:

$$\frac{3}{4}x - 117 = 3$$

Zunächst ordnen wir, wenn nötig, die Glieder (alle Glieder mit x auf die eine, alle anderen Glieder auf die andere Seite).
Dann berechnen wir nach den oben entwickelten Gleichungsregeln die Unbekannte:

$$\frac{3}{4}x-117=12\,|+117$$

$$\frac{3}{4}x-117+117=12+117$$

$$\frac{3}{4}x=129\,|\cdot 4$$

$$\frac{3x\cdot 4}{4}=129\cdot 4$$

$$3x=516\,|:3$$

$$\frac{3x}{3}=\frac{516}{3}$$

$$\frac{3}{4}x=129\,|\cdot\frac{4}{3}$$

kürzer: $\frac{3x\cdot 4}{4\cdot 3}=\frac{\overset{43}{\cancel{129}}\cdot 4}{\underset{1}{\cancel{3}}}$

$$x=172$$

Pr*obe*: $\frac{3\cdot\overset{43}{\cancel{172}}}{\cancel{4}}-117=129-117=12$

$$x=172$$

$$4x + 7x - 126 = 6x - 41 \mid \text{Ordnen! } -6x + 126$$

$$4x + 7x - 6x - 126 + 126 = 6x - 6x - 41 + 126$$

$$4x + 7x - 6x = 126 - 41$$

$$5x = 85 \mid :5$$

$$x = 17$$

Probe:

$$4 \cdot 17 + 7 \cdot 17 - 126 = 6 \cdot 17 - 41$$

$$68 + 119 = 102 - 41$$

$$61 = 61$$

Soll die Seite einer Gleichung, die aus mehreren Gliedern besteht, mit einer Zahl multipliziert werden, so muss jedes Glied mit dieser Zahl vervielfacht werden. Entsprechend gilt auch:
Soll die Seite einer Gleichung, die aus mehreren Gliedern besteht, durch eine Zahl dividiert werden, so muss jedes Glied durch diese Zahl geteilt werden.

$$\frac{4}{5}+\frac{3}{x}-17=0\,|\cdot 5$$

$$\frac{4\cdot\cancel{5}}{\cancel{5}}+\frac{3\cdot 5}{x}-17\cdot 5=0\cdot 5$$

$$4+\frac{15}{x}-85=0\,|\,x$$

$$4x+15-85x=0$$

$$15-81x=0\,|-15$$

$$-81x=-15\,|-1$$

$$\frac{4}{5}+\frac{3}{x}-17=0\,|-5x$$

$$\frac{4\cdot(-5x)}{\cancel{5}}+\frac{3(-\cancel{5}x)}{\cancel{x}}-(17-5x)=0\cdot 5x$$

$$-4x-15+85x=0$$

$$81x-15=0\,|+15$$

$$81x=15$$

$$81x=15$$

$$x=\frac{15}{81}=\frac{5}{27}$$

$$x = \frac{15}{81} = \frac{5}{27}$$

$$\text{Probe: } \frac{4}{5} + 3 : \frac{5}{27} - 17 = 0$$

$$\frac{4}{5} + \frac{3 \cdot 27}{5} - 17 = \frac{\overset{17}{\cancel{85}}}{\underset{1}{\cancel{5}}} - 17 = 0$$

Gleichungen 1. Grades mit zwei Unbekannten:

$$x + y = 18$$

Diese Gleichung enthält die Unbekannten x und y, die in einer bestimmten Abhängigkeit voneinander stehen: Je größer x, desto kleiner y. Diese Gleichung ist aber nicht bestimmt lösbar; es sind unendlich viele Lösungen denkbar.
Die Lösung ist nur möglich, wenn wir zwei Gleichungen haben, die für beide Unbekannte gelten:

$$\begin{array}{ll} \text{I} & x + y = 18 \\ \text{II} & x - y = 14 \end{array}$$

Diese beiden lineraren Gleichungen mit 2 Unbekannten bilden ein „Gleichungssystem“. Zur Lösung stehen uns drei verschiedene Verfahren zur Verfügung:

Das Einsetzungsverfahren

Eine Gleichung wird nach einer Unbekannten aufgelöst:

$$\text{I} \qquad x = 18 - y$$

und der gefundene Wert in die Gleichung eingesetzt:

$$\begin{array}{lrl} \text{I in II} & (18 - y) - y & = 14 \\ & 18 - y - y & = 14 \\ & 18 - 2y & = 14 \mid -18 \\ & -2y & = -4 \mid \cdot -1 \\ & 2y & = 4 \\ & y & = 2 \end{array}$$

Der ermittelte Wert der einen Unbekannten wird dann in eine der Gleichungen eingesetzt, um den anderen zu ermitteln:

$x + 2 = 18; \qquad x = 16$

oder

$x - 2 = 14; \qquad x = 16$

Ebenso gut hätten wir natürlich aus I $y = 18 - x$ in II oder aus II $x = 14 + y$ bzw. $y = x - 14$ in I einsetzen können. Wir erhalten immer das Lösungspaar

$$x = 16$$
$$y = 2$$

Zur Probe werden die Lösungen in beide Gleichungen eingesetzt:

I $\quad 16 + 2 = 18 \qquad$ II $\quad 16 - 2 = 14$

Das Gleichsetzungsverfahren

I $\quad x + 2y = 30$
II $\quad x - y = 12$

Beide Gleichungen werden nach der gleichen Unbekannten gelöst:

I $\quad x + 2y = 30 \mid -2y \qquad$ I $\quad x = 30 - 2y$
II $\quad x - y = 12 + y \qquad$ II $\quad x = 12 + y$

Durch Gleichsetzen erhalten wir jetzt eine Gleichung, die nur noch eine der Unbekannten erhält:

I = II $\quad 30 - 2y = 12 + y$
$-2y = 12 + y - 30$
$-2y - y = 12 - 30$
$-3y = -18 \mid : -3$
$y = 6$

(Beide Seiten unserer neuen Gleichungen sind ja gleich x.
„Sind zwei Größen einer dritten gleich, so sind sie auch untereinander gleich.“)

Durch Einsetzen der ermittelten Lösung in eine der Gleichungen wird die andere Unbekannte ermittelt:

(I) $x - 6 = 12$ ergibt $x = 18$

Probe: I $\quad x + 2y = 30 \qquad 18 + 2 \cdot 6 = 30$
II $\quad x - y = 12 \qquad 18 - 6 = 12$

Das Lösungspaar $x = 18$; $y = 6$ ist also richtig.

Das Additions- bzw. Subtraktionsverfahren

I $\quad 3x + 2y = 26$
II $\quad 5x - 2y = 6$

Die Summe der beiden linken Seiten ist gleich der Summe der beiden rechten Seiten (bzw. die Differenz der linken Seiten ist gleich der Differenz der rechten Seiten).

$$
\begin{aligned}
\text{I + II} \qquad 3x + 2y + (5x - 2y) &= 26 + 6 \\
3x + 5x + 2y - 2y &= 26 + 6 \qquad (2y - 2y = 0) \\
8x &= 32 \\
x &= 4
\end{aligned}
$$

Dieses Verfahren ist nur sinnvoll, wenn durch die Addition (bzw. Subtraktion) beider Seiten eine Unbekannte ausfällt. (Evtl. muss eine der Gleichungen so erweitert werden, dass dies möglich wird.)

$$
\begin{aligned}
x \text{ in I:} \qquad 3 \cdot 4 + 2y &= 26 \qquad \text{Lösung: } x = 4 \\
2y &= 14 \qquad \qquad \quad y = 7 \\
y &= 7
\end{aligned}
$$

Auf die Probe, das Einsetzen des Lösungspaares in beide (!) Gleichungen, sollte nie verzichtet werden. Welches Verfahren zur Lösung gewählt wird, hängt von der Art des Gleichungssystems ab. Oft werden alle drei Lösungsverfahren möglich sein. Wir werden immer jenen Weg wählen, der die geringste Zahl von Operationen fordert, um dadurch die Zahl der Fehlerquellen zu vermindern.

$$
\left.
\begin{aligned}
\text{I} \qquad 3x + y &= 10 \\
\text{II} \qquad 6x + 2y &= 20
\end{aligned}
\right\}
$$

Erweitern wir die Gleichung I mit 2, so erhalten wir die Gleichung II. Die 2. Gleichung ist also nichts anderes als das Doppelte der ersten Gleichung.

Da diese beiden Gleichungen voneinander abhängen (bzw. eine aus der anderen folgt), ist eine Lösung nicht möglich.

$$
\begin{aligned}
\text{a)} \quad \text{I} \quad x + 3y &= 12 \qquad & \text{b)} \quad \text{I} \quad x + y &= 22 \\
\text{II} \quad 2x + 3y &= 12 \qquad & \text{II} \quad 2x + 2y &= 25
\end{aligned}
$$

Die beiden obenstehenden Gleichungssysteme sind ebenfalls nicht lösbar, da sich in beiden Fällen die Gleichungen I und II widersprechen.

a) Entweder ist $x + 3y$ gleich 12 oder $2x + 3y$ gleich 12.
b) $2x + 2y$ muss 44 sein.

ALLGEMEINE ZAHLEN

Zahlen haben im Allgemeinen einen bestimmten Wert: 3, 17, $\frac{1}{2}$, $6\frac{3}{4}$, 2,75 usw.

Zahlen, die keinen bestimmten Wert haben, die aber in ihrer Beziehung zu anderen festliegen, werden durch Buchstaben bezeichnet. Im Allgemeinen benutzen wir Buchstaben des lateinischen und griechischen Alphabets.

An die Stelle der Buchstaben können beliebige Zahlen treten. Sie dürfen allerdings in einem Rechenvorgang nicht geändert werden.
Besonders wichtig ist die Ausdrucksweise mit allgemeinen Zahlen für die Aufstellung von „Formeln".
Bestimmte Zahlen können mit allgemeinen Zahlen verbunden werden.
Das Rechnen mit allgemeinen Zahlen ist deshalb von Vorteil, weil viele Aufgaben – einmal durchgerechnet – das Ergebnis in allgemeingültiger Form wiedergeben. Wir können daher das Rechnen mit Buchstaben (allgemeinen Zahlen) mit einer mathematischen Kurzschrift vergleichen, z.B.:

$a + b = c$ (Addition)
$a - b = c$ (Subtraktion)
$a \cdot b = c$ (Multiplikation)
$a : b = c$ (Division)

Beim Rechnen mit allgemeinen Zahlen gilt außerdem Folgendes:

$a \cdot b = ab$
$a \cdot b \cdot = abc$
(d.h., das Zeichen für die Multiplikation (·) wird weggelassen!)

$a : b = \frac{a}{b}$ (Divisionen werden meist als Brüche dargestellt.)

Wichtige „Formeln" aus der Bruchrechnung:

$\frac{a}{b} \cdot c = \frac{a \cdot c}{b}$ (Brüche werden mit einer ganzen Zahl multipliziert, indem man nur die Zähler multipliziert.)

$\frac{a}{b} \cdot \frac{c}{d} = \frac{ac}{bd}$ (Brüche werden miteinander multipliziert, indem man Zähler mit Zähler und Nenner mit Nenner multipliziert.)

$\frac{a}{b} : \frac{c}{d} = \frac{ad}{bc}$ (Ein Bruch wird durch einen anderen dividiert, indem man mit dem Kehrwert multipliziert:
Der „Kehrwert" von $\frac{c}{d}$ ist $\frac{d}{c}$!)

Klammerausdrücke

Im Allgemeinen gilt die Regel: Multiplikation und Division vor Addition und Subtraktion (Punktrechnung erfolgt vor Strichrechnung).
Soll eine Rechnung vorrangig behandelt werden, so wird diese Rechnung durch Klammern eingeschlossen:

$$(a + b) + c = a + b + c$$
$$a + (b - c) = a + b - c$$
$$a - (b + c) = a - b - c$$
$$a - (b - c) = a - b + c$$
$$a - (-b - c) = a + b + c$$

Steht vor der Klammer ein Pluszeichen, kann die Klammer weggelassen werden. Steht vor der Klammer ein Minuszeichen, so müssen die Vorzeichen jedes Gliedes beim Weglassen der Klammer durch das entgegengesetzte Zeichen ersetzt werden.

$$a \cdot (b + c) = a \cdot b + a \cdot c$$
$$(a - b) \cdot c = a \cdot c - b \cdot c$$

Ein Klammerausdruck wird mit einer Zahl multipliziert, indem man jedes Glied des Ausdrucks mit dieser Zahl multipliziert.

$$(a + b) \cdot (c + d) = ac + bc + ad + bd$$
$$(a + b) \cdot (c - d) = ac - ad + bc - bd$$
$$(a - b) \cdot (c - d) = ac - ad - bc + bd$$

Klammerausdrücke werden miteinander multipliziert, indem jedes Glied der ersten Klammer mit jedem Glied der zweiten Klammer multipliziert wird. Besondere Aufmerksamkeit ist dabei den Vorzeichen zu schenken.
Hier noch einmal die wichtigsten Regeln:

$$(+a) \cdot (+b) = ab \qquad (+c) \cdot (+c) = c^2$$
$$(+a) \cdot (-b) = -ab \qquad (+c)(-c) = -c^2$$
$$(-a) \cdot (+b) = -ab \qquad (-c)(-c) = c^2$$
$$(-a) \cdot (-b) = ab \qquad (-c)(-c)(-c) = -c^3$$

$$(a + b - c - d) \cdot (a - e) = a^2 + ab - ac - ad - ae - be + ce + de$$

Folgende Ausdrücke treten besonders häufig auf:

$$(a + b)(a + b) = a^2 + ab + ba + b^2 \text{ d.h.:}$$
$$(a + b)^2 = a^2 + 2ab + b^2$$

$$(a - b)(a - b) = a^2 - ab - ba + b^2 \text{ d.h.:}$$
$$(a - b)^2 = a^2 - 2ab + b2$$

$$(a + b)(a - b) = a^2 - ab + ba - b^2 \text{ d.h.:}$$
$$(a + b)(a - b) = a^2 - b^2$$

$$(a + b) : c = a : c + b : c$$
$$(a - b) : c = a : c - b : c$$

Ein Klammerausdruck wird durch eine Zahl dividiert, indem man jedes Glied dieses Ausdrucks durch die Zahl dividiert.

Auch hier sind die Vorzeichen besonders zu beachten:

$$(+a):(+b) = a:b = \frac{a}{b}$$

$$(+a):(-b) = -(a:b) = -\frac{a}{b}$$

$$(-a):(+b) = -(a:b) = -\frac{a}{b}$$

$$(-a):(-b) = +(a:b) = \frac{a}{b}$$

In einem mehrgliedrigen Ausdruck können Teile innerhalb einer Klammer nochmals eingeklammert sein.

$$[a + 3b - (c - d)] - 2f = [a + 3b - c + d] - 2f = a + 3b - c + d - 2f$$

Raumlehre

Zeichen und Benennungen

In der Raumlehre sind folgende Zeichen und Benennungen üblich:

Punkte werden mit großen Buchstaben bezeichnet (A, B, P usw.).
Dabei können diese Buchstaben mit einem „Index“ versehen werden (kleine Zahl oder kleiner Buchstabe am Fuß des Buchstabens: A_1, A_2, P_4, B_a, M_c usw.).

Strecken, Strahlen, Geraden, Seiten von Flächen, Kanten von Körpern werden mit kleinen Buchstaben bezeichnet (*a, b, s*, usw.).
Auch hier sind „Indices“ üblich (a_1, a_2 usw.).

Strecken werden mit den Anfangs- und Endpunkten und einem darüberliegenden Strich bezeichnet: $\overline{AB}$ (Strecke oder Seite von A bis B).

Winkel werden mit den kleinen Buchstaben des griechischen Alphabets bezeichnet: α, β, γ.

Wichtige Zeichen sind:

$=$	gleich	$\sim$	ähnlich
$\neq$	ungleich	$\perp$	senkrecht zu, rechtwinklig auf
$\equiv$	identisch	$\sphericalangle$	Winkel
$\approx$	angenähert	$<$	kleiner als
$\triangleq$	entspricht	$>$	größer als
$\parallel$	parallel	$\overline{AB}$	Strecke *AB*
$\nparallel$	nicht parallel	$\overset{\frown}{AB}$	Bogen *AB*
$\cong$	kongruent, deckungsgleich	π	Pi = 3,141592653589793846 ...

Das griechische Alphabet:

Α, α	Alpha	Ι, ι	Jota	Ρ, ρ	Rho
Β, β	Beta	Κ, κ	Kappa	Σ, σ,	Sigma
Γ, γ	Gamma	Λ, λ	Lambda	Τ, τ	Tau
Δ, δ	Delta	Μ, μ	My	Ψ, υ	Ypsilon
Ε, ε	Epsilon	Ν, ν	Ny	Φ, φ, ϕ	Phi
Ζ, ζ	Zeta	Ξ, ξ	Xi	Χ, χ	Chi
Η, η	Eta	Ο, ο	Omikron	Ψ, ψ	Psi
Θ, θ	Teta	Π, π	Pi	Ω, ω	Omega

Maße und Gewichte

Das „metrische" System ist heute durch Übereinkunft in vielen Ländern eingeführt (1 Meter war ursprünglich der 40millionste Teil des Erdumfanges.) In den angelsächsischen Ländern und in Indien z.B. werden die englischen Maße benutzt. Die wichtigsten werden deshalb auch hier angegeben.

Längenmaße:

1 Meter (m)	=	10 Dezimeter (dm)
1 Dezimeter (dm)	=	10 Zentimeter (cm)
1 Zentimeter (cm)	=	10 Millimeter (mm)

1 Kilometer (km)	=	1000 Meter

1 m = 10 dm = 100 cm = 1000 mm = 0,001 km

1 inch (in) . . . . 2,54 cm
1 foot (ft) = 12 in. . . . . . 30,48 cm
1 yard (yd) = 3 ft . . . . . . 91,44 cm
1 mile = 1760 yd . . . . . . 1,609 km

1 Seemeile (sm). . . . . . . 1,852 km

Flächenmaße

1 Quadratmeter (m^2) = 100 dm^2 = 10000 cm^2 = 1000000 mm^2

1 Ar (a)	= 100 m^2
1 Hektar (ha)	= 100 a = 10000 m^2
1 Quadratkilometer (km^2)	= 100 ha = 1000000 m^2

1 square inch (sq. in.) . . . . 6,45 m^2
1 acre . . . . 4048 m^2

Raum- und Hohlmaße

1 Kubikmeter (m^3) = 1000 dm^3 = 1000000 cm^3 = 1000000000 mm^3
1 Liter (l) = 1 dm^3 = 1000 cm^3
1 Hektoliter (hl) = 100 l

Das englische System unterscheidet zwischen Raummaßen (z.B. 1 cubic inch $\approx$ 16,39 cm^3), Flüssigkeitsmaßen (z.B. pint, quart, gallon) und Trockenhohlmaßen (z.B. bushel, barrel). Die Abweichungen zwischen englischen und amerikanischen Einheiten sind z.T. recht beträchtlich.

Gewichte

1 Kilogramm (kg) = 1000 Gramm (g) = 1000000 Milligramm (mg)
1 Doppelzentner (dz) = 100 kg
1 Tonne (t) = 10 dz = 1000 kg

1 ounce (oz).	28,35 g
1 pound (1b) = 16 oz	453,59 g
1 (long)ton = 2240 lb	1016,05 t
1 short ton = 2000 lb	907,185 t

FLÄCHENBERECHNUNGEN (PLANIMETRIE)

Die Länge einer Strecke wird dadurch festgestellt, dass sie mit einer festgelegten Längeneinheit gemessen wird, d.h. man stellt fest, wie oft die Maßeinheit in der zu messenden Strecke enthalten ist.
Als Maßeinheit hat sich seit Beginn des 19. Jahrhunderts der Meter durchgesetzt.

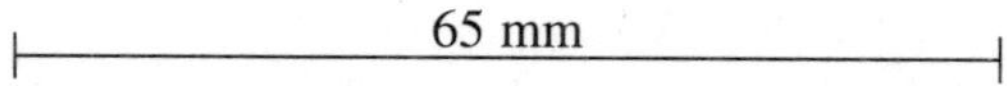

Diese Strecke ist 65 mm lang, d.h. die Maßeinheit 1 mm ist 65-mal in dieser Strecke enthalten. (Die Maßeinheit 1 cm ist 6,5-mal in dieser Strecke enthalten).
Bei der Messung von Flächengrößen ist die direkte Arbeit mit den Einheiten unserer Flächenmaße sehr umständlich, oft gar nicht möglich.

Diese Fläche ist 1 cm^2 groß, d.h. eine unserer Maßeinheiten.

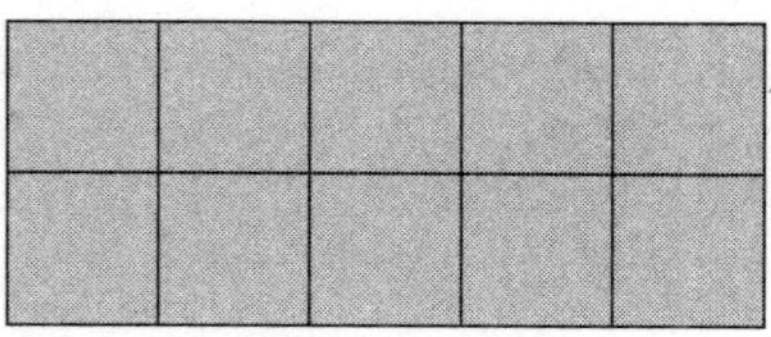

Diese Fläche ist 10 cm^2 groß, d.h. unsere Maßeinheit ist in dieser Fläche 10-mal enthalten.

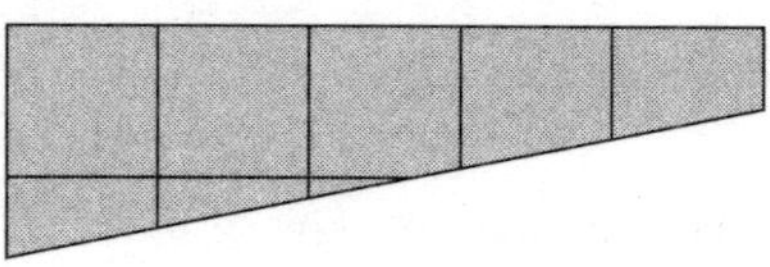

Diese Fläche ist etwa 5 cm^2 groß. Eine genaue Bestimmung der Größe durch Auflegen der Maßeinheit ist nicht mehr möglich.

Flächen werden nicht gemessen, sondern berechnet.

Eine Fläche wird von geraden und krummen Linien bestimmt:

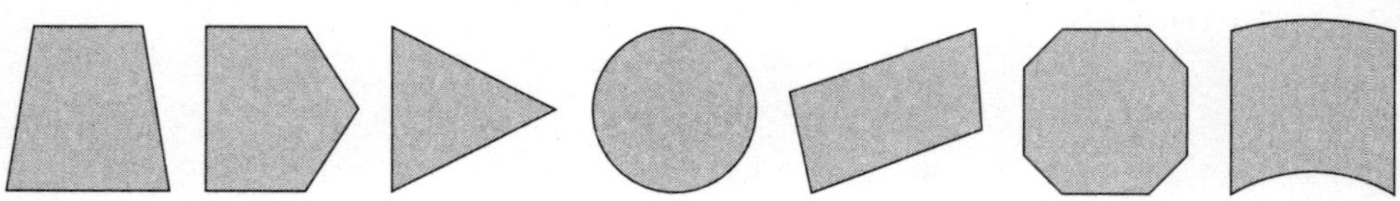

Wird eine Fläche von geraden Linien („Geraden“) begrenzt, so stehen diese in bestimmten „Winkeln“ aufeinander.

Gerade und Winkel

Eine Gerade ist durch 2 Punkte eindeutig bestimmt. Sie ist nach beiden Richtungen unbegrenzt. Liegen 3 Punkte auf einer Geraden, so muss ein Punkt zwischen den beiden anderen liegen.
Zwei Geraden haben entweder einen Punkt gemeinsam – den Schnittpunkt –, oder sie haben keinen gemeinsamen Punkt; in diesem Fall sind sie „parallel“ zueinander.
Geht von einem Punkt nur nach einer Seite eine durch diesen Punkt S begrenzte Halbgerade aus, so sprechen wir von einem Strahl (einseitig begrenzte Gerade). 

Wird dieser Strahl um seinen Ausgangspunkt S gedreht, so entstehen zwei „Winkel“.

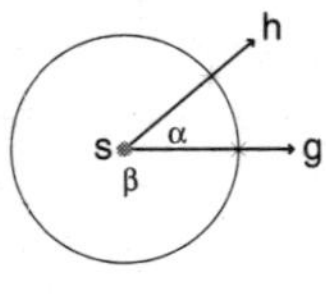

Die beiden Strahlen nennen wir die Schenkel des Winkels, ihren gemeinsamen Ausgangspunkt den Scheitel des Winkels.
Die Winkel werden meist mit den kleinen Anfangsbuchstaben des griechischen Alphabets bezeichnet (α, β, γ, δ, ε...).

Die beiden Winkel der obenstehenden Zeichnung ergänzen sich zu 360°. Diese Einteilung in Grade geht auf die Babylonier zurück. Sie teilten den Vollkreis in 360 Teile ein. Eine neuere Teilung (Neugrad) teilt den Kreis in 400 Grad ein.

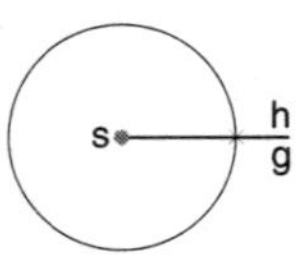

Vollwinkel; Größe: 360°

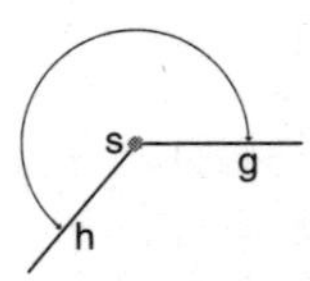

Überstumpfer Winkel: größer als 180°, aber kleiner als 360°

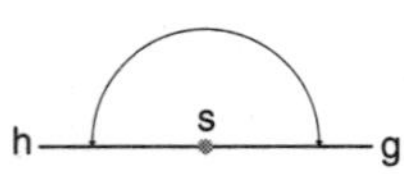

gestreckter Winkel; Größe: 180°

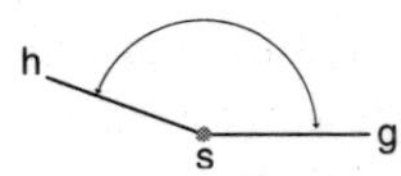

stumpfer Winkel; größer als 90°, aber kleiner als 180°.

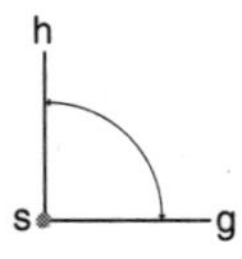

rechter Winkel; Größe: 90° (statt mit einem griechischen Buchstaben auch mit einem Punkt gekennzeichnet).

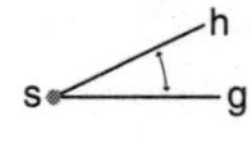

spitzer Winkel; größer als 0°, aber kleiner als 90°.

Schneiden sich zwei Geraden in dem Punkt S, so entstehen vier Winkel mit einem gemeinsamen Scheitel:

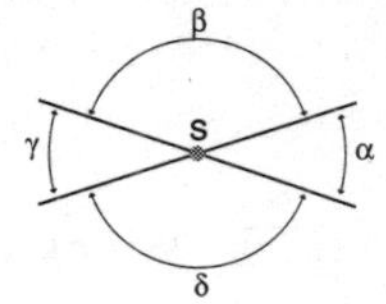

Die Winkelpaare α und γ haben keinen gemeinsamen Schenkel, sie heißen „Scheitelwinkel“. (Das gleiche gilt natürlich für die Winkel β und δ.)

Scheitelwinkel sind gleich $\alpha = \gamma$; $\beta = \delta$

Die Winkel α und β haben einen Schenkel gemeinsam und ergänzen sich zu einem gestreckten Winkel (180°). Sie heißen Nebenwinkel. (Das gleiche gilt natürlich für die Winkelpaare β und γ, γ und δ, α und δ.)

Werden zwei parallele Geraden von einer dritten geschnitten, so entstehen 8 Winkel:

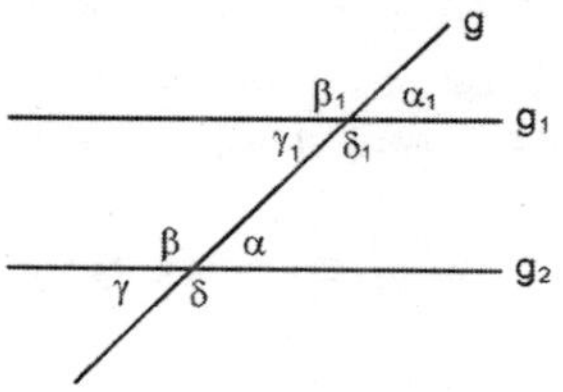

Das Winkelpaar α und α_1 nennen wir Stufenwinkel (ebenso die Paare β und β_1, γ und γ_1, δ und δ_1). Stufenwinkel sind einander gleich: $\alpha = \alpha_1$.
Wenn $\alpha = \alpha 1$ ist, dann folgt daraus $\alpha = \gamma_1$ ($\gamma = \gamma_1$ Stufenwinkel; $\alpha_1 = \delta$ Scheitelwinkel.)
Das Winkelpaar α und γ_1 heißt Wechselwinkel. Sie sind untereinander ebenfalls gleich: $\beta = \delta_1$ usw.
„Entgegengesetzte Winkel“ liegen auf verschiedenen Seiten der geschnittenen Geraden und auf derselben Seite der schneidenden Gerade, z.B. δ und α_1, β und γ_1 usw.
Sie ergänzen einander zu einem gestreckten Winkel (180°).

Winkel werden mit Winkelmessern gemessen. Der Winkelmesser ist ein dreieckiges oder halbkreisförmiges Gerät, auf dessen Rand die Teilung von 0° bis 180° angebracht ist. Bei der Benutzung ist darauf zu achten, dass die Scheitelmarkierung genau auf den Scheitelpunkt zu liegen kommt. Zur Zeichnung von geometrischen Figuren werden folgende „Grundkonstruktionen“ häufig gebraucht:

Abtragen einer Strecke
Auf einer gegebenen Geraden g soll vom Punkt P die Strecke a abgetragen werden:

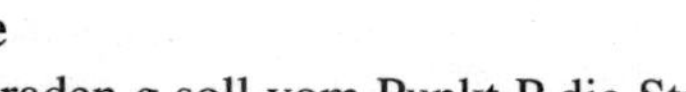

Man nimmt die Strecke *a* „in den Zirkel" (Zirkelspanne = a) und schlägt um *P* einen Kreisbogen, der die Gerade g schneidet. Es ergeben sich zwei Lösungen:
Die Strecken $\overline{PA}$ und $\overline{BP}$.

Antragen eines Winkels

An eine Gerade g soll in einem Punkt A der Winkel α angetragen werden:

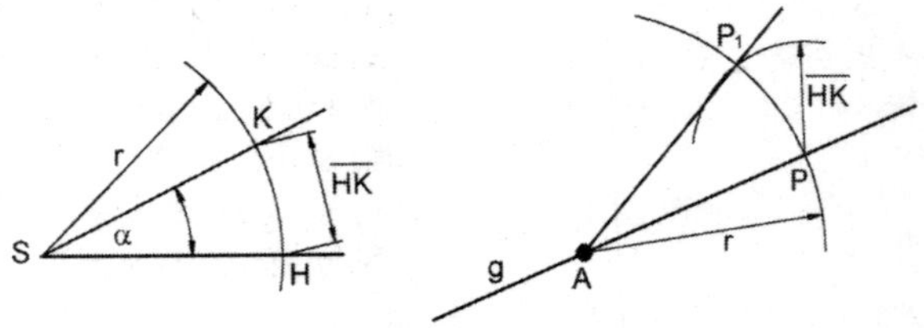

Man schlägt um *S* (den Scheitelpunkt des Winkels α) einen Kreisbogen mit dem Radius r (beliebig), denselben Kreisbogen dann um Punkt *A* auf der Geraden *g*. Diese Kreise schneiden von S aus die Schenkel des Winkels α in den Punkten *H* und *K*, von *A* aus die Gerade *g* in Punkt *P*.
Um *P* (auf *g*) beschreibt man dann einen Kreisbogen mit dem Radius $\overline{HK}$ (diese Strecke kann auf der Zeichnung I in den Zirkel genommen werden).
Den Schnittpunkt P_1 dieses Bogens (mit dem Bogen um *A*) verbindet man mit dem Punkt *A*.

Errichten einer Senkrechten

Auf einer Geraden *g* soll in Punkt *A* eine Senkrechte errichtet werden:

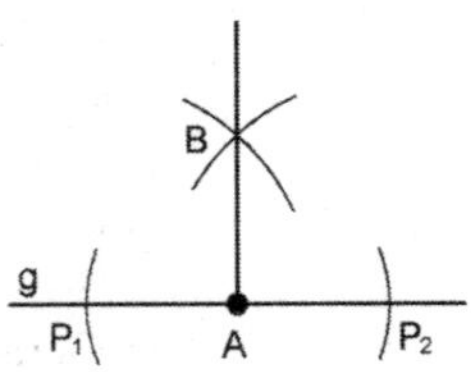

Man schlägt um *A* einen Kreisbogen, der *g* in P_1 und P_2 schneidet. Um diese beiden Punkte schlägt man je einen (gleich großen) Bogen, die sich über g im Punkt *B* schneiden. Die Gerade durch *B* und *A* steht senkrecht auf *g*.

Fällen eines Lotes

Von einem Punkt *P* soll das Lot auf die Gerade *g* gefällt werden.

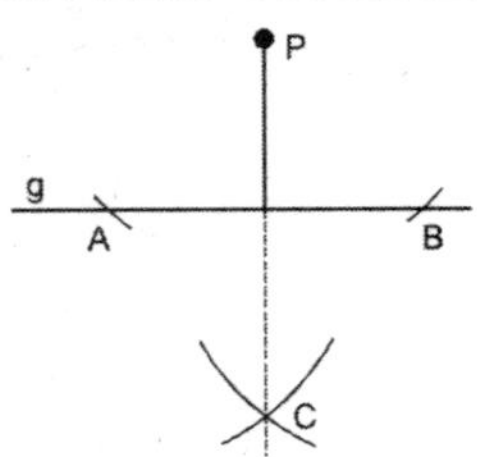

Man schlägt um *P* einen Kreisbogen, der *g* in *A* und *B* schneidet. Um diese Punkte wird je ein (gleich großer) Bogen geschlagen. Diese beiden Bogen schneiden sich in dem Punkt *C*. Die Gerade durch *P* und *C* ist das gesuchte Lot auf *g*.

Halbieren einer Strecke

Die Strecke $\overline{AB}$ soll halbiert werden:

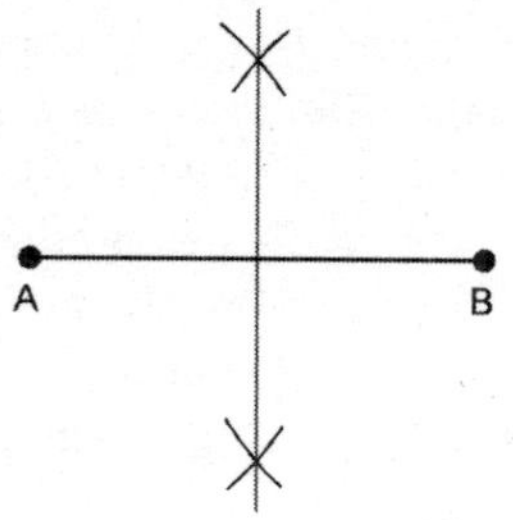

Man schlägt um A und B zwei (gleichgroße) Kreisbogen (der Radius muss größer als die Hälfte der Strecke sein) und erhält die Schnittpunkte P_1 und P_2. Die Verbindung dieser beiden Punkte halbiert die Strecke $\overline{AB}$.

Sie ist gleichzeitig die „Mittelsenkrechte" (Mittellot) auf $\overline{AB}$.

Halbieren eines Winkels

Der Winkel mit den Schenkeln h und k und dem Scheitel S soll halbiert werden.

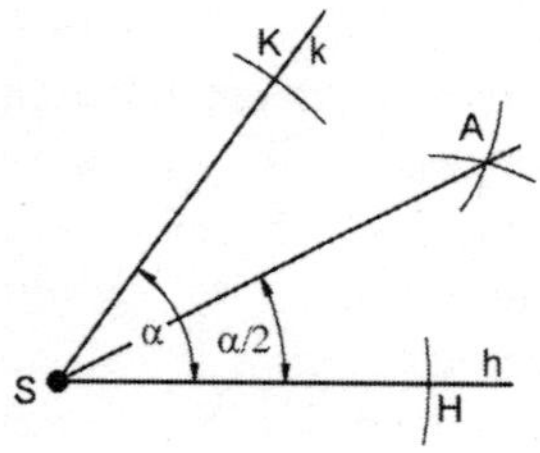

Man schlägt um S einen Kreisbogen, der die Schenkel in den Punkten H und K schneidet. Um die so ermittelten Schnittpunkte schlägt man je einen Kreisbogen mit derselben Zirkelspanne und erhält so den Schnittpunkt A. Die Verbindungslinie von A und S halbiert den Winkel α.

Konstruktion einer Parallele

Zu der Geraden g soll eine Parallele durch den Punkt A gezeichnet werden:

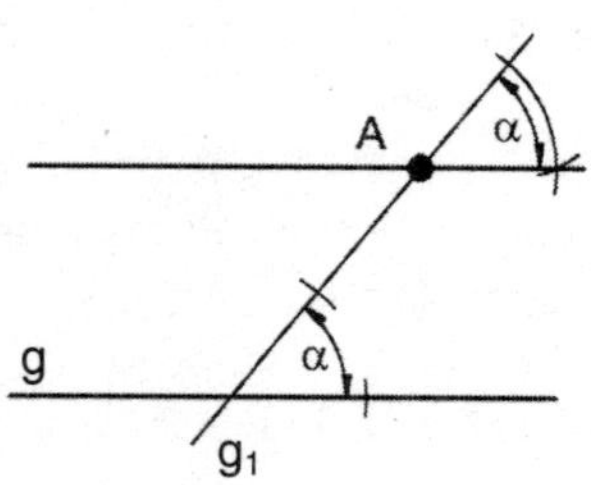

Man zeichnet durch A eine Gerade g_1, die die Gerade g schneidet. Einen der Winkel zwischen g_1 und g (in unserem Beispiel α) trägt man als Stufenwinkel in A an (s. Antragen eines Winkels).

Der freie Schenkel ist die gesuchte Parallele zu g.

Zu der Geraden g soll im Abstand a eine Parallele gezeichnet werden:

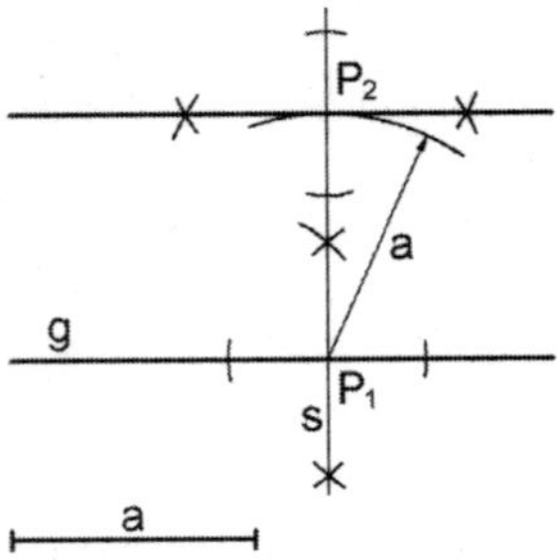

Man errichtet in einem Punkt (P_1) der Geraden g eine Senkrechte (siehe Errichten einer Senkrechten). Auf dieser Senkrechten wird von P_1 der Abstand a abgetragen (siehe Abtragen einer Strecke!), und man erhält so den Punkt P_2.
Die Senkrechte, errichtet auf der Geraden s (Senkrechte auf g), ist die gesuchte Parallele zu g im Abstand a.

Alle diese Grundkonstruktionen werden nur mit Lineal und Zirkel ausgeführt.

VIERECKE

Das Rechteck

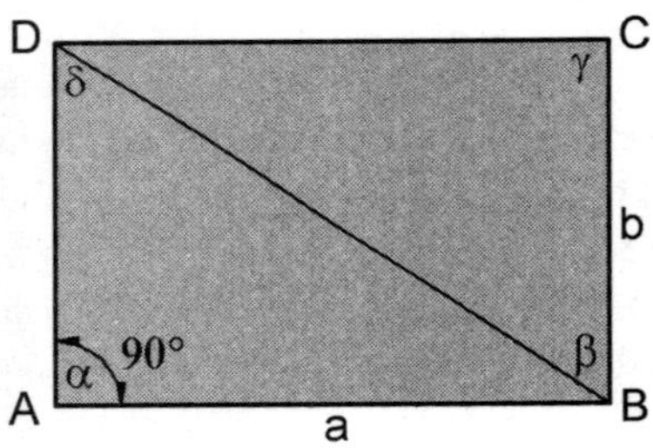

Das Rechteck wird von 4 geraden Linien begrenzt. Es hat 4 Seiten und 4 Ecken. Die Ecken werden im Allgemeinen entgegen dem Uhrzeigersinn mit großen Buchstaben bezeichnet. Alle Seiten stehen rechtwinklig aufeinander; die Summe der 4 Winkel beträgt danach 360°. Die Innenwinkel werden mit kleinen griechischen Buchstaben bezeichnet. Dabei gehört der Winkel α zum Scheitel A usw.

Die beiden gegenüberliegenden Seiten eines Rechtecks sind jeweils gleich lang und liegen parallel zueinander. Die aneinanderstoßenden Seiten sind im Allgemeinen verschieden lang. Die Verbindungslinie zweier gegenüberliegender Ecken nennen wir Diagonale. Diese Linien ($\overline{AC}$ und $\overline{BD}$) teilen das Rechteck in zwei Dreiecke.

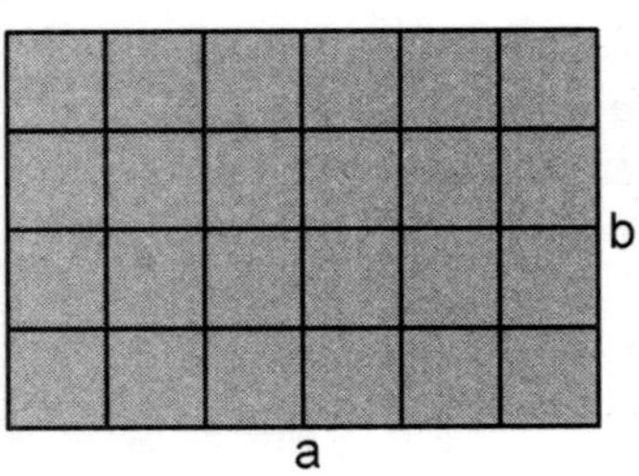

Der Umfang U eines Rechtecks (die Summe aller Seitenlängen) beträgt:

$$U = 2 \cdot a + 2 \cdot b = 2(a + b)$$

(Der Umfang ist also 2-mal die Länge und 2-mal die Breite eines Rechtecks.)

In dem obenstehenden Beispiel beträgt die Länge (*a*) 7, die Breite 4 Einheiten.
(Der Umfang *U* also $2 \cdot (7 + 4) = 22$ Einheiten.)
Der Flächeninhalt *F* (die Größe der Fläche) wird berechnet, indem man die Länge mit der Breite multipliziert.
Die Fläche lässt sich in Quadrateinheiten einteilen. Das ergibt 4 Reihen zu je 7 Quadrateinheiten = 28 Quadrateinheiten.

$$F = a \cdot b$$

(Die Fläche errechnet sich aus dem Produkt von Länge und Breite.)

Die Länge der Diagonale *d* wird nach dem → Lehrsatz des Pythagoras berechnet (siehe Seite 95).

1. Beispiel:

Ein rechteckiger Platz soll mit Randsteinen eingefasst und mit Platten belegt werden. Die Randsteine sind 1 m lang; auf 1 m^2 rechnet man 9 Platten. Der Platz ist 24 m lang und 16 m breit.

$$U = 2(a + b) \qquad a = 24\text{ m}$$
$$U = 2(24 + 16) = 80 \qquad b = 16\text{ m}$$

Der Umfang beträgt 80 m. Es werden 80 Randsteine benötigt.

$$F = a \cdot b$$
$$F = 24 \cdot 16 = 384$$

Die Fläche beträgt 384 m^2. Es werden demnach $384 \cdot 9 = 3456$ Platten benötigt.

2. Beispiel:

Die Fläche eines Rechtecks beträgt 345 m^2, die Breite 15 m. Wie lang ist diese Fläche?

$$F = 345 \qquad a = x \qquad b = 15 \qquad F = a \cdot b$$

Setzen wir in diese Formel die uns bekannten Größen ein, so erhalten wir:

$$345 = x \cdot 15$$

$$x = \frac{345}{15} = 23 \qquad \text{Probe: } 23 \cdot 15 = 345$$

Die Fläche ist demnach 23 m lang.

Bei allen Aufgaben dieser Art müssen wir darauf achten, dass sich die Maßeinheiten der Längen- und Flächenmaße entsprechen. In einer Rechnung kann also nur mit m und m^2, mit cm und cm^2 usw. gerechnet werden. Entsprechen sich diese Einheiten nicht, so müssen sie vor der Rechnung umgerechnet werden:

Eine Tischdecke ist 1,2 m lang und 85 cm breit. Die Größe der Fläche beträgt entweder:

$$F = 1{,}2 \cdot 0{,}85 = 1{,}02\ m^2 \text{ (Rechnung mit m)}$$

oder

$$F = 120 \cdot 85 = 10200\ cm2 \text{ (Rechnung mit cm)}$$

Das Quadrat

Das Quadrat ist ein besonderes Rechteck.

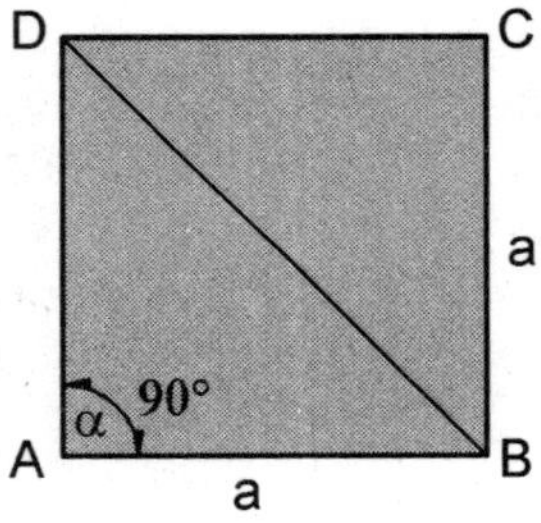

Wie beim Rechteck sind die gegenüberliegenden Seiten zueinander parallel, sie stehen rechtwinklig zueinander. Die Seiten sind alle gleich lang. Die beiden Diagonalen stehen senkrecht aufeinander und halbieren einander.

$U = 4 \cdot a$ (Der Umfang ist 4-mal die Seitenlänge)

$F = a \cdot a = a2$ (Der Flächeninhalt entspricht dem „Quadrat" der Seitenlänge)

Beispiel:

Eine quadratische Parkfläche soll als Rasenfläche hergerichtet werden. Ihr Umfang beträgt 120 m. Für 1 m^2 rechnet der Gärtner mit 60 g Grassamen.

$$U = 4 \cdot a$$

$$a = \frac{U}{4} = \frac{120}{4} = 30$$

(Die Seitenlänge beträgt ein Viertel des Umfangs, also 30 m).

$$F = a^2 = 30 \cdot 30 = 900$$

Die Fläche beträgt 900 m^2.

Es werden also $900 \cdot 60g = 54000\ g = 54\ kg$ Grassamen benötigt.

Das Parallelogramm (Rhomboid)

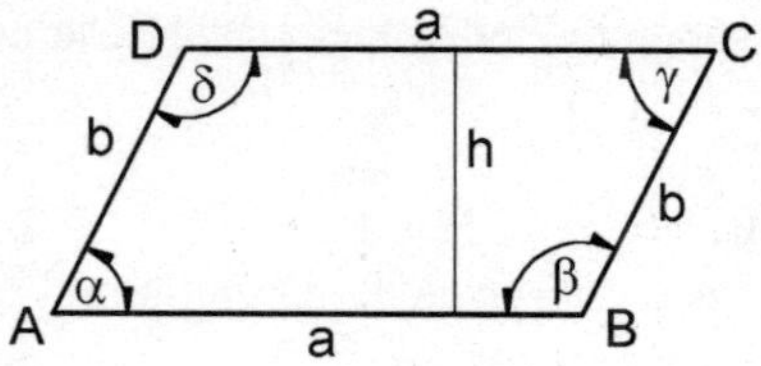

Das Parallelogramm ist ein Viereck, dessen Fläche von 2 paarweise parallel zueinander laufenden Linien begrenzt wird. Die Seiten bilden keinen rechten Winkel. (Stehen die Seiten senkrecht aufeinander, so handelt es sich um ein Rechteck.)

Die gegenüberliegenden Seiten sind gleichlang, die gegenüberliegenden Winkel sind gleichgroß. Die Seite a bezeichnen wir als Grundseite, den Abstand der Parallelen zur Grundseite als Höhe h des Parallelogramms.

$$U = 2\,(a + b) = 2\,a + 2\,b$$
(Summe aller Seiten).

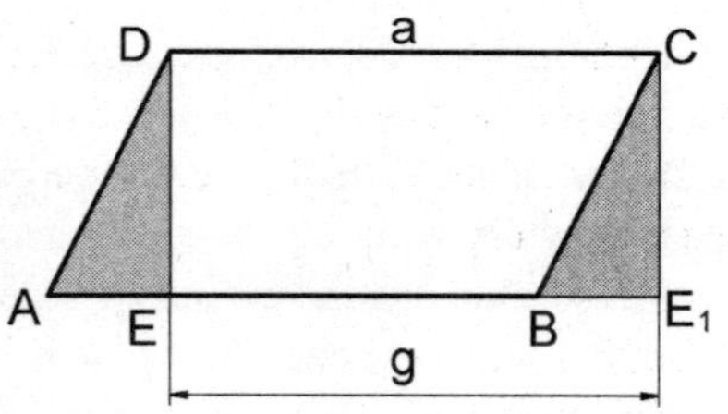

Die Fläche eines Parallelogramms lässt sich leicht in ein Rechteck verwandeln. Das Dreieck *A E D* ist gleich dem Dreieck *B* E_1 *C*. Das flächengleiche Rechteck hat dann die Seitenlängen *g* und *h*.

$$F = g \cdot h$$
(Grundlinie mal Höhe)

Ein Parallelogramm lässt sich nicht eindeutig konstruieren, wenn nur *g* und *h* bekannt sind.

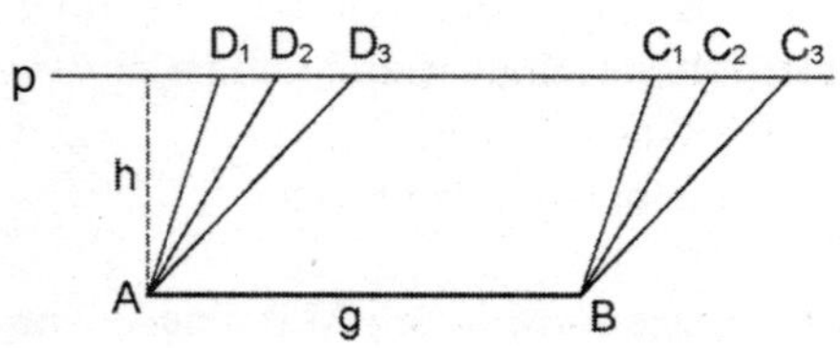

Gegeben sind von einem Parallelogramm:

$g = 5$ cm; $h = 3$ cm.

Wir konstruieren zur Grundlinie *g* im Abstand *h* eine Parallele *p*.

Zeichnen wir durch die Punkte *A* und *B* der Grundlinie ein paar Parallelen, die die Gerade p schneiden, so erhalten wir eine Reihe von Parallelogrammen, z.B. $A\,B\,C_1\,D_1$, $A\,B\,C_2\,D_2$, $A\,B\,C_3\,D_3$ usw. Alle diese Parallelogramme sind flächengleich (gemeinsame Grundlinie und gemeinsame Höhe). Der Umfang ist aber bei diesen Parallelogrammen verschieden.

Die Raute (Rhombus)

Die Raute ist ein besonderes Parallelogramm, hier sind alle Seiten gleich lang. Die Diagonalen einer Raute halbieren einander.

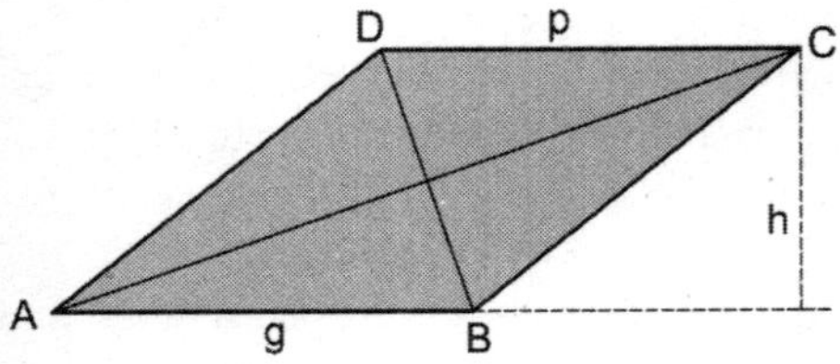

U = 4 g
(das Vierfache der Grundlinie)

F = g · h
(Grundlinie mal Höhe)

Eine Konstruktion aus g und h ist möglich:

Nach der Konstruktion der Parallelen *p* zu *g* im Abstand *h* wird um die Punkte *A* und *B* je ein Kreisbogen mit der Zirkelspanne (Radius) *g* geschlagen. Die Schnittpunkte mit der Parallelen sind die gesuchten Ecken *C* und *D* der Raute.

Das Trapez

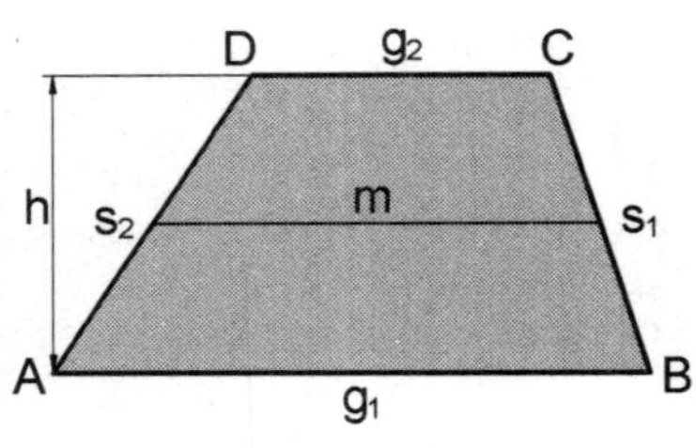

Das Trapez ist ein Viereck, das von geraden Linien begrenzt wird. Zwei gegenüberliegende Seiten sind parallel zueinander. Diese parallelen Seiten bezeichnen wir als Grundlinien g_1 und g_2. Die nicht parallelen Seiten bezeichnen wir als die Schenkel s_1 und s_2 des Trapezes. Beim gleichschenkeligen Trapez sind diese beiden Seiten gleich lang. Der Abstand der parallelen Seiten ist die Höhe *h*. Die Verbindung der Mittelpunkte beider Schenkel ist die Mittellinie *m*; sie ist eine Parallele zu g_1 und g_2.

Die Fläche eines Trapezes lässt sich leicht in ein Parallelogramm verwandeln:

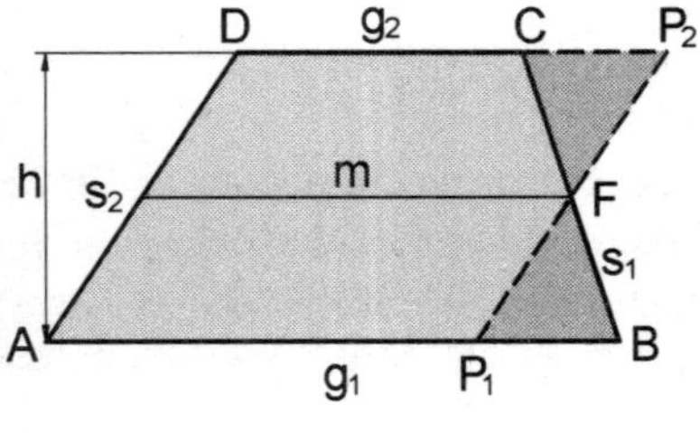

Wir zeichnen durch den Mittelpunkt von s_1 (*F*) eine Parallele zu s_2. Diese Parallele schneidet g_1 in P_1 und die Verlängerung von g_2 in P_2. Das Dreieck $P_1\,B\,F$ ist gleich dem Dreieck $C\,F\,P_2$. Wir haben das Trapez in ein flächengleiches Parallelogramm verwandelt, dessen Flächeninhalt wir berechnen können.

Aus der Konstruktion ergibt sich auch die Länge der Mittellinie *m*. Die Strecke $\overline{P_1B}$ ist gleich der Strecke $\overline{CP_2}$. Die Mittellinie ist danach halb so lang wie die Hälfte der Summe beider Grundlinien.

$$m = \frac{g_1 + g_2}{2}$$

$$U = g_1 + g_2 + s_1 + s_2$$
(Summe aller Seiten)

$$F = m \cdot h$$
(Mittellinie mal Höhe)

Beispiel:
Bauer F. hat einen trapezförmigen Acker, dessen parallele Seiten 176 und 38 m lang sind; die Höhe des Trapezes ist 91 m. Bei einer Flurbereinigung erhält er dafür einen rechteckigen Acker von 122 m Länge und 76 m Breite. Der Quadratmeter soll mit 2,15 € verrechnet werden.

Berechnung der Trapezfläche:

$m = (g_1 + g_2) : 2;$ $\quad m = (38 + 176) : 2 = 107$
$F = m \cdot h;$ $\quad F = 107 \cdot 91 = 9737$

Berechnung der Rechteckfläche:

$F = a \cdot b;$ $\quad F = 76 \cdot 122 = 9272$

Der Vergleich beider Flächen ($9737\ m^2 - 9272\ m^2$) ergibt: Der neue Acker ist um $465\ m^2$ kleiner als der alte. Bauer F. hat also Anspruch auf $465 \cdot 2{,}15$ € = 999,75 €.

Dreiecke

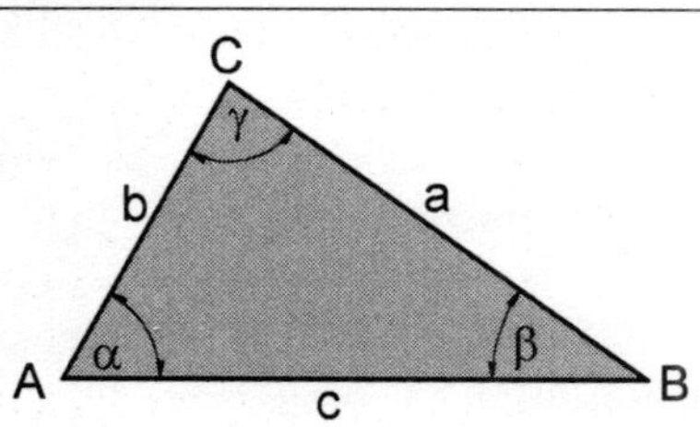

Verbindet man 3 Punkte, die nicht auf einer Geraden liegen, paarweise miteinander, so erhält man ein Dreieck.

Ein Dreieck hat 3 Ecken (üblicherweise durch große Buchstaben entgegen dem Uhrzeigersinn bezeichnet), 3 Seiten (üblicherweise mit kleinen Buchstaben bezeichnet, wobei jede Seite den Buchstaben der gegenüberliegenden Ecke erhält) und 3 Winkel (sie werden mit den kleinen Buchstaben des griechischen Alphabets bezeichnet, wobei α den Scheitel *A*, β den Scheitel *B* und γ den Scheitel *C* hat).

Zwei Seiten eines Dreiecks sind zusammen stets größer als die dritte:

$a + b > c$ $\quad$ $b + c > a$ $\quad$ $c + a > b$

Das Zeichen $>$ bedeutet: „größer als“, das Zeichen $<$ bedeutet: „kleiner als“.

Die Summe der 3 Winkel im Dreieck beträgt 180°.
Die Winkelsumme im Viereck beträgt 360°.
Jedes Viereck lässt sich durch eine Diagonale in 2 Dreiecke zerlegen.
Sind 2 Winkel eines Dreiecks bekannt, so lässt sich der dritte Winkel berechnen, z.B.:
$\alpha = 180° - (\beta + \gamma)$.

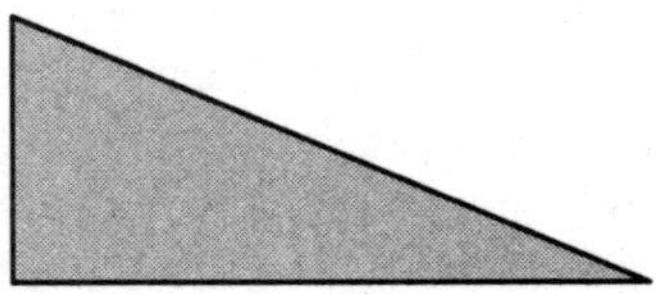

Ein Dreieck kann höchstens einen rechten Winkel haben: „Rechtwinkliges Dreieck“.

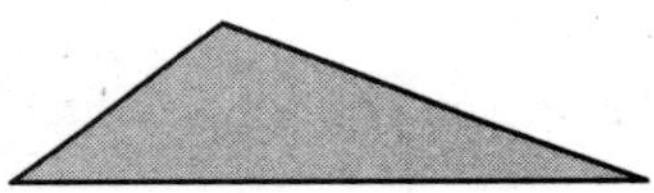

Ein Dreieck kann höchstens einen stumpfen Winkel haben: „Stumpfwinkliges Dreieck“.

Einteilung der Dreiecke nach der Größe der Seiten:

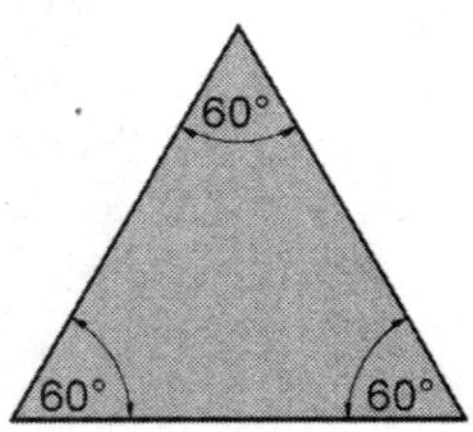

Gleichseitige Dreiecke:
Alle 3 Seiten sind gleich lang, die Winkel sind gleich groß (60°).

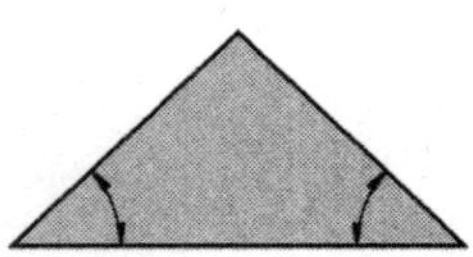

Gleichschenklige Dreiecke:
2 Seiten sind gleich lang, die beiden Basiswinkel sind gleich groß.

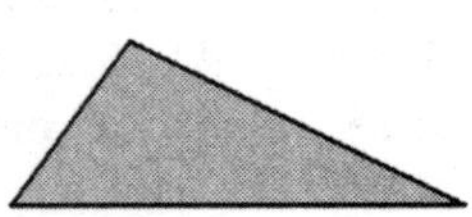

Ungleichseitige Dreiecke:
Alle 3 Seiten sind verschieden lang, die Innenwinkel sind verschieden groß.

Einteilung der Dreiecke nach der Größe der Winkel:

Spitzwinklige Dreiecke: Kein Winkel ist 90° oder größer. Es können gleichseitige, gleichschenkelige oder ungleichseitige Dreiecke sein.

Rechtwinklige Dreiecke: Ein Winkel beträgt 90°. Es können gleichschenklige oder ungleichseitige Dreiecke sein.

Stumpfwinklige Dreiecke: Ein Winkel ist größer als 90°. Es können gleichschenklige oder ungleichseitige Dreiecke sein.

Wichtige Linien im Dreieck sind die:

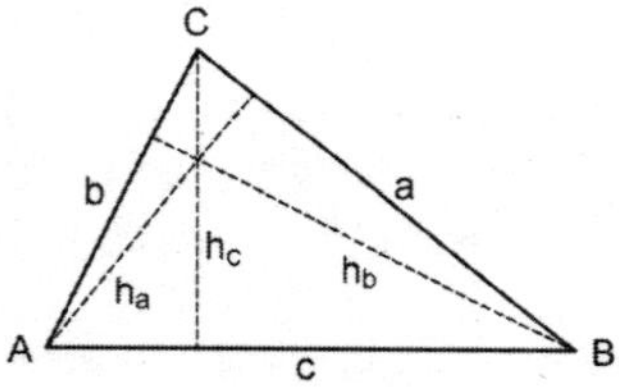

Höhen:
Die Höhen stehen senkrecht auf den Seiten und gehen durch die gegenüberliegenden Ecken. (Es sind die Lote von jeder Ecke auf die gegenüberliegende Seite bzw. deren Verlängerung); sie müssen nicht innerhalb des Dreiecks liegen. (Beim stumpfwinkligen Dreieck z.B. liegen 2 der 3 Höhen außerhalb des Dreiecks!)

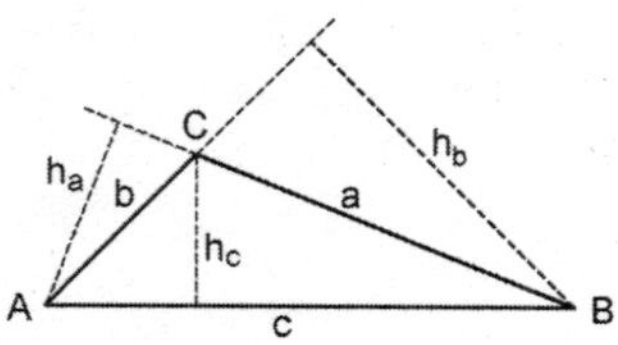

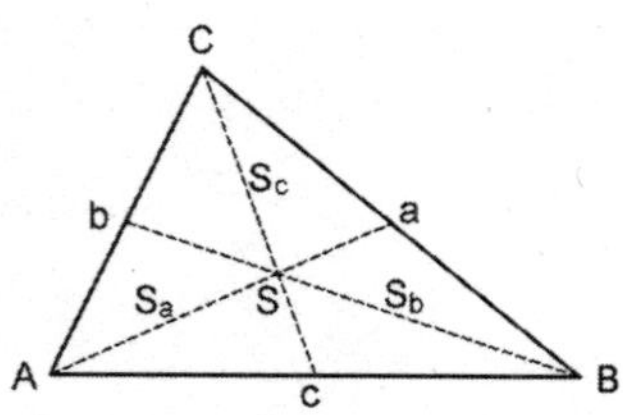

Der Schwerpunkt teilt die Schwerlinien im Verhältnis 1 : 2.

Seitenhalbierende:
Die Seitenhalbierende ist die Verbindung einer Seitenmitte mit der gegenüberliegenden Ecke. Die Seitenhalbierenden im Dreieck schneiden einander in dem Punkt *S*. Das ist der Schwerpunkt des Dreiecks. Diese Geraden werden deshalb auch Schwerlinien genannt.

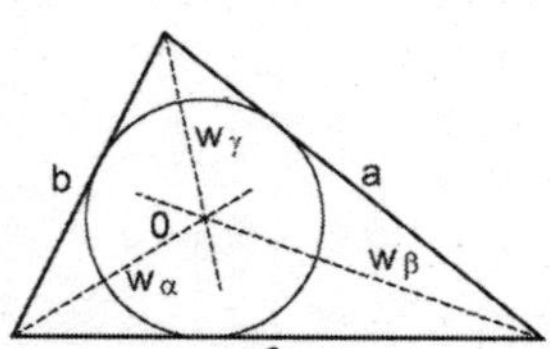

Winkelhalbierende:
Die Winkelhalbierenden gehen von einer Ecke des Dreiecks auf der Halbierungslinie des Winkels zur gegenüberliegenden Seite. Ihr Schnittpunkt 0 ist der Mittelpunkt des Inkreises dieses Dreiecks.

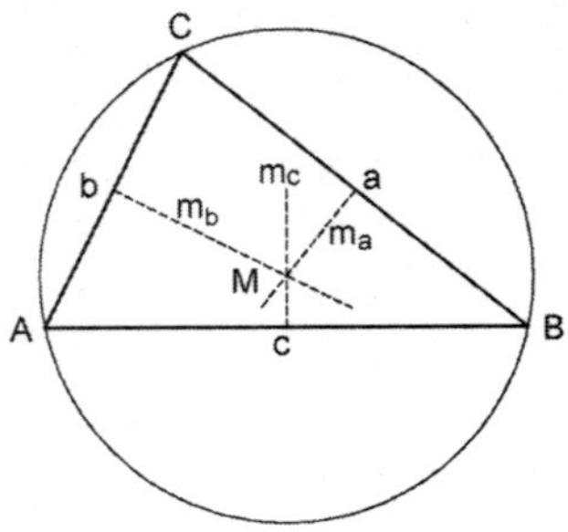

Mittelsenkrechte:
Die Mittelsenkrechten sind die Senkrechten, die auf der Mitte jeder Seite errichtet werden. Sie schneiden einander in dem Punkt *M*. Der Schnittpunkt kann auch außerhalb des Dreiecks liegen. Er ist der Mittelpunkt des Umkreises. (Der Umkreis geht durch die 3 Ecken des Dreiecks.)

Alle Linien erhält man durch → Grundkonstruktionen (siehe Seite 81).

Berechnung von Umfang und Fläche

U = a + b + c
(Summe der 3 Seiten)

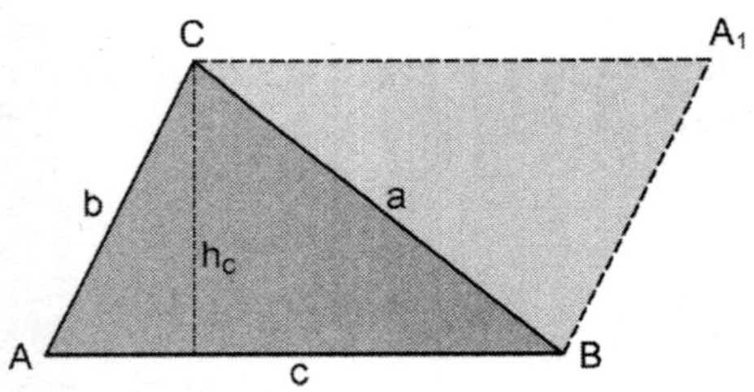

Jedes Dreieck kann als Hälfte eines Parallelogramms verstanden werden.
Die beiden Dreiecke *A B* C und $B A_1 C$ sind gleich, da sie drei gleiche Seiten haben:

$$\overline{BC} = \overline{BC},\quad \overline{AC} = \overline{BA_1} \quad \text{und} \quad \overline{AB} = \overline{CA_1}.$$

Die Seite *c* entspricht der Grundlinie des Parallelogramms $A\ B\ A_1\ C$, die Höhe h_c seiner Höhe h. Die Hälfte der Fläche des Parallelogramms ist die Fläche des Dreiecks *A B C*.

$$F = \frac{g \cdot h}{2}$$

Bei der Berechnung der Fläche eines Dreiecks wird eine Seite des Dreiecks zur Grundlinie (meist die Seite *c*). Bei der Berechnung des Flächeninhaltes darf nur die zu dieser Grundlinie gehörige Höhe zur Berechnung herangezogen werden. (Ist z.B. die Seite *a* Grundlinie, dann gibt die Hälfte des Produktes aus a und h_a die gesuchte Flächengröße an.)

Konstruktion von Dreiecken

Konstruktionen aus Seiten und Winkeln

1. Gegeben sind die drei Seiten *a*, *b* und *c* (abgekürzt *S S S*):

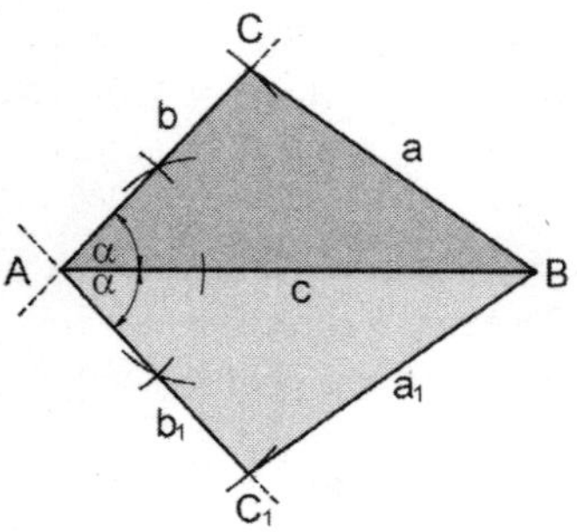

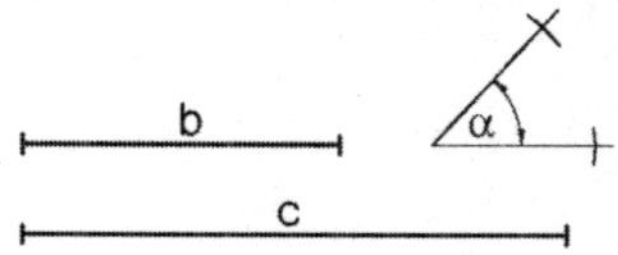

Durch die Seite *c* sind die beiden Ecken *A* und *B* bestimmt. Die Ecke *C* ist von der Ecke *A* die Strecke *b*, von der Ecke B die Strecke a entfernt. Man schlägt also um A einen Kreisbogen mit dem Radius (Zirkelspanne) *b* und um *B* einen Kreisbogen mit dem Radius *a*. Der Schnittpunkt beider Bogen ist die gesuchte Ecke *C*.
(Es sind zwei Lösungen möglich!)

2. Gegeben sind 2 Seiten und der von ihnen eingeschlossene Winkel (abgekürzt: *S W S*):

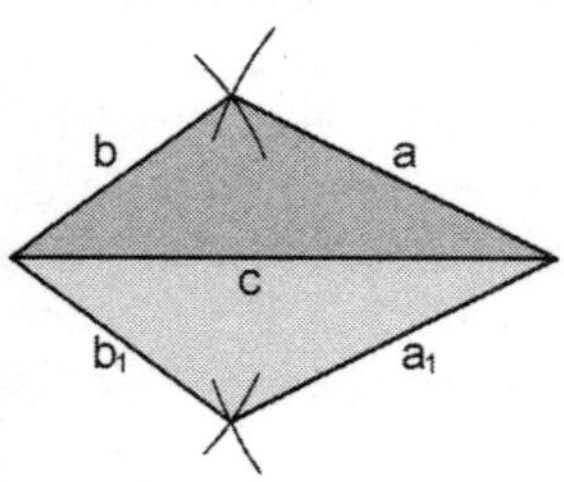

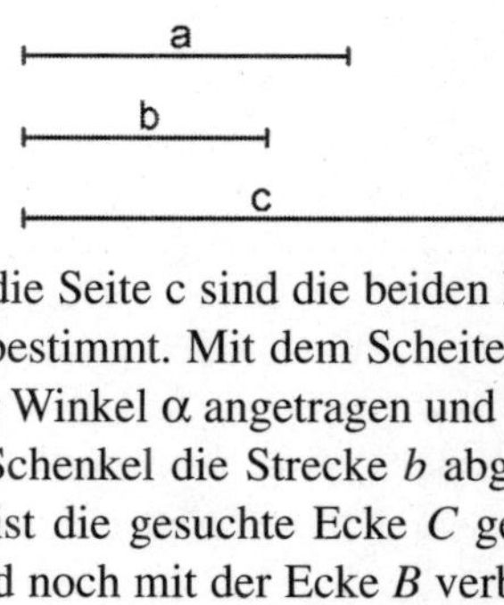

Durch die Seite c sind die beiden Ecken *A* und *B* bestimmt. Mit dem Scheitel *A* wird nun der Winkel α angetragen und auf dem freien Schenkel die Strecke *b* abgetragen. Damit ist die gesuchte Ecke *C* gefunden. Sie wird noch mit der Ecke *B* verbunden.
(Auch hier sind zwei Lösungen möglich!)

3. Gegeben sind 2 Seiten und der einer dieser Seiten gegenüberliegende Winkel (S S W):

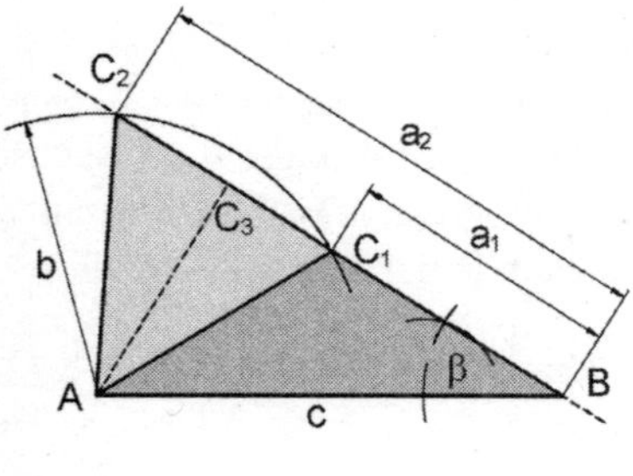

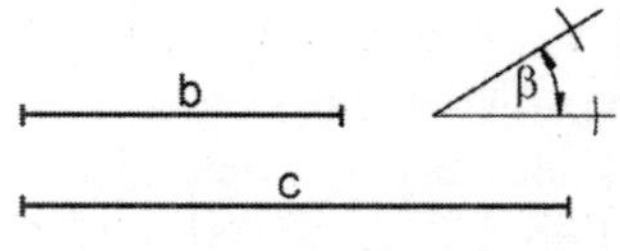

Durch die Seite *c* sind die beiden Ecken *A* und *B* bestimmt. Mit dem Scheitel *B* wird nun der Winkel β an *c* angetragen. Die gesuchte Ecke *C* muss auf dem Schnittpunkt eines Kreisbogens um A mit dem Radius *b* liegen. Meist werden das 2 Schnittpunkte sein (C_1 und C_2). Die beiden Dreiecke unterscheiden sich durch die Länge der Seite a (a_1 oder a_2). (Selbstverständlich sind die spiegelbildlichen Lösungen wie in Beispiel 1 (*S S S*) und 2 (*S W S*) auch möglich.)

Ist die gegebene Seite *b* genauso groß wie das Lot von *A* auf den freien Schenkel von β, so ergibt sich als einzige Lösung das rechtwinklige Dreieck $A\ B\ C_3$.
Ist die gegebene Seite *b* größer als *c*, so ergibt sich ebenfalls nur eine Lösung.

4. Gegeben sind eine Seite und die beiden ihr anliegenden Winkel (*W S W*):

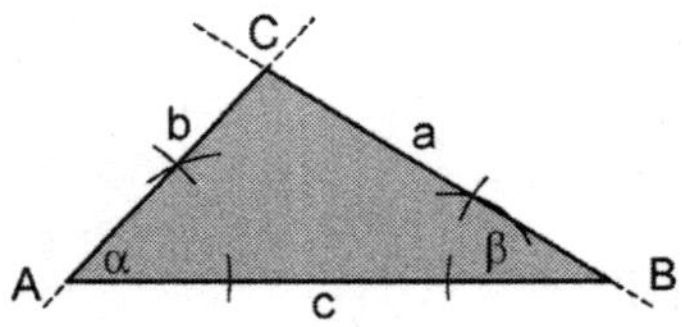

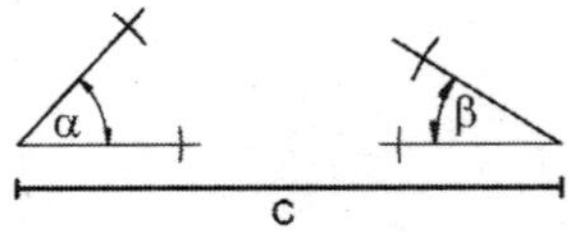

Durch die Seite c sind die beiden Ecken *A* und *B* bestimmt. Mit A als Scheitel wird α, mit *B* als Scheitel β an *c* angetragen. Der Schnittpunkt der beiden freien Schenkel ist die gesuchte Ecke *C*.
(Die spiegelbildliche Lösung ist möglich.)

5. Gegeben sind eine Seite, ein ihr anliegender und der ihr gegenüberliegende Winkel (*S W W*):

Diese Aufgabe wird wie 4. (*W S W*) gelöst: Da die Winkelsumme im Dreieck 180° beträgt, lässt sich die Größe des anderen Winkels α berechnen ($\alpha = 180 - (\beta + \gamma)$).

6. Gegeben sind die drei Winkel (*W W W*):

Diese Aufgabe lässt die Konstruktion eines genau bestimmten Dreiecks nicht zu. Es sind ja eigentlich auch nur 2 Angaben über das Dreieck gegeben, denn der dritte Winkel ergibt sich, wenn die beiden anderen gegeben sind.

Zur Konstruktion eines Dreiecks müssen drei voneinander unabhängige Stücke gegeben sein. Mindestens ein Stück muss eine Seite sein. Eindeutige Lösungen sind in unseren Fällen 1. (*S S S*), 2. (*S W S*), 4. (*W S W*) und 5. (*S W W*) möglich, in Fall 3 nur dann, wenn *b* größer ist als *c*. Im Fall 6 ist nur die Konstruktion „ähnlicher“ Dreiecke möglich.

Wichtige Lehrsätze

Dreiecke und Parallelogramme mit gleicher Grundlinie und gleicher Höhe sind flächengleich.

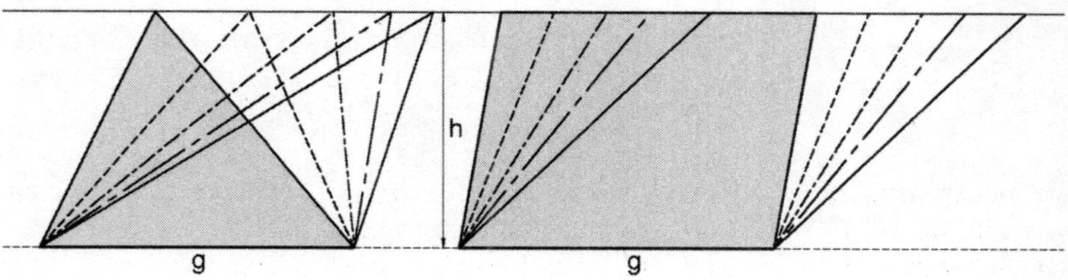

Die Fläche des Parallelogramms ist $F = g \cdot h$

Die Fläche des Dreiecks $\frac{1}{2} \cdot g \cdot h$

Für jedes rechtwinklige Dreieck gelten folgende Bezeichnungen:

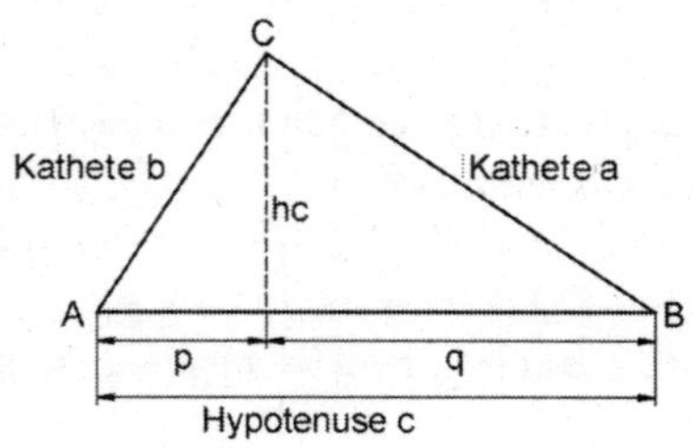

Hypotenuse: Grundlinie im rechtwinkligen Dreieck.

Katheten: Die beiden den rechten Winkel einschließenden Seiten.

Die Höhe auf c teilt die Hypotenuse in die beiden „Hypotenusenabschnitte" p und q. Diese Abschnitte werden auch „Kathetenprojektionen" genannt. (p ist die Projektion der Kathete b, q ist die Projektion der Kathete a.)

Der Lehrsatz des Pythagoras (eines griechischen Mathematikers um 550 v. Chr.)

In jedem rechtwinkligen Dreieck ist die Summe der Kathetenquadrate gleich dem Hypothenusenquadrat:

Das untenstehende Quadrat besteht aus 4 gleichen rechtwinkligen Dreiecken mit den Seiten a, b, c und einem Quadrat mit der Seite c.

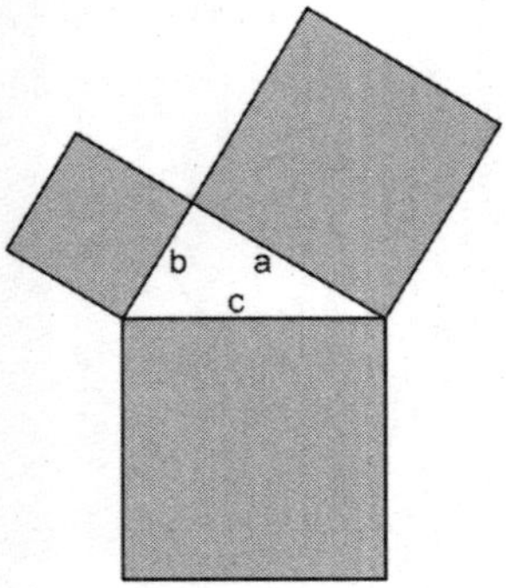

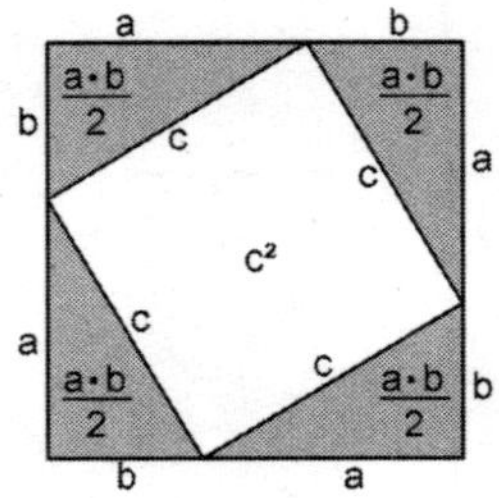

$$a^2 + b^2 = c^2$$

$$a \cdot a + b \cdot b = c \cdot c$$

I Das gesamte Quadrat hat die Fläche: $(a + b)^2 = a^2 + b^2 + 2ab$

II Die Fläche der 4 gleichen Dreiecke beträgt zusammen 2ab. (Sie lassen sich zu 2 Rechtecken mit den Seiten a und b zusammensetzen.)
Ziehen wir von der Gesamtfläche $(a^2 + b^2 + 2ab)$ die Fläche der 4 Dreiecke ab (2 ab), so bleibt für das mittlere Quadrat (c^2): $a^2 + b^2 + 2ab - 2ab = a^2 + b^2$.
Danach ist $a^2 + b^2 = c^2$.

In den beiden nebeneinanderstehenden Quadraten wird der Beweis noch einmal besonders deutlich:

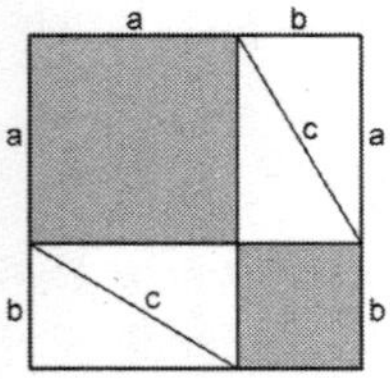

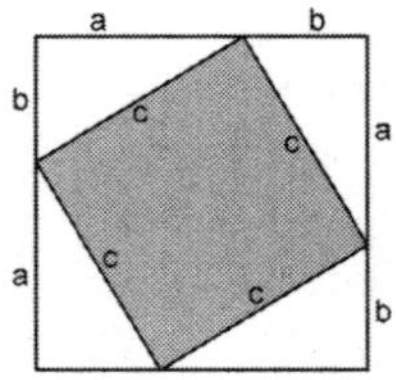

Beide Quadrate sind gleich groß:
$(a + b) \cdot (a + b) = a^2 + b^2 + 2ab$

Zieht man von beiden jeweils 2ab ab, so bleibt entweder $a^2 + b^2$ oder c^2.

$$a^2 + b^2 = c^2$$

Auch mit dem folgenden Lehrsatz lässt sich der Satz des Pythagoras leicht beweisen.

Der Lehrsatz des Euklid (eines griechischen Mathematikers um 300 v. Chr.)

In jedem rechtwinkligen Dreieck ist das Quadrat über einer Kathete gleich dem Rechteck, das aus der Hypotenuse und dem anliegenden Hypotenusenabschnitt (der Projektion dieser Kathete auf die Hypotenuse) gebildet wird:

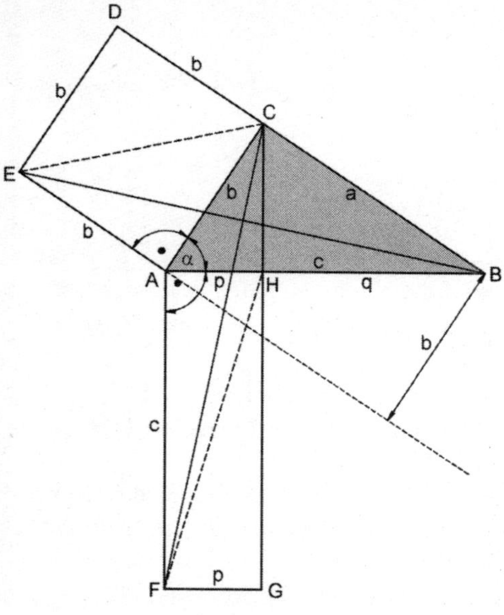

$b^2 = c \cdot p$

$a^2 = c \cdot q$ bzw. $b^2 = c \cdot p$

I Dreieck EAB = Dreieck AFC (Beide haben die Seiten b und c und den eingeschlossenen Winkel ($\alpha + 90°$) gemeinsam.) (S W S)

II Dreieck ACE flächengleich Dreieck EAB (gleiche Grundlinie (b) und gleiche Höhe (b)).

III Dreieck AFH flächengleich Dreieck AFC (gleiche Grundlinie (c) und gleiche Höhe (p)).

Daraus folgt:

$$F_\Delta ACE = F_\Delta EAB = F_\Delta AFC = F_\Delta AFH$$

Wenn aber die Dreiecke EAC und AFH flächengleich sind, dann trifft das auch für die Flächen des Quadrates b_2 und des Rechtecks $c \cdot p$ zu, da diese beiden Flächen jeweils doppelt so groß sind wie die Dreiecke unserer Beweiskette.

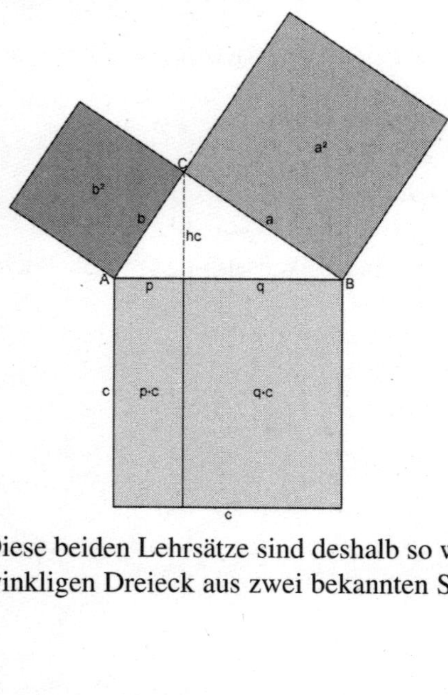

Aus der nebenstehenden Zeichnung ergibt sich der Beweis des pythagoräischen Lehrsatzes mit Hilfe des Kathetensatzes von Euklid.

I $\quad b^2 = p \cdot c$

$c = p + q$

II $\quad a^2 = q \cdot c$

I + II $\quad a^2 + b^2 = q \cdot c + p \cdot c = c\,(p + q) = c^2$

$a^2 = c^2 - b^2 \qquad b^2 = c^2 - a^2$

Diese beiden Lehrsätze sind deshalb so wichtig, weil sich mit ihrer Hilfe in jedem rechtwinkligen Dreieck aus zwei bekannten Seiten die dritte Seite berechnen lässt.

Der Höhensatz des Euklid

In jedem rechtwinkligen Dreieck ist das Quadrat der Hypotenusenhöhe gleich dem Rechteck, das aus den beiden Hypotenusenabschnitten besteht:

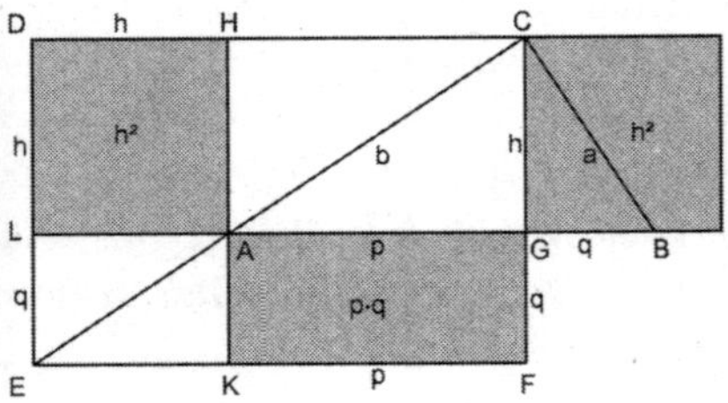

$$h^2 = p \cdot q$$

h ist die Höhe des Dreiecks *A B C*, *p* und *q* sind die beiden Hypotenusenabschnitte.

I Dreieck *E F C* = Dreieck *E C D*

II Dreieck *E K A* + Dreieck *A G C* = Dreieck *E A L* + Dreieck *A C H*

Zieht man von den flächengleichen Dreiecken der Gleichung I die Summen der flächengleichen Dreiecke aus Gleichung II ab, so ergeben sich als flächengleiche Differenzen das Quadrat h^2 und das Rechteck $p \cdot q$.

Ein weiterer Beweis des Höhensatzes ergibt sich aus folgender Überlegung:

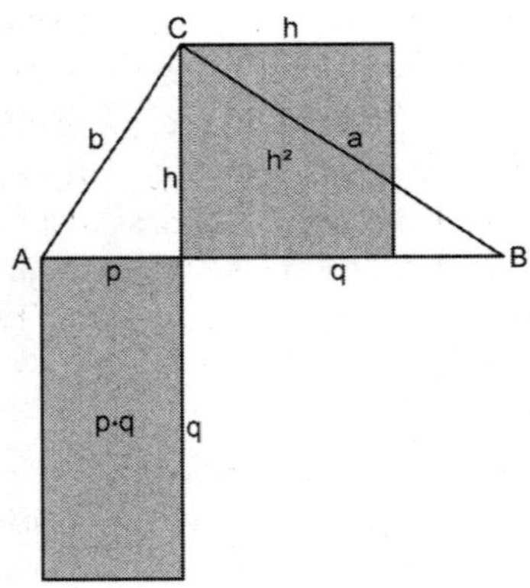

Nach dem Satz des Pythagoras ist

I $$b^2 = h^2 + p^2$$

Nach dem Kathetensatz ist

II $$b^2 = p \cdot (p + q) = p^2 + p \cdot q$$

Nach dem Gleichsetzungsverfahren ist

$$h^2 + p^2 = p^2 + p \cdot q$$

$$h^2 = p \cdot q$$

Mit Hilfe der Euklidschen Lehrsätze (Kathetensatz und Höhensatz) lassen sich Rechtecke in flächengleiche Quadrate verwandeln.

Der Halbkreis des Thales (eines griechischen Mathematikers um 600 v. Chr.)

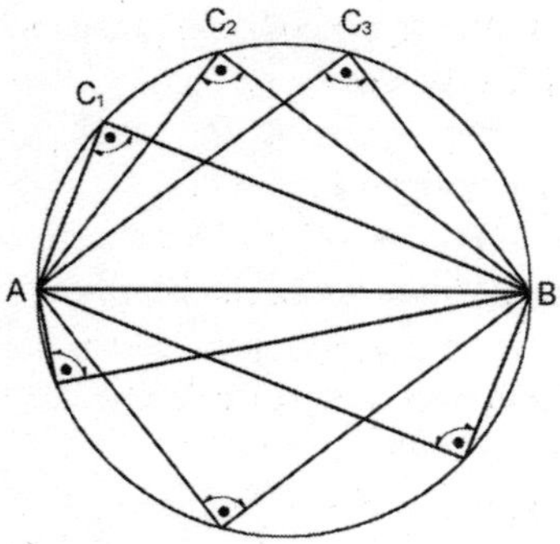

Alle Dreiecke, deren Grundlinie der Durchmesser eines Kreises ist und deren dritte Ecke auf dem Kreisbogen dieses Kreises liegt, sind rechtwinklige Dreiecke.

Jedes Dreieck lässt sich zu einem Rechteck ergänzen. Die Winkel α und β jedes Dreiecks ergänzen einander zu einem Winkel von 90°.

Der Thaleskreis gibt die Lage aller Punkte an, die als Ecken rechtwinkliger Dreiecke mit derselben Hypotenuse in Frage kommen.

Beispiele:

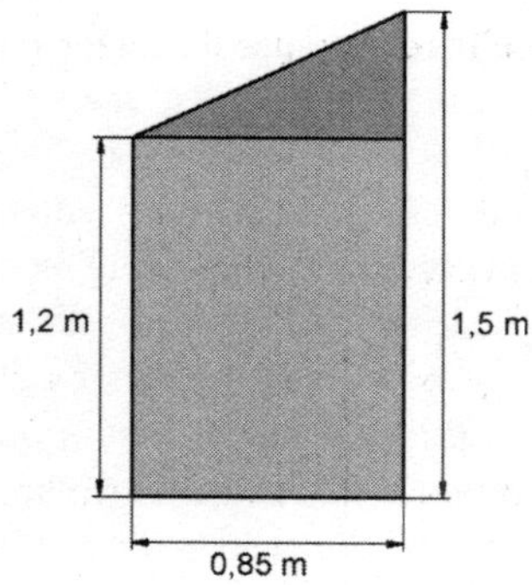

Ein Gerätekasten ist vorn 1,2 m, hinten 1,5 m hoch und 85 cm tief. Der schräg nach vorn abfallende Deckel steht vorn 10 cm über. Wie lang ist der Deckel?
Der Deckel wird als Hypotenuse eines rechtwinkligen Dreiecks verstanden, dessen Katheten 85 cm und 30 cm lang sind. Nach der Formel $c^2 = a^2 + b^2$ ergibt sich die Rechnung

$$c^2 = (85)^2 + (30)^2 = 7225 + 900 = 8125$$
$$c = \sqrt{8125} \approx 90{,}1$$

Die Hypotenuse des Dreiecks ist also etwa 90,1 cm lang, der Deckel ist rund 1 m lang (er steht ja 10 cm über!).
Die Quadratzahlen und Quadratwurzeln entnehmen wir einer Tabelle!

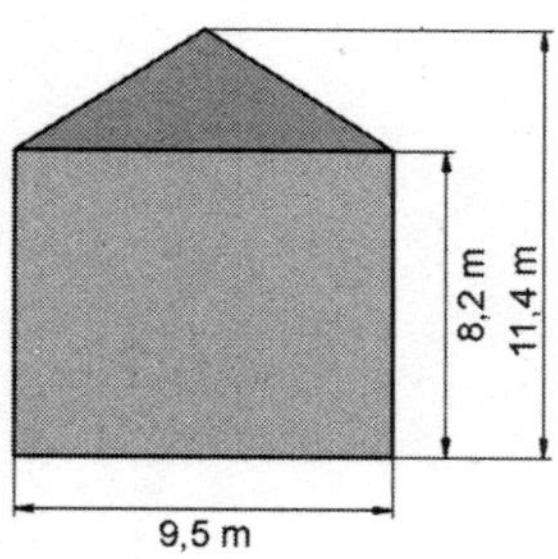

Die Giebelwand eines Hauses soll voll verputzt werden. Wie groß ist die Fläche? Die Maße können der nebenstehenden Zeichnung entnommen werden.
Zu verputzen sind ein Rechteck von 9,5 m mal 8,2 m und ein Dreieck mit der Grundlinie 9,5 m und der Höhe von 3,2 m (11,4 m – 8,2 m).

$F_? = a \cdot b = 9{,}5 \cdot 8{,}2 = 77{,}9$

$F_\Delta = \frac{g \cdot h}{2} = \frac{9{,}5 \cdot 3{,}2}{2} = 9{,}5 \cdot 1{,}6 = 15{,}2$

(Man hätte in diesem Fall auch 9,5 · 9,8 rechnen können.)
Die Addition der beiden Flächen ergibt 93,1.
Es sind 93,1 m^2 Putz erforderlich.

Vielecke werden im Allgemeinen dadurch berechnet, dass man sie in Dreiecke zerlegt und die Flächen dieser dann zu berechnenden Dreiecke addiert.

Symmetrie

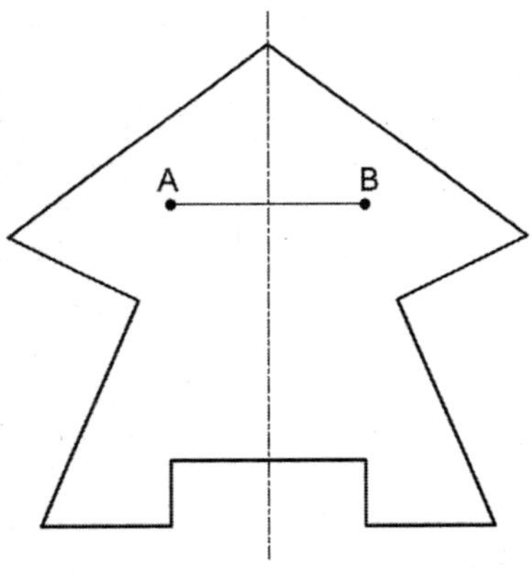

Zwei ebene Figuren sind symmetrisch (spiegelbildlich), wenn man sie durch Umklappen um die „Symmetrieachse" zur Deckung bringen kann, d.h. die Figur auf der einen Seite der Symmetrieachse ist das Spiegelbild der anderen Seite.
Die Verbindungslinie von 2 symmetrisch gelegenen Punkten steht senkrecht zur Symmetrieachse und wird von dieser halbiert. (In der nebenstehenden Zeichnung z.B. die Verbindung der Punkte *A* und *B*.)
Die Symmetrie ist keine Erfindung des Menschen, sie findet sich häufig in der Natur (bei Schmetterlingen, Käfern, Blättern usw.).

Eine Figur kann auch mehrere Symmetrieachsen haben.
In der Architektur spielen Symmetrie bzw. bewusste Asymmetrie eine große Rolle.

Kongruenz

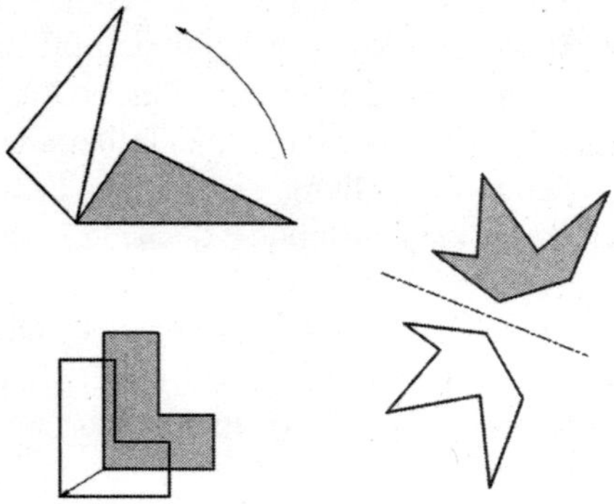

Zwei ebene Figuren sind kongruent (deckungsgleich) miteinander, wenn man sie durch Drehen, Verschieben oder Klappen zur Deckung bringen kann.

Die nebenstehenden Figuren sind kongruent miteinander, kongruente Figuren müssen aber nicht zueinander symmetrisch sein.

Das Zeichen für „kongruent" ist ≅.

Dreiecke sind kongruent miteinander, wenn sie

1. in 2 Seiten und dem von diesen Seiten eingeschlossenen Winkel übereinstimmen,
2. in einer Seite und den beiden dieser Seite anliegenden Winkeln übereinstimmen,
3. in allen drei Seiten übereinstimmen,
4. in 2 Seiten und dem der größeren dieser Seiten gegenüberliegenden Winkel übereinstimmen.

Bei kongruenten Figuren sind alle entsprechenden Punkte, Winkel, Strecken, Flächen usw. gleich.
Kreise mit gleichem Radius sind kongruent.

Ähnlichkeit

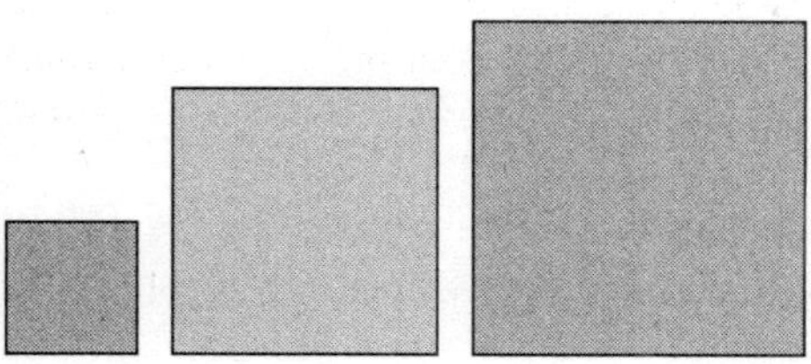

Zwei ebene Figuren nennt man einander „ähnlich", wenn sie in den entsprechenden Winkeln übereinstimmen. Die Verhältnisse entsprechender Seiten sind dabei gleich. Alle Quadrate z.B. sind einander ähnlich.

Dreiecke mit gleichen Winkeln sind einander ähnlich.

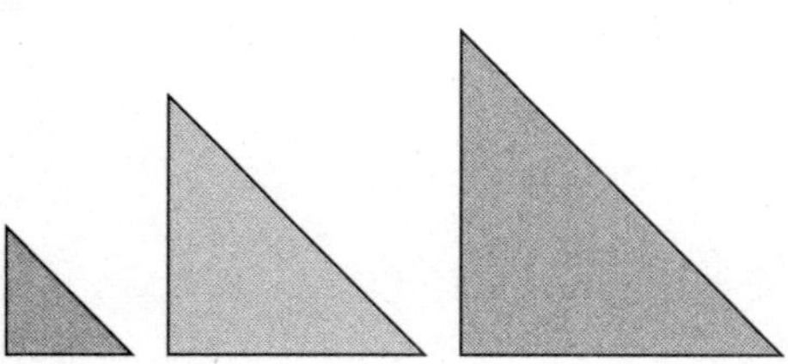

Ähnliche Figuren haben also dieselbe Form, dies aber in verschiedenen Größen. Der „Maßstab" gibt dabei die Zahl an, die das Verhältnis einer Figur oder Abbildung zu ihrer Vergrößerung oder Verkleinerung bestimmt. Das Zeichen für „ähnlich" ist ~.

Maßstäbliche Darstellung

Bei der Herstellung von Plänen, Karten und anderen Darstellungen ergibt sich oft die Notwendigkeit, die wirklichen Abmessungen verkleinert wiederzugeben. Solche Pläne sind in Handwerk und Industrie sehr häufig. Sollen mikroskopisch kleine Teile dargestellt werden, so ergibt sich der Zwang zur vergrößerten Darstellung.
Eine Darstellung in natürlicher Größe ist möglich, wenn die Darstellungsfläche (z.B. ein Papierbogen) ausreicht.
Vergrößerung und Verkleinerung erfolgen immer in einem bestimmten „Verhältnis". Dieses Verhältnis wird bei „maßstabgerechter" Zeichnung angegeben.
Der Maßstab gibt immer das Verhältnis der dargestellten Länge zur wirklichen Länge an. Die Maßeinheiten müssen für beide Angaben gleich sein.

Maßstab 50 : 1	50 cm auf der Zeichnung entsprechen 1 cm in der Wirklichkeit.
Maßstab 2 : 1	Alle Längen auf der Zeichnung sind doppelt so groß wie in der Wirklichkeit.
Maßstab 1 : 1	Alle Längen auf der Zeichnung stimmen mit der Wirklichkeit überein.
Maßstab 1 : 10	Die wirklichen Abmessungen sind 10-mal so groß wie die dargestellten.
Maßstab 1 : 20000	Einer Länge von 1 cm auf der Karte entsprechen 20000 cm (= 200 m) in der Wirklichkeit.
Maßstab 1 : 5000000	1 cm auf der Karte entspricht 5000000 cm (50 km) in der Wirklichkeit.
Maßstab 2 : 3	Hier entsprechen 2 cm auf der Zeichnung 3 cm in der Wirklichkeit.
Maßstab	**Länge auf der Zeichnung oder Karte : Länge in der Wirklichkeit**

1. Beispiel: In einer Zeichnung ist ein Gebäude 8,6 cm lang. Als Maßstab ist 1 : 400 angegeben. Das Gebäude ist in Wirklichkeit 400 · 8,6 cm lang. 8,6 cm · 400 = 3440,0 cm = 34,4 m.

2. Beispiel: Das Zahnrad eines Uhrwerks hat einen Durchmesser von 4 mm. Es wird im Maßstab 5 : 1 abgebildet.
   In der Zeichnung hat das Zahnrad einen Durchmesser von 5 · 4 mm = 20 mm (vergrößerte Darstellung!).

3. Beispiel: Auf einer Straßenkarte (Maßstab 1 : 200000) wird die direkte Entfernung zwischen zwei Orten mit 8,6 cm gemessen.
   In Wirklichkeit beträgt die Entfernung dieser beiden Orte in der Luftlinie 200000 · 8,6 cm = 1720000,0 cm = 17,2 km.

4. Beispiel: Ein Funkturm von 52 m Höhe wird im Maßstab 1 : 500 abgebildet. Auf der Abbildung ist er 5200 cm : 500 = 10,4 cm hoch.

Der Kreis

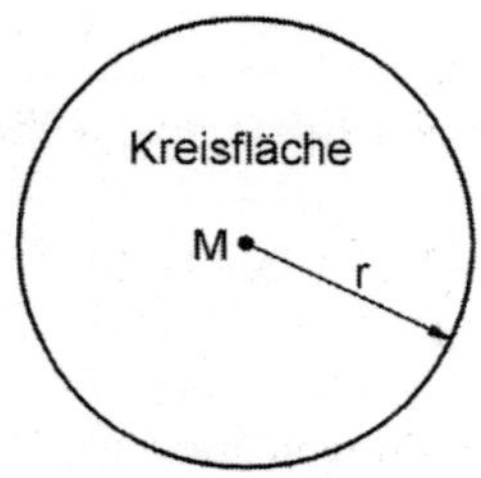

Der Kreis ist eine in sich geschlossene Linie. Er ist der „geometrische Ort" aller Punkte, die von einem festen Punkt (*M*) die gleiche Entfernung (*r*) haben, d.h. alle Punkte auf der Kreislinie sind gleich weit von dem Mittelpunkt entfernt. Die Länge der Kreislinie (Peripherie) ist der Umfang des Kreises, die Kreisfläche wird von der Kreislinie begrenzt.

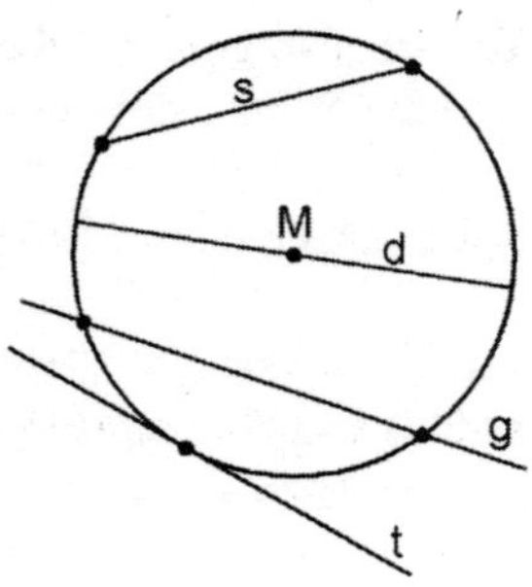

Wir unterscheiden folgende wichtige Linien und Flächen in der Lehre vom Kreis:

Der *Radius* (*r*) ist die Verbindungsstrecke zwischen Mittelpunkt und einem Punkt auf der Kreislinie.

Der *Durchmesser* (*d*) ist die gerade Verbindung zweier Kreispunkte miteinander über den Mittelpunkt.

$$d = 2\,r$$

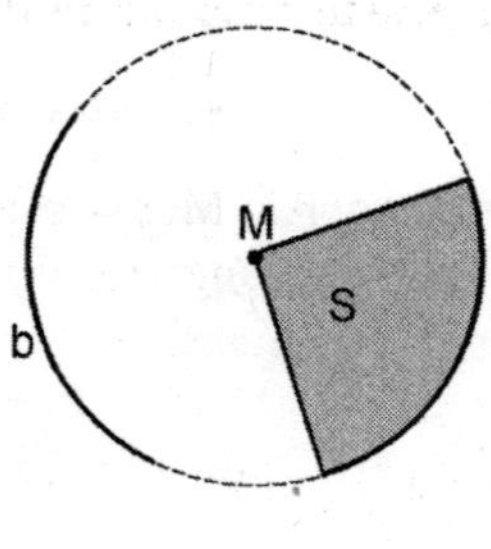

Die *Sehne* (*s*) ist die gerade Verbindung von 2 Kreispunkten (*d* ist die größte Sehne eines Kreises).

Die *Sekante* (*g*) ist eine Gerade, die den Kreis in 2 Punkten schneidet.

Die *Tangente* (*t*) ist eine Gerade, die den Kreis in einem (einzigen) Punkt berührt.
Der *Bogen* (*b*) ist ein Teil der Kreislinie.

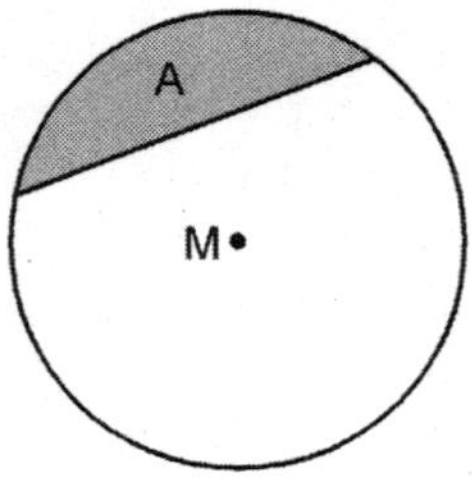

Ein *Sektor* (*S*) ist ein Teil der Kreisfläche; er wird von 2 Radien und einem Bogen begrenzt.

Ein *Segment* (*A*) ist ein Teil der Kreisfläche; er wird von einer Sehne und einem Bogen begrenzt.

In oder an einem Kreis unterscheiden wir folgende wichtige Winkel:

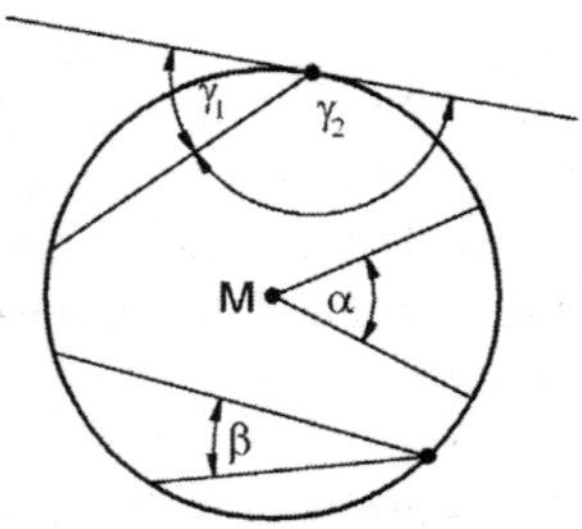

den *Mittelpunktswinkel* (α), auch Zentriwinkel: Sein Scheitel ist der Mittelpunkt, seine Schenkel sind Radien;

den *Umfangswinkel* (β), auch Peripheriewinkel (Randwinkel): Sein Scheitel ist ein Kreispunkt, seine Schenkel sind Sehnen;

den *Sehnentangentenwinkel* (γ): Sein Scheitel ist ein Kreispunkt; der eine Schenkel ist eine Sehne, der andere eine Tangente.

Der Umfang des Kreises lässt sich nicht messen wie gerade Strecken. Mit Hilfe eines Fadens ist nur eine ungenaue Messung möglich. Das Verhältnis von Umfang zum Durchmesser ist bei allen Kreisen dasselbe (je größer der Umfang, desto größer der Durchmesser).

Diese Verhältniszahl bezeichnen wir mit dem kleinen griechischen Buchstaben π (gelesen pi). Bereits Archimedes (griechischer Mathematiker, etwa 250 v. Chr.) ermittelte diese Verhältniszahl mit $3\frac{1}{7}$. Wir rechnen meist mit 3,14 ($\pi \approx 3{,}1416$). (Ein Elektronenrechner hat 1958 den Wert von π auf 10000 Dezimalstellen berechnet, die nicht periodisch wieder kehren.)
Der Umfang jedes Kreises ist 3,14 (π) mal so groß wie sein Durchmesser.

$$U = \pi \cdot d = \pi \cdot 2r = 2\pi r$$

Berechnung der Kreisfläche

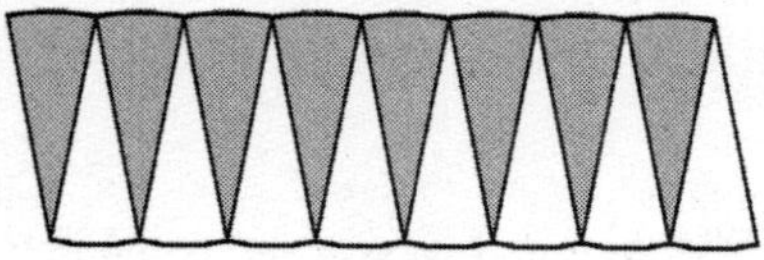

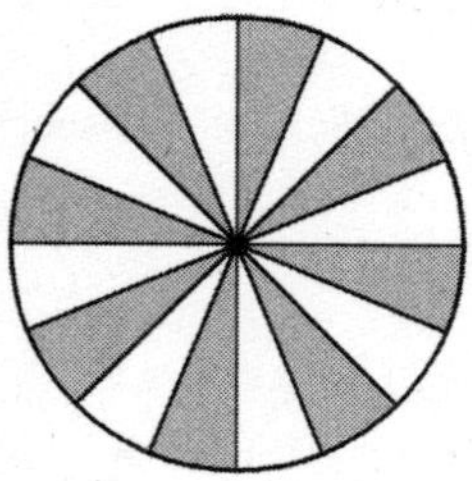

Teilte man einen Kreis in eine gerade Anzahl von Sektoren ein, so könnte man diese Sektoren in einer Figur anordnen, die einem Parallelogramm angenähert wäre. Die Grundlinie dieses Parallelogramms entspräche etwa der Hälfte des Umfangs

$$\left(\frac{2\pi r}{2} = \pi r\right),$$

seine Höhe entspräche dem Radius (r). (Je größer die Zahl der Sektoren wäre, desto mehr näherten sich die aneinandergesetzten Bogen einer Geraden!)

Daraus ergibt sich für die Fläche eines Kreises

$$F = \pi r \cdot r = \pi r^2$$

wenn wir $\pi\, r$ als Grundlinie und r als Höhe des gedachten Parallelogramms annehmen.

Die Berechnung von „Bogenlängen“, der Fläche von „Sektoren“ und „Segmenten“ und die Berechnung von „Kreisringen“ beruhen auf einer Schlussrechnung: Der volle Mittelpunktswinkel entspricht 360°. Zu diesem Mittelpunktswinkel gehört der ganze Kreisumfang. Daraus ergibt sich folgender Schluss:

$$360° \mathrel{\hat{=}} 2\pi r$$

$$1° \mathrel{\hat{=}} \frac{2\pi r}{360} = \frac{\pi r}{180} = 0{,}01745 \cdot r$$

Die Bogenlänge (b), die dem Mittelpunktswinkel α entspricht, ist also:

$$\frac{\pi \cdot r}{180} \cdot \alpha = 0{,}01745 \cdot r \cdot \alpha = b$$

Die Fläche eines Sektors (Kreisausschnitt)

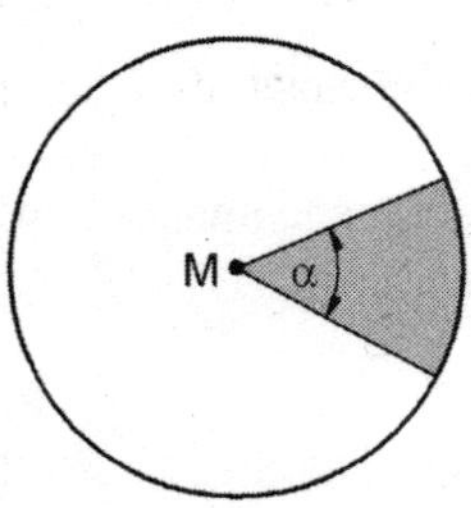

Die Kreisfläche verhält sich zu einem Sektor wie 360° zu α (α = Mittelpunktswinkel).

$$F_{Sektor} = \frac{\pi r^2}{360} \cdot \alpha = \frac{\pi \cdot r \cdot \alpha}{180} \cdot \frac{r}{2}$$

Setzen wir für $\dfrac{\pi \cdot r \cdot \alpha}{180}$

den Wert b ein, so ergibt sich:

$$F_{Sektor} = \frac{b \cdot r}{2}$$

Vergleichen wir diese Formel mit der Formel zur Berechnung des Flächeninhaltes des Dreiecks, dann entspricht r der Grundlinie und b etwa der Höhe!

Die Fläche eines Segmentes (Kreisabschnitt)

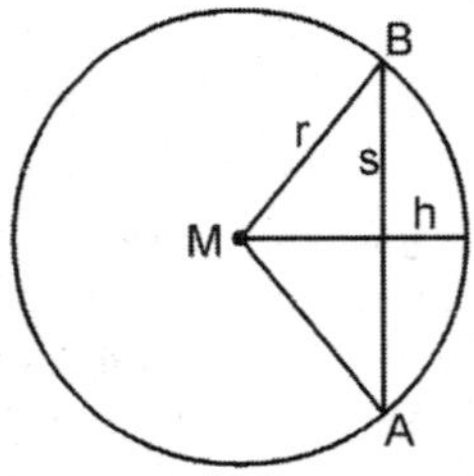

Die Fläche eines Segmentes wird berechnet, indem man von der Fläche des Sektors, der durch $\overline{MA}$, $\widehat{AB}$ *und* $\overline{MB}$ begrenzt ist, die Fläche des Dreiecks *A B M* abzieht.

$$F_{Sektor} = \frac{b \cdot r}{2} \qquad F_{\Delta} = \frac{s \cdot (r-h)}{2}$$

$$F_{Segment} = \frac{b \cdot r}{2} - \frac{s \cdot (r-h)}{2} = \frac{b \cdot r - s(r-h)}{2}$$

Die Fläche eines Kreisringes

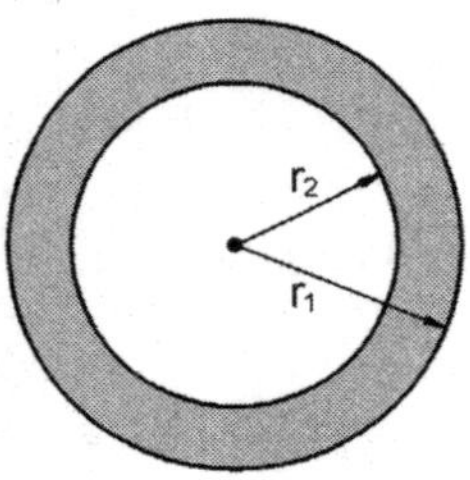

Die Fläche, die durch zwei konzentrische Kreise (Kreise mit demselben Mittelpunkt) begrenzt wird, nennen wir einen Kreisring.
Diese Fläche lässt sich dadurch berechnen, dass man von der Fläche des größeren Kreises (mit dem Radius r_1) die Fläche des kleineren Kreises (mit dem Radius r_2) subtrahiert.

$$F = \pi r_1^2 - \pi r_2^2 = \pi(r_1^2 - r_2^2)$$

1. Beispiel:
Das kreisrunde Becken eines Springbrunnens hat einen Umfang von 29,83 m. Das Becken wird von einem 1,25 m breiten Blumenbeet umgeben. Dieses Beet soll mit Stiefmütterchen bepflanzt werden. Auf einen Quadratmeter rechnet man 45 Pflanzen.

1. Aus dem Umfang des Beckens lässt sich der Radius errechnen:

$$U = 2\pi r; \qquad r = \frac{U}{2\pi} = \frac{29,83}{6,28} = 4,75$$

Das Becken hat demnach einen Radius von 4,75 m.

2. Das ringförmige Blumenbeet hat einen inneren Radius von 4,75 m; der äußere Durchmesser ist um 1,25 m größer, also 6 m.

Die Fläche des Kreisringes berechnen wir nach der Formel

$$F = \pi \cdot (r_1^2 - r_2^2) = \pi \cdot (6{,}00^2 - 4{,}75^2) =$$
$$= (36 - 22{,}5625) \cdot \pi$$
$$F \approx 13{,}44 \cdot 3{,}14 = 42{,}2 m^2$$

3. Das Beet hat eine Fläche von etwa 42,2 m^2. Es werden demnach 42,2 · 45 = 1899 Pflanzen gebraucht.

2. Beispiel:

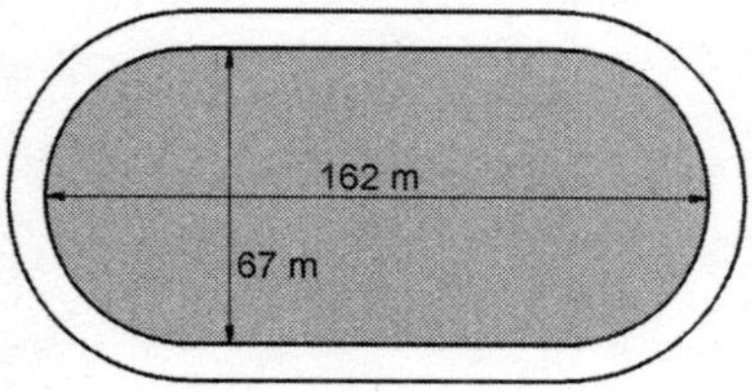

Die Laufbahn eines Sportplatzes soll mit einem Tartan-Belag versehen werden. Die Laufbahn hat die nebenstehende Form. Die größten Ausmaße der Innenfläche sind 162 m in der Länge und 67 m in der Breite. Die Laufbahn ist 7,5 m breit.

1. Die Laufbahn besteht aus den beiden halben Kreisringen und den dazwischen liegenden Rechtecken. Der Radius der Kreise beträgt 67 m : 2 = 33,5 m innen und 33,5 m + 7,5 m = 41 m außen.

   Die Fläche des Kreisringes ist $F_{\odot} = \pi(41^2 - 33{,}5^2) = \pi \cdot (1681 - 1122{,}25) = 1754{,}475$

2. Die Länge der Geraden beträgt, 162 m – 67 m = 95 m,
   die Fläche der beiden Rechtecke $F_{\square} = 2 \cdot 7{,}5 \cdot 95 = 1425$.

3. Die Gesamtfläche der Laufbahn $F_{\odot} + F_{\square} = 1754{,}475 + 1425$
   Es werden etwa 3180 m^2 Tartan gebraucht.

Die Ellipse

Die Ellipse ist eine in sich geschlossene Linie. Sie ist der geometrische Ort aller Punkte, für die die Summe der Abstände von 2 Punkten (Brennpunkten) F_1 und F_2 gleich ist, d.h. die Summe der beiden Abstände von den beiden Brennpunkten ist für jeden Punkt der Ellipse gleich.
Die Ellipse hat zwei Durchmesser (d_1 und d_2), sie stehen senkrecht zueinander und schneiden einander im Mittelpunkt *M*. Die beiden Brennpunkte liegen auf dem längeren Durchmesser der Ellipse und sind gleich weit von *M* entfernt.

Zur „Fadenkonstruktion“ einer Ellipse steckt man in die beiden Brennpunkte F_1 und F_2 je eine Stecknadel. Um diese beiden Nadeln legt man eine Fadenschlinge. Mit einer Bleistiftspitze zieht man den Faden straff und fährt dann langsam um die beiden Brennpunkte.

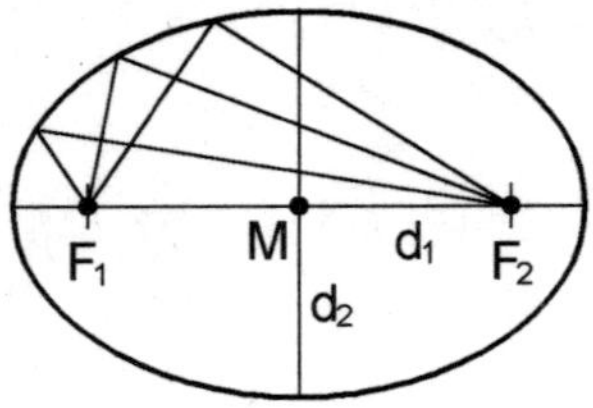

Bei der Berechnung des Umfanges der Ellipse bekommt man ein recht genaues Ergebnis, wenn man mit dem Mittelwert der beiden Durchmesser rechnet. Bezeichnen wir die Hälfte des größeren Durchmessers mit a und die Hälfte des kleineren Durchmessers mit *b*, so ergibt sich

$U \approx \pi \cdot (a + b)$ (Kreisumfang = $\pi \cdot (r + r)$)

Der Flächeninhalt der Ellipse

$F = a \cdot b \cdot \pi$ (Kreisfläche = $\pi \cdot r \cdot r$)

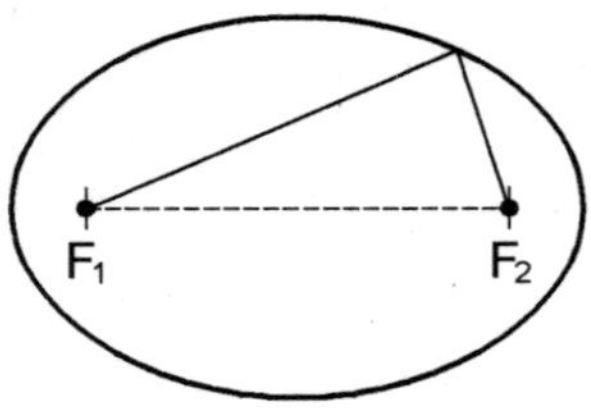

Die Ellipse begegnet uns im täglichen Leben: Schneidet man z.B. eine Wurst mit kreisförmigem Querschnitt schräg durch, so ist die Schnittfläche eine Ellipse (ein Oval).

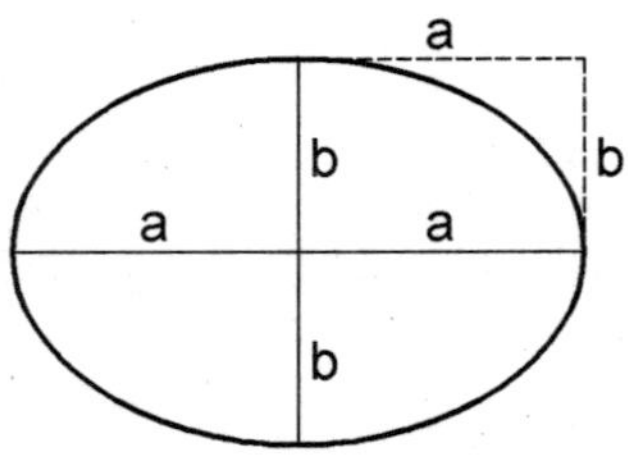

Von besonderer Bedeutung sind Ellipsen für die Astronomie und die Raumfahrt. Die Bahn der Erde um die Sonne ist elliptisch. (Die Erde braucht zur Beschreibung dieser Ellipse etwa 365 $^1/_4$ Tage.)

KÖRPERBERECHNUNG (STEREOMETRIE)

Die Größe eines Körpers, sein „Rauminhalt“ (Volumen), wird dadurch festgestellt, dass sie mit einer festgelegten Raumeinheit gemessen wird, d.h. man stellt fest, wie oft dieses Einheitsmaß in dem zu messenden Raum enthalten ist.
Als Maßeinheit dient ein Würfel mit der Kantenlänge 1 m. Wir bezeichnen dieses Maß als Kubikmeter (m^3).

$1\ m^3 = 1000\ dm^3 = 1000000\ cm^3$
$1\ dm^3 = 1000\ cm^3 = 1000000\ mm^3$
$1\ dm^3 = 1$ Liter (l)

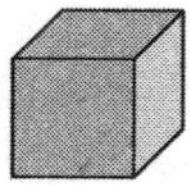

Jede Kante dieses Würfels ist 1 cm lang. Er ist 1 cm^3. Das ist eine unserer Maßeinheiten.

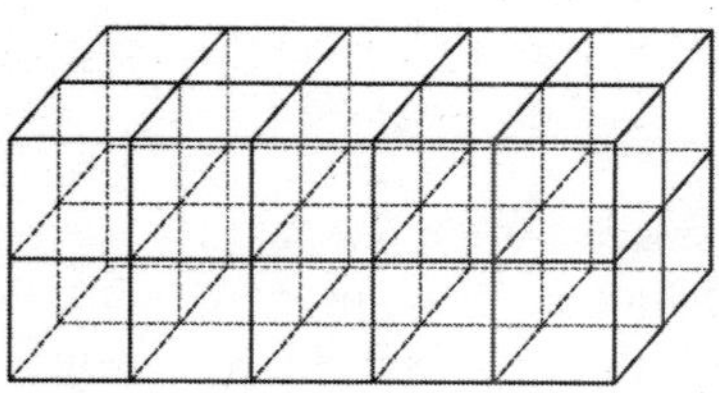

Der Rauminhalt dieses Körpers beträgt 20 cm^3, d.h. unsere Maßeinheit ist in diesem Körper 20-mal enthalten.

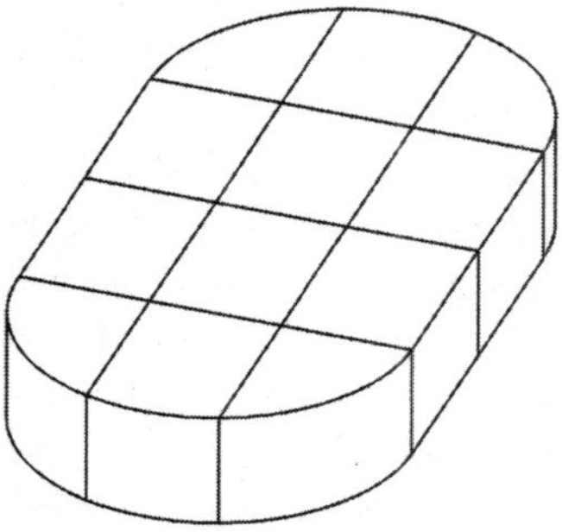

Der Rauminhalt dieses Körpers beträgt etwa 9 cm^3. Ein „Einpassen“ unserer „Einheitswürfel“ ist hier nicht mehr möglich.

Der Rauminhalt von Körpern wird nicht gemessen, sondern berechnet.

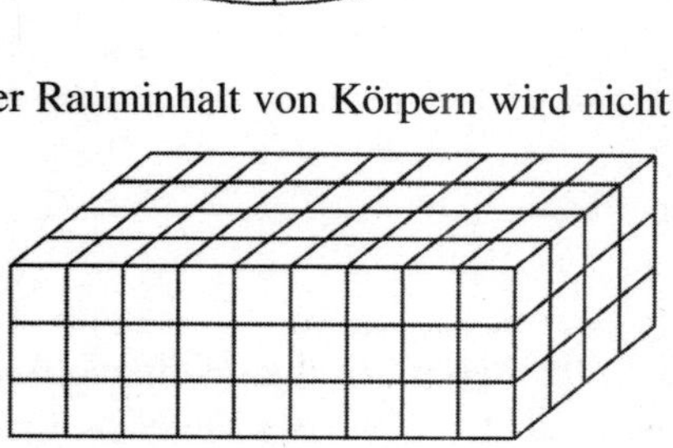

Dieser Körper ist 9 cm lang, 4 cm breit und 3 cm hoch (Abb. im Maßstab 1 : 2). Sein Rauminhalt lässt sich folgendermaßen errechnen:

Wenn wir diesen Körper in kleine Würfel mit der Kantenlänge 1 cm auseinanderschneiden, so erhalten wir in der untersten Schicht 9 Reihen mit je 4 Würfeln (bzw. 4 Reihen mit je 9 Würfeln), insgesamt also 36 Würfel. Darüber liegen noch zwei weitere gleiche Schichten. Insgesamt sind es also $3 \cdot 36 = 108$ Würfel. Der Rauminhalt dieses Körpers beträgt folglich 108 cm^3.
Man errechnet den Rauminhalt eines Körpers, indem man seine Länge, seine Breite und seine Höhe miteinander multipliziert.

Länge mal Breite mal Höhe $(9 \cdot 4 \cdot 3)$ = Rauminhalt (108 cm^3).

Da Länge mal Breite die Größe der „Grundfläche (G)" ergeben, könnte man auch sagen:

Rauminhalt (V) = Grundfläche (G) · Höhe (h).

In unserem Beispiel beträgt die Grundfläche 36 cm^2. $36 \cdot 3 = 108$. Das Volumen beträgt 108 cm^3. Wie bei der Flächenberechnung ist auch bei der Körperberechnung darauf zu achten, dass in einer Rechnung nur gleiche Maßeinheiten benutzt werden.

Der Würfel

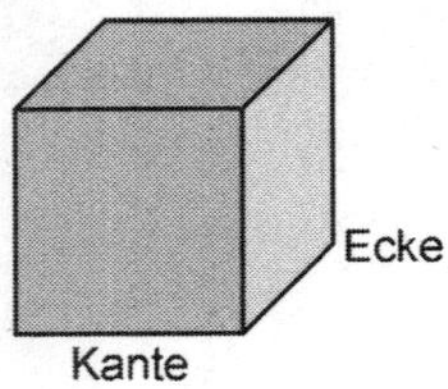

Der Würfel ist ein Körper, der von 6 kongruenten Quadraten begrenzt wird. Er hat 12 gleich lange Kanten, von denen sich jeweils 3 in den 8 Ecken treffen. Alle Flächen und Kanten stehen im rechten Winkel zu jeder Nachbarfläche bzw. Nachbarkante.
Der Würfel gehört zu den regelmäßigen Körpern. Ein „regelmäßiger Körper" wird von lauter gleichen Flächen begrenzt.

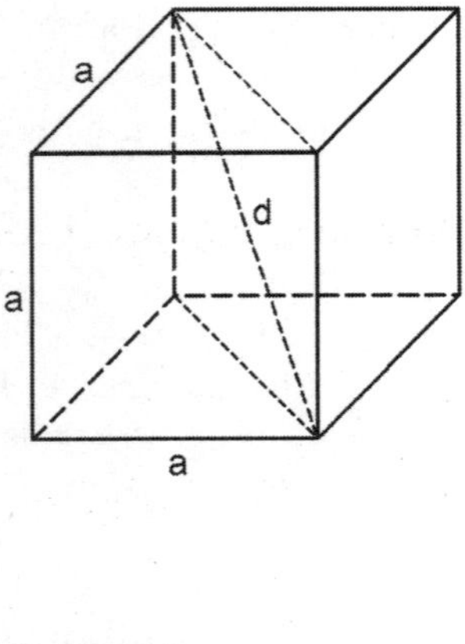

Die Verbindungslinie zweier Ecken, die nicht in der gleichen Ebene liegen, ist die „Raumdiagonale" d. (Werden gegenüberliegende Ecken in derselben Ebene verbunden, so erhalten wir die Diagonale einer Fläche!)

Die „Oberfläche" O eines Körpers ist die Summe aller Flächen, die ihn begrenzen.

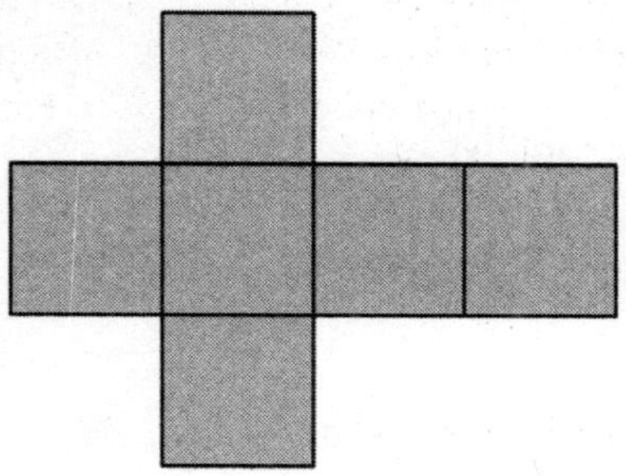

Die Oberfläche des Würfels:

$$O = a \cdot a \cdot 6 = 6a^2$$

(sechsmal die Fläche des Quadrates, das ihn begrenzt)

Der Rauminhalt des Würfels:

$$V = a \cdot a \cdot a = a^3$$

(Länge mal Breite mal Höhe bzw. Grundfläche (a^2) mal Höhe (a))

Die Raumdiagonale des Würfels lässt sich mit Hilfe des „Pythagoras" ermitteln:

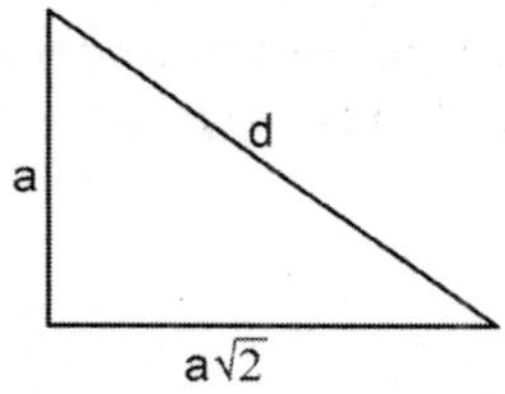

Die Flächendiagonale f ist die Hypotenuse eines Dreiecks mit den Seiten a:

$$f^2 = a^2 + a^2 = 2a^2$$
$$\sqrt{f^2} = \sqrt{2a^2}$$
$$f = a\sqrt{2}$$

Die Raumdiagonale ist die Hypotenuse eines Dreiecks, dessen eine Kathete die Flächendiagonale und dessen andere Kathete die Kante a ist:

$$d^2 = a^2 + (a\sqrt{2})^2 = a^2 + 2a^2 = 3a^2$$
$$\sqrt{d} = \sqrt{3a^2}$$
$$d = a\sqrt{3}$$

Die 4 Raumdiagonalen schneiden einander im Schwerpunkt des Würfels.

1. Beispiel:
Welches Gewicht hat ein Korkwürfel mit 20 cm Kantenlänge?

$$V = a^3 = 20^3 = 8000$$

Der Würfel hat einen Rauminhalt von 8000 cm^3. 1 cm^3 Kork wiegt 0,24 g (s. spezifisches Gewicht oder Dichte).
Der Würfel wiegt 8000 · 0,24 g = 1920 g = 1,92 kg.

2. Beispiel:
Welche Kantenlänge hat ein Würfel aus Feingold, dessen Gewicht 520 g beträgt?
1 cm^3 Gold wiegt 19,3 g.

520 g entsprechen demnach 520 : 19,3 = 26,94 ≈ 27 cm³.

$$\sqrt[3]{27} = 3$$

Der Würfel hat eine Kantenlänge von knapp 3 cm.

Der Quader

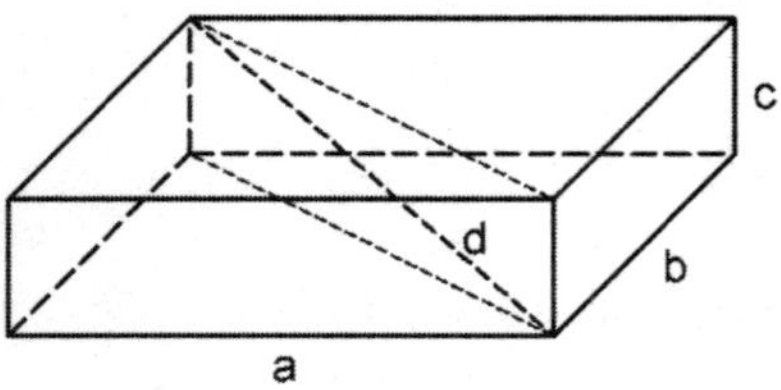

Der Quader ist ein Körper, der von 6 Rechtecken begrenzt wird. Die gegenüberliegenden Flächen sind kongruent und parallel. Von den 12 Kanten sind je 4 gleich lang. Die Kanten bilden in den 8 Ecken paarweise rechte Winkel miteinander. Die 4 Raumdiagonalen schneiden einander im Schwerpunkt (Mittelpunkt) des Quaders. Der Würfel ist ein Sonderfall des Quaders.

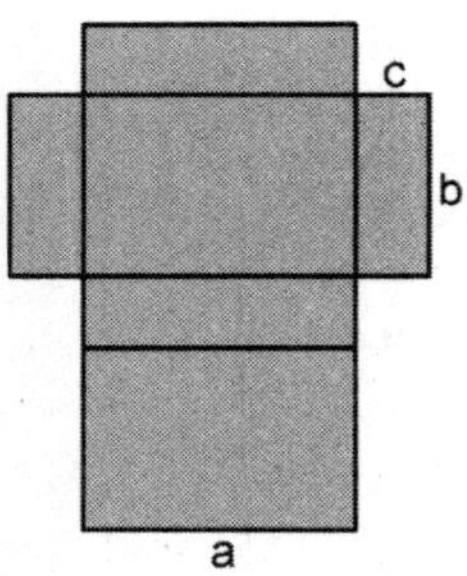

Die Oberfläche des Quaders:

$$O = 2 \cdot a \cdot b + 2a \cdot c + 2b \cdot c = 2(a \cdot b + ac + bc)$$

Der Rauminhalt des Quaders:

$$V = a \cdot b \cdot c$$

Die Raumdiagonale des Quaders wird ebenso berechnet wie die des Würfels:

$$d = \sqrt{a^2 + b^2 + c^2}$$

1. Beispiel:
Gerda hat einen rechteckigen Buntpapierrest, der 15 cm lang und 4 cm breit ist. Sie will damit eine Streichholzschachtel bekleben, die 5,2 cm lang, 3,6 cm breit und 1,2 cm hoch ist.

I. Fläche des Buntpapiers: $15 \cdot 4\ cm^2 = 60\ cm^2$.

II. Oberfläche der Zündholzschachtel:

$$O = 2(ab + ac + bc)$$
$$2(5{,}2 \cdot 3{,}6 + 5{,}2 \cdot 1{,}2 + 3{,}6 \cdot 1{,}2) = 2(29{,}28) = 58{,}56$$

Die Schachtel hat eine Oberfläche von 58,56 cm^2.
Die Rechnung beweist, dass das Papier ausreicht. In Wirklichkeit wird Gerda aber sehr viel schnipseln und stückeln müssen, um ihr Vorhaben tatsächlich auszuführen.

2. Beispiel:
Ein Schwimmbecken ist 30 m lang und 12 m breit, die Tiefe beträgt 2,6 m. Das Becken soll bis auf 20 cm unter dem Rand gefüllt werden. Wie lange dauert die Füllung, wenn in einer Sekunde 20 l Wasser einlaufen?

I. Rauminhalt des Beckens: V = a b c. V = 30 · 12 · 2,4 (das Wasser reicht nicht bis zum Rand!) = 864. Es müssen 864 m^3 Wasser eingefüllt werden.

II. 1 m^3 = 1000 l; 864 m^3 = 864000 l. 864000 l gemischt mit 20 l (864000 : 20) ist 43200-mal. Es dauert 43200 sec, bis das Becken gefüllt ist.
43200 sec = 720 min = 12 Stunden.
Das Becken ist nach 12 Stunden bis 20 cm unter den Rand gefüllt.

3. Beispiel:
Was wiegen 15 Ziegelsteine (Dichte 1,8), wenn jeder Stein 24 cm lang, 12 cm breit und 6 cm hoch ist?

I. 24 · 12 · 6 = 1728	V eines Steins = 1728 cm^3.
II. 1728 · 1,8 = 3110,4	Ein Stein wiegt 3110,4 g = 3,110 kg.
III. 3,110 kg · 15 = 46,65 kg	Die 15 Steine wiegen etwa 46,65 kg.

Die Säulen (gerade Prismen)

Eine Säule wird von zwei kongruenten, parallel laufenden Vielecken als Grund- und Deckfläche und von Rechtecken als Seitenflächen begrenzt. Die Gesamtfläche aller Seitenflächen nennt man Mantel. Der Mantel steht auf der Grund- und Deckfläche senkrecht.

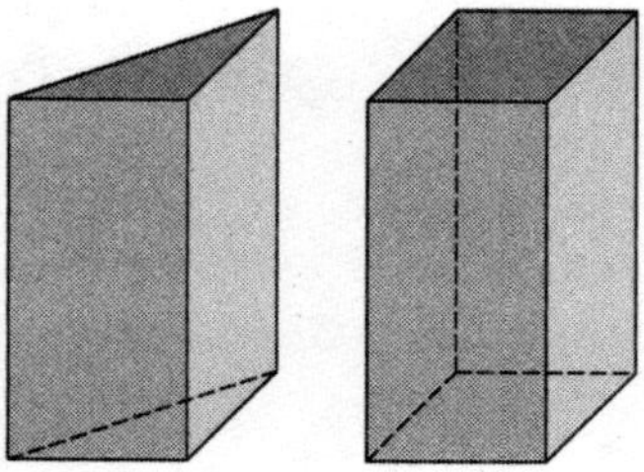

Ist die Grund- und Deckfläche ein regelmäßiges *n*-Eck (Quadrat, gleichseitiges Dreieck, regelmäßiges Sechseck usw.), so bezeichnet man diese Säule als „regelmäßig“. Der Quader ist ein Sonderfall des Prismas.
Der Abstand der Deckfläche von der Grundfläche des Prismas ist die Körperhöhe (*k*). Prismen mit gleicher Grundfläche und gleicher Höhe sind inhaltsgleich.

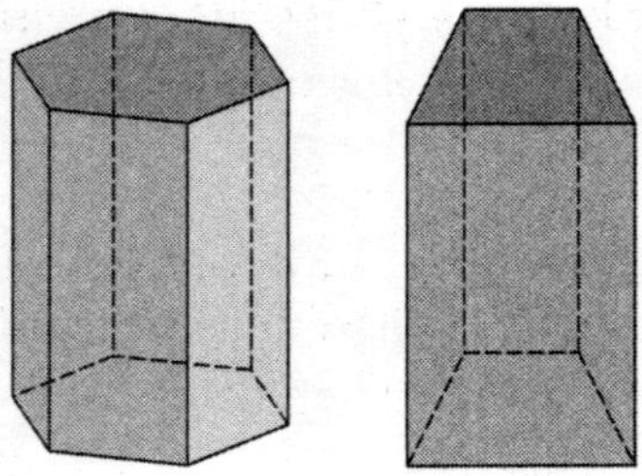

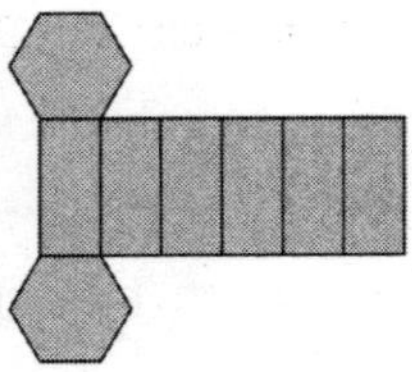

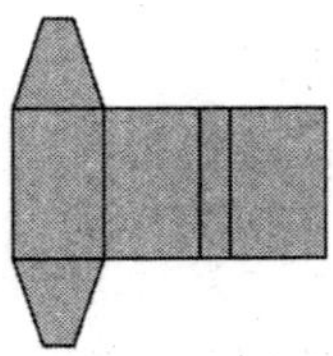

Die Oberfläche der Säule besteht aus der Grundfläche (*G*), der Deckfläche (die gleich der Grundfläche ist) und dem Mantel (den Flächen aller Seiten).
Der Mantel (*M*) entspricht einem Rechteck, dessen eine Seite dem Umfang der Grundfläche (*U*), dessen andere Seite der Höhe (*k*) entspricht.

$$M = U \cdot k$$

Die Oberfläche einer Säule:

$$O = M + 2\,G$$

(Mantel und doppelte Grundfläche)

Der Rauminhalt der Säule:

$$V = G \cdot k$$

(Grundfläche mal Höhe).

1. Beispiel:
Ein Damm mit einer Sohlenbreite von 12 m und einer Kronenbreite von 8 m soll aufgeschüttet werden. Seine Höhe soll 2,20 m betragen. Er wird zunächst auf einer Länge von 2,1 km fertiggestellt. Wieviel Material muss angefahren werden?

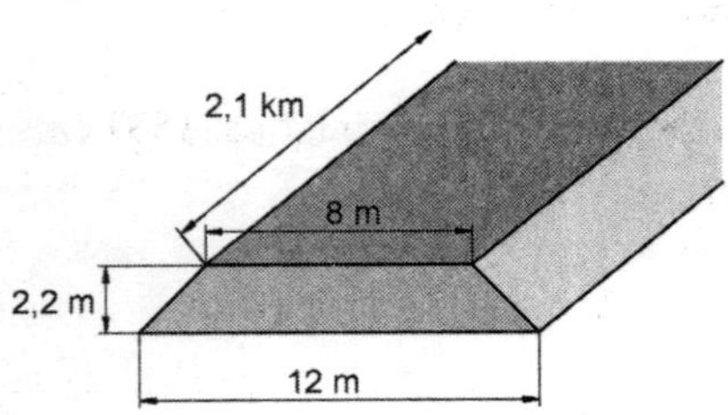

Der Damm kann als Prisma mit trapezförmiger Grundfläche aufgefasst werden.
Die Grundfläche des Prismas ist dann

$$G = m \cdot h$$
$$m = (8\text{ m} + 12\text{ m}) : 2 = 10\text{ m}$$
$$G = 10 \cdot 2{,}2\text{ m}^2 = 22\text{ m}^2$$

Die Grundfläche (*G*) unseres Prismas beträgt 22 m^2.

$$V = G \cdot k = 22 \cdot 2100\text{ m}^3$$

(2,1 km = 2100 m! Gleiche Maßeinheit!)

Es müssen demnach 46200 m^3 Material angefahren werden.

Wenn ein LKW ca. $5 m^3$ ($\triangleq$ 7-8 t) anfahren kann, bedeutet das ($46200\ m^3$ gemessen mit $5 m^3$) 9240 LKW-Fahrten.

2. Beispiel:
Eine Kaffeedose hat als Grundfläche ein regelmäßiges Sechseck, dessen Seitenlänge 6,5 cm beträgt. Die Dose ist 14 cm hoch. Wie groß sind Oberfläche und Rauminhalt der Dose?

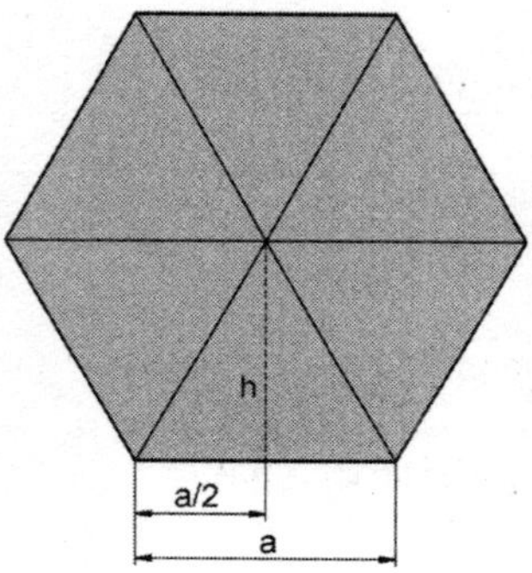

Die Grundfläche besteht aus 6 gleichseitigen Dreiecken. Die Höhe h eines Teildreiecks lässt sich nach dem Lehrsatz des Pythagoras berechnen:

$$h^2 = a^2 - \left(\frac{a}{2}\right)^2 = a^2 - \frac{a^2}{4} = \frac{3}{4}a^2$$

$$h = \sqrt{\frac{3}{4}a^2} = \frac{a}{2}\sqrt{3}$$

$$h = \frac{6,5}{2}\sqrt{3} = 3,25 \cdot 1,7321 \approx 5,63$$

$$F_\Delta = \frac{g \cdot h}{2};\ \frac{6,5 \cdot 5,63}{2} \approx 18,3$$

$$G = 6 \cdot 18,3 = 109,8$$

Die Grundfläche des Prismas beträgt $109,8\ cm^2$.

Der Umfang der Grundfläche ist $6 \cdot 6,5\ cm = 39\ cm$.

$$M = U \cdot k;\ M = 39 \cdot 14\ cm^2 = 546\ cm^2$$

$$O = M + 2G;\ O = 546\ cm^2 + 2 \cdot 109,8\ cm^2 = 765,6\ cm^2$$

$$V = G \cdot k;\ V = 109,8 \cdot 14\ cm^3 = 1537,2\ cm^3$$

Die Dose hat eine Oberfläche von etwa $766\ cm^2$, ihr Rauminhalt beträgt ca. $1537\ cm^2$.

Die Rundsäule (Zylinder)

Der Zylinder ist ein Körper, der durch zwei gleiche, parallel liegende Kreisflächen und den Mantel begrenzt wird. Der Mantel steht senkrecht auf der Grund- und Deckfläche. Die Verbindungslinie der Kreismittelpunkte nennt man die „Achse" des Zylinders. Der Abstand der parallelen Kreisflächen ist die Höhe (k).

Bei hohlen Rundsäulen (z.B. bei Rohren) ist der Durchmesser (Ø) des Hohlraumes die „lichte Weite“.
Der Mantel einer Rundsäule entspricht einem Rechteck, dessen eine Seite der Umfang von *G* und dessen andere Seite *k* ist.

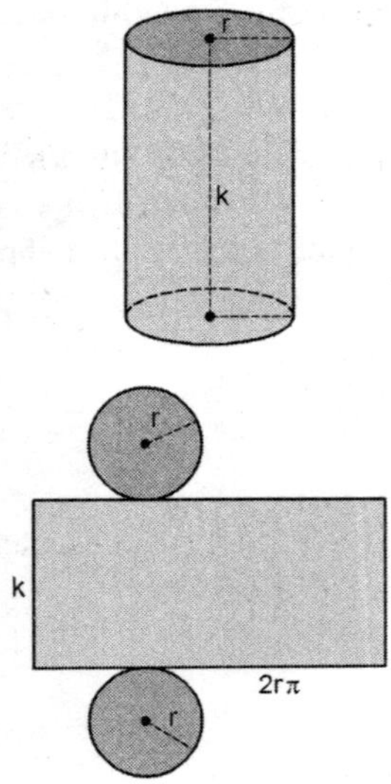

Die Oberfläche des Zylinders:

$$O = 2G + M = 2 \cdot \pi r^2 + 2\pi r \cdot k = \\ = 2\pi r(r+k) = \pi \cdot d(r+k)$$

Der Rauminhalt des Zylinders:

$$V = G \cdot k = \pi r^2 k$$
(Grundfläche mal Höhe)

Beispiel 1:
Eine Konservendose aus Weißblech hat einen Durchmesser von 12 cm. Sie ist 9 cm hoch. Wie groß ist ihr Rauminhalt?

$$r = 6 \text{ cm} \quad k = 9 \text{ cm}$$

$$V = \pi r^2 k; \qquad V = 3{,}14 \cdot 36 \cdot 9 = 1017{,}36$$

Der Rauminhalt dieser Dose beträgt 1017,36 cm^3 (etwas über 1 l).

Beispiel 2:
Wie hoch müsste eine Dose gleichen Volumens sein, wenn der Durchmesser 6 cm größer wäre?

$$V = 1017{,}36 \text{ cm}^3 \quad r = 9 \text{ cm}$$

$$V = \pi r^2 \cdot k$$
$$k = \frac{V}{\pi r^2}; \qquad k = \frac{1017{,}36}{3{,}14 \cdot 81} = 4$$

Diese Dose hat bei einer Höhe von 4 cm den gleichen Rauminhalt.

Beispiel 3:
Ist der Blechverbrauch bei den Dosen gleich?

I

II

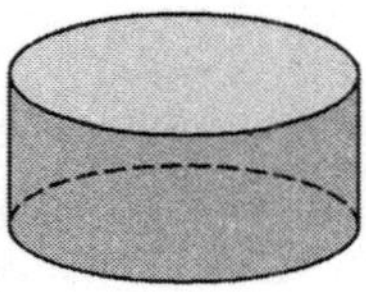

Dose I: $r = 6$ cm, $k = 9$ cm

Dose II: $r = 9$ cm, $k = 4$ cm

$$O_I = 2 \cdot 3{,}14 \cdot 6(6 + 9)\ \text{cm}^3 = 180 \cdot 3{,}14\ \text{cm}^3 = 565{,}2\ \text{cm}^3$$

$$O_{II} = 2 \cdot 3{,}14 \cdot 9\ (9 + 4)\ \text{cm}^3 = 234 \cdot 3{,}14\ \text{cm}^3 = 734{,}76\ \text{cm}^3$$

Für die flachere Dose (II) wird mehr Blech verbraucht (30% mehr!).

Die Pyramide

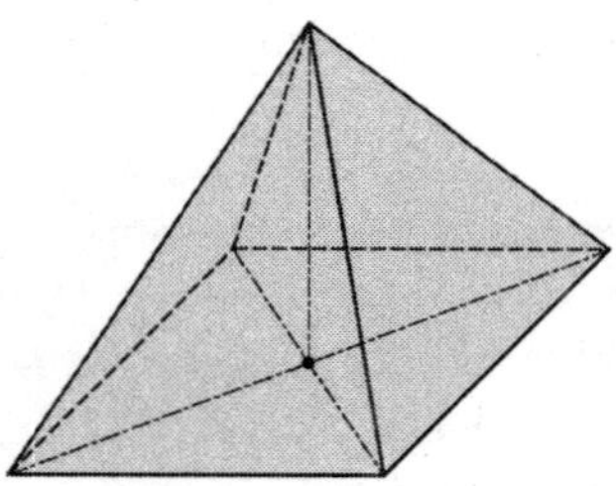

Die Pyramide ist ein Körper, der von einem *n*-Eck als Grundfläche und von n Dreiecken als Seiten begrenzt wird. Alle Dreiecke stoßen mit einer Ecke in einem Punkt, der Pyramidenspitze, zusammen und bilden mit der dieser gegenüberliegenden Seite eine Kante mit einer Seite der Grundfläche.
Das Lot von der Pyramidenspitze auf die Grundfläche ist die Körperhöhe *k* der Pyramide. Ist die Grundfläche ein regelmäßiges *n*-Eck und geht das Lot durch dessen Mittelpunkt, so nennt man die Pyramide regelmäßig.

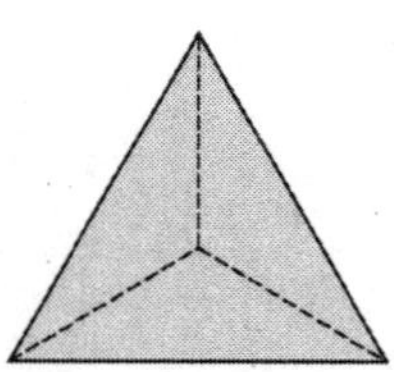

Die regelmäßige dreiseitige Pyramide, deren Grundkanten und Seitenkanten gleich lang sind, (die also von 4 gleichseitigen Dreiecken begrenzt wird), nennt man Tetraeder.

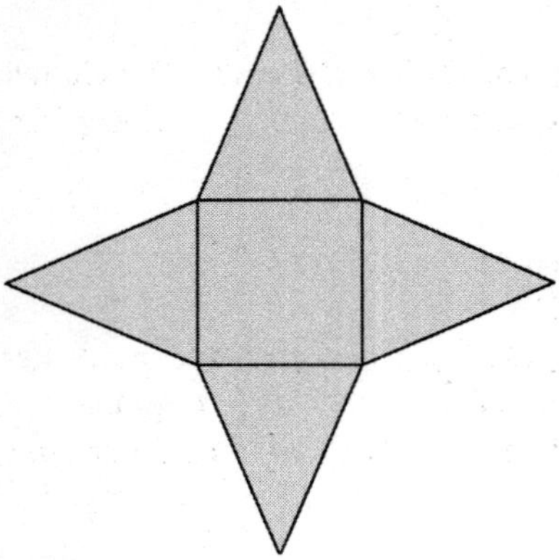

Die Oberfläche der Pyramide:

O = G + M
(Grundfläche + Mantel)

Bei regelmäßigen Pyramiden bestehen alle Seiten aus kongruenten Dreiecken.
Bei unregelmäßigen und schiefen Pyramiden müssen die Seiten einzeln berechnet und zur Berechnung des Mantels addiert werden.

Der Rauminhalt der Pyramide:

„Haben zwei Pyramiden gleiche Grundflächen und gleiche Höhen, so sind ihre Rauminhalte gleich." Mit Hilfe dieses Prinzips von Cavalieri (italienischer Mathematiker, 1598 – 1647) lässt sich beweisen, dass das Volumen einer Pyramide ein Drittel des Volumens eines Prismas von gleicher Grundfläche und gleicher Höhe beträgt.

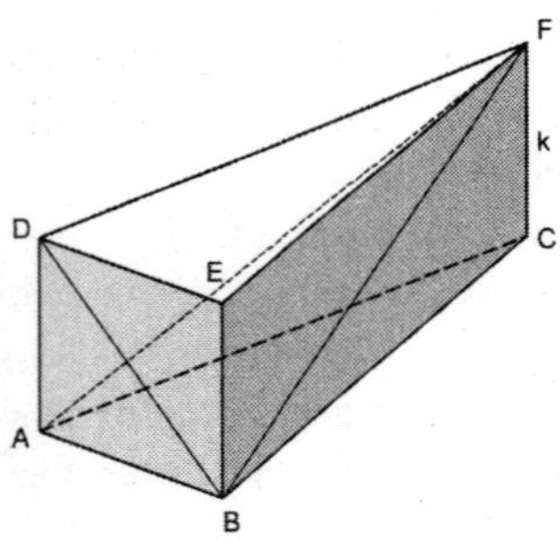

Das dreiseitige Prisma mit der Grundfläche *A B C* wird durch zwei Schnitte (von *F* nach *A B* und von *B* nach *D F*) in drei Pyramiden zerlegt.

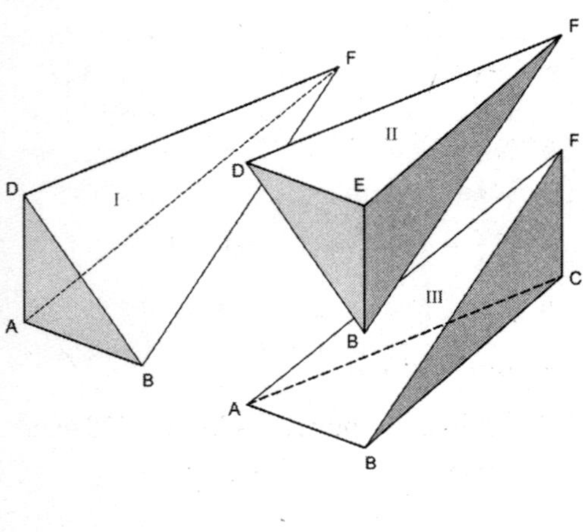

Die Pyramiden I und II haben die gleiche Grundfläche (*A B D* und *B E D*) und die gleiche Höhe (das Lot von *F* auf *D E*); sie sind inhaltsgleich.
Die Pyramiden II und III haben die gleiche Grundfläche (*A B C* und *D E F*) und die gleiche Höhe (wie das Prisma, = *k*); sie sind also auch inhaltsgleich.
Wenn I = II und II = III, dann I = II = III.

Der Rauminhalt der Pyramide:

$$V = \frac{G \cdot k}{3}$$

(Da sich alle Prismen in Dreiecksprismen zerlegen lassen, gilt dieser Satz allgemein.)

1. Beispiel:

Das Dach eines Kirchturms hat die Form einer quadratischen Pyramide. Die Grundkante ist 6 m lang, die Spitze ist 12 m über der Grundfläche. Das Dach soll mit Kupferblech gedeckt werden.

k = 12 m   a = 6 m

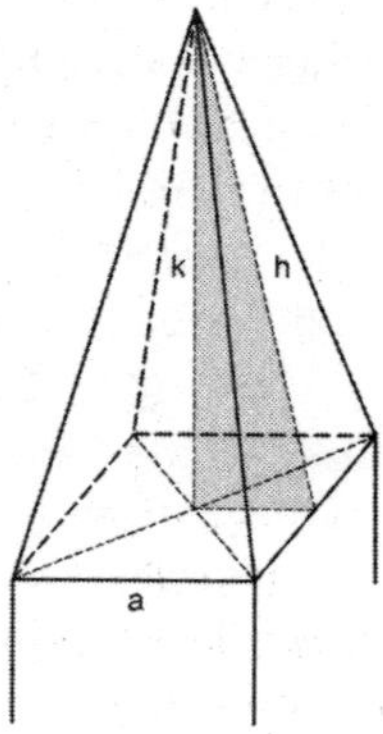

Die Dachfläche entspricht dem Mantel der Pyramide. Zur Berechnung einer Seite müssen wir die Seitenhöhe *h* berechnen.

$$h^2 = \left(\frac{a}{2}\right)^2 + k^2 = 9 + 144 = 153$$

$$h = \sqrt{153} \approx 12{,}4m$$

$$M = 4 \cdot \frac{g \cdot h}{2} = 2 \cdot 6 \cdot 12{,}4 = 148{,}8$$

Es werden etwa 149 m^2 Kupferblech benötigt.

2. Beispiel:

Fruchtsaft wird heute auch in „Tetra"-Packungen angeboten, die die Form einer Dreieckspyramide (eines Tetraeders) haben. Die Tüte hat eine Kantenlänge von 16 cm und eine Höhe von 13 cm. Wieviel Saft enthält die Packung?

a = 16 cm   k = 13 cm

Um die Grundfläche *G* berechnen zu können, müssen wir erst die Höhe *h* einer Seite ermitteln.

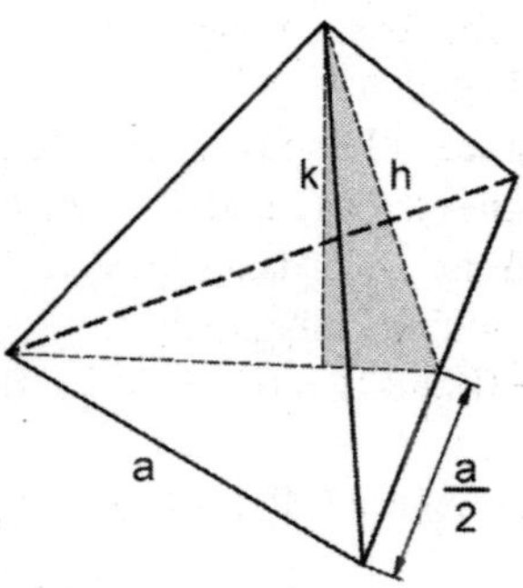

$$h^2 = a^2 - \left(\frac{a}{2}\right)^2 = a^2 - \frac{a^2}{4} = \frac{3}{4}a^2;$$

$$\sqrt{h^2} = \sqrt{\frac{3a^2}{4}}; \qquad h = \frac{a}{2}\sqrt{3}$$

$$h = \frac{16}{2}\sqrt{3} = 8 \cdot \sqrt{3} \approx 8 \cdot 1{,}73 =$$

$$= 13{,}84 \approx 13{,}8$$

$$G = \frac{g \cdot h}{2} = \frac{16 \cdot 13{,}8}{2} = 8 \cdot 13{,}8 = 110{,}4$$

$$V = \frac{G \cdot k}{3} = \frac{110{,}4 \cdot 13}{3} =$$

$$= 36{,}8 \cdot 13 = 478{,}4 cm^3$$

Die Packung enthält höchstens 478 cm^3 (etwas weniger als $^1/_2$ l) Saft.

Der Pyramidenstumpf

Wird eine Pyramide parallel zur Grundfläche unterhalb der Spitze durchschnitten, so entsteht ein „Pyramidenstumpf".
Die abgeschnittene Spitze nennt man „Ergänzungspyramide".

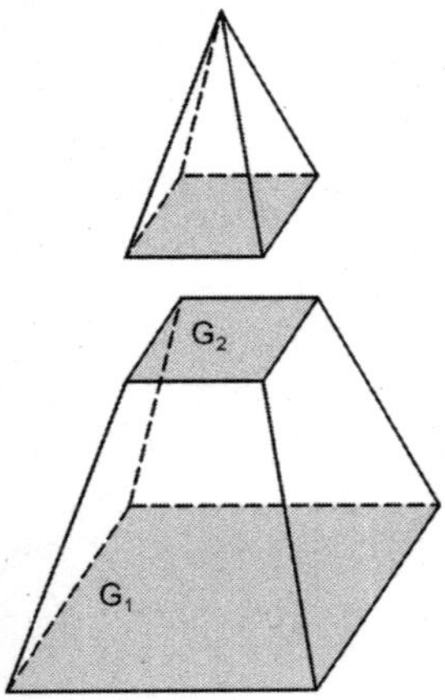

Der Pyramidenstumpf wird von zwei parallelen „ähnlichen" *n*-Ecken als Grund- und Deckfläche und von n Seitenflächen, die die Form von Trapezen haben, gebildet.
Der Abstand von der Grundfläche G_1 zur Deckfläche G_2 ist die Höhe *k*. Die Summe der Flächen aller Seiten ist der Mantel *M*.

Die Oberfläche des Pyramidenstumpfes:

$$O = G_1 + G_2 + M$$

(Grundfläche + Deckfläche + Mantel)

Der Rauminhalt des Pyramidenstumpfes:

Um das Volumen des Pyramidenstumpfes zu erhalten, muss man vom Volumen der ganzen Pyramide das Volumen der Ergänzungspyramide (abgeschnittene Spitze) subtrahieren.

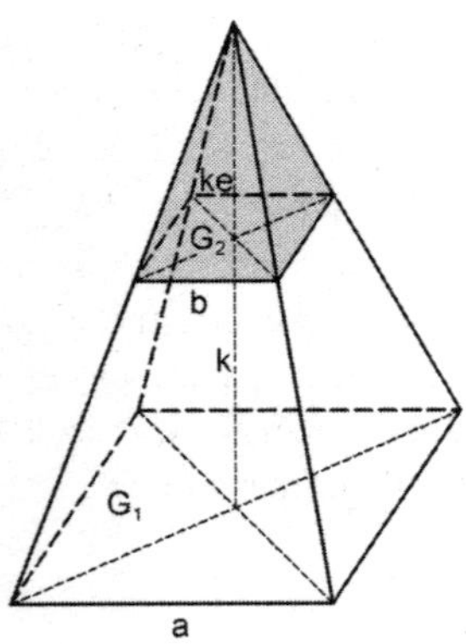

$$V = \frac{G \cdot k}{3}$$

$$I_? = \frac{G_1 \cdot (k + k_e)}{3} - \frac{G_2 \cdot k_e}{3} =$$

$$I_? = \frac{G_1 \cdot k + G_1 k_e - G_2 k_e}{3} =$$

$$= \frac{G_1 \cdot k + k_e (G_1 - G_2)}{3}$$

Falls die Höhe der Ergänzungspyramide nicht bekannt ist, müssen wir sie auf mathematischem Weg ermitteln: Nach dem Strahlensatz ergibt sich folgendes Verhältnis:

$$a : b = (k + k_e) : k_e \qquad \text{Verhältnisgleichung}$$

$$a \cdot k_e = b(k + k_e) \qquad \text{Produktengleichung}$$

$$a \cdot k_e = b_k + bk_e \qquad | \ (-\,bk)$$

$$ak_e - bk_e = b_k$$

$$k_e(a - b) = b_k \qquad | \cdot (a + b)$$

$$k_e(a + b)(a - b) = b_k(a + b)$$

$$k_e(a^2 - b^2) = k(ab + b^2) \quad \begin{bmatrix} a^2 = G_1 & b^2 = G_2 \\ a = \sqrt{G_1} & b = \sqrt{G_2} \end{bmatrix}$$

$$k_e(G_1 - G_2) = k(\sqrt{G_1 \cdot G_2} + G_2)$$

Setzen wir diesen Wert in die oben entwickelte Formel zur Berechnung des Volumens eines Pyramidenstumpfes ein, so erhalten wir:

$$V = \frac{1}{3}(G_1 \cdot k + k\sqrt{G_1 G_2} + k \cdot G_2) = \frac{k}{3}(G_1 + \sqrt{G_1 G_2} + G_2)$$

Eine brauchbare angenäherte Lösung ergibt sich, wenn man die Körperhöhe des Pyramidenstumpfes mit dem Mittelwert aus der Summe von Grund- und Deckfläche multipliziert.

$$V \approx \frac{G_1 + G_2}{2} \cdot k; \qquad V \approx G_m \cdot k$$

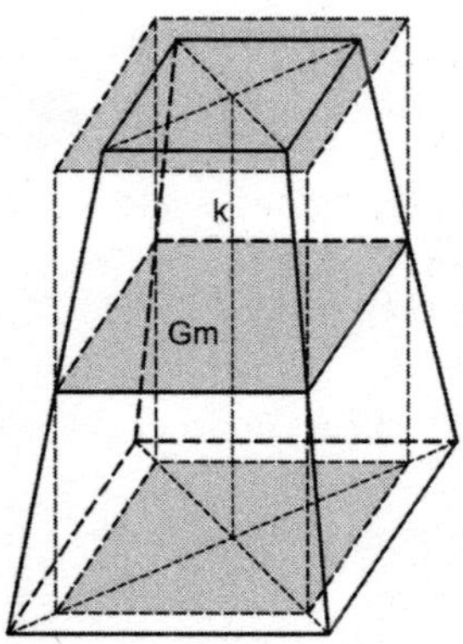

Der auf diese Weise ermittelte Rauminhalt ist natürlich nicht genau. In vielen Fällen des täglichen Lebens reicht aber der Grad der Genauigkeit, der hier erreicht wird.

Beispiel:
Ein Abfallkorb hat die Form eines umgekehrten Pyramidenstumpfes.
Die obere Kantenlänge beträgt 50 cm, die untere Kantenlänge 40 cm. Der Behälter ist 70 cm hoch.

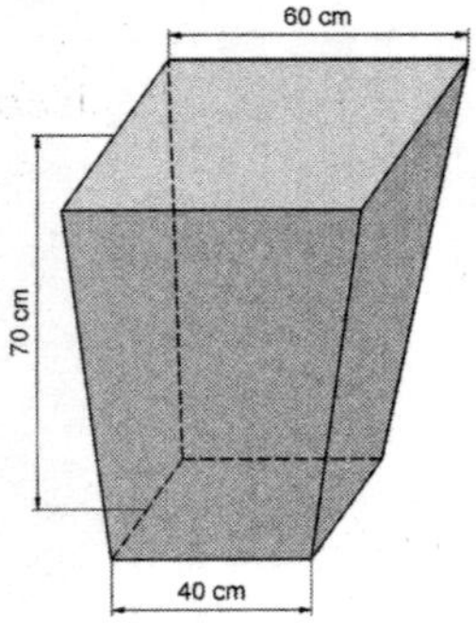

$$G_1 = 60 \cdot 60\ \text{cm}^2 = 3600\ \text{cm}^2$$
$$G_2 = 40 \cdot 40\ \text{cm}^2 = 1600\ \text{cm}^2$$
$$G_m = 5200\ \text{cm}^2 : 2 = 2600\ \text{cm}^2$$

$$V \approx 2600 \cdot 70\ \text{cm}^3 = 182000\ \text{cm}^3 = 182\ \text{dm}^3$$

Der Behälter fasst etwa 180 l. (Die genaue Rechnung ergibt 177 $^1/_3$ l.)

Der Kegel

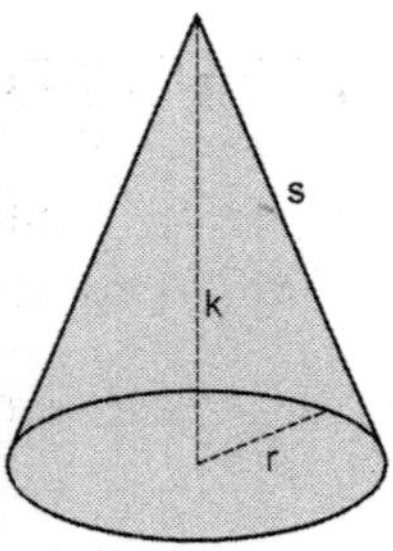

Der Kegel ist ein Körper, der von einer Kreisfläche als Grundfläche und dem Mantel begrenzt wird. Das Lot von der Spitze des Kegels auf die Grundfläche ist die Höhe *k* des Kegels. Geht das Lot durch den Mittelpunkt der Grundfläche, so ist der Kegel „gerade".
Der Mantel des Kegels entspricht einem Kreisausschnitt (Sektor), dessen Radius die Seitenhöhe *s* und dessen Bogenlänge der Umfang der Grundfläche ist.

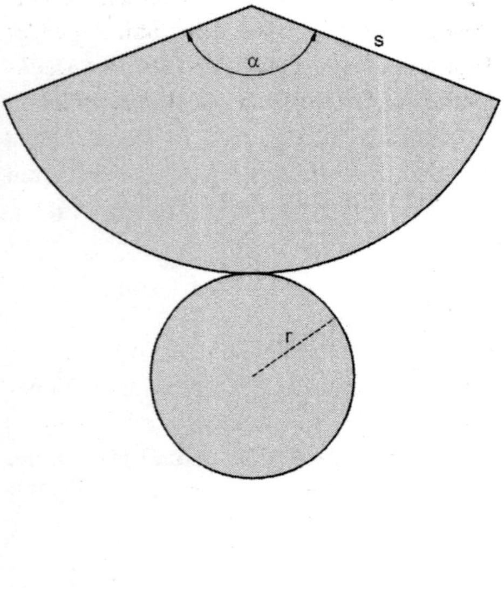

Die Oberfläche des Kegels:

$$O = G + M$$
(Grundfläche + Mantel)

$$G = \pi r^2$$
$$M = \frac{2\pi r \cdot s}{2} = \pi \cdot r \cdot s$$
$$O = \pi r^2 + \pi \cdot r \cdot s = \pi r(r+s)$$

Der Rauminhalt des Kegels:

$$V = \frac{G \cdot k}{3} = \frac{\pi r^2 \cdot k}{3}$$

(Der Kegel ist ein Grenzfall der Pyramide.)

Der Mittelpunktswinkel α des Kegelmantels:

$$\alpha = \frac{360° \cdot r}{s}$$

Beispiel:
Ein kegelförmiges Zelt ist bei einem Durchmesser von 4 m (r = 2 m) 2,75 m hoch. Wie groß sind Innenraum und Oberfläche?

$$V = \frac{\pi r^2 \cdot k}{3} = \frac{3{,}14 \cdot 4 \cdot 2{,}75}{3} \approx 11{,}51.$$

Der Rauminhalt beträgt etwa 11 $^1/_2$ m^3.

$$O = \pi r(r+s)$$

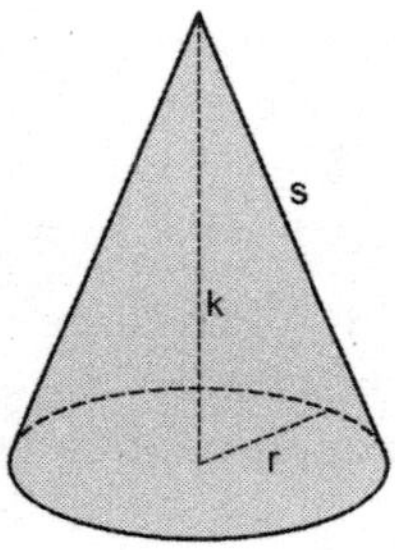

Zur Berechnung der Oberfläche müssen wir erst die Seitenhöhe s berechnen.

$s^2 = k^2 + r^2;$
$s = \sqrt{k^2 + r^2} = \sqrt{4 + 7{,}5625} = \sqrt{11{,}5625} \approx 3{,}4$

$$O = 3{,}14 \cdot 2(2 + 3{,}4) = 3{,}14 \cdot 10{,}8 = 33{,}912 \text{ m}^2$$

Die Oberfläche beträgt (mit Boden) fast 40 m^2.

Der Kegelstumpf

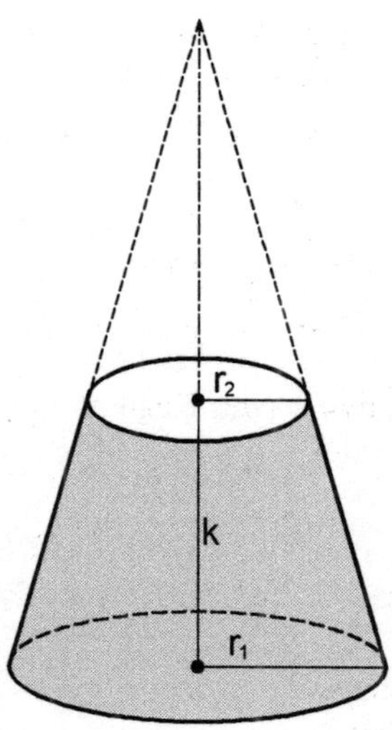

Schneidet man von einem Kegel durch einen Schnitt parallel zur Grundfläche die Spitze ab, so erhält man einen Kegelstumpf. Die abgeschnittene Spitze ist der Ergänzungskegel, der Abstand der Deckfläche zur Grundfläche die Körperhöhe k.

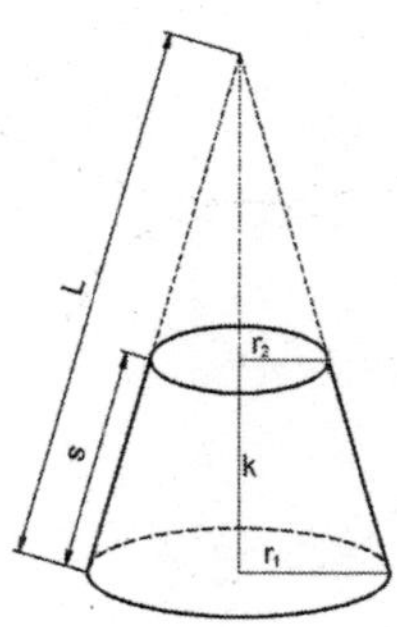

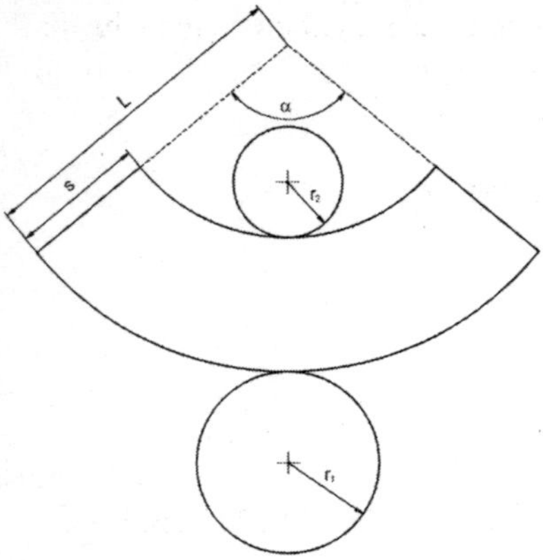

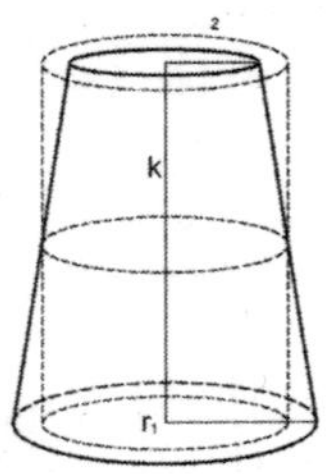

Oberfläche des Kegelstumpfes:

$$O = G_1 + G_2 + M$$
(Grundfläche + Deckfläche + Mantel)

Der Mantel entspricht dem Ausschnitt aus einem Kreisring. Die beiden Bogenlängen sind gleich den Umfängen der Grund- und Deckfläche, d.h.

$$b_1 = 2\pi r_1; \qquad b_2 = 2\pi r_2$$
$$G_1 = \pi r_1^2; \qquad G_2 = \pi r_2^2$$
$$M = \pi \cdot s \cdot (r_1 + r_2)$$
$$O = \pi r_1^2 + \pi r_2^2 + \pi \cdot s \cdot (r_1 + r_2) =$$
$$= \pi \left[r_1^2 + r_2^2 + s \cdot (r_1 + r_2) \right]$$

Der Rauminhalt des Kegelstumpfes:

Betrachtet man den Kegelstumpf als Grenzfall des Pyramidenstumpfes, dann ergibt sich:

$$V = \frac{k}{3}(G_1 + \sqrt{G_1 \cdot G_2} + G_2) = \frac{k}{3}(\pi r_1^2 + \sqrt{\pi r_1^2 \cdot \pi r_2^2} + \pi r_2^2) = \frac{k\pi}{3}(r_1^2 + r_1 \cdot r_2 + r_2^2)$$

Für eine angenäherte Lösung genügt oft die Formel:

$$V \approx \frac{G_1 + G_2}{2} \cdot k = \frac{\pi r_1^2 + \pi r_2^2}{2} \cdot k = \frac{\pi \cdot k}{2}(r_1^2 + r_2^2)$$

Beispiel:

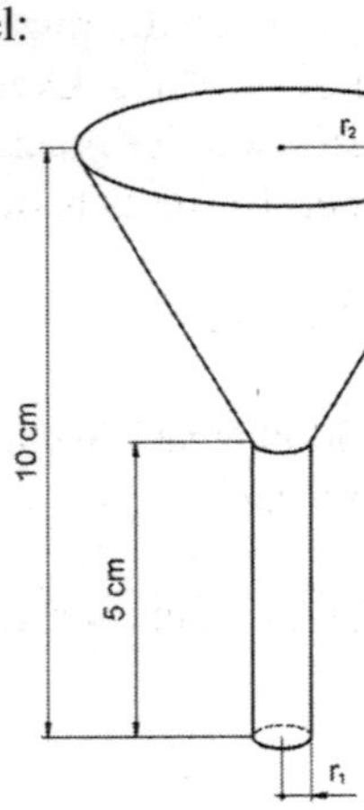

Ein Blechtrichter ist 10 cm hoch. Das zylinderförmige Rohr ist 5 cm lang und hat einen Durchmesser von 1 cm. Der obere Durchmesser des Trichters beträgt 7 cm. Wieviel Blech wurde zu seiner Herstellung benötigt?

Oberfläche des Zylindermantels (F_1):

$$r_1 = 0{,}5 \text{ cm} \qquad k = 5 \text{ cm}$$

$$M = 2\pi r \cdot k = 3{,}14 \cdot 5 \text{ cm}^2 = 15{,}7 \text{ cm}^2$$

Zur Berechnung des Kegelstumpfmantels müssen wir die Seitenhöhe s berechnen:

$$s^2 = k^2 + (r_2 - r_1);$$
$$s = \sqrt{k^2 + (r_2 - r_1)^2}$$
$$s = \sqrt{5^2 + (3{,}5 - 0{,}5)^2} = \sqrt{25 + 9} =$$
$$= \sqrt{34} \approx 5{,}83$$

Oberfläche des Kegelmantels (F_2):

$r_1 = 0{,}5$ cm; $r_2 = 3{,}5$ cm; $s \approx 5{,}83$ cm

$$M = \pi \cdot s \cdot (r_1 + r_2) = 3{,}14 \cdot 5{,}83 \cdot (0{,}5 + 3{,}5)\ cm^2 = 73{,}2248\ cm2$$

$$F_1 + F_2 = 15{,}7\ cm^2 + 73{,}2\ cm^2 = 88{,}9\ cm^2.$$

Es wurden etwa 89 cm^2 Blech verbraucht.

Die Kugel

Die Kugel ist der geometrische Ort aller Punkte, die im Raum von einem Punkt (M) den gleichen Abstand (r) haben, d.h. alle Punkte auf einer Kugel sind gleich weit vom Mittelpunkt entfernt.

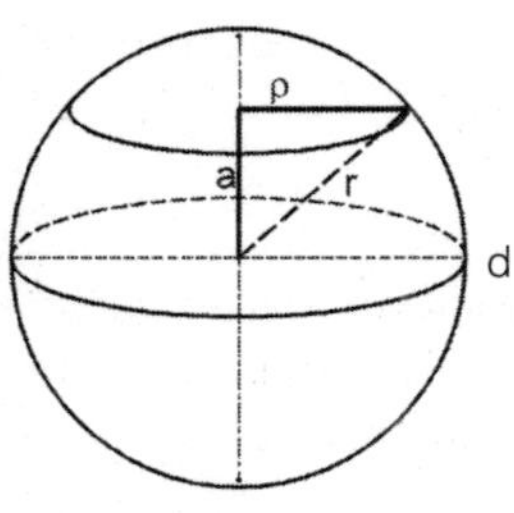

Die gerade Verbindung zweier Punkte auf der Kugel durch den Mittelpunkt ist der Durchmesser (d) der Kugel und entspricht dem doppelten Radius ($d = 2r$).
Jeder ebene Schnitt durch die Kugel ergibt als Schnittfläche einen Kreis. Der Radius eines Schnittkreises wird gewöhnlich mit ρ (Rho) bezeichnet. Ist die Schnitthöhe a, so ergibt sich

$$r^2 = a^2 + \rho^2.$$

Die folgenden Formeln können mit den Mitteln der einfachen Mathematik nicht bewiesen werden. Auf eine Begründung wird aus diesem Grunde verzichtet.

Oberfläche der Kugel: $O = 4\pi r^2$ (das Vierfache des Durchmesserkreises)

Volumen der Kugel: $V = \frac{4}{3}\pi r^3$

Trennt man durch einen ebenen Schnitt ein Stück von der Kugel ab, so erhält man einen „Kugelabschnitt“. Er wird von der „Kugelhaube“ (Kugelkappe, Kalotte) und dem Schnittkreis (Radius ρ) begrenzt. Die Höhe des Kugelabschnittes bzw. der Kugelhaube ist *h*.

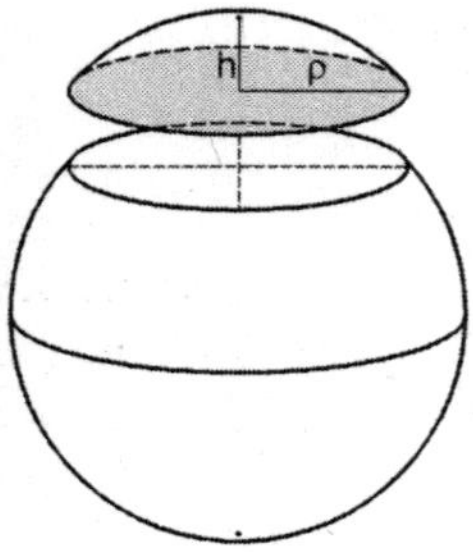

Oberfläche der Kugelhaube:

$$O = 2\pi r \cdot h$$

Volumen des Kugelabschnitts:

$$V = \frac{1}{3}\pi h^2 (3r - h)$$

$$V = \frac{1}{6}\pi \cdot h(3\rho^2 + h^2)$$

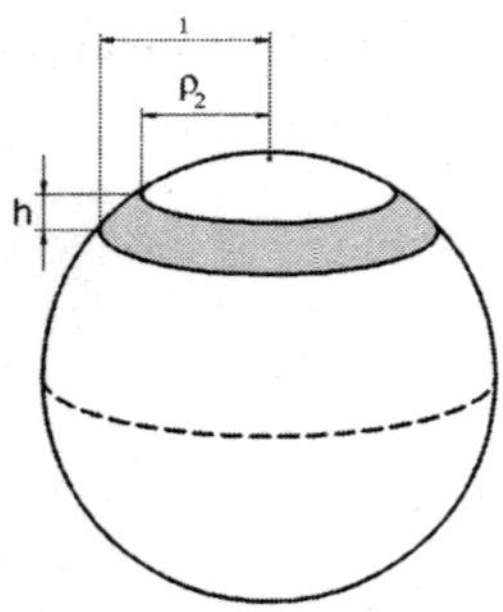

Wird eine Kugel durch zwei parallele Schnitte mit dem Abstand *h* geschnitten, so entsteht zwischen den Schnittflächen eine „Kugelschicht“. Der gekrümmte Teil ihrer Oberfläche ist die „Kugelzone“.
Die Radien der Schnittkreise bezeichnen wir mit ρ_1 und ρ_2.

Die Oberfläche der Kugelzone:

$$O = 2\pi r \cdot h$$

Das Volumen der Kugelschicht:

$$V = \frac{1}{6}\pi \cdot h(3\rho_1^2 + 3\rho_2^2 + h^2)$$

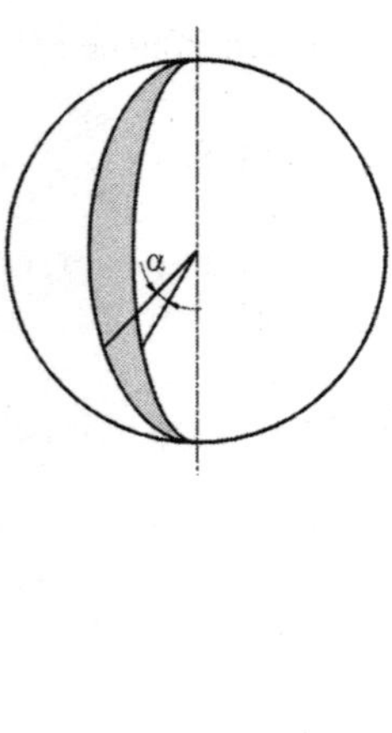

Wird eine Kugel in demselben Durchmesser zweimal geschnitten, so entsteht ein Kugelkeil (wie ein Apfelsinenstück). Der Winkel beider Schnitte ist α. Der Kugelkeil wird von zwei Halbkreisen und einem Sektor der Kugeloberfläche begrenzt.

Oberfläche des Sektors der Kugeloberfläche:

$$O = \frac{\pi r^2 \cdot \alpha}{90}$$

Volumen des Kugelkeils:

$$V = \frac{\pi r^3 \cdot \alpha}{270}$$

Ergänzt man einen Kugelabschnitt mit dem Kegel, dessen Grundfläche die des Kugelabschnitts ist und dessen Spitze im Mittelpunkt der Kugel liegt, so erhält man einen „Kugelausschnitt" (Kugelsektor). Der Kugelabschnitt hat die Höhe h.

Volumen des Kugelausschnitts: $V = \frac{2}{3}\pi \cdot r^2 \cdot h$

1. Beispiel:
In der Küche hängen zwei Schöpflöffel, deren Formen der einer Halbkugel entsprechen. Der eine hat einen Durchmesser von 7 cm, der andere von 10 cm.

$$I.\ V = \left(\frac{4}{3}\pi r^3\right) : 2 = \frac{2}{3} \cdot 3{,}14 \cdot (3{,}5)^3 \approx$$
$$\approx 90\ \text{cm}^3$$

$$II.\ V = \left(\frac{4}{3}\pi r^3\right) : 2 = \frac{2}{3} \cdot 3{,}14 \cdot (5)^3 \approx$$
$$\approx 262\ \text{cm}^3$$

Der größere Schöpflöffel fasst beinahe dreimal soviel wie der kleinere.

2. Beispiel:
Ein Fußball hat einen Umfang von 70 cm. Wie groß ist seine Oberfläche?

I. Aus dem Umfang errechnen wir den Radius:

$$U = 2\pi r; \qquad r = \frac{U}{2\pi} = \frac{70}{2\pi} = \frac{35}{\pi}$$

$$II.\ O = 4\pi r^2 = 4\pi\left(\frac{35}{\pi}\right)^2 = \frac{4\pi \cdot 1225}{\pi^2} =$$
$$= \frac{4900}{\pi} \approx 1560$$

Die Oberfläche des Fußballs beträgt 1560 cm^2.

ANALYSIS

Allgemeines

Das fundamentale Material der Analysis ist der Bereich der reellen Zahlen, die man sich auf einer Zahlengeraden

$$-8 \quad -7 \quad -6 \quad -5 \quad -4 \quad -3 \quad -2 \quad -1 \quad 0 \quad +1 \quad +2 \quad +3 \quad +4 \quad +5 \quad +6 \quad +7 \quad +8$$

zu veranschaulichen pflegt. Die alten Griechen erkannten, dass nicht alle Streckenlängen durch **rationale Zahlen** ausgedrückt werden können, dass vielmehr zwischen den rationalen Punkten der Zahlengeraden noch unendlich viele andere Punkte liegen, die den sog. **irrationalen Zahlen** entsprechen. Der einfachste Weg zur Einführung der Irrationalzahlen geht über die **Dezimalbruchentwicklungen**. Die Dezimalbruchentwicklung einer rationalen Zahl ist entweder endlich oder, wenn sie nicht endlich ist, von einer Stelle ab **periodisch**. Eine unendliche, nicht periodische Dezimalzahl heißt eine irrationale Zahl. Der Bereich der reellen Zahlen besteht also aus allen **Dezimalzahlen**.

Die geläufigsten Irrationalzahlen sind wohl diejenigen Wurzeln aus rationalen Zahlen, die nicht selbst rational sind. Unter $\sqrt[n]{a}$ versteht man eine Zahl, deren n-te Potenz gleich a ist, also eine Lösung der Gleichung $x^n = a$ ist. Es gibt prinzipiell einfache, aber langwierige Verfahren zur **numerischen Berechnung** von Quadratwurzeln und dritten Wurzeln. im Allgemeinen wird man sich geeigneter Tabellen oder des logarithmischen Rechnens bedienen. Auch der **Logarithmus** ist ein Begriff, der aus der **Potenzrechnung** entwickelt wird.

Man versteht unter $\overset{c}{\log}\, a$ (dem Logarithmus der Zahl a zur Basis c) den Exponenten, mit dem c potenziert werden muss, damit a herauskommt, also die Lösung der Gleichung $c^x = a$. Die praktische Bedeutung des Logarithmus liegt vor allem darin, dass mit seiner Hilfe die Multiplikation durch eine Addition ersetzt werden kann. Sind nämlich x und y die Logarithmen von a und b zur Basis c, ist also $c^x = a$ und $c^y = b$, so folgt $a \cdot b = c^{x+y}$. Der Logarithmus des Produktes ist also die Summe der Logarithmen der Faktoren. Die übrigen Gesetze des logarithmischen Rechnens ergeben sich aus dieser Aussage mühelos.

Im Mittelpunkt der Analysis stehen die Begriffe der **Funktion** und des **Grenzwertes**. Ordnet man jeder Zahl x einer reellen Zahlenmenge M eindeutig eine reelle Zahl y zu, so wird durch diese **Zuordnungsvorschrift** eine reelle **Funktion** definiert und symbolisch durch $y = f(x)$ bezeichnet, gelesen als y = f von x. Man nennt x auch die **unabhängige**

Veränderliche (Variable) oder das Argument der Funktion f, y die **abhängige Veränderliche** oder auch den Wert der Funktion. Die Gesamtheit aller x heißt der **Definitionsbereich**, die Gesamtheit aller y der Wertebereich der Funktion. Als Definitionsbereich nimmt man gewöhnlich ein **Intervall**, d.h. alle reellen Zahlen zwischen zwei reellen Zahlen.

Es gibt drei wichtige Darstellungsarten für eine Funktion: **die Gleichung, die Tabelle, das graphische Bild**, vor allem das in einem rechtwinkeligen Koordinatensystem.

Man braucht eine Funktion nicht in der sog. **expliziten Form** y = f (x) vorzugeben, sondern kann sie auch definieren durch eine Gleichung zwischen x und y, die nicht nach y aufgelöst ist. Eine in dieser Weise definierte Funktion heißt eine **implizite Funktion**. Die beiden Gleichungen

$$3 \cdot x \cdot y + 6 \cdot x - 5 \cdot y - 10 = 0 \text{ und } y^5 - y - x = 0$$

liefern zwei Beispiele impliziter Funktionen, von denen die erste auch in die explizite Form übergeführt werden kann, die zweite aber nicht.

Ein **Grenzwert** ist eine Zahl y, der sich eine Funktion y = f(x) beliebig nähert, wenn das Argument x selbst eine bestimmte Annäherungsvorschrift erfüllt. Solche Vorschriften sind z.B. „x soll nach x_0 streben“ oder „x soll nach ∞ gehen“. Man schreibt dann (mit ∞ für „unendlich“ mit lim für (lat.) limes (Grenze) und mit →, gelesen als „gegen“):

$$y = \lim_{x \to x_0} f(x) \qquad \text{oder} \qquad y = \lim_{x \to \infty} f(x)$$

Diese anschauliche Definition erfordert in präziser Ausführlichkeit Folgendes: Zu jedem noch so kleinen positiven ε muss es im ersten Falle ein positives δ geben, so dass für alle $x \neq x_0$, die sich von x_0 um weniger als d unterscheiden, die zugehörigen Funktionswerte sich von g um weniger als e unterscheiden. Im zweiten Falle muss es zu jedem noch so kleinen positiven ε eine positive Zahl N geben, so dass für alle x > N die zugehörigen Funktionswerte sich von γ wiederum um weniger als e unterscheiden. So z.B. ist die Funktion

$$y = \frac{\sin x}{x}$$

an der Stelle $x_0 = 0$ nicht erklärt, besitzt dort aber den Grenzwert 1.

Ist der Definitionsbereich einer **Funktion** f(n) die Menge der natürlichen Zahlen, so heißt die Funktion auch eine **Folge**. Besitzt eine solche Folge f(n) für $n \to \infty$ einen Grenzwert γ, so nennt man die Folge **konvergent**, sonst **divergent**.

Eine Summe $a_1 + a_2 + a_3 + \ldots$
mit unendlich vielen Summanden nennt man eine Reihe. Eine solche Reihe heißt konvergent, wenn die Folge ihrer **Teilsummen**

$$f(n) = a_1 + a_2 + \ldots + a_n$$

konvergiert.

Wichtige elementare Beispiele sind die **arithmetischen** und die **geometrischen** Reihen. Arithmetisch heißt eine Reihe, wenn die Differenz geometrisch, wenn der Quotient je zweier aufeinanderfolgender Glieder konstant bleibt. Ist $a_1 = a$ das Anfangsglied, d die konstante Differenz und q der konstante Quotient, so erhält man die bekannten Glieder- und Summenformeln

der arithmetischen Reihe

$$a_n = a + (n-1) \cdot d$$

$$s_n = \frac{n}{2}(a_1 + a_n)$$

der geometrischen Reihe

$$a_n = a \cdot q^{n-1}$$

$$s_n = a \cdot \frac{1-q^n}{1-q}$$

Zu beachten ist, dass es unendliche konvergente arithmetische Reihen nicht gibt, weshalb nur endliche arithmetische Reihen betrachtet werden. Die unendliche geometrische Reihe konvergiert für $q < 1$.

Erwähnenswert sind außerdem
die **harmonische** Reihe

$$1 + \frac{1}{2} + \frac{1}{3} + \frac{1}{4} + \ldots.$$

die Reihe

$$1 + \frac{1}{1!} + \frac{1}{2!} + \frac{1}{3!} + \ldots.$$

und die **Leibnizsche Reihe**

$$1 - \frac{1}{2} + \frac{1}{3} - \frac{1}{4} + \ldots.$$

Die erste divergiert, die zweite liefert als Grenzwert die berühmte **Eulersche Zahl e** (die Basis des **natürlichen Logarithmensystems**), und die dritte konvergiert gegen den natürlichen Logarithmus der Zahl 2 (Leonhard **Euler**, 1707–83).

Differentialrechnung

Die Bedeutung des **Grenzwertbegriffs** liegt vor allem darin, dass entscheidende Eigenschaften der wichtigsten Funktionen nur durch **Grenzprozesse** erklärt werden können, etwa die Eigenschaft der **Stetigkeit**, besonders aber die der **Differenzierbarkeit**.

Wir betrachten von jetzt an nur noch Funktionen, die über Intervallen definiert sind. Eine solche Funktion heißt an einer Stelle x_0 **stetig**, wenn sie dort gegen ihren Funktionswert $f(x_0)$ konvergiert; sie heißt in einem Intervall **stetig**, wenn sie an jeder Stelle des Intervalls stetig ist. Mit dem Begriff der Stetigkeit wollte man ursprünglich das anschauliche Bild einer nicht abreißenden Kurve erfassen. Um auch das anschauliche Bild einer Kurve ohne Ecken oder Spitzen zu charakterisieren, um gleichsam die Kurvenrichtung präzise zu erklären, haben Gottfried W. **von Leibniz** (1646–1716) und I. **Newton** (1643–1727), die Begründer der Differentialrechnung, den Begriff der Differenzierbarkeit zu Hilfe genommen. Zu seiner Erläuterung betrachten wir die Funktion an einer festen Stelle x_0 und an einer anderen Stelle x.

Der Differenzenquotient

$$\frac{f(x)-f(x_0)}{x-x_0}$$

bedeutet dann die **mittlere Steigung** der Funktion im Intervall von x_0 bis x. Hat diese mittlere Steigung für $x \to x_0$ einen Grenzwert, so nennt man ihn den Differentialquotienten oder die Ableitung der Funktion f(x) an der Stelle x_0, bezeichnet ihn mit $f'(x_0)$ und nennt die Funktion bei x_0 differenzierbar. Es ist also

$$f'(x_0) = \lim_{x \to x_0} \frac{f(x)-f(x_0)}{x-x_0}$$

Geometrisch bedeutet $f'(x_0)$ die Steigung der Kurve an der Stelle x_0 oder die Steigung der Kurventangente bei x_0.

Es ist die Aufgabe der **Differentialrechnung**, Regeln zu entwickeln, nach denen die Ableitungen aller wichtigen Funktionen an jeder Stelle gefunden werden können. Erwähnenswert ist, dass die Differentialrechnung unter anderem **Extremwertaufgaben** zu lösen gestattet, Aufgaben, bei denen größte oder kleinste Funktionswerte gesucht werden, weil eine Funktion an ihren Extremstellen die Steigung 0 hat.

Ist eine Funktion f(x) die Ableitung einer anderen Funktion F(x), so nennt man F(x) auch eine **Stammfunktion** oder eine **primitive Funktion** von f(x).

Integralrechnung

Ein uraltes Problem der Mathematik ist die Berechnung der **Flächeninhalte** krummlinig begrenzter Figuren. Es kann zurückgeführt werden auf den einfacheren Fall einer Fläche, die bestimmt wird durch eine über ein Intervall [a, b] definierte Funktion f(x).

Zur Berechnung der Fläche teilt man das Intervall in Teilintervalle und die Fläche in entsprechende Vertikalstreifen. Jeder Streifen wird ersetzt durch ein Rechteck, dessen Breite die Länge Δx des betreffenden Teilintervalls und dessen Höhe y ein beliebiger Funktionswert aus diesem Teilintervall ist. Die Summe dieser Rechtecke liefert einen Näherungswert für den gesuchten Flächeninhalt. Hat diese **Näherungssumme** zur Verfeinerung der Intervalleinteilung – alle Δx müssen gegen 0 gehen –, einen Grenzwert J, so heißt J das bestimmte **Integral** der Funktion f(x) von a bis b. Es wird durch

$$J = \int_a^b f(x)dx$$

bezeichnet und bedeutet den gesuchten Flächeninhalt. Bei festem a und variablem b ist J eine Funktion von b, die wir mit J(b) bezeichnen wollen. J(x) bedeutet dann das bestimmte **Integral** von a bis x.

Nunmehr stellt sich ein überraschender Zusammenhang zwischen Integral- und Differentialrechnung heraus, der **Fundamentalsatz der Differential- und Integralrechnung**:

Ist J(x) das bestimmte Integral einer stetigen Funktion f(x) von einer festen Stelle a bis zur veränderlichen Stelle x, so ist J(x) eine Stammfunktion von f(x), also

$$J'(x) = f(x)$$

Mit diesem Satz wird die Ermittlung eines bestimmten Integrals an die Bestimmung einer **Stammfunktion** gebunden, also der Integralrechnung die Umkehraufgabe der Differentialrechnung zugewiesen. Kennt man einmal eine Stammfunktion, so ist die Berechnung eines bestimmten Integrals besonders einfach. Bedeutet F(x) nämlich irgendeine Stammfunktion von f(x), so ist

$$\int_a^b f(x)dx = F(b) - F(a)$$

eine Tatsache, die damit zusammenhängt, dass sich zwei Stammfunktionen derselben

Funktion f(x), wie man zeigen kann, immer nur durch eine **additive Konstante** unterscheiden. Die Funktion x^2 hat beispielsweise die Stammfunktion

$$\frac{1}{3}\cdot x^3.$$

Also ist der Inhalt der durch $y = x^2$ von –1 bis 2 definierten Fläche gegeben durch

$$\int_{-1}^{2} x^2 dx = \frac{1}{3}\cdot 2^3 - \frac{1}{3}\cdot(-1)^3 = \frac{8}{3} + \frac{1}{3} = 3$$

Man kann sich kaum ein Bild machen von dem Ausmaß der vielseitigen und z.T. großartigen Anwendungen, die die Analysis in der Physik, der Astronomie, der Technik, der Chemie und in vielen anderen Gebieten findet. Es ist eine Eigenart der Naturgesetze, bei vielen Fragen, die der Mensch an die Natur stellt, in der Form von **Differential**- oder **Integralgleichungen** zu erscheinen. Es sind das Gleichungen für gesuchte Funktionen, in denen ein Zusammenhang zwischen den unabhängigen Veränderlichen, den Funktionen, ihren Ableitungen oder ihren Integralen gefordert wird. Selbstverständlich kommt man dabei nicht aus mit den bisher betrachteten Funktionen nur einer unabhängigen Veränderlichen. Die Theorie musste ausgedehnt werden auf Funktionen von zwei und mehr Veränderlichen.

Ein Sondergebiet der Theorie der Differentialgleichungen sind **Randwertprobleme**, bei denen an die gesuchten Funktionen noch bestimmte Nebenforderungen, sogenannte **Randbedingungen** gestellt werden, von denen man sich vielleicht eine Vorstellung machen kann, wenn man z.B. an das Problem der in einem Rahmen eingespannten schwingenden Membran denkt.
Zur Beherrschung des Raumes wurde eine besondere Disziplin, die **Vektoranalysis**, entwickelt, ohne die man sich die klassische Physik, geschweige denn die moderne Physik, heute kaum mehr vorstellen kann. Man denke nur an die **Mechanik**, die **Maxwellsche Theorie in der Elektrizitätslehre**, die **Optik**, die **modernen Feldtheorien**, an die **Einsteinsche Relativitätstheorie**. Die **Variationsrechnung**, ein weiteres großes Teilgebiet der Analysis, hat es mit **Maximal**- oder **Minimalaufgaben** zu tun, bei denen es sich jedoch nicht darum handelt, eine Stelle zu finden, an der eine Funktion einen extremen Wert annimmt, vielmehr ist eine Funktion gesucht, für die ein Integral ein Maximum oder Minimum hat. Die Variationsrechnung wurde fast gleichzeitig mit der **Infinitesimalrechnung** (Differential- und Integralrechnung) schon von deren Begründern entdeckt. Sie fand eine frühe Anwendung in der Mechanik, besonders bei der Formulierung ihrer sie beherrschenden Prinzipien.

Ein sehr umfassendes, schönes und tiefes Teilgebiet der Analysis ist die Theorie der **komplexen Veränderlichen**, die sog. **Funktionentheorie**. Ihr liegt der Bereich der **komplexen Zahlen** zugrunde, die aus den reellen Zahlen durch **Adjunktion** (Hinzufügung) der imaginären Einheit

$$i = \sqrt{1}$$

hervorgehen und die Gestalt a + b · i (a, b reelle Zahlen) haben. Die wundervolle Architektonik der Funktionentheorie begeistert jeden Mathematiker durch die Harmonie und Eleganz ihrer Gesetze. Sie erschließen ihm unvermutete Zusammenhänge in der reellen Analysis und lassen häufig die wahren Gründe im Reellen nicht erklärbarer Tatsachen erkennen. Karl Friedrich **Gauß** und A. **Cauchy** (frz. Mathematiker 1789–1857) sind die Begründer der Funktionstheorie. B. **Riemann**, 1826–66, und K. **Weierstraß**, 1815–97, die großen Gestalter.

WAHRSCHEINLICHKEITSRECHNUNG

Die **Wahrscheinlichkeitsrechnung** stellt sich die Aufgabe, für bestimmte Vorgänge, die unter den gleichen allgemeinen Bedingungen beliebig oft auftreten oder herbeigeführt werden können, im Einzelnen aber noch zusätzlichen unkontrollierbaren Einflüssen unterworfen sind, eine **mathematische** Theorie zu entwickeln. Es handelt sich also um den Versuch, Gesetze zu finden, denen **zufällige Erscheinungen** trotz ihrer **scheinbaren Gesetzlosigkeit** dennoch unterliegen, also gleichsam die Gesetze der Zufalls zu ergründen.

Ursprünglich ist die Wahrscheinlichkeitsrechnung anlässlich sogenannter **Glücksspiele** entstanden, bei denen bestimmte endlich viele verschiedene Merkmale auftreten können, aber nur auf eine bestimmte Teilmenge dieser Merkmale gewettet wird. Bei einem **Roulette** sind 37 verschiedene Merkmale möglich (jede Nummer von 0 bis 36). Gewettet werden kann auf jede Teilmenge dieser Merkmale, z.B. auf die Nummern von 1 bis 12. Unter allen 37 verschiedenen Merkmalen des Spieles sind für diese Wette 12 Merkmale günstig. Im klassischen Sinne nennt man jetzt den **Quotienten** der Anzahl der für die Wette günstigen Merkmale durch die Anzahl aller Merkmale die Wahrscheinlichkeit der Wette oder des Wettereignisses. Die Wahrscheinlichkeit, dass eine der Nummern von 1 bis 12 kommt, ist also 12 : 37. Ein etwas anders gelagertes Beispiel liefert die menschliche **Sterblichkeit**. So kann man danach fragen, welche Chancen etwa ein 50-jähriger Einwohner der Bundesrepublik hat, nach einem Jahr noch zu leben. Um eine vernünftige Antwort zu erhalten, könnte man heute unter allen Einwohnern der Bundesrepublik, die genau vor einem Jahr 50 waren, also unter allen **möglichen Fällen**, diejenigen zählen, die heute noch leben, also die **günstigen Fälle**. Der Quotient der günstigen durch die möglichen Fälle ist die Wahrscheinlichkeit, mit der ein 50-jähriger erwarten kann, noch 1 Jahr zu leben.

Der Unterschied gegenüber den Glücksspielen liegt darin, dass es sich dort um eine **Wahrscheinlichkeit a priori**, also im Voraus, handelt, während hier mit Hilfe schon abgelaufener Vorgänge eine **Wahrscheinlichkeit a posteriori**, also im Nachhinein, gebildet wird. Stillschweigend wird dabei die Hypothese gemacht, dass der so gefundene Wahrscheinlichkeitswert unter der Voraussetzung einer hinreichend großen Personenzahl **repräsentativ** ist, sich also derselbe Wert auch bei anderen Auszählungen der gleichen Art ergibt.

Die Wahrscheinlichkeitsrechnung geht aus von Grundmerkmalen, die einander ausschließen und deren Wahrscheinlichkeiten als bekannt angesehen werden, und charakterisiert ein Ereignis durch eine Merkmalmenge in dem Sinne, dass das Ereignis eintritt oder nicht, je nachdem, ob eines der charakterisierenden Merkmale erscheint oder nicht erscheint. Die Theorie besteht jetzt darin, die Zusammenhänge der Wahrscheinlichkeiten solcher Ereignisse aufzuklären, die in bestimmter gesetzmäßiger Weise miteinander zusammenhängen.

Zwei wichtige Sätze der Wahrscheinlichkeitsrechnung sind die beiden folgenden:

Der Additionssatz: Besteht die Merkmalmenge eines Ereignisses aus den zueinander fremden Merkmalmengen zweier anderer, so ist seine Wahrscheinlichkeit gleich der Summe der Wahrscheinlichkeiten der beiden anderen (Regel des Entweder-Oder). Beim Roulette ist die Wahrscheinlichkeit für irgendeine Nummer unter 10 gleich 10:37, für irgendeine Nummer über 20 gleich 16:37. Folglich ist die Wahrscheinlichkeit dafür, dass keine Nummer von 10 bis 20 kommt, gleich 26:37.

Der Multiplikationssatz: Besteht die Merkmalmenge eines Ereignisses E aus den gemeinsamen Merkmalen zweier anderer E_1 und E_2, so ist seine Wahrscheinlichkeit gleich dem Produkt der Wahrscheinlichkeit von E_1 mit der **relativen Wahrscheinlichkeit** von E_2 in Bezug auf E_1, d.h. mit dem Quotienten der Zahl der gemeinsamen Merkmale durch die Zahl der Merkmale von E_1 (**Regel des Sowohl-Als-Auch**). Die Wahrscheinlichkeit aus einem gewöhnlichen Kartenspiel, in dem Pique 7 und Kreuz 7 fehlen, eine rote Karte zu ziehen, ist 8:15; die Wahrscheinlichkeit, aus den roten Karten eine Dame zu ziehen, ist 1:8. Nach dem Multiplikationssatz ist folglich die Wahrscheinlichkeit, aus allen 30 Karten eine rote Dame zu ziehen, gleich

$$1:\frac{1}{8}=\frac{1}{15}.$$

Man beachte dabei, dass es nicht gleich wahrscheinlich ist, eine Dame aus allen 30 Karten oder nur aus den 16 roten zu ziehen. Die ursprüngliche Wahrscheinlichkeit für die Dame ist hier also nicht gleich der relativen Wahrscheinlichkeit für die Dame in Bezug auf Rot. Eine grundsätzliche und wohl die interessanteste Aussage der Theorie ist das **Gesetz der großen Zahlen**, durch das der Erfolg der Wahrscheinlichkeitsrechnung bei ihren Anwendungen auf die Wirklichkeit garantiert wird. Die oben bei der Einführung der Wahrscheinlichkeit a posteriori erwähnte Hypothese ist gleichsam ein Ausdruck für den starken Glauben an die Gültigkeit dieses Gesetzes, zu dessen Formulierung der Begriff der **relativen Häufigkeit** gebraucht wird. Tritt unter n Wiederholungen ein und desselben Versuches ein Ereignis m mal ein, so nennt man das Verhältnis m : n die relative Häufigkeit des Ereignisses bei n Wiederholungen. Das **Gesetz der großen Zahlen** sagt dann aus, **dass die relative Häufigkeit eines Ereignisses mit beliebig großer Sicherheit von der apriorischen Wahrscheinlichkeit des Ereignisses beliebig wenig abweicht, wenn nur die Anzahl der Wiederholungen hinreichend groß ist**.

Weil der klassische Wahrscheinlichkeitsbegriff gewisse innere Schwierigkeiten enthält, hat man in neuerer Zeit die Wahrscheinlichkeit als den Limes (Grenzwert) der relativen Häufigkeit bei unbegrenzt wachsender Versuchszahl definiert, in jüngster Zeit sie sogar **axiomatisch** durch rein formale Eigenschaften charakterisiert.

Es sei noch eine Bemerkung zur Theorie der **Beobachtungsfehler** gemacht. Misst man, wie in den Naturwissenschaften üblich, eine Größe mehrmals hintereinander unter den gleichen Bedingungen, so erhält man verschiedene Messergebnisse, von denen man gewöhnlich das **arithmetische Mittel** bildet und als wahren Wert ansieht. Diese Wahl wird durch den **Gaußschen Verteilungssatz** gerechtfertigt.

Macht man für zufällige Fehler, d.h. Abweichungen vom wahrscheinlichsten Wert, bestimmte plausible Annahmen, und denkt man sich unendlich viele Messungen durchgeführt, so ergibt sich nach Gauß die **Wahrscheinlichkeitsdichte** y der Fehler x die Kurve

$$y = \frac{h}{\sqrt{\pi}} \cdot e^{-h^2 x^2}$$

worin h eine Konstante ist und ein Genauigkeitsmaß bedeutet. Aus ihr erhält man die Wahrscheinlichkeit dafür, dass ein Fehler in irgendein Intervall der x-Achse hineinfällt, nämlich durch den Inhalt der von der Kurve über dem Intervall bestimmten Fläche.

MENGENLEHRE

Die Bedeutung der Mengenlehre für die wissenschaftliche Mathematik ist unzweifelhaft. Sie stellt für praktisch alle mathematischen Disziplinen geeignete Sprechweisen zur Verfügung, erlaubt durch die gemeinsamen Sprechweisen Verbindungen zwischen den Disziplinen und lässt sie sozusagen als Unterdisziplinen der Mengenlehre erscheinen. Alle Mathematik, so könnte man sagen, ist Mengenlehre, wobei man allerdings bemerken sollte, dass die mengentheoretischen Sprechweisen nicht das Spezifische dieser Disziplinen sind. Die Mengenlehre selbst ist eine wichtige mathematische Disziplin, die zu den so genannten „mathematischen Grundlagen“ gehört.

Die Bedeutung der Mengenlehre für die elementare Mathematik ist lange überschätzt worden und wird heute noch überbewertet. So ist es üblich geworden, von einer „Mengenlehre“ in der Schule zu sprechen, was allerdings auch nicht mehr heißt, als dass man dort mengentheoretische Sprechweisen verwendet – oft jedoch an Stellen, an denen es unnötig oder sogar unsinnig ist. Man vergisst, dass mengentheoretische Begriffe und Denkweisen, z.B. in der Geometrie, das Denken beeinflussen, verändern und beschränken können.
Die Mengenlehre ist zu ganz anderen Zwecken erfunden worden, nämlich um Phänomene des Unendlichen mathematisch zu beschreiben. Der Erfinder der Mengenlehre ist **Georg Cantor** (1843–1918). In seiner berühmten „Mengendefinition“ beschreibt er Mengen als abgeschlossene Ganzheiten, die vorgegebene Gegenstände zusammenfassen: „Unter einer ‚Menge‘ verstehen wir jede Zusammenfassung M von bestimmten wohlunterschiedenen Objekten m unserer Anschauung oder unseres Denkens (welche die Elemente von M genannt werden) zu einem Ganzen. In Zeichen drücken wir das so aus: $M = \{m\}$.“

Cantor verwendete mengentheoretische Begriffe zum ersten Mal, um festzustellen, dass es „genau so viele“ natürliche Zahlen wie rationale Zahlen gibt, aber „mehr“ reelle Zahlen als diese. In der elementaren Mathematik geht es zumeist um endliche Mengen, und wenn es um unendliche Mengen geht, so stellt man sich darunter kaum irgendwie fertige, abgeschlossene Mengen vor. Man denke z.B. an die Reihe der natürlichen Zahlen oder die Punkte auf einer Geraden. Dennoch haben sich viele elementare Sprechweisen aus der Mengenlehre auch in der elementaren Mathematik eingebürgert.

Beispiele endlicher Mengen:

$C = \{0, 1, 2, 3, 4, 5, ..., 19, 20\}$
D Menge aller natürlichen Zahlen, deren Quadrat kleiner als 405 ist.
$T_{48} = \{1, 2, 3, 4, 6, 8, 12, 16, 24, 48\}$ (Menge aller Zahlen, die 48 teilen).
Ø, die leere Menge, die kein Element enthält. Sie spielt eine wichtige Rolle in der Mengenlehre.

Einelementige, zweielementige Mengen, z.B. $\{1\}$, $\{1, -1\}$. Der Unterschied zwischen 1 und $\{1\}$ ist etwa der zwischen einem Hut und einem Hut in einer Hutschachtel (im Zeitalter der Verpackung ein wichtiger Unterschied!).

Beispiele unendlicher Mengen:
IN Menge der natürlichen Zahlen, Z Menge der ganzen Zahlen, Q^+ Menge der positiven rationalen Zahlen („Bruchzahlen"), Q Menge der rationalen Zahlen, IR Menge der reellen Zahlen, IP Menge der Primzahlen, G Menge der geraden, U Menge der ungeraden Zahlen etc.

Gehört ein Gegenstand a zu einer Menge M, so schreibt man: $a \in M$
und sagt: a ist **Element** von M.

Ist das nicht der Fall, so schreibt man $a \notin M$. Beispiel: $5 \in \mathrm{IR}$, $18 \notin T_{48}$.

Statt Elemente aufzuzählen wie in C, sortiert man sie oft nach einer gemeinsamen Eigenschaft aus und schreibt:

$$C = \{x \in \mathrm{IN} / x < 21\}$$

Oder:

$$\{1\} = \{x \in \mathrm{IR} / x^2 = 1 \text{ und } x \neq -1\}$$

Für unendliche Mengen ist diese Angabe die einzig mögliche, vorausgesetzt es gibt eine umfassendere „Grundmenge", aus der man aussortieren kann.

Beispiel: $Z = \{z \in Q / z \text{ ist ganz}\}$.

Die Elemente der leeren Menge Ø kann man nicht aufzählen, da es keine gibt, aber die Schreibweise für die vorgestellte Menge kann man verwenden, z.B..
$Ø = \{x / x \neq x\}$.

Mengen sind gleich, wenn sie dieselben Elemente besitzen. Deshalb gibt es auch nur eine leere Menge; dies ist z.B. C = D bei den obigen Beispielen, und es kommt bei der aufzählenden Darstellung von Mengen auch nicht auf die Reihenfolge an, in der die Elemente aufgezählt werden. So ist z.B.
$C = \{20, 19, ..., 5, 4, 3, 2, 1, 0\}$.

IN ist eine **Teilmenge** von Z. Allgemein: Eine Menge A ist Teilmenge einer Menge B, wenn gilt: Jedes Element von A ist auch Element von B, d.h. aus $x \in A$ folgt $x \in B$.
Da es Elemente von Z gibt, z.B. –1, die nicht Element von IN sind, ist IN sogar die echte Teilmenge von Z: $\mathrm{IN} \subset Z$.

Allgemein: Eine Menge A ist **echte Teilmenge** einer Menge B, wenn

$$A \subseteq B \text{ und } A \neq B.$$

Solche und andere Mengenbeziehungen veranschaulicht man gern in sogenannten Venn-Diagrammen:

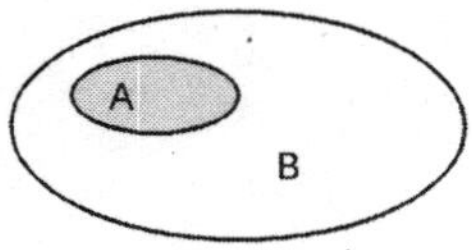

Der **Durchschnitt** zweier Mengen A, B ist die Menge derjenigen Elemente, die sowohl in A als auch in B vorkommen;

$A \cap B = \{x \in A \,/\, x \in B\}$,

oder $A \cap B = \{x \,/\, x \in A \text{ und } x \in B\}$.

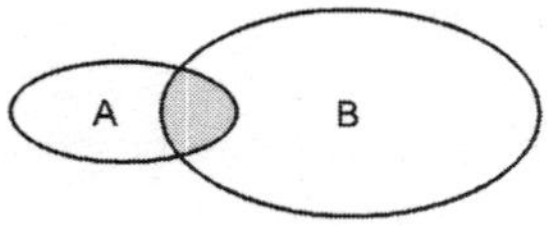

Statt „und" schreibt man oft das logische Kürzel "∧", also

$A \cap B = \{x \,/\, x \in A \wedge x \in B\}$.

Beispiele: $Q^{+} \cap Z = IN$, $D \cap \{1,-1\} = \{1\}$, $G \cap IP = \{2\}$, *für jedes* A $A \cap \emptyset$

Die **Vereinigung** zweier Mengen A, B ist die Menge der Elemente, die in A oder in B (oder in beiden) vorkommen:

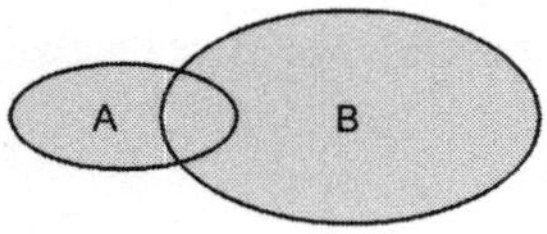

$A \cup B = \{x \,/\, x \in A \vee x \in B\}$.
"v" ist das logische Symbol für „oder" (lat. vel).

Beispiel: $U \cup G = IN$, $\{1,2,3\} \cup \{2,3,4\} = \{1,2,3,4\}$, $A \cup \emptyset = A$ für alle Mengen A.

Sind A und B vorgegeben, so heißt die Menge der Elemente, die in A, aber nicht in B liegen, das Komplement von B in A: A\B

$A \setminus B = x \rightarrow A \,/ x \notin B$

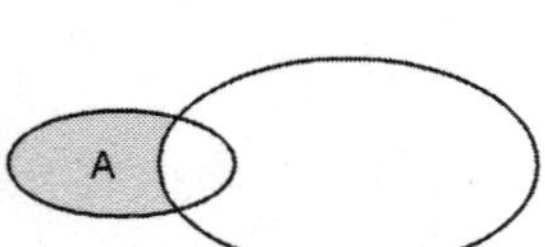

Beispiel:
$Z \setminus IN$ ist die Menge der „negativen" ganzen Zahlen,
$IR \setminus Q$ die Menge der irrationalen Zahlen,
$T_{48} \setminus C = \{24{,}48\}$, $T_{24} \setminus T_{48} = \emptyset$ etc.

Ist eine Menge G fest vorgegeben – oft „Grundmenge" genannt – so wird das Komplement von A in G, das heißt die „**Restmenge**" aller Elemente von G, die nicht in A liegen, mit $\overline{A}$ bezeichnet:

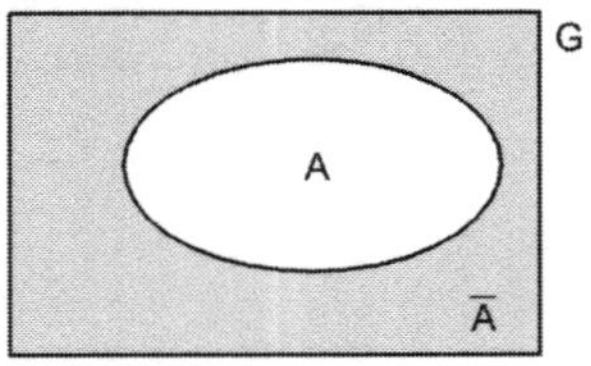

$$\overline{A} = \{x \in G \,/\, x \notin A\}.$$

Beispiel: Ist die Grundmenge G = IN, so ist $\overline{IP}$ die Menge aller in Faktoren zerlegbaren Zahlen incl. 1 und 0, $\overline{C} = \{21, 22, 23, ...\} = \{x \in IN \,/ x > 20\}$.

Ein **Paar** (a, b) von Gegenständen a, b ist die Menge {a, b} unter Hinzunahme der Reihenfolge dieser Gegenstände. Es ist also nicht (a, b) = (b, a). Für Liebhaber: Man kann das Paar (a, b) z.B. so als Menge definieren: $(a, b) = \{\{a\}, \{a, b\}\}$. Wichtig ist die folgende Eigenschaft von Paaren:

$$(a, b) = (c, d) \text{ genau dann, wenn } a = c \text{ und } b = d.$$

Das **Cartesische Produkt** A x B zweier Mengen A, B ist die Menge aller Paare (a, b) mit $a \in A$ und $b \in B$.

Die Veranschaulichung ist so möglich:

$$A \times B = \{(a,b) / a \in A \wedge b \in B\}$$

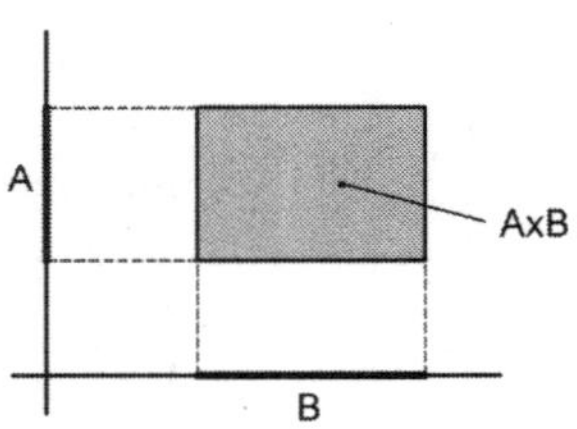

Beispiel:
Die Menge aller Brüche $\frac{a}{b}$ ist nichts anderes als die Menge aller Paare (a, b) ganzer Zahlen, also Z x Z.

Beziehungen, mathematisch „**Relationen**“, sind mengentheoretisch Mengen von Paaren, d.h. Listen von Einzelbeziehungen. Ein mathematisches Beispiel: Die Beziehung der Teilbarkeit zwischen Zahlen ist die Menge aller Paare (a, b) von Zahlen a, b, wobei a die Zahl b teilt. Bezeichnen wir die Teilbarkeitsbeziehung mit $|$, so ist $\subseteq$ IN x IN, und statt a $|$ b, wie man üblicherweise schreibt, müsste man (a, b) $\in |$, z.B. (16, 48) $\in |$ schreiben. Eingeschränkt auf die Zahlenmenge {2, 3, 4 ..., 10} ist

$| = \{(2,2), (2,4), (2,6), (2,8), (2,10), (3,3), (3,6), (3,9), (4,4), (4,8), (5,5), (5,10), (6,6), (7,7), (8,8), (9,9), (10,10)\}$.

Entsprechend sind Funktionen mengentheoretisch nichts anderes als – endliche oder unendliche – Wertetabellen. Beispiel:

$f(x) = x^2$ über den natürlichen Zahlen N ist

0	1	2	3	4	...
0	1	4	9	16	...

bzw. als Liste oder Menge geschrieben:

$f = \{(0, 0), (1, 1), (2, 4), (3, 9), (4, 16), ...\} \subseteq$ IN x IN.

Ist eine Menge A vorgegeben und bildet man alle Teilmengen von A, so hat man wieder Gegenstände, die man zusammenfassen kann – zur sogenannten **Potenzmenge** von A:

$P(A) = \{x / x \subseteq A\}$.

Beispiel: Ist A = {1,2}, so ist P(A) = {Δ, {1}, {2}, {1, 2}}. Wichtig für die Mengenlehre ist folgendes Beispiel:

$P(\emptyset) = \{\emptyset\}$.

Was ist passiert? Sozusagen aus dem Nichts, nämlich Ø, ist etwas mehr als Nichts entstanden, nämlich {Ø}, eine Menge mit einem Element. Von hier aus erzeugt die wissenschaftliche Mengenlehre sich quasi aus dem Nichts – und mit ihr die gesamte Mathematik: Außer Ø, also Nichts, benötigt die Mengenlehre nur ein paar Festlegungen, wie man Mengen bildet – wie z.B. Potenzmengen.

PHYSIK

Als Naturwissenschaft befasst sich die Physik mit den Erscheinungen der unbelebten Natur.

Für eine exakte Wissenschaft sind die Begriffe des täglichen Lebens nicht scharf genug formuliert; sie werden deshalb, soweit sie in der Physik gebraucht werden, durch genaue Definitionen festgelegt. Begriffe wie Kraft, Druck, elektrische Spannung haben daher für jeden Physiker in der ganzen Welt denselben Inhalt.

Die Denker des klassischen Griechenlands und des Mittelalters versuchten, von philosophischen Überlegungen aus die Probleme zu lösen, die in der Vielfalt der Naturerscheinungen enthalten sind.

Archimedes wandte allerdings schon im 3. Jahrhundert v.Chr. jene Methode an, die Galilei (1564–1642) dann allgemein einführte. Hauptmerkmal dieser Methode ist der messende Versuch, dessen Ergebnis den genauen Zusammenhang der untersuchten physikalischen Größen aufdeckt. Diese induktive Methode erfordert oft die Einführung neuer Begriffe (Beispiel: Beim Ohmschen Gesetz führt der Zusammenhang der elektrischen Spannung U mit der Stromstärke I zum Begriff des elektrischen Widerstandes R).

Bei der deduktiven Methode werden Zusammenhänge und Gesetze dagegen durch logische Schlüsse aus schon Bekanntem gewonnen (Beispiel: Die Existenz der elektromagnetischen Wellen war theoretisch schon lange erschlossen, ehe sie experimentell nachgewiesen werden konnte).

Zur widerspruchsfreien Erklärung und Einordnung der vielen Einzelerkenntnisse werden häufig Theorien entwickelt (z.B. die kinetische Gastheorie, die eine zusammenfassende Erklärung der Einzeltatsachen liefert, die man auf diesem Gebiet gefunden hat). Eine solche Theorie erlaubt nun viele Folgerungen, die nachgeprüft werden müssen. Halten sie der Nachprüfung stand, dann verliert die Theorie ihren hypothetischen Charakter und wird Teil des Gesamtsystems physikalischer Erkenntnisse.

Die Messmethoden der Physik haben sich allmählich so verfeinert, dass Bereiche erschlossen werden konnten, die weit außerhalb der direkten Wahrnehmungsfähigkeit menschlicher Sinne liegen. Dadurch erweiterten sich die klassischen Teilgebiete der Physik – Mechanik, Wärmelehre, Akustik, Optik, Elektrizitätslehre – zur Atomphysik.

Seit dem Ende des 18. Jahrhunderts bemühten sich die Physiker, die Einheiten, die sie ihren Messungen zugrundelegen, international verbindlich zu vereinbaren: Auch der englische Physiker gibt Längen in Metern (nicht in Yards) und Temperaturen in Grad Celsius an (nicht in Fahrenheit-Graden).

Physikalische Gesetze werden meist in mathematischer Form als Gleichungen geschrieben. Die Größen, die in diese Gleichungen eingehen, werden einheitlich abgekürzt. Für den deutschen Gebrauch bedeutet dieses Verfahren eine bestimmte Anpassung, weil sich häufig der gemeinsame Anfangsbuchstabe des englischen und französischen Wortes als Abkürzung anbot, so dass für uns die direkte Beziehung fehlt (Beispiel: acceleration, accélération, Beschleunigung; Abkürzung: a). Der Vorteil, physikalische Gesetze auf diese Weise international verständlich darzustellen, liegt jedoch auf der Hand.

Die Gegenstände und Vorgänge in der Natur sind meist sehr komplex und in ihrer Gesamtheit für uns nicht erfassbar. Deshalb legen wir der wissenschaftlichen Betrachtung vereinfachende Vorstellungen zugrunde, indem wir nur das für die augenblickliche Betrachtung Wesentliche berücksichtigen und alle anderen Umstände außer Acht lassen, d.h. unsere Vorstellung und unser Denken arbeiten gar nicht mit der Wirklichkeit, sondern mit Modellen (z.B. Massenpunkt, starrer Körper, absolut schwarzer Körper, reibungsfreie Flüssigkeit, Bohrsches Atommodell).

Logische Folgerungen, die von diesen physikalischen Modellen ausgehen, müssen zu falschen Ergebnissen führen, wenn das betreffende Modell bei der vorgenommenen Betrachtung nicht erlaubt ist oder gar in einer Überlegung zwei einander widersprechende Modelle kritiklos nebeneinander gebraucht werden (Beispiel: Der Begriff „starrer Körper" mit dem ihm zugehörigen Trägheitsmoment hat keinen Sinn, wenn der Körper durch einen Massenpunkt ersetzt gedacht werden kann).

MECHANIK

Längen- und Zeitmessung

Längenmessung

Um messen zu können, bedarf es einer Bezugseinheit. Die Einheit der Länge im Dezimalsystem ist das *Meter*. Diese Längeneinheit ist durch ein so genanntes „Urmeter" gegeben. Es ist der Abstand zweier Strichmarken auf einem Metallstab, der aus der sehr beständigen und festen Legierung von 90% Platin und 10% Iridium besteht. Nach dem Beschluss der „11. Generalkonferenz für Maß und Gewicht" aus dem Jahre 1960 ist das Meter definiert als das 1650763,73-fache einer vom Krypton-Isotop Kr 86 ausgestrahlten Wellenlänge im Vakuum.

Längenmessungen werden meist mit einem Maßstab oder mit einem Meterstab durchgeführt. Tischler und Zimmerleute benutzen oft einen zusammenklappbaren Gliedermaßstab, der auch Zollstock genannt wird. Landmesser verwenden, da sie große Strecken abzumessen haben, ein Bandmaß. Oft reicht aber die Messgenauigkeit einer solchen Messeinrichtung nicht aus. In der metallverarbeitenden Industrie müssen vorgeschriebene Maße bis auf ein Zehntel- oder ein Hundertstelmillimeter eingehalten werden. Für solche genauen Messungen werden meist *Schieblehren* verwendet. Die Schieblehre besteht aus einer Stahlschiene, auf der ein kleiner, mit einem Fenster versehener Rahmen gleitet. Schiene und Rahmen besitzen je eine Stahlbacke. Zwischen diese Backen wird

In der Physik sind folgende Unterteilungen des Meters gebräuchlich:

1 Meter [*m*]	=	10 Dezimeter [*dm*]
1 Dezimeter [*dm*]	=	10 Zentimeter [*cm*]
1 Zentimeter [*cm*]	=	10 Millimeter [*mm*]
1 Millimeter [*mm*]	=	1000 Mikron [μ]
1 Mikron [μ]	=	1000 Millimikron [$m\mu$] = 10^{-4} *cm*
1 Millimikron [$m\mu$]	=	10 Ångström-Einheiten [*Å*] = 10^{-7} *cm*
1 Ångström [*Å*]	=	10^{-10} *m*

das Werkstück geklemmt. Auf beiden Teilen befinden sich Teilstriche. Werden nun die beiden Backen zusammengeschoben, erkennt man, dass auf 9 mm der Hauptteilung auf der Schiene 10 Skalenteile des Rahmens (Nonius) entfallen. Ein Skalenteil des Nonius ist demnach 0,9 mm breit, d.h. dass zwischen einem Teil der Hauptskala und einem Teil des Nonius ein Unterschied von 0,1 mm besteht.
Will man mit einer Schieblehre messen, wird das Werkstück zwischen die Backen geklemmt. Dann liest man am letzten vor dem Nonius liegenden Teilstrich der Hauptskala die vollen Zentimeter und Millimeter ab. Die Zehntelmillimeter werden dort abgelesen, wo ein Teilstrich des Nonius und ein Teilstrich der Hauptskala zur Deckung gelangen. In der Forstwirtschaft findet eine große Schieblehre mit grober Teilung zum Messen von Holz Verwendung. Sie wird *Kluppe* genannt.

Zeitmessung

Auch bei der Zeitmessung muss eine Bezugseinheit gewählt werden. Dazu könnte jeder Vorgang dienen, der sich stets in der gleichen Weise wiederholt, zum Beispiel:

der Umlauf der Erde um die Sonne,
die Bewegung des Mondes um die Erde oder
die Drehung der Erde um ihre Achse.

Als *Einheit der Zeit* dient die mittlere Sonnensekunde. Sie ist der 86400. Teil eines mittleren Sonnentages und wird Sekunde genannt.

1 Stunde [*h*] = 60 Minuten [*min*] = 3600 Sekunden [*s*]

Die Bewegung

Längen- und Zeitmessungen bilden die Grundlage für die Beschreibung von Bewegungen. Ob ein Körper sich bewegt oder nicht, hängt immer von einem Bezugspunkt ab. Als solcher dient im Allgemeinen die ruhende Erdoberfläche.

Die geradlinig gleichförmige Bewegung

Die einfachste Form einer Bewegung ist die geradlinig gleichförmige Bewegung. Sie liegt vor, wenn ein Körper auf einer geraden Bahn in gleichen Zeiten gleiche Wege zurücklegt.
Bezeichnet man mit s die in der Zeit t zurückgelegte Strecke, so ist das Verhältnis

$$\frac{s}{t}$$

immer gleich, d.h. konstant.

Dieser Quotient führt zu dem Begriff der Geschwindigkeit v:

$$v = \frac{s}{t} = konstant$$

Die gleichmäßig beschleunigte Bewegung

Nun sind in der Natur die Bewegungen meistens nicht so einfach, d.h. $\frac{s}{t}$ ist im Allgemeinen keine Konstante.
Werden in gleichen Zeiträumen auf geradliniger Bahn *verschieden* große Wege zurückgelegt, wirkt eine Beschleunigung b. Bleibt die Größe der Beschleunigung gleich, so spricht man von gleichmäßig beschleunigter Bewegung.

Beispiel:
Lässt man eine Kugel auf einer glatten Fallrinne herabrollen, so dass sie in der 1. Sekunde einen Weg von 10 *cm* zurücklegt, dann rollt sie in der 2. Sekunde 30 *cm*, in der 3. Sekunde 50 *cm* herab.
Die Geschwindigkeit wächst damit gleichmäßig an, der Weg nimmt von Sekunde zu Sekunde um 20 *cm* zu.
Dieser Befund lässt sich mathematisch folgendermaßen ausdrücken:

$$v = b \cdot t \quad (b = konstant)$$

$$s = \frac{b}{2} \cdot t^2 (b = konstant)$$

Beispiele hierfür sind der Fall eines Körpers im luftleeren Raum (sog. „freier Fall“) oder das Herabrollen einer Kugel auf einer „schiefen Ebene“.
Den Beispielen ist gemeinsam, dass die Beschleunigung durch eine gleichmäßige Kraft – hier die Erdanziehungskraft – verursacht wird.

Die gleichförmige Bewegung im Kreis

Die Kreisbewegung ist gleichmäßig beschleunigt. Zwar bleibt die Geschwindigkeit überall gleich, doch ändert sie ständig ihre Richtung. Bei der gleichförmigen Bewegung im Kreis ist demnach die Beschleunigung radial auf den Kreismittelpunkt gerichtet (Radial- oder Zentralbeschleunigung). Ihr Wert ist

$$b = \frac{v^2}{r}$$

Masse und Kraft

Gewicht und Masse

Auf alle Körper übt die Erde eine Anziehungskraft aus. Sie zieht die Körper senkrecht nach unten zum Erdmittelpunkt hin. Wir verstehen unter dem *Gewicht* eines Körpers die Kraft, mit der er von der Erde angezogen wird.
Diese Kraft ändert sich geringfügig mit der geographischen Lage; darum weist der gleiche Körper an verschiedenen Orten der Erde ein etwas unterschiedliches Gewicht auf.
Die *Einheit des Gewichts* ist das Kilopond. Es wird durch einen Platinzylinder dargestellt, der unter 45° geographischer Breite das Gewicht von einem Liter Wasser bei 0°C besitzt.
Es ist: 1 Kilopond [*kp*] = 1000 Pond [*p*]
1 Pond [*p*] = 1000 Millipond [*mp*]
Unter der Masse eines Körpers versteht man seine Substanz. Sie ist im Gegensatz zum Gewicht nicht vom Ort abhängig, sondern überall gleich. Auch auf dem Mond erfährt jeder Körper eine Anziehungskraft. Sie beträgt jedoch nur $^1/_6$ der Erdanziehungskraft. Aus diesem Grunde ist das Gewicht eines Körpers, der auf der Erde 60 *kp* wiegt, auf dem Mond nur 10 *kp*. Die Masse des Körpers ist dagegen auf dem Mond und der Erde gleich.

Die *Einheit der Masse* ist das Kilogramm [*kg*].
1 *kg* = 1000 *g* (*g* = Gramm)
1 *g* = 1000 *mg* (*mg* = Milligramm)

Die *Einheit der Kraft* ist das Dyn [*dyn*]: Die Kraft 1 *dyn* erteilt einem Körper der Masse 1 *g* eine Beschleunigung von 1 cm/s^2.

Neben dem *dyn* und dem *kp* gibt es noch eine weitere Einheit, das Newton (*N*).

Es ist:
1 *dyn* = 10^{-5} *N* = $1{,}02 \cdot 10^{-6}$ *kp*
1 *N* = 10^5 *dyn* = 0,102 *kp*
1 *kp* = 981000 *dyn* = 9,81 *N*

Trägheit

Bremst plötzlich eine fahrende Straßenbahn, so werden die Fahrgäste nach vorn geschleudert, denn jeder Körper versucht, den Bewegungszustand, den er hat, beizubehalten. Der Fahrgast in der Straßenbahn bewegt sich darum nach vorn, wenn der Straßenbahnwagen abgebremst wird, also zurückbleibt. Aus demselben Grund ist es gefährlich, von einem fahrenden Wagen abzuspringen. Umgekehrt fällt man nach rückwärts, wenn man auf einem Wagen steht, der plötzlich in Bewegung gesetzt wird.
Diese Eigenschaft der Körper, der Änderung einer Bewegung oder Richtung Widerstand entgegenzusetzen, nennt man Trägheit.

Die Prinzipien der Mechanik

Das Trägheitsprinzip

Jeder Körper beharrt im Zustand der Ruhe oder der gleichförmig geradlinigen Bewegung, wenn er nicht durch äußere Kräfte gezwungen wird, diesen Zustand zu ändern.

Das Aktionsprinzip

Das Trägheitsprinzip fordert, dass ein Körper seinen Zustand der Ruhe oder Bewegung nur dann ändert, wenn auf ihn eine

Kraft wirkt. Die Änderung dieses Zustandes ist dann der Größe der einwirkenden Kraft proportional und erfolgt in der Richtung, in der die Kraft wirkt.

Mathematisch kann dies folgendermaßen formuliert werden:

$K = m \cdot b$ m = Masse des Körpers
b = Beschleunigung

Nach dieser Gleichung muss also die doppelte Kraft aufgewendet werden, um einem Körper mit der Masse „2a" die gleiche Beschleunigung zu geben, wie sie für einen Körper mit der Masse „a" nötig wäre.
Ein spezieller Fall dieser Gleichung ($K = mb$) gibt die Erdanziehungskraft $G = m \cdot g$ wieder, wobei

$$g = 9{,}81 \left[\frac{m}{s^2}\right]$$

die Erdbeschleunigung ist.

Das Reaktionsprinzip

Ein Körper ändert seine Ruhelage nicht, wenn auf ihn zwei gleichgroße, aber entgegengesetzte Kräfte einwirken. Beispielsweise bleibt das Seil beim Tauziehen in Ruhe, wenn beide Mannschaften gleich stark sind.

Es gilt also für den Gleichgewichtszustand

$$K_1 = -K_2$$

(Das negative Zeichen symbolisiert die entgegengesetzte Kraft.)
Ganz analog dazu würde sich eine Tischplatte auch schon beim Aufstellen eines sehr leichten Gegenstandes verformen, wenn nicht eine elastische Gegenkraft nach oben wirksam wäre, die das Gewicht des Gegenstandes kompensierte.

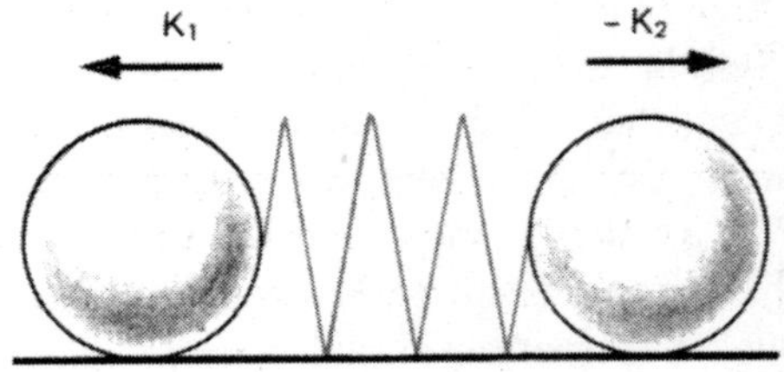

Der Impuls

Der Impulserhaltungssatz

Um einen Körper in Bewegung zu setzen, muss eine Kraft K für eine bestimmte Zeit t auf ihn einwirken. Das Produkt: $K \cdot t$ wird als *Impuls* (I) bezeichnet.

$$I = K \cdot t$$

Der Impuls lässt sich auch anders formulieren: Es gilt

$$K = m \cdot b$$

Damit ergibt sich

$$K \cdot t = m \cdot b \cdot t$$

Da $v = b \cdot t$ ist, folgt

$$K \cdot t = m \cdot v$$

Im Gleichgewicht wird damit aus

$$K_1 = -K_2$$

$$m_1 \cdot v_1 = -m_2 \cdot v_2$$

oder

$$m_1 \cdot v_1 + m_2 \cdot v_2 = 0$$

(Impulserhaltungssatz)

Diese Bezeichnung ist nur dann gültig, wenn außer den beiden entgegengesetzten Kräften K_1 und K_2 keine weiteren Kräfte wirksam sind. Man bezeichnet solch eine Anordnung als ein abgeschlossenes System.

Wenn zwischen zwei oder mehreren Körpern nur innere Kräfte wirken, bleibt der Gesamtimpuls erhalten.

Arbeit und Energie

Die Arbeit

Um einen Körper, an dem eine konstante Kraft angreift, um eine Strecke s zu verschieben, muss Arbeit aufgewendet werden. Sie ist das Produkt aus Kraft k und Verschiebung s:

$$A = K \cdot s$$

Die *Einheit der Arbeit* ist das Kilopondmeter, wenn die Kraft in Kilopond und die Verschiebung in Metern gemessen wird.

Wird die Kraft in *dyn* und die Verschiebung in *cm* gemessen, ergibt sich als *Einheit* das Erg [*erg*].

Es ist

1 *erg*	= 1 *dyn* · 1 *cm* oder
1 *erg*	= 10^{-7} *Joule* = 10^{-7} *Nm*
1 *Joule*	= 1 *Nm* = 0,102 *kpm*

Die potentielle Energie (Energie der Lage)

Hebt man einen Körper von der Masse m entgegen der Erdanziehungskraft auf die Höhe h, so muss dazu die Arbeit

$$A = K \cdot h = m \cdot g \cdot h$$

aufgewendet werden. Diese Arbeit ist in dem Körper auf der Höhe h als potentielle Energie (Lageenergie) enthalten.
(Vergleiche Wasser in Staubecken, aufgezogene Uhrfeder, Guillotine!)

Die kinetische Energie (Energie der Bewegung)

Lässt man einen Körper mit der potentiellen Energie $m \cdot g \cdot h$ fallen, so wird die Lageenergie in eine Bewegungsenergie umgewandelt.
Beim Fall ist die Fallstrecke

$$h = \frac{1}{2} g \cdot t^2$$

Demzufolge ist die Arbeit

$$A = m \cdot g \cdot h = m \cdot g \cdot \frac{1}{2} \cdot g \cdot t^2 = \frac{m}{2} \cdot g^2 \cdot t^2.$$

Da für den freien Fall $v = g \cdot t$ gilt, folgt

$$A = \frac{m}{2} \cdot v^2$$

Dieser Ausdruck wird als kinetische Energie (Bewegungsenergie) bezeichnet.

Der Energieerhaltungssatz

Die beiden vorangegangenen Tatsachen führen zu dem Begriff der Energie als der

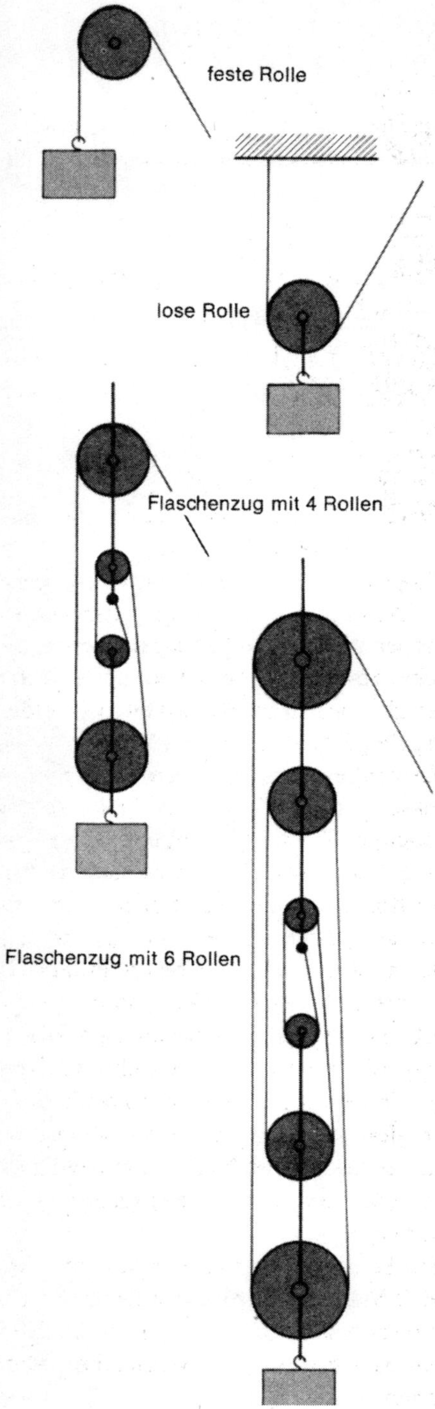

Fähigkeit, Arbeit zu verrichten. Sie zeigen weiter, dass potentielle Energie umwandelbar ist. In einem abgeschlossenen System – also in einem System, dem weder Energie zugeführt, noch entnommen wird – bleibt die Gesamtenergie konstant; d.h.: Einer Abnahme an potentieller Energie entspricht eine gleiche Zunahme an kinetischer Energie. Es gilt demnach

$$E_{kin} = -E_{pot}$$

oder

$$E_{kin} + E_{pot} = 0$$

(Energieerhaltungssatz)

Leistung und Wirkung

Unter *Leistung* versteht man Arbeit pro Zeiteinheit, also:

$$\text{Leistung} = \frac{\text{Arbeit}}{\text{Zeit}} \frac{[\text{erg}]}{[\text{s}]}$$

Das Produkt aus Arbeit und Zeit wird als *Wirkung* bezeichnet.
Es gilt

$$\text{Wirkung} = \text{Arbeit} \cdot \text{Zeit}\ [erg \cdot s]$$

Einheiten der Leistung:

1 Joule/s	$= 10^7$ *erg/s*
1 Watt [*W*]	= *1 Joule/s*
1 Kilowatt [*kW*]	$= 10^{10}$ *erg/s*
	102 *kpm/s*
1 Pferdestärke [*PS*]	= 75 *kpm/s*

(Die Dauerleistung eines Menschen beträgt nur etwa 70 *W* ≈ 0,1 *PS*).

Der Stoß

Der unelastische Stoß

Man spricht vom unelastischen Stoß, wenn die stoßenden Körper nach dem Zusammenstoß nicht voneinander abprallen (z.B. zwei aufgehängte Sandsäcke). Die Bewegungsenergie, die dabei verloren geht, wird in Wärmeenergie umgewandelt.

Der elastische Stoß

Beim elastischen Stoß wird kein Teil der Bewegungsenergie in Wärme umgewandelt. Hier erfolgt eine Übertragung der Bewegungsenergie von einem Körper auf den anderen. Stößt beispielsweise eine Kugel mit der Masse *m* und der Geschwindigkeit v_1 auf eine ruhende Kugel gleicher Masse ($v = 0$), so erfolgt ein vollkommener Austausch des Impulses der beiden Körper. Der stoßende Körper kommt zur Ruhe, und der gestoßene bewegt sich mit der gleichen Geschwindigkeit (v_1) in der ursprünglichen Richtung weiter.

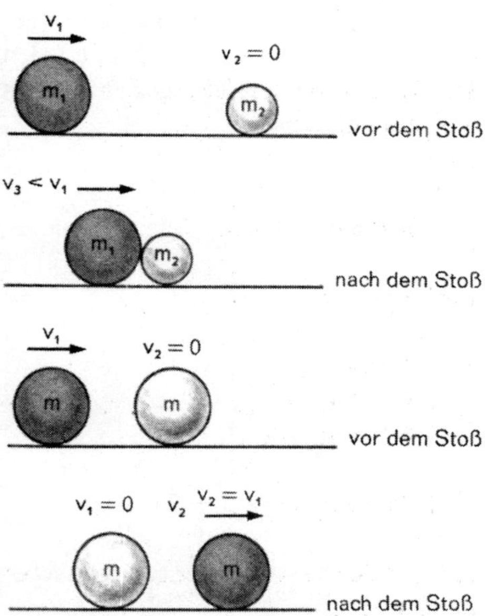

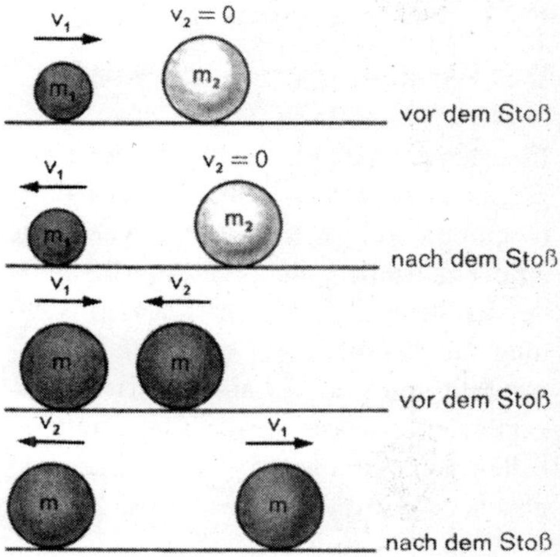

War der gestoßene Körper vor dem Stoß in Ruhe, so ist die Endgeschwindigkeit des stoßenden Körpers positiv, null oder negativ, je nachdem ob die Masse des stoßenden Körpers größer, gleich oder kleiner als die des gestoßenen Körpers ist. Ist die Masse des stoßenden Körpers größer als die des gestoßenen Körpers, so behält der stoßende Körper seine Bewegungsrichtung mit verminderter Geschwindigkeit bei. Er kommt zur Ruhe, wenn beide Massen gleich sind. Ist seine Masse kleiner als die des gestoßenen Körpers, so bewegt er sich nach dem Stoß in entgegengesetzter Richtung.

Sind beide Körper in Bewegung und sind beide Massen gleich, so bewegen sich beide Körper nach dem Stoß mit vertauschten Geschwindigkeiten. (Vergleiche Abb. oben.)

Das Parallelogramm der Kräfte

Eine Kraft ist durch Größe und Richtung gegeben. Man kann eine Kraft geometrisch durch einen Kraftvektor (gerichtete Kraft) darstellen, der den Angriffspunkt der Kraft als Ursprung hat, dessen Richtung mit der Richtung der Kraft zusammenfällt und dessen Länge so viele Längeneinheiten misst, wie die Kraft Krafteinheiten hat. Wirken auf einen Massepunkt gleichzeitig zwei Kräfte, so stört die eine die andere nicht. Beide Kräfte können jedoch durch die Diagonale des aus beiden Kräften gebildeten Parallelogramms ersetzt werden. Man erhält demnach die Resultierende zweier oder mehrerer Kräfte durch geometrische Addition der Teilkräfte (Siehe Abb. Nr. 1).

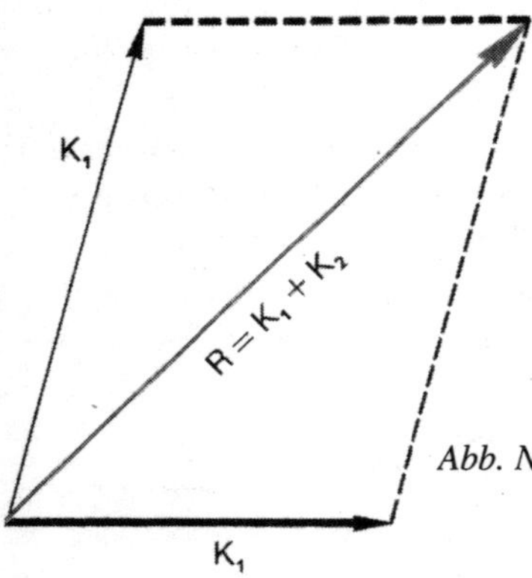

Abb. Nr. 1

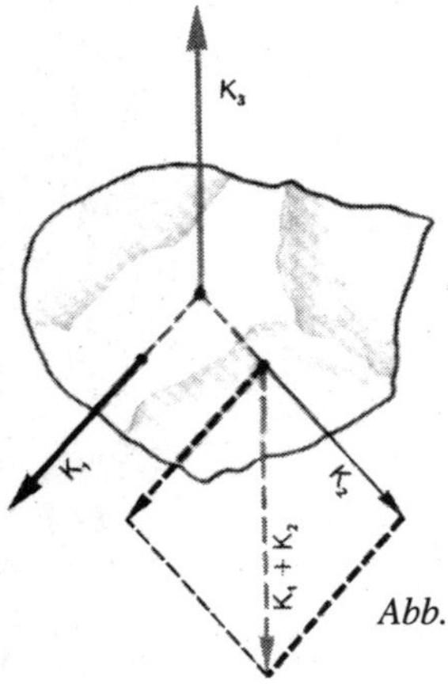

Abb. Nr. 2

Gleichgewichtsbedingung für den starren Körper

1. Wirken auf einen starren Körper drei in einer Ebene liegende Kräfte, dann befindet er sich im Gleichgewicht, wenn sich ihre Verlängerungen in einem Punkt schneiden und ihre Vektorsumme gleich Null ist. Das bedeutet, dass die Resultierende aus K_1 und K_2 entgegengesetzt gleich K_3 ist (Siehe Abb. Nr. 2).

2. Sind zwei Kräfte parallel und gleichgerichtet, dann muss die dritte Kraft K_3 die Verbindungslinie der Angriffspunkte der Kräfte K_1 und K_2 im umgekehrten Verhältnis dieser Kräfte teilen und entgegengesetzt gerichtet sein (Siehe Abb. Nr. 3).

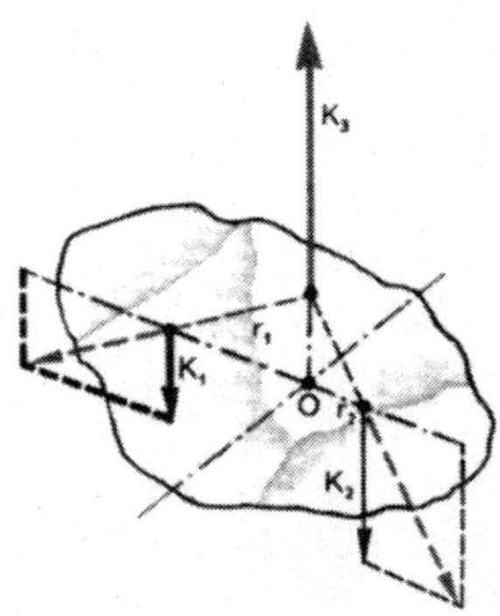

Abb. Nr. 3

Das Gleichgewicht am Hebel

Will man eine schwere Kiste anheben, so kann man sich die Arbeit erleichtern, indem man eine Stange unter die Kiste schiebt. In der Nähe der Last stützt man die Stange mit einem Stein. Um das so geschaffene Widerlager dreht sich die Stange, wenn man sie an ihrem Ende nach unten drückt. Dadurch wird am entgegengesetzten Ende die Last verhältnismäßig leicht angehoben. Die Stange wirkt hier als Hebel. Die gleiche Wirkung wird erzielt, wenn man den Boden unter der Kiste als Widerlager benutzt.

Die Entfernung vom Drehpunkt dieses Hebels bis zum Angriffspunkt der Kraft nennt man *Kraftarm*, die Entfernung vom Drehpunkt bis zum Angriffspunkt der Last *Lastarm*.

Am Hebel herrscht Gleichgewicht, wenn das Produkt aus Kraft K und Kraftarm r_2 gleich dem Produkt aus Last L und Lastarm r_1 ist:

$$r_1 \cdot L = r_2 \cdot K$$

Dieses Produkt $r \cdot K$ bezeichnet man als das *Drehmoment* der Kraft mit Bezug auf die gewählte Drehachse.

Das Kräftepaar

Zwei parallele, gleichgroße, aber entgegengesetzt gerichtete Kräfte, deren Angriffspunkte nicht zusammenfallen, bilden ein Kräftepaar. Ein Kräftepaar lässt sich nicht zu einer resultierenden Kraft zusammensetzen. Es bewirkt nur ein Drehmoment.

Der Schwerpunkt

Unterstützt man einen Körper im Schwerpunkt, so ist er im Gleichgewicht. Um eine (gewichtslose) Stange, an deren Enden A und B Körper mit den Massen m_1 und m_2 angebracht sind, im Gleichgewicht zu halten, wenn sie im Punkt S unterstützt wird, müssen nach dem Satz vom Gleichgewicht am Hebel die Abstände $AS = r_1$ und $BS = r_2$ so gewählt werden, dass

$$r_1 \cdot m_1 \cdot g = r_2 \cdot m_2 \cdot g$$

ist.

Aus $r_1 m_1 = r_2 m_2$ folgt aber

$$\frac{r_1}{r_2} = \frac{m_2}{m_1}$$

Der Schwerpunkt S teilt also die Strecke im umgekehrten Verhältnis der Massen.

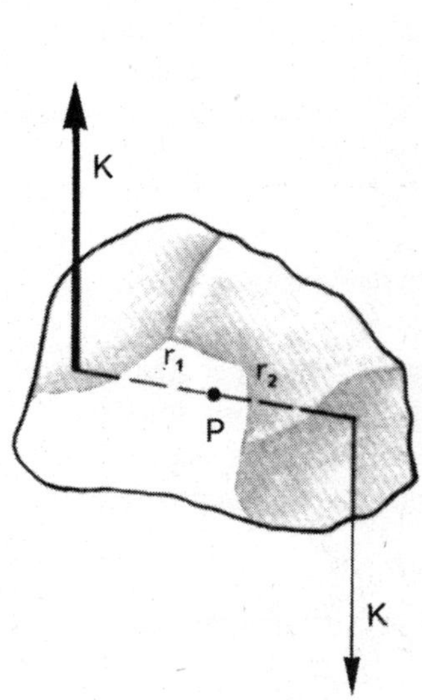

Die verschiedenen Arten des Gleichgewichts

Unterstützt man einen gleichförmigen Körper in seinem Schwerpunkt und legt eine Achse durch den Schwerpunkt, so bleibt der Körper bei jeder beliebigen Drehung um die Achse im Gleichgewicht (*indifferentes Gleichgewicht*).
Geht die Achse nicht durch den Schwerpunkt des Körpers, so sind zwei Fälle möglich, in denen er keine Drehbewegung ausführt, d.h. sich im Gleichgewicht befindet:

1. Liegt der Unterstützungspunkt senkrecht über dem Schwerpunkt, so ist der Körper im *stabilen Gleichgewicht*. Nach dem Herausdrehen um einen kleineren Winkel kehrt er stets in die Gleichgewichtslage zurück.
2. Liegt der Unterstützungspunkt senkrecht unter dem Schwerpunkt, so ist das *Gleichgewicht labil*. Nach dem Herausdrehen aus der Gleichgewichtslage treten Drehmomente auf, unter deren Wirkung er sich noch weiter aus ihr entfernt.

Die Standfestigkeit

Ein Körper steht auf seiner ebenen Unterstützungsfläche stabil, solange die senkrechte Projektion seines Schwerpunktes innerhalb seiner Grundfläche liegt.

Das Trägheitsmoment

Bei Translationsbewegung, bei fortschreitender Bewegung eines Körpers also, besitzt jeder Punkt des Körpers dieselbe Geschwindigkeit v und damit dieselbe kinetische Energie:

$$E_{kin} = \frac{1}{2} m \cdot v^2$$

Bei der Rotation eines Körpers um seine Achse ist dies natürlich nicht mehr der Fall; sämtliche Punkte der Achse befinden sich in Ruhe. Die außerhalb der Achse gelegenen Punkte haben jedoch eine um so größere Geschwindigkeit, je größer ihr Abstand von der Achse ist. Alle Punkte des Körpers überstreichen in der Zeiteinheit aber denselben Winkel, den der Punkt mit der Drehachse bildet.

Die Rotationsgeschwindigkeit u eines Massenpunktes errechnet sich als:

$$u = r \cdot \omega$$

mit ω als Winkelgeschwindigkeit und r als Abstand des Punktes von der Achse.

Da für die kinetische Energie allgemein

$$E_{kin} = \frac{1}{2} m \cdot r^2$$

gilt, ist hier anzusetzen:

$$\mathrm{E}_{\mathrm{kin-rot}} = \frac{1}{2} \mathrm{m} \cdot \mathrm{u}^2 = \frac{1}{2} \mathrm{m} \cdot \mathrm{r}^2 \cdot \omega^2$$

Den Ausdruck $m \cdot r^2$ bezeichnet man als das Trägheitsmoment θ bezüglich der gewählten Drehachse:

$$\mathrm{E}_{\mathrm{kin-rot}} = \frac{1}{2} \theta \omega^2$$

Für die Rotationsbewegung ist darum nicht die Masse, sondern das Trägheitsmomen das geeignete Maß für das Beharrungsvermögen.

Der Drehimpuls (Drall oder Impulsmoment)

Der Drehimpuls ist durch die Beziehung

$$J = \theta \cdot \omega$$

gegeben. Der Drehimpuls eines um eine feste Achse drehbaren Körpers bleibt konstant, wenn von außen keine Kräfte angreifen. Dadurch erklärt sich z.B., dass eine Eisläuferin ihre Drehgeschwindigkeit bei der Ausführung einer Pirouette durch seitliches Anheben oder Senken der Arme vermindern oder steigern kann. Aus der Beziehung $\theta = m \cdot r^2$ ergibt sich, dass bei steigendem r (Anheben der Arme der Eisläuferin) auch das Trägheitsmoment wächst. Da der Drehimpuls $I = \theta \cdot \omega$ jedoch gleich bleiben muss, muss sich natürlich die Winkelgeschwindigkeit ω verkleinern (die Eisläuferin dreht sich langsamer). Senkt sie die Arme, wird die Drehgeschwindigkeit größer, da ihr Trägheitsmoment kleiner wird.

Reibung zwischen festen Körpern

Um einen Körper, der auf einer ebenen Unterlage liegt, zu verschieben, muss eine angreifende Kraft einen bestimmten Wert überschreiten, d.h. sie muss den Haftreibungswiderstand überschreiten. Dieser ist von der Größe der Berührungsfläche unabhängig. Er wächst jedoch mit der Kraft, mit der die beiden Berührungsflächen gegeneinander gedrückt werden. Wird diese Kraft mit N bezeichnet, dann ist der Haftreibungswiderstand

$$R = f_0 \cdot N$$

große Reibung

kleine Reibung

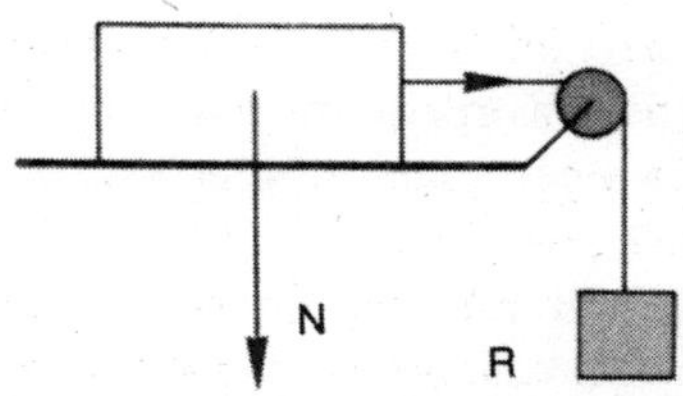

In jeder Lage ist die Kraft N gleich dem Gewicht

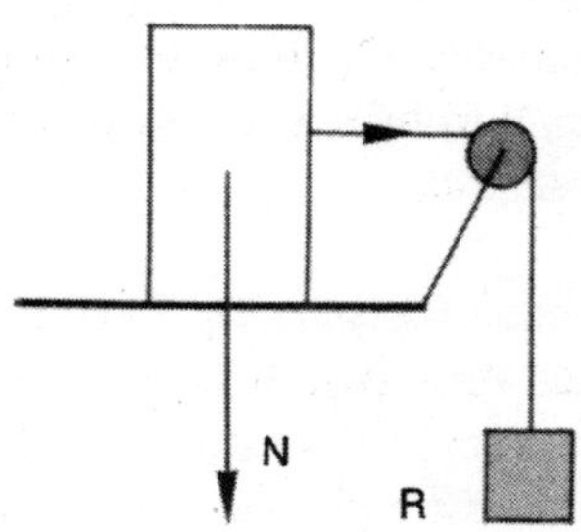

(Der Haftreibungswiderstand ist der Kraft N proportional.) Der Haftreibungskoeffizient f_0 ist eine Materialkonstante; sie ist von der Art und der Oberflächenbeschaffenheit beider sich berührenden Materialien abhängig. Um einen Körper mit gleichförmiger Geschwindigkeit über eine horizontale Ebene zu bewegen, ist eine konstante

Kraft *R* nötig. Sie ist im Wesentlichen von der Geschwindigkeit unabhängig. Es ist

$$R = f \cdot N$$

Hierin ist *f* der Reibungskoeffizient. Er hängt ebenfalls vom Material und von der Beschaffenheit der Oberfläche ab. Er ist jedoch stets kleiner als der Haftreibungskoeffizient. *N* ist gleich dem Gewicht. In jeder Lage ist die Kraft *N* gleich dem Gewicht.

Mechanik deformierbarer Körper

Unter den Körpern unterscheidet man feste, flüssige und gasförmige Körper.

Feste Körper: Feste Körper besitzen ein bestimmtes Volumen und eine bestimmte Gestalt.

Flüssigkeiten: Flüssigkeiten besitzen ein bestimmtes Volumen, aber keine bestimmte Gestalt.

Gasförmige Körper: Gase erfüllen jeden ihnen zur Verfügung stehenden Raum. Sie haben weder ein bestimmtes Volumen noch eine bestimmte Gestalt.

Der Druck

An einem früheren Beispiel wurde nachgewiesen, dass ein Körper, der auf einer Fläche ruht, auf Grund seines Gewichts auf diese eine Kraft ausübt. Diese Kraft, auf eine bestimmte Fläche bezogen, bezeichnet man als Druck.

Es ist:

$$Druck[p] = \frac{Kraft[K]}{Fläche[F]}$$

Beispiel:
Eine Nadelspitze, deren Berührungsfläche mit der Unterlage 10^{-4} cm^2 beträgt und an der die Kraft 1 *kp* angreift, übt einen Druck

$$p = \frac{1}{10^{-4}}\left[\frac{kp}{cm^2}\right] = 10^4 \quad Atmosphären$$

aus.

In der Physik sind folgende *Druck-Einheiten* gebräuchlich:

1 dyn/cm^2	= 1 Mikrobar = 10^{-6} Bar
1 kp/cm^2	= 1 techn. Atmosphäre
1 *at*	= 0,981 Bar

Der Schweredruck

Den Druck, der durch das Eigengewicht einer Flüssigkeit auf ihre Unterlage hervorgerufen wird, bezeichnet man als Schweredruck oder hydrostatischen Druck.

$$P_{hydrost.} = \frac{K}{F} = \frac{m \cdot g}{F}$$

Da $m = \rho \cdot F \cdot h$ (bei einer Flüssigkeitssäule der Dichte ρ, der Grundfläche *F* und der Höhe *h*) ist, folgt:

$$P_{hydrost.} = \frac{\rho \cdot F \cdot h}{F} = \rho \cdot h$$

d.h., der hydrostatische Druck ist nur abhängig von der Höhe der Flüssigkeitssäule, die auf einer Fläche lastet, und deren Dichte.
Unter 1 *at* versteht man nun den Druck, den eine 10 *m* hohe Wassersäule auf ihre

Unterlage ausübt. Würde man zur Definition von „1 Atmosphäre" eine Quecksilbersäule bestimmter Höhe heranziehen, so würde hier ein Druck von 1 *at* – auf Grund der wesentlich höheren Dichte des Quecksilbers bezogen auf Wasser – schon durch eine 760 *mm* hohe Flüssigkeitssäule hervorgerufen.

Kommunizierende Röhren

Die Höhe einer Flüssigkeit in den beiden Schenkeln eines U-förmigen gebogenen Rohres ergibt sich, wenn man sich an der tiefsten Stelle des Bogens eine senkrechte Fläche denkt. Dann drücken zwei Flüssigkeitssäulen auf diese Fläche, und es ist im Gleichgewicht $K_1 = K_2$. Es gilt:

$$\rho_1 \cdot h_1 \cdot F = \rho_2 \cdot h_2 \cdot F$$

Da die spezifischen Gewichte gleich sind, ergibt sich

$$h_1 = h_2$$

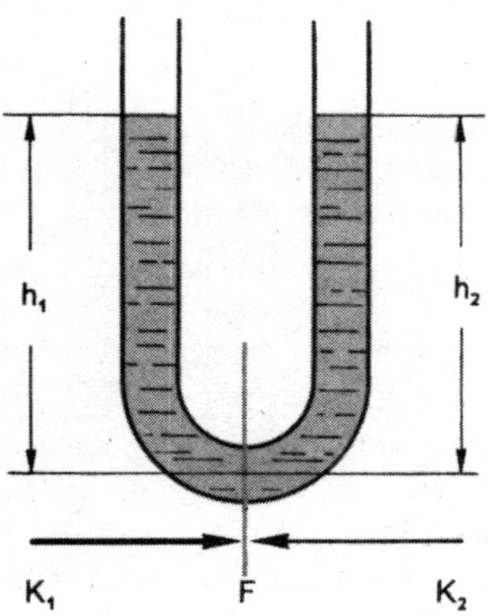

Das bedeutet, dass die Flüssigkeit in den beiden Schenkeln des U-Rohres gleich hoch steht. Auf dem Prinzip der kommunizierenden Röhren beruht die Wasserversorgung einer Stadt im Flachland. Das Wasser wird hier auf einen Wasserturm gepumpt, von dem es durch ein Rohrnetz zu den Gebäuden der Stadt gelangt. Damit auch Wasser zu den oberen Stockwerken gelangen kann, muss ein Wasserturm stets etwas höher als die höchsten Häuser der Stadt sein. In größeren Städten drückt man allerdings das Wasser direkt in das Röhrensystem. Zur Festlegung der Waagerechten an Gegenständen oder Geräten benutzt man die Wasserwaage. Sie besteht im Prinzip aus einem leicht gekrümmten, beiderseitig geschlossenen Glasrohr. Dieses ist mit Wasser gefüllt und enthält eine Luftblase, die im Rohr immer die höchste Stelle einnimmt. Steht sie in der Mitte des Rohres, so ist die Unterlage waagerecht.

Auftrieb

Die Ursache des Auftriebs ist die Zunahme des hydrostatischen Drucks mit der Tiefe am Grund einer Flüssigkeit. Taucht ein Körper bis zur Tiefe h in eine Flüssigkeit, so wirkt auf seine Grundfläche senkrecht nach oben der Druck $p = \rho \cdot h$. Ein zylindrischer Körper, der ganz in die Flüssigkeit eintaucht, erfährt eine nach oben gerichtete Kraft. Diese Kraft K bezeichnet man als Auftrieb A.
Es gilt

$$A = p_2 \cdot F - p_1 \cdot F$$

Da $p = \rho \cdot h$ gilt, wird

$$A = \rho \cdot h_2 \cdot F - \rho \cdot h_1 \cdot F$$
$$= \rho \cdot (h_2 - h_1) \cdot F = \rho \cdot V$$

V bedeutet hierbei das Volumen des Körpers, das dem Volumen des durch ihn verdrängten Wassers entspricht.

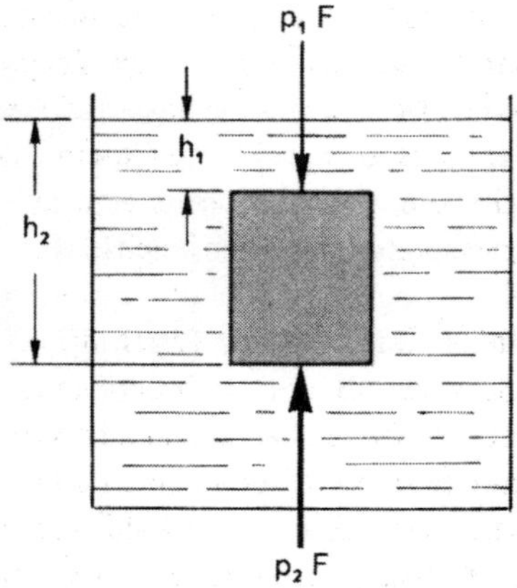

<table><tr><td>

Archimedisches Prinzip

Der Auftrieb eines Körpers ist gleich dem Gewicht der von ihm verdrängten Flüssigkeit.

</td></tr></table>

Ist der Auftrieb eines ganz in eine Flüssigkeit getauchten Körpers größer als sein Gewicht, dann schwimmt er. Er sinkt nur so weit in die Flüssigkeit, bis das Gewicht der von ihm verdrängten Flüssigkeit gleich seinem Gewicht ist. Ist sein Gewicht gleich dem der verdrängten Flüssigkeit, dann schwebt er unterhalb der Flüssigkeitsoberfläche. Ist das Gewicht des Körpers größer als der Auftrieb, den er erfährt, dann sinkt der Körper auf den Grund.

Das Boyle-Mariottesche Gesetz

Der Zusammenhang zwischen Druck *p* und Volumen *V* eines Gases wird durch das Boyle-Mariottesche Gesetz beschrieben. Wenn man ein Gas aus einer Druckflasche ausströmen lässt, entspannt es sich auf ein größeres Volumen, d.h. der Druck des Gases nimmt ab, das Volumen jedoch zu. Im Experiment liefert eine genaue Untersuchung die in der Abbildung unten dargestellte Kurve. Hier entspricht bei einer gegebenen Temperatur beispielsweise ein Druck *p* von 80 *mm* einem Volumen von $V = 10\ cm^3$. Bei $p = 40\ mm$ ergibt sich ein Volumen $V = 20\ cm^3$. Dieser Zusammenhang wird durch die Gleichung

$$p \cdot V = \text{konstant (wenn } T \text{ konstant)}$$

wiedergegeben.

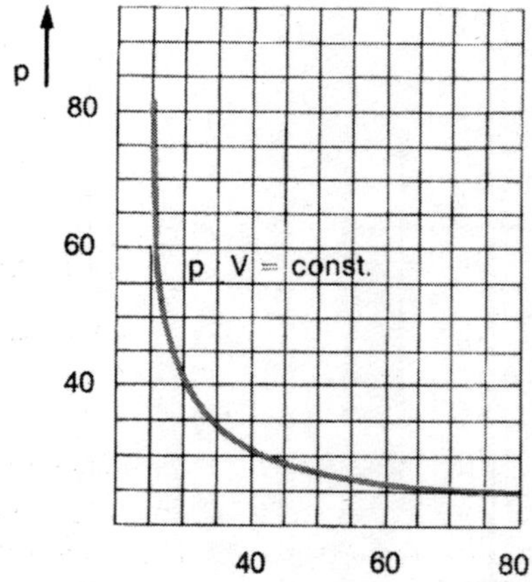

Der Atmosphärendruck

Wie in einer Flüssigkeit besteht auch in einem Gas infolge seines Gewichts ein Schweredruck. Der Normaldruck an der Erdoberfläche beträgt 760 *Torr* = 1 *atm.* Wie groß diese Kraft ist, zeigte der Versuch *Otto von Guerickes* mit den *Magdeburger Halbkugeln*. Zwei mit einem Lederriemen abgedichtete hohle Halbkugeln aus Kupfer, deren Durchmesser 42 *cm* betrug, wurden luftleer gepumpt. Dadurch verringert man den Druck im Innern der Kugel, den Druck also, der dem äußeren Druck entgegenwirkte. Dann wurden die Halbkugeln vom äußeren Luftdruck mit einer Kraft von $p\ r^2 \cdot 1\ atm = 21^2\ p\ kp = 1400\ kp$ zusammengepreßt. Acht Pferde wurden vor jede Halbkugel gespannt, ohne dass sie jedoch die Halbkugeln voneinander hatten trennen können.

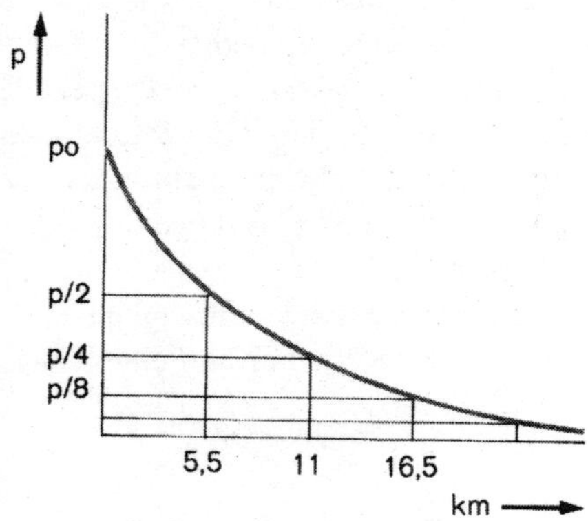

Der Luftdruck nimmt mit wachsender Höhe ab. Bei einem Anstieg von 5,54 *km* verringert er sich jeweils um die Hälfte. Dies gilt jedoch nur für eine Atmosphäre, deren Temperatur überall gleich 0°*C* ist. Eine scharfe Grenze innerhalb der Atmosphäre ist nicht vorhanden.

Die kinetische Gastheorie

Gase bestehen aus kleinen sich bewegenden Teilchen, die als Moleküle bezeichnet werden. Jede Gasmenge und damit auch jedes einzelne Molekül besitzt eine bestimmte Energie, die von der Temperatur in der Weise abhängt, dass mit zunehmender Temperatur die Geschwindigkeit der Gasteilchen und damit auch die Gesamtenergie des Gases wächst.

Die Stöße der Moleküle gegen die Wand eines Gefäßes machen sich als Druck des Gases bemerkbar. Dieser Druck ist von der Geschwindigkeit der Moleküle (also auch von der Temperatur), ihrer Zahl und ihrer Masse abhängig. Dieser Sachverhalt wird in einer Grundgleichung der kinetischen Gastheorie wiedergegeben:

$$p = \frac{1}{3} \cdot \rho \cdot V^2$$

Hier ist p der Druck, ρ die Dichte des Gases und V das Volumen. Nun ist

$$\rho = \frac{n}{V} = \frac{\text{Anzahl der Gasmoleküle}}{\text{Volumen}}$$

Damit ergibt sich

$$p = \frac{1}{3} \cdot \frac{n}{V} \cdot V^2$$

oder

$$p \cdot V = \frac{1}{3} \cdot n \cdot V^2$$

Alle Größen auf der rechten Seite dieser Gleichung sind bei gegebener Temperatur konstant. Damit entspricht diese Beziehung dem Boyle-Mariotteschen Gesetz.

Strömung in Flüssigkeiten und Gasen

Allgemein bekannt ist die Beobachtung, dass man eine bestimmte Kraft aufwenden muss, um einen Körper, der in ruhendes Wasser eintaucht, im Wasser zu bewegen. Das Wasser setzt dieser Fortbewegung einen *Widerstand* entgegen.

Wenn man beispielsweise ein Brett in eine Strömung hält, so muss man dieser Strömung einen erheblichen Widerstand entgegensetzen (d.h. eine Gegenkraft aufwenden), damit das Brett nicht mitgerissen wird.

Ganz entsprechend muss ein Mensch, der in einen Sturm gerät, dieser „Windströmung" Widerstand leisten, um nicht umgeworfen zu werden. Beide Beispiele lehren auch, dass bei einer Strömung die aufzuwendende Gegenkraft um so größer ist, je größer

a) die Strömungsgeschwindigkeit,
b) die Angriffsfläche der Strömung

ist. So bereitet es kaum Schwierigkeiten, ein Brett in eine nur leichte Strömung einzutauchen. Ebenso kann in einer starken Strömung ein Brett viel leichter in der senkrechten Stellung gehalten werden, wenn es nicht mit der Breitseite, sondern mit der Schmalseite der Strömung entgegensteht.

Wir wollen nun einmal den Weg der Strömung verfolgen, wenn sie auf einen Körper trifft. Wir beobachten, dass sie vor dem Körper nach außen gestoßen wird und danach hinter dem Körper wieder in einem Sog einwärts fließt. Dabei bilden sich hinter dem Körper Wirbel (vgl. Abb. rechts oben) aus, die sich ablösen und fortgetrieben werden.

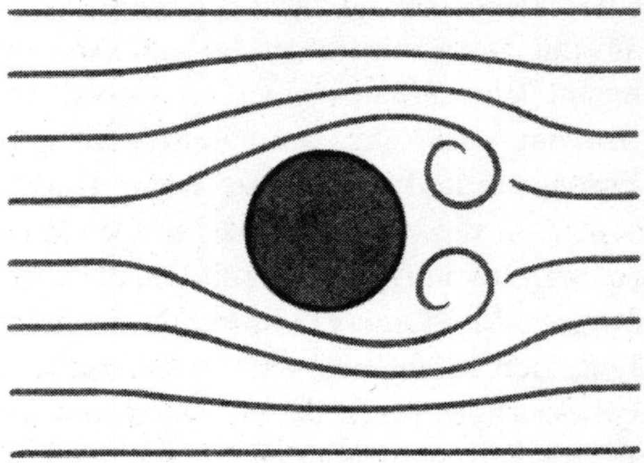

Die Energie, die in diesen Wirbeln steckt, wird vom fließenden Wasser aufgebracht. Beim Auftreffen auf den Körper verliert die Strömung diesen Energiebetrag. Die Wirbelbildung ruft darum den Strömungswiderstand hervor.

Wirbelbildung lässt sich vermeiden, indem man die Gestalt des Körpers der Strömung anpasst. Man muss dazu den Körper an seiner Vorderseite abrunden und hinten spitz auslaufen lassen. Diese spezielle Form bezeichnet man als „Stromlinienform" (z.B. die Stromlinienformen bei Autos, Schiffen und Flugzeugen).

Ein in eine strömende Flüssigkeit (bzw. Gas) gestellter Körper erfährt eine Kraft

$$K = \omega \cdot \frac{\rho}{2} \cdot v^2 \cdot F$$

Darin ist ρ die Dichte der Flüssigkeit, v ihre Geschwindigkeit und ω die Widerstandsziffer des Körpers.

Der in die Flüssigkeit gestellte Körper setzt der Flüssigkeit einen Widerstand W entgegen, der gleich der Kraft K ist. Es ist demnach

$$K = W$$

Dieser Widerstand kann verschiedene Ursachen haben, die von der jeweiligen Strömungsart abhängen. Man unterscheidet schlichte Strömungen, die vorwiegend von der Viskosität der Flüssigkeit bestimmt werden, Strömungen realer (wirklicher) Flüssigkeiten, die zum größten Teil von der Reibung beeinflusst werden, und Strömungen idealer Flüssigkeiten, die keine Reibung und keine Viskosität besitzen. Bei einer idealen Flüssigkeit strömt durch jeden Querschnitt pro Zeiteinheit die gleiche Flüssigkeitsmenge hindurch. Das Volumen der durch die Fläche F strömenden Flüssigkeit, dividiert durch die Zeit, ist $F \cdot v$ und die Masse $F \cdot v \cdot \rho$.

Demnach gilt die Kontinuitätsgleichung

$$F_1 \cdot v_1 \cdot \rho = F_2 \cdot v_2 \cdot \rho$$

oder

$$F_1 \cdot v_1 = F_2 \cdot v_2,$$

wenn v die Geschwindigkeit und ρ die Dichte der Flüssigkeit ist.

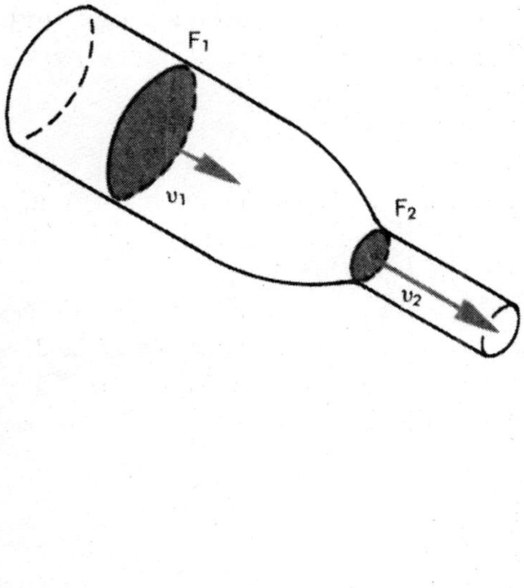

Raketen, Satelliten, Raumschiffe

Lässt man aus einem Spielzeugluftballon die Luft schnell entweichen, so bewegt sich der Ballon in einer der ausströmenden Luft entgegengesetzten Richtung. Diese Tatsache ist das Prinzip des Raketenantriebs: Entweichen die verbrannten Gase mit genügend hoher Geschwindigkeit aus den Brennkammern einer Rakete, erhält sie einen Impuls oder Schub.

Dieser Schub ist gleich dem Produkt aus der in einer Sekunde ausströmenden Gasmasse und der Ausströmungsgeschwindigkeit des Gases. Die Austrittsgeschwindigkeiten liegen bei 4000 – 4500 *m/s*. Dieser Schub muss nun so lange wirken, bis die erwünschte Geschwindigkeit erreicht ist. Aus dem Produkt aus Schub und Schubwirkzeit ergibt sich der Gesamtimpuls. Wie alle anderen Körper unterliegen auch die Raketen der Erdanziehung. Um diese zum Abheben überwinden zu können, muss eine Rakete eine Geschwindigkeit von 11,2 *km/s* erreicht haben. Erst dann kann eine Rakete oder ein Raumschiff das Schwerefeld der Erde verlassen und in den Weltraum gelangen.

Soll ein Satellit die Erde umkreisen, muss man ihm eine ganz bestimmte Geschwindigkeit verleihen. Diese ist von der Entfernung abhängig, in der der Satellit die Erde umkreisen soll. Für eine Entfernung von 1000 *km* benötigt man z.B. eine Geschwindigkeit von etwa 8 *km/s*.
Dagegen steht ein Satellit, der in einer Entfernung von 35800 *km* mit einer Geschwindigkeit von 3,1 *km/s* umläuft, von der Erde aus gesehen still, wenn er sich in Richtung der Erddrehung bewegt. (vgl. Abb. nächste Seite)

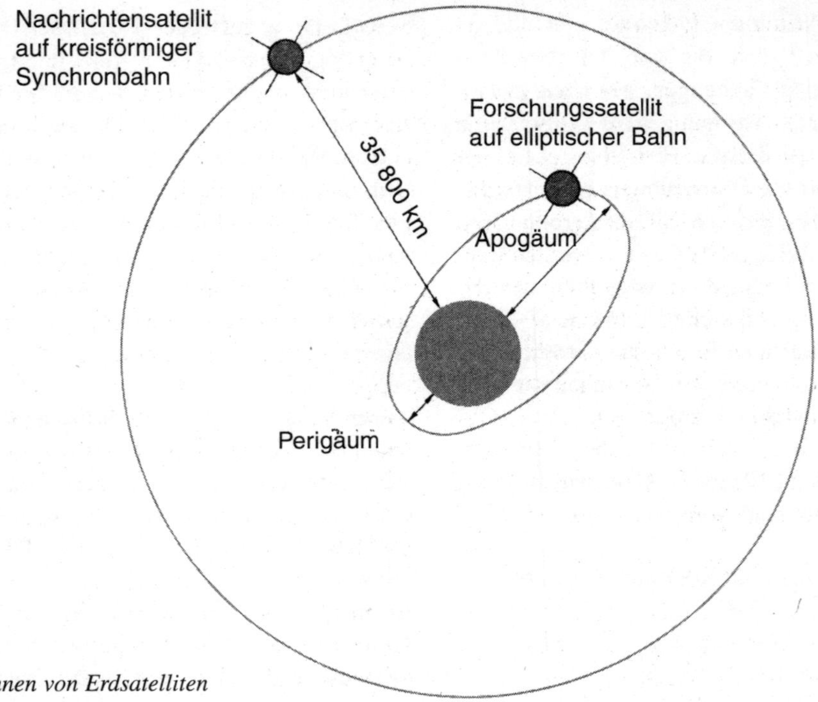

Bahnen von Erdsatelliten

Schwingungen von Massepunkten

Die Definition der Schwingung

Einen Bewegungsvorgang, der sich in *regelmäßigen* Zeitabständen wiederholt (z.B. die Bewegung eines Uhrpendels), bezeichnet man als Schwingung.
Die Zeit, die der schwingende Körper braucht, um zum Ausgangspunkt der Bewegung zurückzukehren, nennt man Schwingungsdauer *T* und die Zahl der in einer Sekunde vollführten Schwingungen Frequenz *f* bzw. Schwingungszahl.

$$f = \frac{1}{T}\left[\frac{1}{s} = Hz\right]$$

[Hz = Hertz]

Die größte Entfernung des schwingenden Körpers von der Ruhelage bezeichnet man als Amplitude *A* bzw. Schwingungsweite. Bleibt die Amplitude konstant, so heißt die Schwingung ungedämpft. Nimmt sie von jeder Schwingung zur nächsten ab, so ist die Schwingung gedämpft. (vgl. Abb. unten)

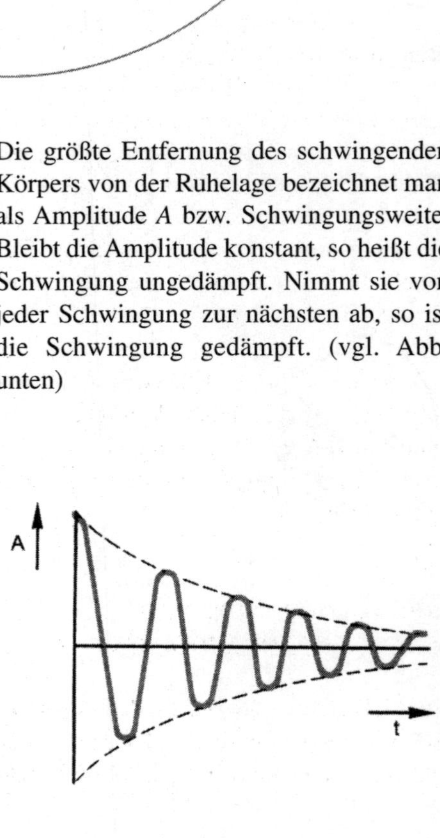

Die Schwingungsform

Um die Schwingungsform einer ungedämpften Schwingung zu erhalten, projizieren wir die Bewegung eines auf einem Kreis mit gleichbleibender Geschwindigkeit umlaufenden Massepunktes auf eine Gerade, die in der Ebene des Kreises liegt. Als Schwingungsform ergibt sich hierbei die aus der Mathematik bekannte Sinuskurve. Daher wird diese Schwingungsform als Sinusschwingung oder harmonische Schwingung bezeichnet.

Folgende Gleichung beschreibt diesen Schwingungsvorgang:

$$y = A \cdot sin \frac{2\pi}{T} t$$

Den Ausdruck $\frac{2\pi}{T} t = \varphi$

bezeichnet man als die Phase der Schwingung; man versteht darunter den Weg, den ein schwingender Massepunkt zurücklegen muss, um von einem beliebigen Punkt der Sinuskurve mit fortschreitender Zeit zu einem genau entsprechenden Punkt der Sinuskurve zu gelangen.

Als Wellenlänge λ bezeichnet man den Abstand zweier aufeinanderfolgender, im gleichen Bewegungszustand (d.h. in gleicher Phase) sich befindender schwingender Teilchen.

Die Überlagerung von Schwingungen (Interferenz)

Die Überlagerung zweier harmonischer Schwingungen gleicher Richtung und gleicher Frequenz ergibt eine harmonische Schwingung derselben Frequenz. Ihre Amplitude hängt von den Amplituden und den Phasenunterschieden der beiden Teilschwingungen ab. Ist die Phasendifferenz null, so ist die neue Amplitude gleich der Summe der Amplituden der Teilschwingungen. Bei der Phasendifferenz π löschen die beiden Teilschwingungen einander aus.
Sind die Frequenzen der beiden Teilschwingungen unterschiedlich, so erhält man nur dann eine periodische Schwingung, wenn die Frequenzen im Verhältnis ganzer Zahlen stehen. Die Schwingungen sind dann aber nicht mehr harmonisch.

Die Welle

Eine in einem Körper hervorgerufene Verschiebung aus der Ruhelage pflanzt sich mit einer für das Medium charakteristischen Ausbreitungsgeschwindigkeit fort. Sie ist um so kleiner, je größer die Dichte des Körpers (Mediums) ist, und um so größer, je größer die durch die Verschiebungen hervorgerufenen Spannungen innerhalb des Körpers sind. Dieser zeitlich und räumlich veränderte Zustand ist eine Welle. Eine Welle entsteht also dadurch, dass eine Reihe miteinander gekoppelter Teile nacheinander gleichartige Schwingungen ausführen. Flächen innerhalb des Körpers, die mit gleicher Phase schwingen, bezeichnet man als Wellenflächen. Ist das Erregerzentrum punktförmig und ist die Ausbreitungsgeschwindigkeit überall gleich, so ist die Wellenfläche eine Kugelfläche.

Stehende Wellen

Stehende Wellen entstehen durch Überlagerung zweier Wellenzüge gleicher

Amplitude und Wellenlänge, die entgegenlaufen. Durch Interferenz entsteht in regelmäßigen Abständen von einer halben Wellenlänge $\frac{\lambda}{2}$ dauernde Auslöschung der Schwingung (Knoten). In der Mitte zwischen den Knotenpunkten schwingen die Teilchen mit größter Amplitude. Dies sind sich die so genannten Schwingungsbäuche.

Das Huygens-Fresnelsche Prinzip

Von jedem Ort, der von einer Welle erreicht wird, breitet sich eine neue Kugelwelle (Elementarwelle) aus.

Das Reflexionsgesetz

Der Einfallswinkel, der Winkel zwischen dem einfallenden Strahl und dem Einfallslot, ist gleich dem Ausfallswinkel, dem Winkel zwischen dem ausfallenden (reflektierten) Strahl und dem Einfallslot.

Das Brechungsgesetz

Das Verhältnis vom Sinus des Einfallswinkels zum Sinus des Brechungswinkels ist konstant und vom Verhältnis der Ausbreitungsgeschwindigkeit der beiden Medien zueinander abhängig.

Das Beugungsgitter

Eine Anordnung, bei der in gleichem Abstand auf einem Schirm parallele Spalten angebracht sind, ist ein Beugungsgitter. Den Abstand der Schlitze voneinander nennt man die Gitterkonstante d.

Der Gangunterschied paralleler Strahlen einer Welle, die, von zwei benachbarten Spalten des Gitters kommend, mit den senkrecht auf das Gitter fallenden Strahlen den Winkel α bilden, ist $AC = d \cdot sin\ \alpha$. Dabei findet maximale Erregung statt für

$$d \cdot sin\ \alpha = z \cdot \lambda$$

mit $z = 0, 1, 2 \ldots$ Zwischen diesen Richtungen löschen sich bei sehr vielen Spalten die Wellen vollkommen aus.

AKUSTIK

Der Schall

Der Schall ist ein physikalischer Vorgang, der vom menschlichen Ohr wahrgenommen werden kann. Als Schall-Erreger kommen stets schwingende Körper in Frage.

Sie erzeugen in den sie umgebenden Medien fortschreitende Wellen, die wiederum das Trommelfell des Ohres in Schwingungen versetzen und dadurch das Hörorgan erregen. (Die Akustik beschäftigt sich allerdings nur mit Schwingungen des Bereichs von 20 bis 20000 *Hz*. Schwingungen höherer Frequenz gehören in das Gebiet des Ultraschalls.

Im luftleeren Raum wird Schall nicht weitergeleitet, da der er einen Träger braucht. Außer Luft (bzw. allgemein: Gasen) können auch Flüssigkeiten und Feststoffe den Schall übertragen.

Schallgeschwindigkeit

Die Schallgeschwindigkeit kann nach der Beziehung

$$v = \lambda \cdot \nu$$

mit λ als Wellenlänge und ν als Frequenz errechnet werden. Sie beträgt in Luft etwa 333 m/s ($^1/_3$ km/s). Man kann sie auch direkt aus der Zeit bestimmen, die zwischen dem Aufblitzen eines Schusses und dem darauffolgenden Knall an einem Ort in x m Entfernung verstreicht. Es ist dann

$$v = \frac{x}{t}.$$

Zählt man andererseits etwa die Sekunden, die zwischen einem beobachteten Blitz und dem durch ihn verursachten darauffolgenden Donner verrinnen, so kann man die Entfernung eines Gewitters vom eigenen Standort leicht errechnen.

Geräusche, Klänge, Töne

Die Luftbewegung erzeugt *Geräusche*. Man hat es dabei mit einer Luftbewegung zu tun, die nach Amplitude, Phase und Frequenz unregelmäßig und schnell wechselt. Bei einem Knall dagegen hat man es mit ganz wenigen Schwingungen zu tun, deren Amplitude von großen Werten rasch zu sehr kleinen abnimmt.

Ein *Ton* ist ein Schall, der durch regelmäßige Schwingungen von Körpern entsteht. Der *Klang* ist ein Tongemisch aus einem Grundton und einer mehr oder weniger großen Zahl von Obertönen. Aus der Mischung des Grundtons (Grundschwingung) und der vorhandenen Obertöne (Oberschwingungen), die sich durch Anzahl, Frequenz und Intensität unterscheiden können, ergeben sich die verschiedenen Klangfarben verschiedener Klänge von derselben Tonhöhe (Frequenz) und Schallstärke. Das gleichzeitige Ertönen mehrerer Klänge oder Töne von etwa gleicher Stärke nennt man Akkord, besonders dann, wenn die Schwingungen der einzelnen Töne im Verhältnis kleiner ganzer Zahlen zueinander stehen.

Reflexion von Schallwellen

Schallwellen werden an ebenen Wänden, Waldrändern usw. reflektiert (Echo). Die sogenannte Akustik eines Raumes hängt von den in ihm herrschenden Reflexionsverhältnissen ab. Stoffe und Teppiche reflektieren den Schall schlecht, d.h. sie dämpfen alle Geräusche. In großen Räumen (Kirchen, Sälen) mit glatten Wänden machen sich Reflexionen infolge des großen Weges und der damit verknüpften großen Zeitunterschiede als Nachhall bemerkbar. Aus der Geometrie der Ellipse ergibt sich, dass ein Schall, der aus einem ihrer Brennpunkte gegen eine elliptisch geformte Wand läuft, an ihr so reflektiert wird, dass er wiederum zum Brennpunkt zurückkehrt. Auf dieser Tatsache beruhen die an manchen Orten in Gewölben („Flüstergrotten“) vorhandenen guten Mithörmöglichkeiten.

Stehende Schallwellen

Allgemein entstehen stehende Wellen bei der Überlagerung zweier Wellenzüge gleicher Amplitude und Wellenlänge, die einander entgegenlaufen.

Stehende Schallwellen lassen sich durch Reflexion an einer ebenen Wand herstellen: In dem zwischen Schallerreger und

Wand liegenden Raum überlagern sich die ausgesandte und die reflektierte Welle. Die Maxima und Minima kann man mit dem Ohr abhören.

Der akustische Doppler-Effekt

Der akustische Doppler-Effekt ist eine häufige Erscheinung. Das Motorengeräusch eines Rennwagens wird höher, wenn er sich nähert, und wird wieder tiefer, wenn er sich entfernt.
Der Effekt ist um so deutlicher, je schneller sich die Schallquelle bewegt, d.h. dem Beobachter kommen infolge der Annäherung der Schallwelle mehr Schallwellen je Zeiteinheit entgegen, wenn die Schallquelle sich auf ihn zu bewegt. Bei Entfernung der Schallquelle wird analog dazu die Schwingungszahl je Zeiteinheit geringer. Der gleiche Effekt ist zu beobachten, wenn die Schallquelle ruht und der Beobachter sich bewegt, z.B. in einem Zug, beim Läuten von Signalglocken neben diesem fahrenden Zug.

Der Überschall-Knall

Beim Platzen eines mit Luft gefüllten Gefäßes wird die Luft, die das Gefäß umgibt, schlagartig weggestoßen. Dadurch entsteht ein Verdichtungsstoß, der sich nach allen Seiten ausbreitet. Erreicht er unser Ohr, so wird das Trommelfell so kräftig nach innen bewegt, dass es eine Knallempfindung auslöst.

Verdichtungsstöße entstehen auch, wenn ein Körper sich mit großer Geschwindigkeit in der Luft bewegt. Diese Luftverdichtung ist jedoch bei einer Geschwindigkeit von beispielsweise 350 *m/s* noch relativ gering, denn die normale Schallgeschwindigkeit beträgt in unserer Atmosphäre bei 0° C 331 *m/s*; sie liegt also nur unwesentlich unter der angenommenen Luftverdichtung von 350 *m/s*, die sich durch die Ausbreitung nach allen Seiten sozusagen auflösen kann. Das ist aber nicht der Fall, wenn ein Körper, etwa ein Abfangjäger, mit Überschallgeschwindigkeit fliegt.
Die Verdichtungsstöße finden dann keine Zeit, sich aufzulösen; sie überlagern sich vielmehr, ausgehend von den einzelnen Orten der Flugbahn, auf einem Kegelmantel. Dieser wird nun vom Flugzeug als eine Art Heckwelle (Druckwelle) mitgeschleppt. Erreicht die Heckwelle das Ohr des Menschen auf der Erde, so wird die Luft unmittelbar am Ohr verdichtet und löst die Knallempfindung aus.

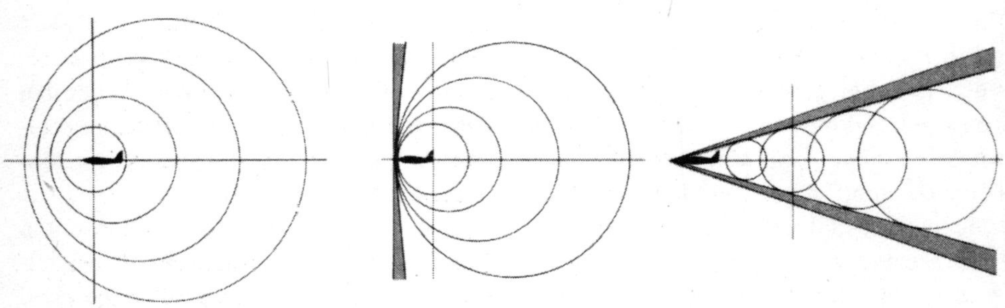

Echo und Echolot

Ebenso wie man Lichtstrahlen mit einem Spiegel reflektieren kann, ist es auch möglich, eine Schallwelle an einer Wand zu reflektieren. Diese Reflexionserscheinungen bei Schallwellen sind allgemein als Echo bekannt.
Eine Schallwelle wird vom Erreger ausgesandt, durchläuft eine bestimmte Strecke und wird von einem Hindernis zurückgeworfen. Sie gelangt darum nach einer bestimmten Zeit (die Schallgeschwindigkeit hat ja einen endlichen Betrag!) zum Ausgangspunkt zurück.
Das Echolot, das in der Schifffahrt dazu dient, die Meerestiefe zu bestimmen, ist eine Anwendung dieser Erscheinung. Hier werden vom Schiff Schallwellen mit hoher Frequenz ausgesandt; sie werden am Meeresboden reflektiert und gelangen wieder zum Schiff zurück. Sie haben in diesem Augenblick genau den zweifachen Betrag der Meerestiefe als Weg zurückgelegt. Da man die Geschwindigkeit kennt, mit der sich der Schall im Wasser ausbreitet (1407 *m/s* bei 0° *C*), kann man aus der Zeit, die vom Augenblick der Aussendung der Schallwelle bis zu ihrem Empfang verstrichen ist, die Meerestiefe bestimmen.

Da $s = 2h$, folgt $v = \frac{s}{t}$

$$v = \frac{2h}{t}$$

oder $h = \frac{v \cdot t}{2} =$ Meerestiefe

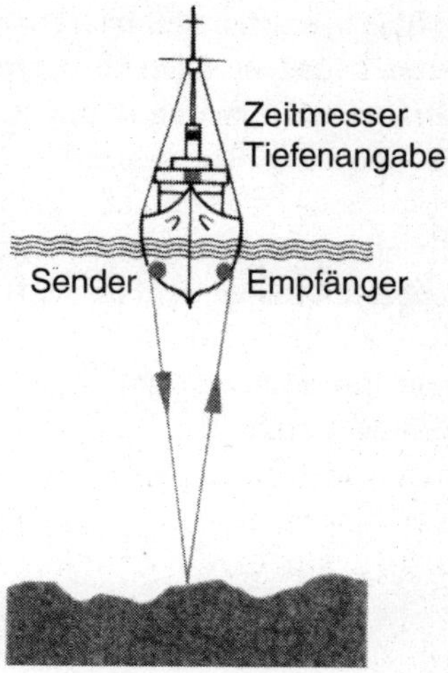

Ultraschall

Ultraschall bezeichnet den Frequenzbereich über 20000 *Hz* (20 *kHz*). Derart hohe Frequenzen lassen sich durch mechanische Einwirkungen, beispielsweise durch Streichen, Schlagen oder Zupfen einer Saite oder durch Anblasen mit Luft, kaum noch erreichen. Man erreicht sie aber durch Anlegen einer hochfrequenten Wechselspannung an einen so genannten „Schwingquarz", die dann hochfrequente Vibrationen erzeugt; diese wiederum, an ein Medium weitergegeben, erzeugen Ultraschall.
Anwendung findet Ultraschall z.B. in Medizin, Biologie oder Technik. Mit Hilfe von Ultraschall lassen sich Flughäfen entnebeln, schlecht mischbare Flüssigkeiten äußerst fein verteilen und mischen, Werkstoffe prüfen; mit ihm lässt sich schneiden, schleifen, bohren u.a. mehr.

Während beim Menschen die Hörbarkeit von Schwingungen etwa bei 20 *kHz* endet, sind Hunde in der Lage, bis etwa 40 *kHz* zu hören, und Fledermäuse benutzen sogar Schallfrequenzen zwischen 30 und 80 *kHz* zur Orientierung; sie machen sich dabei den Umstand zunutze, dass sich Ultraschallwellen aufgrund ihrer minimalen Wellenlängen (unter 1 cm bis zu Bruchteilen von Millimetern) ähnlich wie Licht bündeln lassen und geradlinig wie Lichtstrahlen ausbreiten.

Wärmelehre

Temperatur

Die Temperatur beschreibt den Wärmezustand eines Körpers. Sie ist eine Zustandsgröße.

Die Temperaturskala

Um den Wärmezustand eines Körpers beschreiben zu können, bedarf es einer Temperaturskala, die es gestattet, unabhängig von subjektiven Eindrücken die Temperatur zu bestimmen. Eine solche Temperaturskala ist leicht herzustellen, wenn man zwei in der Natur vorkommende Temperaturen als Fixpunkte wählt. Es sind dies die Temperatur des bei Atmosphärendruck (760 *Torr*) schmelzenden Eises und die Temperatur des siedenden Wassers bei demselben Druck. Nun ist die Ausdehnung der meisten Körper bei gleichmäßiger Erwärmung so regelmäßig, dass sie als Maß für den Grad der Erwärmung benutzt werden kann. Bei den Quecksilberthermometern ist am einen Ende eines Kapillarrohres eine Glaskugel angeschmolzen, die Quecksilber enthält. Der Raum oberhalb des Quecksilbers in der oben zugeschmolzenen Kapillare ist luftleer. Bei den Celsius-Thermometern ist der Abstand zwischen den beiden Fixpunkt-Temperaturen in 100 gleiche Teile oder Grade geteilt, so dass ein Grad dem 100. Teil des Abstandes zwischen den Fixpunkten entspricht. Diese Skala kann außerdem nach höheren und tieferen Temperaturen erweitert werden. Dabei werden Temperaturen unter 0° *C* als negative Temperaturen bezeichnet.

Die absolute Temperatur

In der Physik wird oft eine andere Temperaturskala benutzt, deren Nullpunkt 273,16° tiefer liegt. In dieser Temperaturskala liegt dann der Schmelzpunkt des Eises bei +273,16° und der Siedepunkt des Wassers bei 373,16°. Diese Temperaturskala wird die absolute Temperaturskala oder Kelvin-Skala genannt und die Temperatur absolute Temperatur. Bezeichnet man die in der Celsius-Skala gemessene Temperatur mit t und die in der absoluten Temperaturskala gemessene mit T, besteht der Zusammenhang

$$T = t + 273{,}16$$

Verschiedene Thermometer

Das Fieberthermometer

Beim Fieberthermometer ist das Thermometerrohr unten zu einem Glasstift verengt. Während das Quecksilber beim Erwärmen emporsteigen kann, reißt der

Quecksilberfaden beim Abkühlen an der engen Stelle ab. Er bleibt daher in der Röhre stehen und zeigt den höchsten Temperaturstand an. Erst durch kräftiges Schütteln tritt das Quecksilber wieder zurück.

Das Maximum-Minimum-Thermometer

Dieses Thermometer gibt den tiefsten und höchsten Temperaturwert an, den es während einer bestimmten Zeit angezeigt hat. Die untere Hälfte des U-Rohres dieses Thermometers ist mit Quecksilber gefüllt. Darüber befindet sich schwach gefärbter Alkohol.
Beim Erwärmen dehnt sich der Alkohol aus und drückt den Quecksilberfaden nach oben. Dabei wird ein kleines Stahlstäbchen ebenfalls nach oben geschoben. Außerdem wird der über dem Alkohol befindliche Alkoholdampf zusammengepreßt. Beim Abkühlen drückt dieser Dampf den Quecksilberfaden zurück, während das Stahlstäbchen auf seinem höchsten Stand bleibt. Auf der anderen Seite bleibt das Stahlstäbchen auf der tiefsten Temperatur stehen. Durch einen kleinen Magneten können die Stäbchen wieder auf einen Normalwert gezogen werden.

Das Metallthermometer

Das Metallthermometer besteht aus einem Bimetallstreifen. Dieser spiralförmig aufgewickelte Streifen ist an einem Ende befestigt, während das andere Ende mit einem Zeiger verbunden ist. Bei Erwärmung krümmt sich die Spirale, weil sich seine beiden Metalle verschieden stark ausdehnen. Die Eichung der Skala erfolgt mit einem Quecksilberthermometer.

Wärmemenge

Um die Temperatur eines Körpers zu erhöhen oder zu vermindern, muss man ihm eine bestimmte Wärmemenge zuführen oder entziehen. Der Wärmeübergang erfolgt stets vom Körper höherer Temperatur zum Körper tieferer Temperatur. Er ist beendet, wenn beide Körper dieselbe Temperatur besitzen. Dabei ist eine kleine Kalorie oder Grammkalorie die Wärmemenge, die 1 *g* Wasser von 14,5° *C* auf 15,5° *C* erwärmt. 1000 *cal* bezeichnet man als große oder Kilokalorie, *kcal*. Werden *m* Gramm Wasser um $\Delta t = (t_2 - t_1)°C$ erwärmt, dann werden $m(t_2 - t_1)$ Kalorien benötigt. Für die Erwärmung irgendeines Stoffes benötigt man eine Wärmemenge von

$$Q = c \cdot m \cdot (t_2 - t_1)$$

Hierin ist *c* die spezifische Wärme des Stoffes.

$$c = \frac{Wärmemenge}{Masse \cdot Temperaturänderung} \left[\frac{cal}{g \cdot Grad}\right]$$

Diese Zahl gibt demnach an, wieviel Kalorien benötigt werden, um ein Gramm (g) eines Stoffes um 1 Grad zu erwärmen. Für Wasser gilt

$$c = \frac{1 \text{cal}}{\text{g} \cdot \text{Grad}}$$

Sollen $m_1 g$ Wasser von $t_1° C$ mit $m_2 g$ Wasser von $t_2° C$ gemischt werden, stellt sich eine Mischungstemperatur t_m ein. Ist t_2 die höhere Temperatur, so ergibt sich

$$m_1 \cdot (t_m - t_1) = m_2 \cdot (t_2 - t_m)$$

oder

$$t_m \cdot (m_1 + m_2) = m_1 \cdot t_1 + m_2 \cdot t_2$$

oder

$$t_m = \frac{m_1 \cdot t_1 + m_2 \cdot t_2}{m_1 + m_2}$$

Ist $m_1 = m_2$, ergibt sich eine Mischungstemperatur

$$t_m = \frac{t_1 + t_2}{2}$$

Thermische Ausdehnung

Die lineare Ausdehnung

Die meisten Körper dehnen sich mit wachsender Temperatur aus. So nimmt die Länge l_t eines Stabes mit wachsender Temperatur t zu. In einem größeren Temperaturbereich gilt, wenn l_0 die Anfangslänge ist,

$$l_t = l_0(1+\alpha t)$$

Daraus ergibt sich für den linearen Ausdehnungskoeffizienten (α)

$$\alpha = \frac{l_t - l_0}{l_0 t}\left[\frac{1}{Grad}\right]$$

Die kubische Ausdehnung

Für einen Würfel mit der Kantenlänge l errechnet sich bei einer Erwärmung um $t°$

$$\mathrm{V_t = l_t^3 = l_0^3(1+\alpha\cdot t)^3 = l_0^3\left(1+3\cdot\alpha\cdot t+3(\alpha\cdot t)^2+(\alpha\cdot t)^3\right)}$$

$(\alpha \cdot t)^2$ und $(\alpha \cdot t)^3$ sind aber für normale Temperaturen sehr klein gegenüber $\alpha \cdot t$. Man darf daher

$$\mathrm{V_t = l_0^3(1+3\cdot\alpha\cdot t) = V_0(1+3\cdot\alpha\cdot t) = V_0(1+\beta\cdot t)}$$

schreiben. Danach ist β (β = 3 α) der kubische Ausdehnungskoeffizient. Er ist das Dreifache des linearen Ausdehnungskoeffizienten.

Durch den kubischen Ausdehnungskoeffizienten wird auch die Ausdehnung von Flüssigkeiten beschrieben. Außerdem gilt für die Abhängigkeit der Dichte von der Temperatur

$$\rho = \frac{m}{V_t} = \frac{m}{V_0(1+\beta\cdot t)} = \frac{\rho_0}{1+\beta\cdot t}$$

Zustandsänderungen von Gasen in Abhängigkeit von der Temperatur

Abhängigkeit des Volumens von der Temperatur bei konstantem Druck

Bei der Erwärmung eines Gases dehnt sich dieses aus. Befindet es sich in einem abgeschlossenen Gefäß, so steigt dadurch in diesem der Druck. Den Druck kann man dadurch konstant halten, dass man das Gas in einen Zylinder mit beweglichem Kolben einschließt.

Durch Zurückziehen des Kolbens um den Betrag, der der Ausdehnung des Gases entspricht, wird der ursprüngliche Druck aufrechterhalten. Dann gilt:

$$V_t = V_0(1+\alpha\cdot t)p = konst.$$

(Gay-Lussacsches Gesetz)

α ist hier viel größer als der kubische Ausdehnungskoeffizient fester und flüssiger Stoffe. Er hat jedoch für alle Gase nahezu den gleichen Wert.
Er beträgt

$$\alpha = \frac{1}{273{,}2}\left[\frac{1}{Grad}\right]$$

d.h.: Bei einer Erwärmung um 1° dehnt sich ein Gas bei konstantem Druck um 1/273,2 seines Volumens bei 0° C aus.

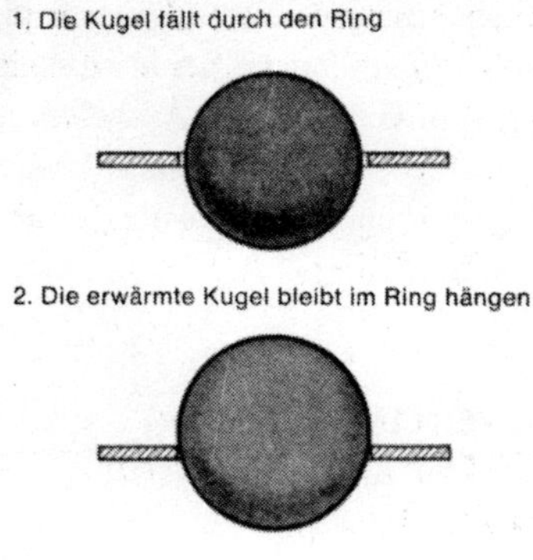

Wärme dehnt eine Metallkugel aus

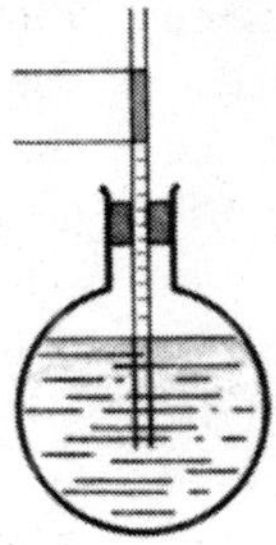

Bei Erwärmung dehnt sich die Flüssigkeit aus

Bei Erwärmung dehnt sich ein Gas aus

Es ist nämlich

$$V_t = V_0 \cdot \left(1 + \frac{1}{273{,}2} \cdot t\right) = V_0 \frac{273{,}2 + t}{273{,}2} = V_0 \frac{T}{273{,}2}$$

wobei T wieder die absolute Temperatur darstellt.

Abhängigkeit des Druckes von der Temperatur bei konstantem Volumen

Mit Hilfe des Spannungskoeffizienten γ, der unabhängig von Volumen und Temperatur ist, ergibt sich

$$p_t = p_0(1 + \gamma \cdot t)$$

Nun ist aber:

$$p_t \cdot V_0 = p_0 \cdot V_t$$

oder

$$p_t \cdot V_0 = p_0 \cdot V_0(1 + \alpha \cdot t)$$

oder

$$p_t = p_0(1 + \alpha \cdot t) V = konst.$$

Damit ist aber $\beta = \gamma$.
Das bedeutet, dass der Druck bei einer Erwärmung um 1° C 1/273,2 seines Druckes bei 0° C zunimmt, wenn das Volumen konstant bleibt.

Die Zustandsgleichung idealer Gase

Nach dem Boyle-Mariotteschen Gesetz gilt $p \cdot V$ = konstant (wenn t = konstant).

Nach dem Gay-Lussacschen Gesetz ist aber

$$V_t = V_0(1 + \alpha \cdot t)$$

Dabei ist V_t das Volumen beim Druck p_0 und t = konstant. D. h.:

$$\mathrm{p \cdot V = p_0 \cdot V_t}$$

oder

$$\mathrm{p \cdot V = p_0 \cdot V_0 (1 + \alpha t)}$$

$$\mathrm{p \cdot V = p_0 \cdot V_0 \cdot \left(1 + \frac{t}{273{,}2}\right) = p_0 \cdot V_0 \cdot \left(\frac{273{,}2 + t}{273{,}2}\right)}$$

oder

$$\mathrm{p \cdot V = \frac{p_0 \cdot V_0}{273{,}2} \cdot T = C \cdot T}$$

$$\mathrm{C = \frac{p_0 \cdot V_0}{273{,}2} = konstant}$$

Nach Avogadro enthalten gleiche Volumen verschiedener Gase bei gleicher Temperatur und gleichem Druck die gleiche Anzahl von Molekülen. Außerdem gilt, dass 1 *Mol* (Molekulargewicht eines Stoffes in Gramm) irgendeines Stoffes die gleiche Anzahl von Molekülen enthält. Dies ist die sogenannte Loschmidtsche Zahl $N_L = 6{,}023 \cdot 10^{23}$.

Man kann das Avogadrosche Gesetz auch wie folgt formulieren:

1 Mol eines beliebigen Gases nimmt bei gegebener Temperatur und gegebenem Druck das gleiche Volumen ein.

Nach der obigen Gleichung $p \cdot V = CT$ nimmt die Konstante C verschiedene Werte an, weil verschiedene Gase bei gleicher Masse eine verschiedene Anzahl von Molekülen besitzen. Verwenden wir aber das Molvolumen eines Gases (= Volumen eines Mols), so wird die Konstante C zu einer Konstanten C^*, die für alle Gase den gleichen Wert hat. Sie wird als universelle Gaskonstante R bezeichnet. Es ist mit V_m als Molvolumen

$$p \cdot V_m = RT$$

$$R = 8{,}3166 \cdot 10^7\ erg \cdot Grad^{-1} \cdot Mol^{-1}$$

Hat man nun nicht ein *Mol* eines Gases, sondern *n Mole*, wobei *n* eine beliebige, ganze oder gebrochene Zahl ist, so beträgt das Volumen dieses Gases allgemein

$$V = n \cdot V_m$$

Daraus folgt $pV = n \cdot RT$

Ein Gas, das dieser Zustandsgleichung streng genügt, bezeichnet man als ideales Gas. Alle realen Gase zeigen Abweichungen, die aber um so geringer sind, je niedriger der Druck und je höher die Temperatur ist.

Wärmeleitung

Die Ausbreitung der Wärme erfolgt durch Wärmeleitung und Wärmestrahlung. Die Wärmeleitung kann nur innerhalb von Materie erfolgen und setzt ein Temperaturgefälle voraus. Die Wärmeleitung kommt zum Stillstand, wenn der Temperaturunterschied ausgeglichen ist. Die Wärmestrahlung ist nicht von der Temperatur der Umgebung abhängig und tritt auch im Vakuum auf.

Die Wärmeleitzahl

Die durch den Querschnitt q einer Leitung hindurchströmende Wärmemenge Q ist der Zeit t, dem Querschnitt q und dem Temperaturgefälle T_1-T_2 proportional. Der Länge l der Leitung ist sie umgekehrt proportional. Es ist

$$\frac{Q}{t} = \lambda \cdot q \frac{T_1 - T_2}{l}$$

Hierin ist λ die für jedes Material charakteristische Wärmeleitzahl oder das Wärmeleitvermögen mit der Dimension

$$[cal \cdot cm \cdot s^{-1} \cdot cm^{-2} \cdot Grad^{-1}]$$

λ selbst wird durch die Wärmemenge definiert, die pro Zeiteinheit durch einen Wür-

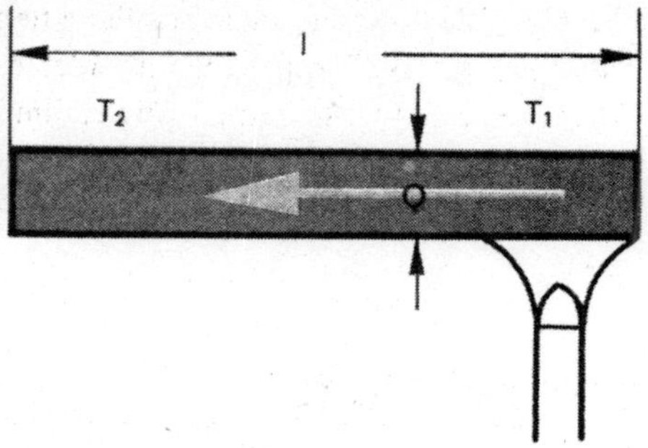

fel von 1 *cm* Kantenlänge strömt, wenn zwei gegenüberliegende Flächen ein Temperaturgefälle von 1 Grad aufweisen. (Die übrigen Flächen sind als wärmeundurchlässig vorauszusetzen.) Man unterscheidet gute und schlechte Wärmeleiter. Gute Wärmeleiter sind alle Metalle, schlechte Wärmeleiter Holz, Wolle und alle Gase.

Wärmeübergangszahl und Wärmedurchgangszahl

Der Wärmeübergang von einem Körper mit der Temperatur T_1 auf seine Umgebung mit der Temperatur T_2 durch seine Oberfläche F_0 wird durch die Beziehung

$$Q = \alpha \cdot F_0 (T_2 - T_1) t$$

beschrieben.

Für den Wärmedurchgang durch eine Platte mit der Fläche F gilt, wenn mit t die Zeit beschrieben wird,

$$Q = k \cdot F (T_2 - T_1) t$$

In diesen Gleichungen ist α die Wärmeübergangszahl und k die Wärmedurchgangszahl.

Wärmeleitung durch Konvektion

Ein weiterer Wärmetransport findet durch Konvektion statt. Das bedeutet, dass in einem Gefäß, in dem eine Flüssigkeit erwärmt wird, die warme Flüssigkeitsschicht infolge Abnahme der Dichte nach oben steigt, während die kältere Flüssigkeitsschicht nach unten sinkt. Auf diesem Prinzip arbeiten die Warmwasserheizungen. Auch in Gasen findet ein Wärmetransport auf diese Weise statt.

Diffusion

Werden zwei verschiedene Gase oder Flüssigkeiten zusammengebracht, so durchmischen sie sich, sie diffundieren. Die Diffusion ist abgeschlossen, wenn ein Konzentrationsausgleich stattgefunden hat. Voraussetzung für Diffusion ist somit, dass zwischen zwei Gasen bzw. Flüssigkeiten ein Konzentrationsgefälle besteht.

Die verschiedenen Aggregatzustände

Das Nebeneinander von Flüssigkeit und Dampf, festen Körpern und Flüssigkeiten

Bei gegebenem Druck und gegebener Temperatur befindet sich über einer Flüssigkeit stets eine bestimmte Menge Dampf, der aus Flüssigkeitsmolekülen besteht. Den Druck dieses Dampfes im Gasraum bezeichnet man als Dampfdruck. Jede Flüssigkeit besitzt also einen charak-

teristischen Dampfdruck. Dieser ist von der Temperatur abhängig, aber unabhängig vom Volumen. Wird das Volumen verringert, kondensiert der Dampf aus dem Dampfraum wieder. Vergrößert man das Volumen, verdampft wieder so viel Flüssigkeit, bis der Dampfdruck den gleichen Wert erreicht hat. Diesen Druck nennt man Sättigungsdruck oder Tension.
Bei diesem Druck befinden sich Dampf und Flüssigkeit im Gleichgewicht. Will nun ein weiteres Flüssigkeitsmolekül in den Außenraum dringen, muss es Arbeit leisten. Dies gelingt nur einem Molekül, dessen kinetische Energie gleich oder größer als die zu leistende Arbeit ist. Es kann so durch die Oberfläche der Flüssigkeit treten. Andere Moleküle, die aus dem Außenraum auf die Oberfläche der Flüssigkeit aufprallen, treten wieder ein. Gleichgewicht herrscht, wenn die Anzahl der austretenden Moleküle gleich der Anzahl der wieder eintretenden ist. Wird die Temperatur erhöht, so erhöht sich auch die kinetische Energie der Moleküle, so dass wieder Moleküle in den Dampfraum treten können. Erst wenn bei Vergrößerung des Volumens alle Flüssigkeit verdampft ist, nimmt bei weiterer Volumenvergrößerung der Druck ab. Je geringer der Druck wird, desto mehr nimmt der Dampf die Eigenschaften von Gasen an, die man auch ungesättigte Dämpfe nennt. Beide Zustände, den flüssigen und den gasförmigen Zustand, bezeichnet man als Phasen.

Da die Moleküle bei der Verdampfung Arbeit leisten müssen, wird Wärme verbraucht. Die Wärmemenge, die der Masse 1 einer Flüssigkeit zugeführt werden muss, um sie bei konstanter Temperatur zu verdampfen, ist die spezifische Verdampfungswärme.

Es ist

$$\text{spez. Verdampfungswärme} = \frac{\text{zugeführte Wärme}}{\text{Masse der verdampften Flüssigkeit}}$$

Für Wasser beträgt sie z.B. 539 $cal \cdot g^{-1}$.

Auf der Ausnutzung der Verdampfungswärme beruht die Kälteerzeugung im Kühlschrank. Im Verdampfer im Innern eines Kühlschrankes verdampft (verdunstet) eine Flüssigkeit mit niedrigem Siedepunkt. Dabei entzieht sie ihrer Umgebung, also dem Kühlfach, Wärme. Das Kühlfach kühlt daher mit der Zeit ab. Ein Kompressor saugt den Druck ab und befördert ihn unter starkem Druck in einen Kondensator. Hier wird die beim Verdampfen aufgenommene Wärme über ein System von Kühlrippen an die Umgebung abgegeben. Dabei verflüssigt sich das Kühlmittel wieder, das nun durch ein Rohr mit sehr kleinem Querschnitt (Kapillarrohr) erneut in den Verdampfer geleitet wird, wo sich der Vorgang wiederholt.
Auch feste Körper verdampfen. Ihr Dampfdruck ist ebenfalls nur von der Temperatur abhängig. Beim Übergang vom festen in den flüssigen Zustand wird Wärme verbraucht. Beim Übergang vom flüssigen in den festen Zustand wird dieselbe Wärmemenge wieder frei. Die spezifische Schmelzwärme des Eises beträgt z.B. 80 $cal \cdot g^{-1}$.

Prinzip der Flucht vor dem Zwang:
Jede äußere Einwirkung, die eine Zustandsänderung eines Systems bewirkt, ruft eine Änderung hervor, die dem aus-

geübten Zwang (der äußeren Einwirkung) ausweicht. Eis z.B. weicht dem Zwang eines Druckes durch Schmelzen aus. Lässt der Druck nach, gefriert es wieder.

Wird der Dampfdruck einer Flüssigkeit gleich dem Außendruck, so siedet die Flüssigkeit.

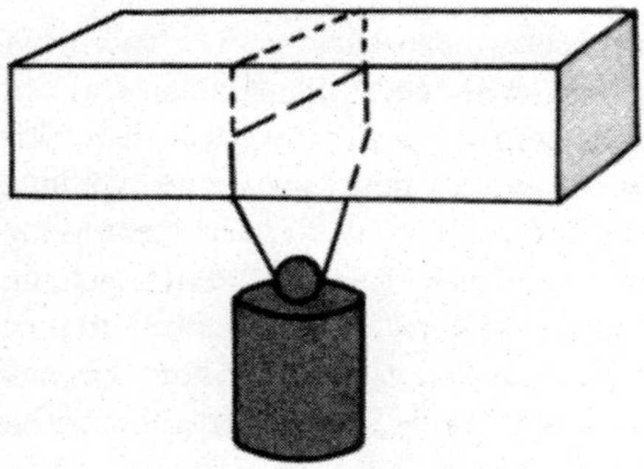

Das Gewicht sinkt nach unten.
Der Draht wandert durch den Eisblock.

Die kinetische Wärmetheorie

Um die empirisch gefundenen Gesetzmäßigkeiten der kinetischen Gastheorie abzuleiten, genügt schon ein sehr einfaches Modell:

1. Ein Gas besteht aus einer großen Anzahl von Molekülen oder Atomen. Ihre Größe ist sehr gering im Vergleich zum gegenseitigen Abstand der Teilchen.
2. Die Moleküle bewegen sich völlig regellos in alle Richtungen des Raumes.
3. Stöße der Gasteilchen mit ihresgleichen oder der Wand des Gefäßes erfolgen in Form eines idealen Stoßes nach den Gesetzen der Klassischen Mechanik.

Wir hatten schon angeführt, dass der Druck eines idealen Gases

$$p = \frac{1}{3}\rho \cdot v^2 = \frac{1}{3}n \cdot m \cdot v^2$$

ist, wobei v = mittlere Geschwindigkeit der Moleküle, n = Anzahl der Moleküle, m = Masse eines Moleküls ist.

Aus

$$\rho = \frac{M}{V} = \frac{M_m}{V_m}$$

folgt:

$$\mathrm{p} = \frac{1}{3}\frac{\mathrm{M_m}}{\mathrm{V_m}}\mathrm{v}^2$$

$$\mathrm{p} \cdot \mathrm{V_m} = \frac{1}{3}\mathrm{M_m} \cdot \mathrm{v}^2$$

Durch Einführen der Loschmidtschen Zahl $N_L = 6{,}02 \cdot 10^{23}$ pro Mol ergibt sich:

$$\mathrm{M_m} = \mathrm{N_L} \cdot \mathrm{m}$$

$$\mathrm{p} \cdot \mathrm{V_m} = \frac{1}{3}\mathrm{N_L} \cdot \mathrm{m} \cdot \mathrm{v}^2 = \frac{2}{3}\mathrm{N_L} \cdot \mathrm{E_{kin}}$$

Aus $p \cdot V_m = R \cdot T$ *folgt:*

$$\frac{2}{3}E_{kin/Mol} = R \cdot T$$

oder

$$E_{kin/Mol} = \frac{2}{3} \cdot R \cdot T$$

Für die mittlere kinetische Energie eines Moleküls ergibt sich:

$$\frac{1}{2} \cdot m \cdot v^2 = \frac{3}{2} \cdot \frac{R}{N_L} T$$

Die Proportion

$$\frac{R}{N_l} = k$$

wird als Boltzmannkonstante bezeichnet:

$$\frac{1}{2} \cdot m \cdot v^2 = \frac{3}{2} \cdot k \cdot T$$

mit $k = 1{,}3804 \cdot 10^{-16}$ *erg/Grad*

Die Moleküle können nun kinetische Energie in drei Arten besitzen: Die Energie kann für eine Translationsbewegung, eine Rotationsbewegung oder eine Schwingungsbewegung um die Gleichgewichtslage benutzt werden.
Kann ein Körper sich in alle drei Richtungen des Raumes bewegen, so besitzt er drei Freiheitsgrade der Translation. Kann er sich nur in einer Ebene bewegen, so besitzt er nur deren zwei. Entsprechendes gilt auch für Rotationsbewegungen und Schwingungen.

Wichtig ist hier nun der *Gleichverteilungssatz*:

Die in einem Gas enthaltene Energie verteilt sich gleichmäßig auf die zur Verfügung stehenden Freiheitsgrade.

Da die mittlere kinetische Translationsenergie eines Moleküls:

$$E_{kin} = \frac{3}{2} kT$$

ist, entfällt bei einatomigen Gasen (3 Freiheitsgrade) auf jeden Freiheitsgrad eine Energie von:

$$E_{kin} = \frac{1}{2} kT.$$

Die Brownsche Molekularbewegung

Betrachtet man kleine, gerade noch wahrnehmbare Teilchen, die in einem Gas oder einer Flüssigkeit schweben, mit dem Mikroskop, so findet man, dass sich diese Teilchen niemals in Ruhe befinden, sondern eine nach Richtung und Geschwindigkeit dauernd wechselnde Fortbewegung (Translation) und eine ebenfalls dauernd wechselnde Rotation ausführen. Teilchen, die eine Zickzackbewegung ausführen, verhalten sich wie sehr große Moleküle. Daher gilt auch für sie, dass auf jeden Freiheitsgrad ein Energiebetrag $\frac{1}{2}$ kT entfällt. Daraus ergibt sich weiter, dass die Bewegung dieser Teilchen um so intensiver wird, je höher die Temperatur steigt. Unter der Wirkung dieser Bewegung, die eine gleichmäßige Verteilung verursacht, und unter der Wirkung der Schwerkraft, die sie zu Boden drückt, verteilen sie sich in der Flüssigkeit oder in einem Gas so, dass sie in tieferen Lagen zahlreicher sind als in höheren.

Der erste Hauptsatz der Wärmelehre

Wärme ist eine Form der Energie; Energie kann aber nach dem Energieerhaltungssatz der Mechanik nicht verlorengehen. Das bedeutet, dass die verschiedenen Formen der Energie (z.B. Wärmeenergie, mechanische Energie) ohne Verlust ineinander überführbar sind (1. Hauptsatz der Wärmelehre).

Führt man einem System von außen eine Wärmemenge Q zu, so dient diese zur Erhöhung seiner inneren Energie U (Temperatur, elektrische oder chemische Energie) und zur Arbeitsleistung A. Letztere ist negativ, wenn sie vom System abgegeben wird. Es gilt demnach

$$Q = U - A$$

oder

$$U = Q + A.$$

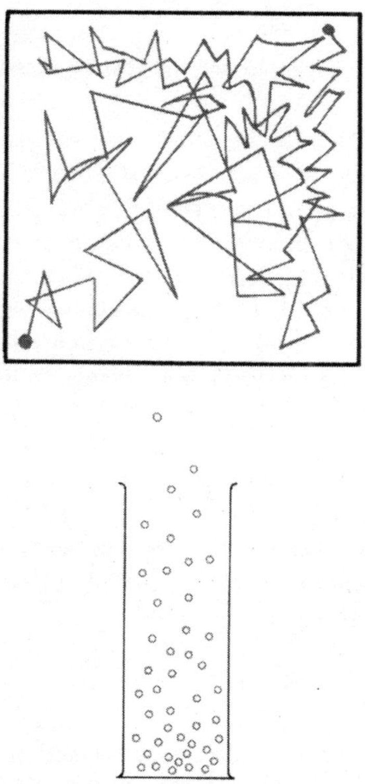

Brownsche Molekularbewegung

Auf ein ideales Gas angewendet, besagt dies, dass bei der Ausdehnung eines Gases bei konstantem Druck von einem Volumen V_1 auf $V_2 (V_2 - V_1 = \Delta V)$ die Arbeit $p \cdot \Delta V$ benötigt wird. Diese wird von dem Gas geleistet. Aus dem Energieerhaltungssatz folgt, dass dieser Arbeitsbetrag durch eine Abnahme der Wärmeenergie des Gases aufgebracht wird. Das Gas kühlt sich bei der geleisteten Arbeit $p \cdot \Delta V$ von einer Temperatur T_1 auf eine tiefere Temperatur T_2 ab.

Das mechanische Wärmeäquivalent

Aus dem 1. Hauptsatz folgt, dass mechanische Arbeit und Wärme zwei verschiedene, ineinander umwandelbare Formen der Energie sind. Die Einheit der Wärmemenge ist 1 *kcal*, die der Arbeit 1 *Joule*. Die Frage war nun, wieviele Joule bzw. Kilokalorien einander entsprechen. Mit Hilfe einer speziellen Versuchsanordnung gelang es, diese Proportion zu finden:

1 *Joule* $\triangleq 0{,}239 \cdot 10^{-3}$ *kcal*
1 *kcal* $\triangleq 4{,}185 \cdot 10^{3}$ *Joule*

Die Entropie

Es gibt in der Natur viele Vorgänge, die von selbst nur in einer ganz bestimmten Richtung verlaufen. So strömt durch Wärmeleitung stets nur Wärme vom Körper höherer Temperatur zum Körper tieferer Temperatur. Zwei unvermischte Gase vermischen sich in einem Gefäß von selbst. Eine selbständige Entmischung findet jedoch nicht statt. Solche Vorgänge bezeichnet man als irreversibel. Jedem

Zustand eines solchen Systems ordnet man eine Funktion S zu, die als Entropie des Zustandes bezeichnet wird. Diese Entropie nimmt in einem abgeschlossenen System beim Ablauf eines irreversiblen Vorganges stets zu. Von selbst verlaufen also nur Vorgänge, bei denen die Entropie zunimmt.

Entropie und Wahrscheinlichkeit

Wie schon gesagt, diffundieren zwei anfangs getrennte Gase, bis sie vollkommen durchmischt sind. Die Entropie des Endzustandes ist demnach größer als die des Anfangszustandes. Betrachtet man ferner die Ordnung des Anfangszustandes und die des Endzustandes, so ist ein Zustand höherer Ordnung in einen Zustand höherer Unordnung übergegangen. Nun ist außerdem der Zustand, dass beide Gase unvermischt bleiben, sehr unwahrscheinlich. Die größte Wahrscheinlichkeit besitzt der Zustand mit der größten Unordnung. Das bedeutet wiederum, dass die Zunahme der Entropie S und die Zunahme der Wahrscheinlichkeit W in einem bestimmten Zusammenhang zueinander stehen. Dieser Zusammenhang ist durch die Beziehung

$$S = k \cdot ln\ W$$

beschrieben, die besagt, dass die Entropie eines Systems dem natürlichen Logarithmus der Wahrscheinlichkeit proportional ist.

Der zweite Hauptsatz der Wärmelehre

Bei der Entropiebetrachtung wurde gesagt, dass bei freiwillig verlaufenden Vorgängen die Entropie zunimmt. In bestimmten Fällen kann sie auch gleich, nie aber kleiner als die Entropie des Ausgangszustandes sein.

Dies bildet den Inhalt des 2. Hauptsatzes:

In einem abgeschlossenen System kann die Entropie niemals abnehmen, sondern sie bleibt bei reversiblen Vorgängen konstant und nimmt bei irreversiblen Vorgängen zu.

Wärmekraftmaschinen

Der Wirkungsgrad (Nutzeffekt)

Um Wärme in Arbeit zu verwandeln, bedarf es einer Wärmemenge Q, die größer als die zu leistende Arbeit ist, da ein oft nicht geringer Teil durch Reibung der Maschinenteile verbraucht und ein anderer Teil an die Umgebung abgegeben wird.
Der Nutzeffekt wird nun durch das Verhältnis der Arbeit zur aufgewendeten Wärme bestimmt. Es ist

$$\eta = \frac{A}{Q}$$

Wird außerdem die verlorene Wärmemenge durch Q' bezeichnet (Reibung etc.), so ergibt sich, da

$$A = Q' - Q\ , \eta = \frac{Q - Q'}{Q} = \frac{T - T'}{T}.$$

Das bedeutet, dass eine Wärmekraftmaschine zwischen zwei Temperaturen T und T' arbeitet und dass der Wirkungsgrad um so größer ist, je größer die Temperaturdifferenz $T - T'$ ist.

Dampfmaschinen

Bei den Dampfmaschinen ist der Wärmebehälter mit der höheren Temperatur der Dampfkessel. Das kältere Wärmereservoir ist der Kondensator. In dieser Vorrichtung kondensiert der Dampf nach erfolgter Arbeitsleistung. Der im Kessel erzeugte Dampf strömt zuerst in den Schieberkasten des Zylinders und drückt je nach Stellung des Schiebers einmal von rechts und dann von links gegen den Kolben. Gleichzeitig wird der ausgenutzte Dampf durch eine zweite Öffnung im Schieberkasten wieder nach außen gedrückt. Die Bewegung des Kolbens wird über Kolbenstange, Kreuzkopf, Pleuelstange und Kurbel auf ein Schwungrad übertragen, also in eine Drehbewegung umgewandelt. Auf der Welle des Schwungrades sitzt außerdem ein Exzenter. Er ist durch eine Schieberstange so mit dem Schieber verbunden, dass dieser beim Hin- und Herbewegen den Dampfstrom steuert.

Dampfturbinen

Bei den Dampfturbinen wird sofort eine Drehbewegung erzeugt, indem der Dampf gegen die sehr zahlreichen Schaufeln eines oder mehrerer Schaufelräder strömt. Die Rotationsgeschwindigkeit kann bei Dampfturbinen sehr hoch sein. Für den Antrieb von Dynamomaschinen und Generatoren sind solche hohen Drehzahlen von besonderem Vorteil.

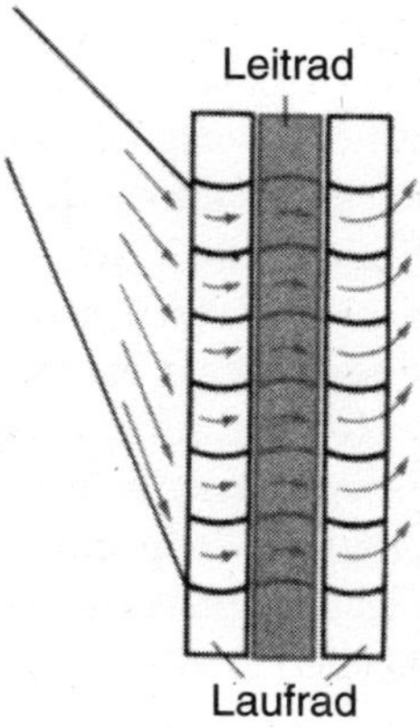

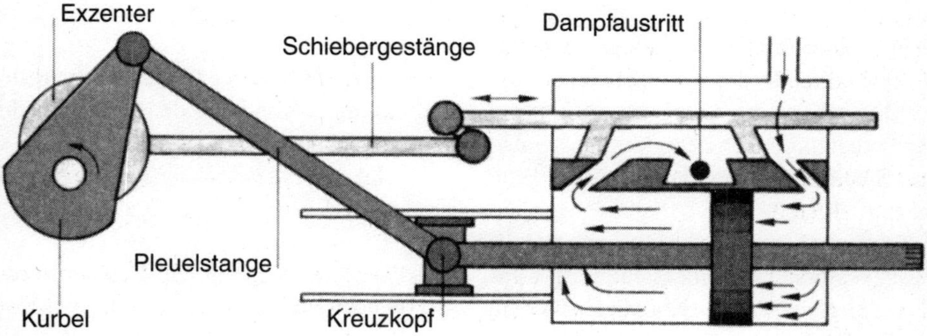

Explosionsmotoren

Die Wirkungsweise eines Explosions- oder Verbrennungsmotors beruht auf der Verbrennung eines Gas-Luft-Gemisches, das sich infolge der bei der Explosion auftretenden sehr großen Erwärmung stark ausdehnt und dabei einen Kolben in Bewegung setzt. Hierbei wird Arbeit jedoch nur in der einen Bewegungsrichtung des Kolbens geleistet.

Der Viertaktmotor

Die wesentlichsten Teile am Zylinder eines Viertaktmotors sind Kolben und Pleuelstange, Kurbel, Kurbelwelle, Zündkerze, Einlass- und Auslassventil. Die Ventile werden durch Federn geschlossen und durch eine Nockenwelle geöffnet. An der Zündkerze entsteht auf elektrischem Wege ein Funke, der das komprimierte Gasgemisch entzündet. Die Arbeit des Viertaktmotors vollzieht sich in vier Takten:

1. Ansaugen
2. Verdichten
3. Verbrennen
4. Ausstoßen

Der Zweitaktmotor

Beim Zweitaktmotor fallen je zwei Arbeitstakte zusammen, Ansaugen und Verdichten, Verbrennen und Ausstoßen. Außerdem besitzt er keine Ventile, sondern nur Schlitze. Ansaugrohr und Auspuffrohr liegen übereinander. Ihnen gegenüber befindet sich ein Überströmkanal, der bei einer bestimmten Kolbenstellung das gasdicht abgeschlossene Kurbelgehäuse mit dem Zylinderraum über dem Kolben verbindet. Der Zylinder hat meist eine Kolbennase, die ein Vermischen des verbrannten Gases mit dem frischen Gas verhindern soll. Wird nun das verdichtete Gas entzündet, so bewegt sich der Kolben nach unten. Unter dem Kolben verdichtet sich das Gas-Luft-Gemisch im Kurbelgehäuse. Dabei wird die Auslassöffnung freigegeben, und die verbrannten Gase entweichen. Währenddessen strömt das Gasgemisch durch den Überströmkanal in den Zylinder. Während das Gasgemisch im Zylinder weiter bei der Aufwärtsbewegung des Kolbens komprimiert wird, werden Überströmkanal und Auspuffschlitz verschlossen. Unter dem Kolben vergrößert sich der Raum, der Einlassschlitz wird frei, und neues Gasgemisch wird aus dem Vergaser angesaugt.

Der Dieselmotor

Der Dieselmotor, nach seinem Erfinder benannt, arbeitet ohne Vergaser und ohne Zündkerzen. Die angesaugte Luft erwärmt sich beim Verdichten auf 600 bis 700° C. Dadurch entzündet sich der eingespritzte Kraftstoff (Schweröl). Die Arbeitsweise verläuft in vier Takten:

1. Der Kolben bewegt sich nach unten. Durch das offene Einlassventil wird Frischluft angesaugt.

2. Beim Nachobengehen des Kolbens findet eine Kompression statt (35fach), bei der sich die Luft bis auf 700° C erhitzt. In dieser Zeit sind die Ventile geschlossen.

3. Das jetzt eingespritzte Schweröl entzündet sich sofort und treibt den Kolben nach unten.

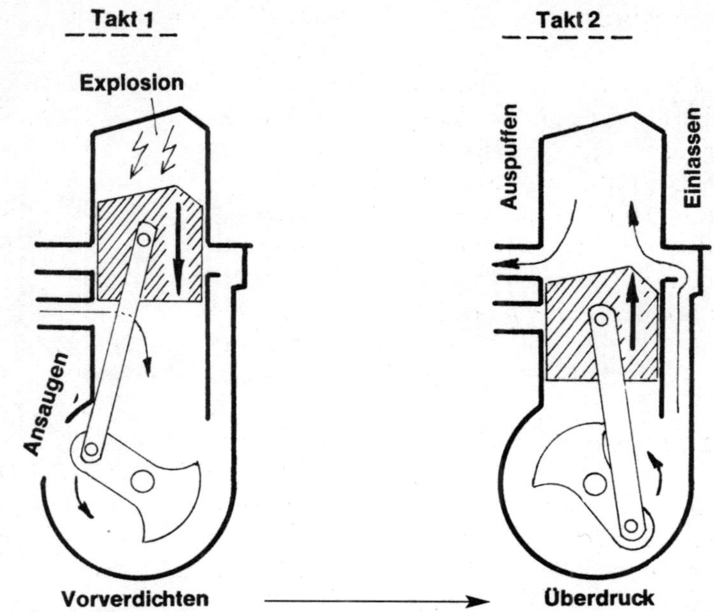

Arbeitsweise eines Zweitaktmotors

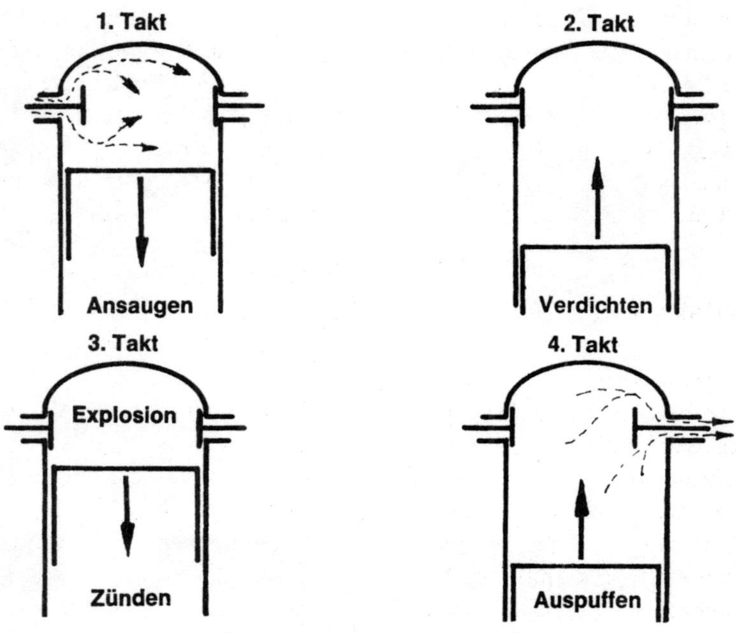

Arbeitsweise eines Viertaktmotors

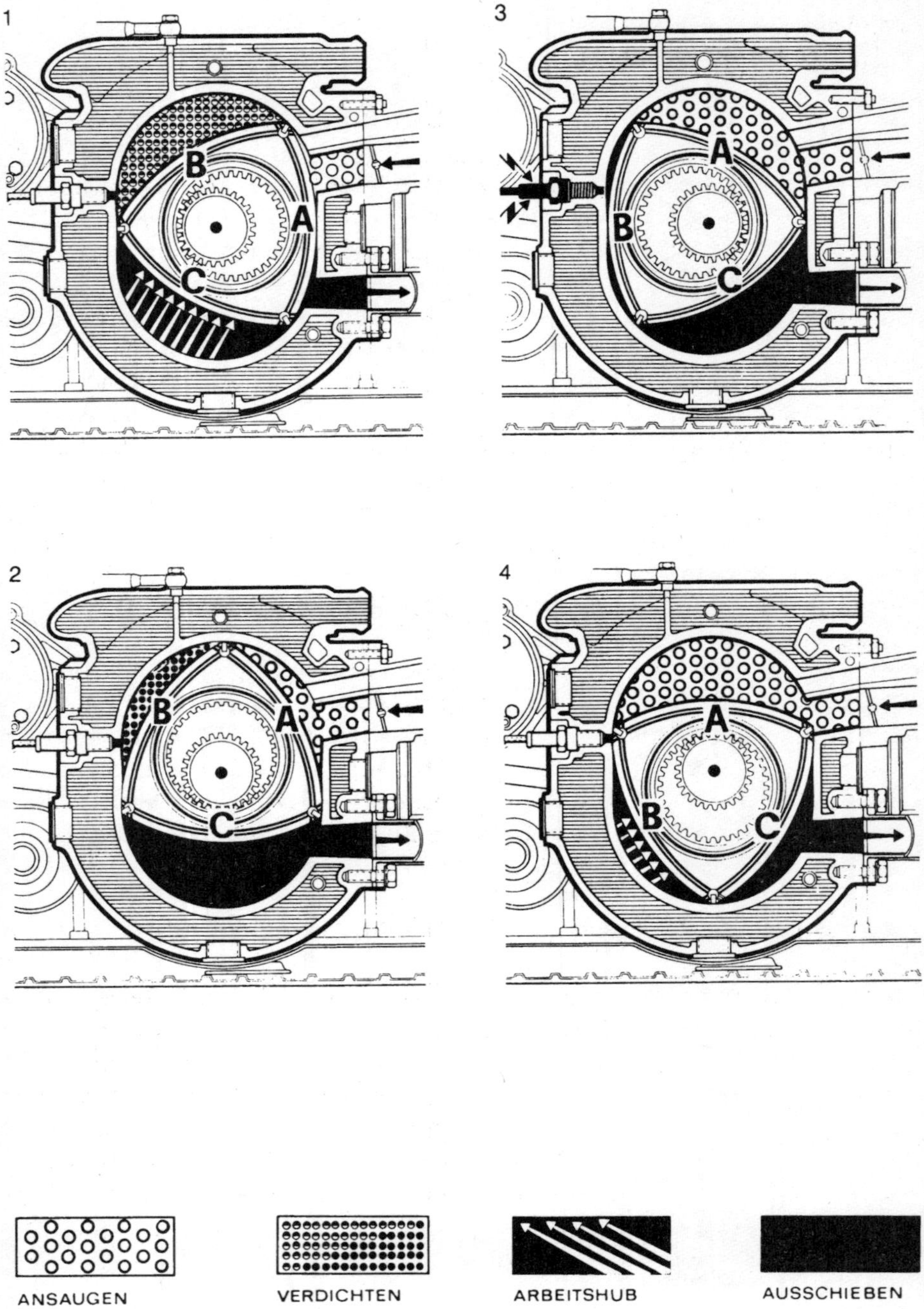

Arbeitsweise eines Wankelmotors

4. Während der Kolben wieder nach oben geht, öffnet sich das Auslassventil.

Der Wankelmotor

Der Wankelmotor arbeitet ähnlich wie ein Viertaktmotor (Otto-Motor), doch bewegt sich der Kolben dieses Motors nicht hin und her, sondern führt eine Drehbewegung aus.

Er hat die Form eines gleichseitigen Prismas mit gewölbten Seitenflächen. Bei der Drehbewegung gleiten die drei Kanten des Kolbens an der Gehäusewand entlang. Dadurch entstehen drei Brennkammern, in denen sich dieselben Vorgänge (Ansaugen, Verdichten, Zünden, Ausstoßen) wie bei einem Otto-Motor abspielen, nur mit dem Unterschied, dass die genannten Vorgänge dreimal während einer Umdrehung der Kolbenachse (Kurbelwelle) stattfinden (vgl. Abb. linke Seite):

1. über der (linksherum drehenden) Kolbenflanke A wie Frischgas angesaugt, über Flanke B wird Frischgas komprimiert, unter der Flanke C dehnen sich die verschiedenen Gase aus.

2. Kammer A saugt weiter an, Kammer B verdichtet, aus Kammer C beginnen bereits die verbrannten Gase in den Auspuff zu strömen.

3. Kammer A saugt noch immer Benzin-Luft-Gemisch an, B hat voll verdichtet und die Zündkerze zündet, Kammer C schiebt die verbrannten Gase weiter aus.

4. Kammer A ist mit Frischgas gefüllt, in Kammer B expandieren die verbrennenden Gase, Kammer C schiebt die letzten Altgasreste aus.

Das Turbinen-Strahltriebwerk

Der Schub dieses Triebwerks wird durch den Ausstoß von Gasen erzeugt. Nachdem die vorn angesaugte Luft komprimiert wurde, gelangt sie zusammen mit dem Brennstoff in die Brennkammern. Dort wird das Brennstoff-Luftgemisch gezündet, und die sich ausdehnenden Gase erzeugen einen Rückstoß, der das Flugzeug nach vorn treibt. Ein Teil der Gase wird dazu benutzt, die Kompressorturbine anzutreiben.

Das Zweistromtriebwerk

Das Zweistromtriebwerk ist ein Turbinen-Strahltriebwerk, bei dem ein kalter Luftstrom den heißen konzentrisch umgibt. Dies bewirkt einen höheren Standschub, geringeren spezifischen Verbrauch, bessere Regelbarkeit, geringeren Lärm.

Das Staustrahltriebwerk

Dieses Triebwerk enthält keine beweglichen Teile. Die Luft wird durch den Aufstau weitestgehend komprimiert, so dass Kompressor und Turbine überflüssig werden. Mit diesem Triebwerk können Geschwindigkeiten größer als Mach 2 (= 2.400 km/h) erreicht werden.

Optik

Die Natur des Lichts

Die Korpuskulartheorie des Lichts wurde von *Newton* (1643-1727) aufgestellt: Das Licht besteht aus kleinen Korpuskeln, die von der Lichtquelle ausgesandt werden. Im Rahmen dieser Modellvorstellung können die geradlinige Ausbreitung, die Reflexion und die Brechung des Lichts erklärt werden, letztere allerdings nur unter der Annahme, dass die Korpuskeln beim Durchgang durch eine Grenzfläche eine Beschleunigung zum optisch dichteren Stoff hin erfahren. Daraus ist zu folgern, dass die *Lichtgeschwindigkeit* in einem optisch dichteren Stoff größer sein muss als in einem optisch dünneren.

Die **Wellentheorie des Lichts** geht auf *Huygens* zurück. Er vertrat 1684 die Auffassung, dass der ganze Raum, auch wenn alle Materie aus ihm entfernt sei, mit einem *Lichtäther* gefüllt bleibe, in dem sich das Licht als eine Wellenbewegung ausbreite. Im Rahmen dieser Modellvorstellung können die geradlinige Ausbreitung, die Reflexion und die Brechung des Lichts erklärt werden, außerdem auch die Interferenzerscheinungen, die sich in der Korpuskulartheorie nur schwer deuten lassen. Die Wellentheorie des Lichts führt zu dem Ergebnis, dass die Lichtgeschwindigkeit in einem optisch dichteren Medium kleiner ist als in einem optisch dünneren.

Das **Photonenmodell** des Lichts ist die dritte Modellvorstellung; einige Züge der Korpuskulartheorie kehren hierin wieder.

Die endgültige Entscheidung zwischen der Newtonschen Korpuskulartheorie und der Huygensschen Wellentheorie brachte die Messung der Lichtgeschwindigkeit durch *Foucault* (1850).

Bei seiner Messmethode fällt das Licht zunächst auf einen sehr rasch umlaufenden Drehspiegel und dann auf einen festen Hohlspiegel, der so geformt ist, dass das Licht in seiner alten Bahn zum Drehspiegel zurückläuft.

Inzwischen hat dieser sich aber um den kleinen Winkel α weitergedreht, so dass der Lichtstrahl gegenüber der ursprünglichen Einfallsrichtung um den messbaren Winkel $2\ \alpha$ abgelenkt den Drehspiegel verlässt. Aus dieser Ablenkung berechnete sich die Lichtgeschwindigkeit im Vakuum zu fast genau 300000 km/sec^{-1}.Wurde der Raum zwischen den Spiegeln mit Wasser oder Glas ausgefüllt, so ergaben sich die nach der Huygensschen Theorie zu erwartenden kleineren Geschwindigkeiten von drei Viertel und zwei Drittel dieses Wertes.

Schon 1675 hatte der dänische Astronom *Römer* aus dem Unterschied der Verdunkelungszeiten eines Jupitermonds eine erste Bestimmung der Lichtgeschwindigkeit versucht. Diese Zeiten ändern sich für uns, je nachdem, ob die Erde auf ihrer Bahn gerade auf den Mond hin- oder von ihm wegläuft. 1849 ließ *Fizeau* das Licht durch eine Lücke zwischen den Zähnen eines rasch umlaufenden Zahnrads auf einen mehrere Kilometer entfernten Spiegel fallen.

Nach der Reflexion kam das Licht bei bestimmten Drehzahlen des Zahnrads auf einen Zahn und konnte deshalb in dem dahinter angebrachten Fernrohr nicht mehr bemerkt werden. Aus der Drehzahl und dem Abstand der Zähne ließ sich in Verbindung mit der Spiegelentfernung die Lichtgeschwindigkeit ermitteln.

Reflexion und Brechung

Die Entstehung eines Spektrums beim Durchgang des Lichts durch ein Prisma folgt aus der verschieden starken Brechung der einzelnen Farben. Licht verschiedener Farbe hat also in Materie verschiedene Geschwindigkeiten, im Vakuum dagegen ist sie für alle Farben gleich. Diese Erscheinung nennt man *Dispersion des Lichts*.

Der *Farbfehler* der Linsen ist eine notwendige Folge der Dispersion. Der Brennpunkt für blaues Licht liegt näher an der Linse als derjenige für rotes. Wenn man eine Sammellinse aus einer Glassorte geringer Dispersion mit einer schwachen Zerstreuungslinse von großer Dispersion passend kombiniert, kann man den Farbfehler fast vollständig korrigieren: Solche Linsen heißen *Achromate*.

Elementarwellen sind eine Vorstellung, die geeignet ist, Wellenvorgänge besser zu verstehen: Jeder Punkt einer Wellenfläche kann als Ausgangspunkt für neue Wellen angesehen werden. Die Umhüllende aller Elementarwellen, die von einer Wellenfläche I ausgeht, stellt die neue Wellenfläche II dar. Versuche mit Wasserwellen zeigen die Richtigkeit dieser Vorstellung. Da man mit Elementarwellen eine neue Wellenfläche punktweise konstruieren kann, lassen sich Reflexion und Brechung von Wellen theoretisch untersuchen.

Für die *Reflexion* von Wellen ergibt sich das vom elastischen Körper her bekannte Reflexionsgesetz: Der Ausfallswinkel ist gleich dem Einfallswinkel.

Bei der *Brechung* muss entgegen der Newtonschen Annahme vorausgesetzt werden, dass die Wellengeschwindigkeit im dichteren Stoff geringer ist als im dünneren. Bedeuten α den Einfallswinkel und β den Brechungswinkel, so ergibt sich das *Snelliussche Brechungsgesetz* $\sin \alpha : \sin \beta = c_1 : c_2 = n$. n heißt Brechzahl, c_1 und c_2 sind die Geschwindigkeiten vor und hinter der Grenzfläche. Die *Brechzahl* n wird als das Verhältnis der beiden Lichtgeschwindigkeiten gefunden.

Im Wasser breitet sich das Licht mit drei Viertel seiner Vakuumsgeschwindigkeit aus: $c : c_W = n_1 = 4/3$. Für Glas ist das Verhältnis 2/3, also $c: c_{Gl} = n_2 = 3/2$. Durch Dividieren findet man $c_W : c_{Gl} = n_2 : n_1 = 9 : 8$. Danach genügt es, eine Tabelle der Brechzahlen der Stoffe bezüglich des Vakuums aufzustellen; die eines Stoffes gegen einen anderen findet man durch Division der beiden zugehörigen Werte.

Beugung

Wenn Licht durch einen engen Spalt fällt, findet man Interferenzerscheinungen. Leicht überschaubar sind die Verhältnisse, wenn das Licht in der Spaltebene als ebene Welle angesehen werden darf. Das kann man dadurch erreichen, dass man diesen Spalt mit Hilfe eines zweiten beleuchtet, der im Verhältnis zu seiner Breite weit entfernt steht. Man findet dann auf einem

Schirm, auf den das Licht in seinem weiteren Verlauf trifft, nicht nur den hellen Streifen, der dem zu erwartenden Strahlenverlauf entspricht, sondern auf seinen beiden Seiten abwechselnd Dunkelheit und Helligkeit geringerer Intensität. Für die dunklen Streifen gilt

$$\sin\alpha = \frac{n \cdot \lambda}{b}$$

mit n = 1, 2, ...,

wobei α die Ablenkung von der geraden Richtung, λ die Wellenlänge des benutzten Lichts und b die Spaltbreite bedeuten.

Eine solche Abweichung von der geradlinigen Ausbreitung nennt man *Beugung des Lichts*.

Bei weißem Licht ergeben sich (wie beim Fresnelschen Spiegelversuch) farbige Streifen neben der hellen Mitte.

Wenn man die Gleichung

$$\sin\alpha = \frac{n \cdot \lambda}{b}$$

mit n = 1, 2, ...

finden will, muss man die Wellen, die von den Elementarzentren in der Spaltebene ausgehen und auf den Schirm fallen, addieren. Ein Kunstgriff erlaubt diese Summation wenigstens dann, wenn insgesamt Null resultiert: Man denkt sich die ganze Breite des Spalts in eine geradzahlige Anzahl von Streifen zerlegt, so dass der erste Strahl des ersten Streifens mit dem ersten des zweiten in der durch α gekennzeichneten Richtung bis zum Aufpunkt gerade einen Gangunterschied von

$$\frac{\lambda}{2}$$

besitzt. Dann löschen sich nicht nur die beiden zugehörigen Elementarwellen, sondern paarweise je zwei aufeinanderfolgende Streifen und damit das gesamte aus dem Spalt in die durch α angegebene Richtung fallende Licht (durch Interferenz).

Das **optische Gitter** besteht aus sehr vielen, in ganz kleinen, gleichen Abständen angebrachten durchsichtigen Spalten. Der Abstand zweier benachbarter Spalte heißt *Gitterkonstante* g. Beleuchtet man das Gitter mit einer strichförmigen Lichtquelle, die sich parallel zu den Gitterspalten in der Brennebene einer Linse befindet, dann darf das Licht, das das Gitter trifft, als ebene Wellen angesehen werden, deren Wellenflächen parallel zur Fläche des Gitters verlaufen.

Am einfachsten wird die Überlegung unter der Annahme, dass der Einzelspalt so eng ist, dass der erste dunkle Streifen, der durch Beugung an diesem Spalt entsteht, weiter abgelenkt wird als das zu beobachtende Licht. Dann genügt es, in einem Querschnitt in jedem Spalt nur ein Elementarzentrum anzunehmen. Die von diesen Zentren ausgehenden Wellen führen in solchen Richtungen α zu einer Verstärkung, für die

$$\sin\alpha = \frac{n \cdot \lambda}{g},$$

n = 1, 2, 3, ...

ist. Außerdem ist

$$\tan\alpha = \frac{a}{e},$$

wenn der Abstand zweier heller Stellen gleicher Ordnung 2a, der Abstand des Schirms vom Gitter e ist. In allen anderen

Richtungen ist es dunkel. An einfachen Beispielen lässt sich zeigen, dass sich dabei fast zu jeder Elementarwelle eine andere finden lässt, die sie löscht.
Wenn der Beobachtungsschirm weit entfernt ist, kann man davon absehen, dass sich dort nur solches Licht in einem Punkt vereinigt, das leicht konvergent vom Gitter weggeht, während bei der Überlegung für das Helligkeitsmaximum so gerechnet wird, als handele es sich um parallele Lichtstrahlen.

Bei strengeren Untersuchungen benutzt man eine zweite Linse, die jeweils parallel einfallende Lichtstrahlen in einem Punkt ihrer Brennebene vereinigt. Die Entfernung e, die in der Bestimmungsgleichung für α vorkommt, ist dann vom Mittelpunkt der Linse bis zum Schirm zu messen, weil der durch den Mittelpunkt der Linse fallende Strahl ungebrochen durch die Linse geht. Die Linse ändert nichts an den Phasenbeziehungen der einfallenden Wellen, die nachher im Brennpunkt vereinigt werden, so dass die Überlegung wegen der Interferenz gültig bleibt.

Ein mit monochromatischem Licht beleuchtetes Gitter gibt scharfe Beugungsbilder in dieser Farbe, die um so weiter abgelenkt werden, je größer die Wellenlänge ist. Weißes Licht gibt daher Spektren, bei denen sich diejenigen höherer Ordnung allerdings gegenseitig überdecken. Da in einem Gitterspektrum die Ablenkung (nahezu) proportional λ ist, nennt man ein solches Spektrum *Normalspektrum* (im Gegensatz zu einem von einem Prisma erzeugten, dessen blaues Ende sehr stark gedehnt erscheint).
Mit Hilfe optischer Gitter kann man sehr genaue *Wellenlängenmessungen* vornehmen, da man g sehr klein machen kann und deshalb große Ablenkungen erhält.

Interferenz

Wenn Licht auf dünne, durchsichtige Schichten trifft, wird es z.T. an der Oberfläche reflektiert, z.T. dringt es ein und fällt z.T. durch, z.T. wird es an der Unterseite reflektiert und verlässt die Schicht, soweit es nicht an der Oberfläche zum zweiten Mal reflektiert wird, nach außen in derselben Richtung wie der erste reflektierte Anteil: Diese beiden Wellenzüge interferieren miteinander. Der Phasenunterschied der Wellen hängt vom Weg des zweiten Anteils in der Schicht, also von der Schichtdicke und der Richtung des Strahls in der Schicht, von der Wellenlänge im betreffenden Mittel und einem möglichen Phasensprung der Wellen bei der Reflexion ab. Wenn es sich um eine Schicht aus dichterem Material in einem dünneren Medium oder umgekehrt handelt, tritt auf jeden Fall ein Phasensprung π auf, entweder an der oberen oder an der unteren Grenzfläche.
Bei nahezu senkrechtem Einfall ist also im reflektierten Licht Auslöschung festzustellen, bei Schichtdicken von fast Null und Vielfachen von $\frac{\lambda}{2}$,
maximale Helligkeit bei ungeraden Vielfachen von $\frac{\lambda}{4}$.
Bei durchfallendem Licht gibt es Interferenzen der Wellen, die direkt die Schicht verlassen, mit denen, die an der Unter- und Oberseite je einmal reflektiert wurden. Schon aus Gründen der Energieerhaltung

ist Auslöschung dort zu erwarten, wo im reflektierten Licht maximale Helligkeit ist, und umgekehrt. Die Erscheinung beim durchfallenden Licht ist aber nicht so ausgeprägt, weil die Intensität der beiden interferierenden Anteile sehr verschieden ist.

Im reflektierten Licht beobachtet man bei einfarbiger Beleuchtung keilförmiger Schichten im Einklang mit den gemachten Überlegungen helle und dunkle Streifen, die auf Kurven gleicher Dicke verlaufen. Soweit sich die verschiedene Richtung, unter der das Licht die Schicht durchsetzt, bemerkbar macht, sehen wir Interferenzen auch bei planparallelen Plättchen in Kurven gleicher Neigung.

Ein Interferenzfeld kann man bei zwei Lichtquellen nicht erwarten, weil die einzelnen kurzzeitig strahlenden Atome unabhängig voneinander Licht-Wellenzüge aussenden: Man sagt, die Strahlen der beiden Lichtquellen seien nicht *kohärent*. Damit sind sie auch nicht interferenzfähig in der Art der beim Wasser im angeführten Beispiel entstehenden beiden Oberflächenwellenfelder. *Fresnel* gelang es, zwei kohärente Quellen beim Licht zu erhalten, indem er einen beleuchteten Spalt in zwei nur ganz schwach gegeneinander geneigten Spiegeln spiegelte und das scheinbar von den beiden nahe beieinanderliegenden Spiegelbildern L_1 und L_2 kommende Licht benutzte. Tatsächlich erhielt er auf einem Schirm, den er senkrecht zum ausfallenden Licht in den Interferenzraum R brachte, ein System äquidistanter heller und dunkler Streifen, wenn er monochromatisches (einfarbiges) Licht benutzte; das war als Schnittfigur mit den Hyperboloidflächen zu erwarten, die den Hyperbelkurven auf der Wasseroberfläche entsprechen. Der Abstand der Streifen voneinander war um so geringer, je näher die Farbe dem violetten Ende des Spektrums lag. Aus dem Streifenabstand d der beiden ersten dunklen Streifen rechts und links der hellen Mitte, dem Abstand a der beiden virtuellen Lichtquellen und dem Abstand e dieser Quellen vom Schirm lässt sich die Wellenlänge λ des benutzten Lichts berechnen:

$$\lambda = \frac{ad}{e}.$$

Man findet für violettes Licht eine Wellenlänge von etwa 400 nm, für rotes doppelt so viel, nämlich etwa 800 nm; für die Frequenzen des sichtbaren Spektrums berechnen sich die beiden Grenzen entsprechend

$$v = \frac{\lambda}{c} \text{zu } \nu_r = 375 \cdot 10^{12}\,\text{Hz},$$
$$\nu_v = 750 \cdot 10^{12}\,\text{Hz}.$$

Weißes Licht führt bei der Reflexion an dünnen Schichten zu sehr auffallenden *Interferenzfarben*, da sich der nicht durch Interferenz gelöschte Rest zu einer Farbe zusammensetzt.

So erklären sich die Farben von Seifenblasen und Ölfilmen auf feuchter Straße oder Wasser. Auch die *Newtonschen Ringe*, die gelegentlich bei der Projektion von Dias entstehen, kommen durch Interferenz an den dünnen, zwischen Film und Deckglas eingeschlossenen Luftschichten zustande; sie sind blass, weil es sich um Interferenz im durchgehenden Licht handelt.

Die klassischen Newtonschen Ringe erhält man, wenn man eine ganz schwach gewölbte Linse auf eine ebene Glasplatte legt und das Gebiet neben dem Auflagepunkt betrachtet. Aus ihnen lässt sich die Wellenlänge nach der Gleichung

$$\lambda = \frac{r^2}{n \cdot R}$$

ermitteln, wobei r der Radius des n-ten dunklen Rings, R der Krümmungshalbmesser der Linse ist.

Dicke Schichten ergeben bei weißem Licht keine Interferenzfarben mehr, weil die Schichtdicke dann ein Vielfaches der halben Wellenlängen mehrerer Farben ist, die bei wachsender Schichtdicke immer zahlreicher werden und deshalb im Spektrum immer dichter zueinander liegen. Der übrigbleibende sichtbare Rest stammt ebenfalls aus allen Bereichen des Spektrums und ergibt schließlich Weiß.

Der empfindlichste Bereich unseres Auges liegt im gelbgrünen Teil des Spektrums. Auf den Linsen optischer Geräte bringt man deshalb häufig eine durchsichtige Schicht mit einer Dicke von einer Viertelwellenlänge dieser Farbe an. Sie ist optisch dünner als Glas, aber dichter als Luft, ergibt also in der Reflexion einen Gangunterschied von

$$\frac{\lambda}{2}$$

und löscht deshalb Gelbgrün. Das macht sich in einer Intensitätssteigerung des durchfallenden Lichts bemerkbar, die recht deutlich wird, weil es sich meist um ein System mehrerer Linsen handelt. Außerdem führt diese *Vergütung der Linsen* zur Verminderung von Streulicht, das aus der nochmaligen Reflexion des reflektierten Lichts an den Flächen der vorhergehenden Linsen stammt und bei Photos zu einem Grauschleier führt.

Für Violett, das nur zwei Drittel der Wellenlänge von Gelbgrün hat, tritt fast keine Auslöschung des reflektierten Lichts ein; deshalb erscheinen die an sich farblosen Linsen in dieser Farbe.

Stehende Licht-Wellen kennt man, seit *Wiener* einen extrem dünnen lichtempfindlichen Film unter einem ganz kleinen Neigungswinkel vor einem Metallspiegel anbrachte und einfarbiges Licht senkrecht auffallen ließ (1889). Es bildeten sich stehende Wellen aus, deren Knotenebenen den Film in parallelen, nicht geschwärzten Streifen schnitten, während bei den dazwischenliegenden Bäuchen maximale Schwärzung zu beobachten war. Am Spiegel selbst war eine nicht geschwärzte Knotenebene: Es handelte sich also um eine Reflexion am dichteren Mittel, die so gedeutet wird, dass der elektrische Vektor der elektromagnetischen Welle die chemische Wirkung hervorbringt.

Polarisation

Das Licht besteht aus Querwellen. Da normalerweise viele Erreger vorhanden sind, ist keine Schwingungsrichtung bevorzugt, und man bemerkt nichts von einer Polarisation. Man kann aber mit optischen Geräten, so genannten *Polarisatoren*, dafür sorgen, dass nur noch Licht einer bestimmten Schwingungsrichtung vorhanden, es also polarisiert ist. Mit einem zweiten entsprechenden Gerät, dem *Analysator*, lässt sich die Polarisation nachweisen: Steht es zum ersten gekreuzt, so kann kein Licht durchgehen.

Man konnte dünne, mit eingelagerten Kristallen versehene Filme als *Polarisati-*

onsfilter herstellen. Nach dem Durchgang durch ein erstes solches Filter ist das Licht polarisiert; wird das zweite in den Weg des polarisierten Lichts gebracht und um den Strahl als Achse um 360° gedreht, so wechselt die Helligkeit des durchfallenden Lichts zweimal von einem Maximum zu einem Minimum. Im ersten Fall sind die Vorzugsrichtungen der beiden Folien parallel, im zweiten gekreuzt. In den übrigen Lagen wird nur diejenige Komponente der Welle durchgelassen, die in der Ebene der erlaubten Schwingungsrichtung steht.

Teilweise polarisiertes Licht entsteht auch bei der Reflexion an nichtleitenden Stoffen; die Polarisation ist vollständig, wenn die Reflexion unter dem Polarisationswinkel erfolgt, der bei Glas 57° beträgt. Reflektierter und gebrochener Strahl stehen dann senkrecht aufeinander (*Brewsterscher Satz*). Man kann deshalb störende Reflexe an Glas- oder Wasseroberflächen dadurch beseitigen, dass man durch ein entsprechend drehbares Polarisationsfilter hindurch beobachtet oder photographiert.

Das durch eine Glasplatte fallende Licht ist nur teilweise polarisiert; will man vollständig polarisiertes haben, so muss man nicht nur eine Glasplatte bei einem Einfallswinkel von 57° verwenden, sondern einen ganzen Plattensatz. Der gebrochene Strahl ist senkrecht zum reflektierten polarisiert.

Viele Kristalle (z.B. der *Kalkspat*) zerlegen einen auffallenden Strahl in zwei senkrecht zueinander polarisierte, nämlich in den ordentlichen Strahl, der sich nach den üblichen Brechungsgesetzen verhält, und den außerordentlichen, der das nicht tut, sondern z.B. auch bei senkrechtem Einfall gebrochen wird. Legt man einen Kalkspatkristall (Doppelspat) auf Druckschrift, so erscheint sie unserem Auge doppelt, weil der außerordentliche Strahl, der von einem Punkt der Unterlage kommt, wegen der Brechung parallel versetzt ist. In bestimmten Stoffen (z.B. in Zuckerlösung) wird die Schwingungsebene polarisierten Lichts beim Durchgang gedreht, und zwar abhängig von Strecke, Konzentration und Wellenlänge. Durch Messung des Drehwinkels lassen sich Konzentrationen bestimmen (*Saccharimeter*).

Linsen

Optische Linsen bestehen meist aus Glas und sind von zwei Kugelflächen bzw. einer ebenen und einer Kugelfläche begrenzt. Nach außen gewölbte Flächen nennt man **konvex**, nach innen gewölbte Flächen **konkav**. Linsen haben die Aufgabe, Bilder zu erzeugen, die lichtstärker als die der Lochkamera sind und auch virtuell sein können.

Sammellinsen sind in der Mitte dicker als am Rand. Sie brechen die Strahlen eines hindurchgehenden Lichtbündels nach innen zu – am Rand stärker als im Inneren. Ein senkrecht auf eine Sammellinse fallendes paralleles Strahlenbündel wird zu einem kegelförmigen Bündel gebrochen. Die Spitze des Kegels liegt auf der Linsenachse (Verbindungslinie der beiden Mittelpunkte der die Linse begrenzenden Kugelflächen) und heißt **Brennpunkt**. Jede Sammellinse hat auf jeder Seite einen Brennpunkt im gleichen Abstand von der

Linse. Die der Linse parallelen Ebenen durch den Brennpunkt sind die **Brennebenen**. Die Sonnenstrahlen vereinigen sich in der Brennebene einer Linse zu einem Sonnenbild, das infolge der dort auftretenden Energiekonzentration Papier zum Entflammen bringen kann.

Die **Brennweite** (f) einer Linse ist der Abstand des Brennpunkts von ihr. Sie ist um so kleiner, je stärker die Linsenflächen gewölbt sind und je größer der Brechungsindex des Linsenmaterials ist.

Die **Brechkraft** einer Linse ist die reziproke Brennweite (in Metern, 1/f). Sie wird in **Dioptrien** gemessen. Eine Linse von 1/2 m Brennweite besitzt 2 Dioptrien, von 1/4 m 4 Dioptrien usw. Nebeneinanderstehende Linsen addieren ihre Brechkräfte, z.B. haben zwei Linsen von je zwei Dioptrien zusammen 4 Dioptrien oder eine Brennweite von 1/4 m.

Zerstreuungslinsen sind in der Mitte dünner als am Rand. Sie brechen die Strahlen eines hindurchgehenden Lichtbündels nach außen zu, am Rand stärker als im Inneren. Ein senkrecht auf eine Zerstreuungslinse auffallendes paralleles Lichtbündel wird zu einem kegelförmigen Bündel auseinandergebrochen, dessen nach rückwärts verlängerte Strahlen sich in einem Punkt, dem Brennpunkt, treffen. Zerstreuungslinsen nennt man auch Minuslinsen mit Minusbrennweiten und negativen Brechkräften im Gegensatz zu den positiven Sammellinsen.

Zur **Bildkonstruktion** von Linsenbildern genügt die Kenntnis der **optischen Achse** (**Symmetrieachse**) der Linse und die Lage der Brennpunkte. Man benutzt zur Konstruktion die ohne Richtungsänderung durch den Linsenmittelpunkt gehenden Strahlen (Hauptstrahlen) und die achsenparallelen Strahlen, die jeweils auf der anderen Linsenseite durch den dort liegenden Brennpunkt gehen. Für die Konstruktion, die nur die Bildlage und die Bildgröße festlegt, ist der wirkliche Strahlenverlauf unerheblich. Die dazu gezeichneten Strahlen brauchen nicht durch die Linse selbst zu gehen, wenn diese etwa zu klein ist.

Sammellinsen entwerfen reelle (auffangbare) Bilder von Gegenständen außerhalb der Brennweite. Gegenstände innerhalb der Brennweite ergeben vergrößerte virtuelle (nicht auffangbare, aber sichtbare) Bilder. Zerstreuungslinsen können nur virtuelle Bilder erzeugen.

Die **Linsenfehler** bedingen Bildfehler, z.B. bezüglich der Schärfe, der Verzerrung, der farbigen Ränder. Sphärische Fehler beruhen darauf, dass Linsenrand und Linsenmitte verschiedene Brennweiten haben, chromatische (d.h. Farb-)Fehler darauf, dass für verschiedene Farben die Brennweiten verschieden sind. Der **Astigmatismus** (zu griech.: nicht-punktförmig) tritt auf, wenn die Lichtstrahlen einen Winkel mit der optischen Achse bilden, und besteht darin, dass das Bild eines Gegenstandspunkts einseitig auseinandergezogen wird. Der Astigmatismus des Auges wirkt genauso, beruht aber auf der Abweichung der Augenlinse von der Zylindersymmetrie. **Linsensysteme** sind mehrere miteinander fest verbundene, auch verkittete Linsen, deren Brechzahlen, Brennweiten und Abstände zur möglichst weitgehenden Herabsetzung der Linsenfehler aufeinander abgestimmt sind. Das **Objektiv** ist ein Linsensystem, das dem Objekt (dem abzubildenden Gegenstand) zugewandt ist; das **Okular** ist dem Auge zugewandt (z.B. im Mikroskop oder Fernrohr). **Achromate** sind Linsensysteme mit Korrektur der Farbfehler. Linsensysteme haben wie Einzellinsen Brennpunkte und Brennweiten. Auch die gesamte Optik z.B. eines Mikroskops wird gelegentlich als Linsensystem bezeichnet.

Hauptebenen sind Ebenen, mit deren Hilfe man bei Linsensystemen oder dicken Einzellinsen den Strahlengang für die Bildkonstruktion leicht bestimmen kann. Jedes Objektiv z.B., genau genommen auch jede Einzellinse, besitzt zwei Brennpunkte und zu jedem Brennpunkt gehörig je eine Hauptebene senkrecht zur Hauptachse, die von ihrem Brennpunkt den Brennweitenabstand besitzt. Ohne Beachtung des tatsächlichen, komplizierten Strahlenverlaufs kann man Bildlage und Bildgröße konstruieren, wenn man die Strahlen bis zu den Hauptebenen wie bei Einzellinsen zeichnet und sie zwischen den Hauptebenen parallel zur Hauptachse des Systems laufen lässt.

Hohlspiegel sind innen spiegelnde Kugelschalen oder für höhere optische Anforderungen solche mit abgeflachten Randzonen (**Parabolspiegel**), die man sich durch Rotation von Parabeln um ihre Achsen entstanden denken kann. Sie werden für astronomische Fernrohre, Scheinwerfer und als Rasierspiegel verwandt. Hohlspiegel haben wie Linsen einen Brennpunkt und eine Brennweite (= Hälfte des Krümmungsradius) und können zur Bilderzeugung benutzt werden. Der Autorückspiegel ist ein Konvexspiegel, ein außen versilberter Kugelspiegel, der wie eine Zerstreuungslinse eine virtuelle Brennweite besitzt, virtuelle nicht auffangbare Bilder erzeugt und dabei einen großen Winkelbereich übersehen lässt.

Das Auge und die Brille. Das Auge besitzt ein Linsensystem, das auf der lichtempfindlichen Netzhaut ein umgekehrtes, reelles, verkleinertes Bild der betrachteten Gegenstände entwirft. Die Lichtreize auf der Netzhaut vermitteln auf erst teilweise geklärte Weise das Bewusstsein des Bildinhalts.

Akkommodation nennt man die Fähigkeit des Auges, bei wechselnden Gegenstandsentfernungen jeweils scharfe Netzhautbilder zu erzeugen. Da der Netzhautabstand von der Augenlinse nicht verändert werden kann, ist dazu eine Brechkraftveränderung erforderlich. Diese wird durch die mehr oder weniger starke unbewusste Zusammenziehung eines die Augenlinse umschließenden Ringmuskels (**Ziliarmuskel**) bewirkt, wodurch ihre Krümmung und damit ihre Brennweite verändert wird. Die kleinste Brechkraft (58,6 Dioptrien) besitzt das entspannte Auge bei der Betrachtung von mehr als 10 m weit entfernten Gegenständen (**Fernpunkt**). Akkommodation auf einen **Nahpunkt** (geringste akkommodierbare Entfernung) von 7 cm (10-jährige Kinder) erfordert eine Erhöhung der Brechkraft um ca. 14 Dioptrien, von 15 cm (30-Jährige) um etwa 7 Dioptrien. 60-Jährige haben nur noch eine Akkommodationsbreite von 1 Dioptrie; sehr alte Menschen können die Brechkraft ihres Auges nicht mehr verändern.

Die **Sehweite** für deutliches Sehen beträgt 25 cm. Es ist diejenige Entfernung, auf die der Normalsichtige längere Zeit ohne Anstrengung akkommodieren kann (z.B. beim Lesen). **Weitsichtigkeit** (**Hypermetropie**) beruht meist darauf, dass der Augapfel zu kurz ist, das Netzhautbild also bei entspanntem Auge hinter der Netzhaut liegt. Da das Auge schon bei der Betrachtung entfernter Gegenstände seine Brechkraft vergrößern muss, reicht sein Akkommodationsbereich nicht mehr aus, um nahe Gegenstände scharf zu erkennen.

Der Weitsichtige braucht daher eine Brille mit Sammellinsen zur Brechkraftverstärkung für das Nahsehen.

Bei **Kurzsichtigkeit** (**Myopie**) ist der Augapfel meist lang, so dass das Netzhautbild entfernter Gegenstände bei entspanntem Auge vor der Netzhaut liegt. Der Kurzsichtige braucht daher eine Brechkraftverkleinerung durch eine Brille mit Zerstreuungslinsen für die Betrachtung ferner Gegenstände. Dafür liegt sein Nahpunkt ohne Brille sehr dicht am Auge.

Alterssichtigkeit (**Presbyopie**) beruht auf der mit wachsendem Alter geringer werdenden Akkommodationsbreite. Der Alterssichtige kann nur noch in mittlerer Entfernungen scharf sehen und braucht eine Nah- und eine Fernbrille.

Der **Augenastigmatismus** kommt durch Asymmetrien im Augenlinsensystem zustande, die die Abbildung eines Gegenstandspunkts als Bildpunkt auf der Netzhaut verhindern. Er kann durch Brillen korrigiert werden, bei denen dem Kugelschliff der Gläser ein Zylinderschliff überlagert ist.

Brillen dienen dazu, die Sehfehler der Augen auszugleichen. Ihre Gläser bestehen aus **Menisken** (griech.: Möndchen; schalenförmige Gläser), durch deren Form eine Augapfeldrehung ermöglicht wird, ohne dass sich dadurch der astigmatische Fehler der Gläser störend bemerkbar macht.

Das **Stereoskop** (griech.: Körperseher) ermöglicht das räumliche Sehen von 2 etwas verschiedenen Bildern, die, von 2 nebeneinanderliegenden Orten aufgenommen, mit je einem Auge betrachtet werden.

Lupe und **Mikroskop** dienen der Sehwinkelvergrößerung naher Gegenstände, das **Fernrohr** der von fernen Gegenständen. Der Normalsichtige kann ohne Augenanstrengung bis auf die deutliche Sehweite (25 cm) an den betrachteten Gegenstand herangehen und bei einem Auflösungsvermögen von 1 Bogenminute in guter Beleuchtung gerade noch Details von ca. 0,08 mm Abstand erkennen. In 50 cm Entfernung könnten nur noch Feinheiten von 0,15 mm aufgelöst werden. Die optischen Geräte machen durch ihre Sehwinkelvergrößerung noch feinere Details dem Auge zugänglich.

Die **Lupe**, eine Sammellinse, erhöht die Brechkraft des Auges, so dass der Gegenstand bis in ihre Brennebene herangebracht werden kann. Aus der Lupe treten dann von jedem Gegenstandspunkt herrührende Parallelstrahlbündel aus, die mit entspanntem (auf große Entfernung akkommodiertem) Auge betrachtet werden. Die Sehwinkelvergrößerung ist die deutliche Sehweiten /Lupenbrennweite, z.B. 5-fach bei einer Lupenbrennweite von 5 cm. Für einen stark Kurzsichtigen, der auch ohne Brille schon 5 cm an den Gegenstand herangehen kann, würde diese Lupe keine Vergrößerung mehr ergeben.

Das **Mikroskop** besteht im Wesentlichen aus zwei kurzbrennweitigen Sammellinsen oder Linsensystemen, dem Objektiv und dem Okular. Das Objektiv entwirft von dem durch den Beleuchtungs**kondensor** durchleuchteten Objekt ein vergrößertes reelles, umgekehrtes Bild, das mit dem Okular wie mit einer Lupe nochmals vergrößert betrachtet wird. An der Stelle des reellen Bildes befindet sich eine **Kollektivlinse**, welche die Strahlenbündel des Objektivs in das Okular leitet, ohne die Bildgröße oder Lage zu beeinflussen (Abb. des Objektivs auf das Okular). Die Vergrößerung des Mikroskops ist genähert gleich der **Tubuslänge** (Abstand von

Objektiv und Okular) mal deutlicher Sehweite, geteilt durch das Produkt der beiden Brennweiten von Objektiv und Okular. Das **Auflösungsvermögen** eines Mikroskops, d.h. die kleinste Ausdehnung, die mit seiner Hilfe noch sichtbar gemacht werden kann, beträgt bestenfalls etwa eine halbe Wellenlänge der verwendeten Strahlung; für sichtbares Licht also etwa 2,5/10000 mm. Daher hat es keinen Sinn, die Vergrößerung eines Lichtmikroskops viel über 2000-mal zu steigern; eine weitere Vergrößerung zeigt keine neuen Einzelheiten und wirkt „leer". Der Grund für diese Begrenzung liegt darin, dass eine Wellenausbreitung durch „Hindernisse", die merklich kleiner als die Wellenlänge sind, nicht merkbar beeinflusst wird. Durch Verwendung kürzerwelliger Strahlung (Ultraviolett, Elektronen) gelingt es, Mikroskope mit höherem Auflösungsvermögen zu bauen; mit Spezial-**Elektronenmikroskopen** lassen sich sogar einzelne Atome und Moleküle sichtbar machen. Das Ultramikroskop unterscheidet sich von dem gewöhnlichen Mikroskop nur durch die Beleuchtungseinrichtung für das Objekt, die sogenannte **Dunkelfeldbeleuchtung**. Hier wird das Objekt von der Seite her beleuchtet, so dass nur sein Streulicht in das Objektiv fällt. Es erscheint dem Betrachter hell auf dunklem Grund. Im Ultramikroskop können noch kleinere Teilchen als im Mikroskop, allerdings nicht mehr formgetreu, wahrgenommen werden.

Das **Phasenkontrastverfahren** dient der Kontraststeigerung durchsichtiger Objekte. Man kann mit seiner Hilfe kleine Dickenunterschiede im Objekt in Helligkeitsunterschiede verwandeln. Phasenkontrastmikroskope besitzen Spezialobjektive mit eingebauten so genannten Phasenplatten und Spezialbeleuchtungseinrichtungen.

Die große Bedeutung des Phasenkontrastmikroskops liegt vor allem darin, dass die sonst schwer sichtbaren Strukturen z.B. biologischer Objekte ohne Anfärbung und damit ohne Schädigung der Zellen gesehen und in ihrer Entwicklung verfolgt werden können.

Fernrohre oder **Teleskope** vergrößern den Sehwinkel entfernter Gegenstände. Das Objektiv des astronomischen Fernrohrs entwirft ein umgekehrtes, verkleinertes, reelles Bild des Gegenstandes, das mit dem Okular als Lupe betrachtet wird. Eine Kollektivlinse an der Stelle des reellen Bildes sorgt dafür, dass die Lichtbündel des Objektivs in das Okular fallen. Die Vergrößerung des Fernrohres ist gleich dem Verhältnis von Objektiv zur Okularbrennweite, seine Auflösung (kleinster Sehwinkel) hängt wegen der Wellennatur des Lichts (Beugung) bei Überschreitung der Mindestvergrößerung nur vom Objektivdurchmesser ab.

Refraktoren sind Fernrohre mit Objektivlinsen. In den großen **Spiegelteleskopen** oder **Reflektoren** ist das Objektiv durch einen leichter herzustellenden Hohlspiegel ersetzt. Mit dem Durchmesser der Fernrohre wachsen das Auflösungsvermögen und bei Betrachtung von Fixsternen auch die Leuchtdichte.

Terrestrische Fernrohre, z.B. **Prismen**gläser, werden auf der Erde benutzt und besitzen Vorkehrungen, um die Umkehrung des Bildes z.B. durch zweimalige Totalreflexion in 90°-Prismen wieder aufzuheben.

Der **Projektionsapparat** projiziert mit Hilfe eines Objektivs **Diapositivbilder** (lichtdurchlässige Bilder auf Glasplatten oder Filmen) als vergrößerte, umgekehrte, reelle Bilder auf Bildschirme oder Wandflächen. Die Beleuchtung des Diapositivs bewirkt der dahinter stehende Kondensor, der die Lichtquelle vergrößert auf das Objektiv abbildet. Der **photographische Vergrößerungsapparat** arbeitet wie ein Projektionsapparat.

Mit dem **Episkop** (griech.: Daraufseher) können undurchsichtige, stark beleuchtete Bilder, z.B. aus Büchern, projiziert werden. Das **Epidiaskop** ist eine Kombination von Projektionsapparat und Episkop.

Photographie nennt man das Verfahren, mittels photochemischer (durch Licht hervorgerufener oder gesteuerter) Prozesse beständige Bilder herzustellen. Das Objektiv des Photoapparates wirft von dem zu photographierenden Gegenstand ein optisches Bild auf die lichtempfindliche Schicht, die auf Glas oder Zelluloidfilm aufgebracht ist. Diese bekommt durch die Belichtung ein **latentes** (nicht sichtbares) **Bild**, das durch die **Entwicklung** (z.B. durch Behandlung mit Hydrochinon) sichtbar gemacht wird. An den belichteten Stellen scheidet sich durch den Entwicklungsvorgang schwarzes Silber aus. Das Bild wird durch das darauf folgende Auswaschen der nicht oder wenig belichteten Silberhalogenide **fixiert**, d.h. lichtunempfindlich und beständig gemacht. Das so hergestellte Bild ist ein **Negativbild**, weil die stark belichteten Bildstellen schwarz sind.

Kopieren (Vervielfältigen) nennt man die Herstellung eines positiven (helligkeitsrichtigen) Bildes aus dem Negativfilm durch einen nochmaligen photographischen Prozess, z.B. in einem photographischen Vergrößerungsapparat (auch auf lichtempfindliches Papier, Bromsilberpapier).

Der **Photoapparat** besteht aus einem einstellbaren Objektiv zur Bilderzeugung auf dem Film, einer Objektivblende zur variablen Lichtschwächung, einem Objektivverschluss, der nur eine kurze einstellbare Zeit (z.B. 1/50 Sekunde) lang das Licht hindurchtreten lässt, und einer Filmaufnahme- bzw. Transportvorrichtung.

Das **Öffnungsverhältnis** des Objektivs bestimmt die für die Belichtungszeit maßgebende Beleuchtungsstärke auf dem Film. Es ist das Verhältnis des einstellbaren Blendendurchmessers zur Objektivbrennweite (z.B. 1:3,5 oder 1:11). Lichtstarke Objektive haben große Öffnungsverhältnisse. Ein halb so großes Öffnungsverhältnis erfordert 4-fache Belichtungszeit.

Unter **Tiefenschärfe** versteht man den Tiefenbereich, den Objektraum, der auf der Photoschicht eines Apparats bei unveränderter Objektiveinstellung noch ausreichend scharf erscheint. Sie hängt außer von der Brennweite des Objektivs und der Objektentfernung auch vom Öffnungsverhältnis des Objektivs ab und wird mit wachsendem Öffnungsverhältnis geringer.

Die **Farbphotographie** beruht auf der Erfahrung, dass jeder Farbton durch eine geeignete Mischung der drei Grundfarben Rot, Grün und Blau hergestellt werden kann. Die lichtempfindliche Schicht des Farbfilms besteht aus 3 übereinanderliegenden, sehr dünnen Schichten mit Blau-, Grün- bzw. Rotempfindlichkeit, die nach einem komplizierten, mehrere Arbeitsgänge umfassenden Arbeitsverfahren entwickelt werden.

ELEKTRIZITÄT

Elektrostatik

Die elektrische Ladung

Der elektrische Strom kommt durch die Bewegung von Ladungen zustande. In einem Körper kann nur dann Strom fließen, wenn in ihm ein Ladungstransport stattfindet. Ladungsträger sind Materieteilchen, aus denen alle Stoffe gebaut sind. Man unterscheidet dabei zwischen positiv (Protonen) und negativ (Elektronen) geladenen Teilchen. Zwei gleichartig geladene Teilchen stoßen sich ab, während zwei ungleiche sich anziehen. Wie stark sie sich abstoßen bzw. anziehen, hängt von der Größe der Teilchen und ihrem Abstand voneinander ab. Die Kraft, mit der zwei gleichgroße Ladungen sich anziehen oder abstoßen, wird vom Coulombschen Gesetz beschrieben. Demnach ist die Kraft

$$K = \frac{Q_1 \cdot Q_2}{r^2}$$

Q = Ladung
r = Abstand der Ladungen voneinander

Aus dem Coulombschen Gesetz geht ferner hervor, dass die Wirkung dieser Kraft durch den Raum, der zwischen den Ladungen liegt, hindurch erfolgt. Diesen Raum nennt man elektrisches Feld. Es kann durch Kraftlinien dargestellt werden.

Das Coulombsche Gesetz in der obigen Form gilt nur für einen luftleeren Raum, also im Vakuum. Ist der Raum zwischen den Ladungen mit einem Medium (Luft oder irgendeinem Stoff) gefüllt, so sinkt

die Kraft um den Faktor $\frac{1}{\Sigma}$,

wobei Σ für jedes Medium eine charakteristische Konstante ist.

Elektrostatische Ladungseinheit

Ein Körper hat die elektrostatische Ladungseinheit 1, wenn er einen gleich stark geladenen Körper in der Entfernung von 1 *cm* mit der Kraft 1 *dyn* abstößt oder anzieht.

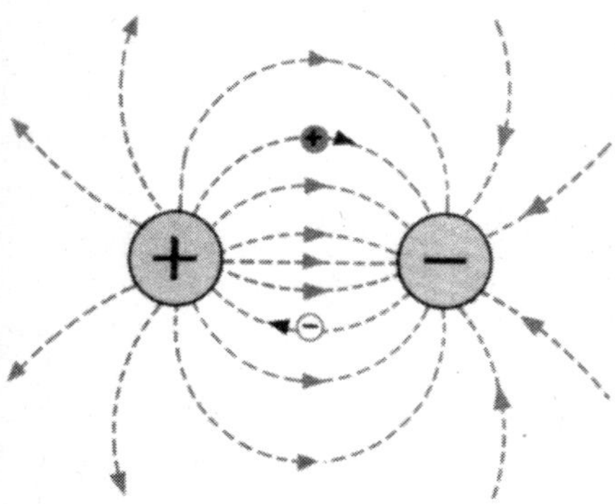

Kräfte im elektrischen Feld

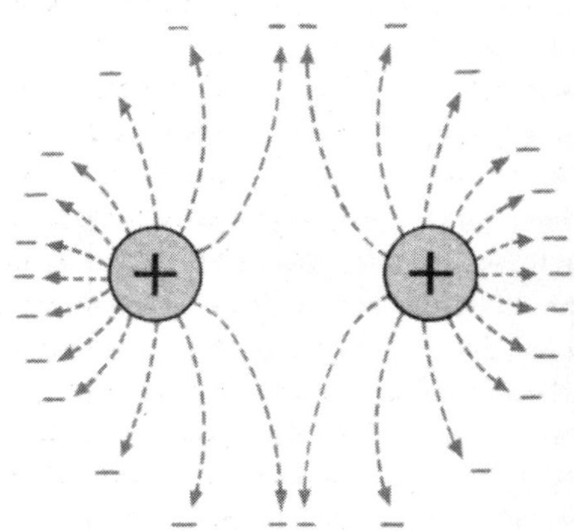

Feld zweier gleichnamiger Ladungen

1 Coulomb = 3 · 10^9
elektrostatische Ladungseinheiten

Die beiden Ladungsträger, Protonen und Elektronen, sind als Elementarteilchen am Aufbau der Atome beteiligt. Protonen und Elektronen unterscheiden sich durch ihre Massen. Die Elektronenmasse beträgt nämlich

$$m_0 = 9{,}1085 \cdot 10^{-28} g = \frac{1}{1836}$$

der Protonenmasse. Die Elementarladung ist dem Betrage nach

$e_0 = 4{,}803 \cdot 10^{-10}$ *elektrost. CGS-Einheiten*
$= 1{,}602 \cdot 10^{-19}$ *Coulomb*

Eine *CGS-Einheit* ist eine Maßeinheit im sogenannten

Zentimeter-Gramm-Sekunden-System,

das aus dem Maßsystem der Mechanik abgeleitet wird (Weg *s* in *cm*, Masse *m* in *g* und Zeit *t* in *s*).

Die Atome selbst bestehen aus einem Kern, in dem neben den Protonen noch Neutronen enthalten sind. Um diesen Kern bewegen sich die Elektronen. Ist die Zahl der Elektronen gleich der der Protonen, ist das Atom elektrisch neutral. Das Aufladen eines Körpers bedeutet demnach Vermehrung einer Teilchenart. Besitzt ein Körper einen Überschuss an Elektronen, so ist er negativ geladen, fehlen ihm Elektronen, so ist er positiv geladen (negative oder positive Ionen).
In den meisten Körpern sind die Elektronen mehr oder weniger fest an den Atomverband gebunden. In solchen Körpern sind Ladungen ohne Zufuhr von Energie nicht beweglich. Werden Ladungen von außen herangebracht, bleiben sie dort haften, wo sie zugeführt wurden. Solche Körper werden Isolatoren genannt (z.B. Bernstein). In den Metallen sind dagegen stets ein oder mehrere Elektronen je Atom nicht mehr fest an die Atome gebunden, sondern zwischen ihnen frei beweglich. Sie lassen sich daher unter der Wirkung elektrischer Kräfte verschieben. Darum werden die Metalle Leiter genannt. Zu den Leitern zählt man gelöste oder geschmolzene Salze, Basen und Säuren. Bei diesen Stoffen, den Elektrolyten, beruht die Leitfähigkeit darauf, dass die Atome geladen sind und in der Lösung oder in der Schmelze als Ionen beweglich werden.

Die Stromstärke

Der Strom *I* ist gleich der Elektrizitätsmenge *Q*, die in der Zeit *t* durch den Querschnitt eines Leiters fließt. Es ist

$$I = \frac{Q}{t}$$

Wird *Q* in Coulomb und *t* in Sekunden gemessen, so erhält man die Stromstärke *I* in Ampère [*A*].

$$1 Ampère[A] = \frac{1 Coulomb}{1 Sekunde} = 1000\, mA$$

1 *Ampère* [*A*] = 1000 *Milliampère* [*m*A]
oder
1 Coulomb = 1 Ampèresekunde [As]

Außerdem ist 1 Ampère diejenige Stromstärke, die in 1 Sekunde aus einer gesättigten Silbernitratlösung 1,118 *mg* Silber abscheidet.

Die Spannung

Zwischen entgegengesetzt geladenen Polen einer Stromquelle herrscht stets elektrische Spannung, unabhängig davon, ob der Stromkreis geschlossen ist oder nicht. Die Ursache für die elektrische Feldstärke und damit für den elektrischen Strom ist die Spannung *U*. Die Einheit der Spannung ist das Volt *V*. Weitere Spannungsgrößen sind das Kilovolt [*kV* = 1000 *V*] und das Millivolt

$$\left[mV = \frac{1}{1000}V\right].$$

Das elektrische Feld

Befindet sich in einem Raum eine größere Anzahl von Ladungen, so lassen sich die von ihnen ausgehenden Kraftwirkungen wie bei mechanischen Kräften zu einer resultierenden Kraft zusammensetzen. Auf eine einzelne Ladung wird dann die Kraft

$$K = Q \cdot E$$

ausgeübt. Da diese Gleichung mit dem Coulombschen Gesetz übereinstimmen muss, ist

$$E = \frac{Q}{r^2}$$

Wird die Feldstärke durch Kraftlinien dargestellt, verlaufen diese in Richtung der positiven zur negativen Ladung. Sie verlaufen in einem Feld, in dem die Feldstärke überall gleich ist, parallel zueinander. Die Dichte der Feldlinien ist ein Maß für die Stärke des Feldes. Nimmt die Feldstärke ab, laufen sie auseinander. Laufen sie zusammen, nimmt die Feldstärke zu.

Im CGS-System mit $k = 1$ ist die Einheit der Feldstärke

$$E = \sqrt{dyn} \cdot cm^{-1}.$$

Im praktischen System ist die Einheit $Volt \cdot m^{-1}$.

Um eine Ladung *Q* von einem unendlich entfernten Punkt, in dem die Feldstärke Null ist, zu einem Punkt des Feldes mit dem Potential *U* zu bringen, muss die Arbeit

$$A = Q \cdot U$$

geleistet werden. Im CGS-System ist die Einheit des Potentials wegen

$$U = \frac{A}{Q}$$

für *U* [$\sqrt{dyn}$]

Im praktischen System ist sie 1 *Volt.* Es gilt ferner

$$1V = \frac{1}{300}$$

elektrostatische CGS-Einheiten.

Die Kapazität

Die Ladung eines isoliert aufgestellten Leiters ist seiner Spannung proportional. Es ist

$$Q = C \cdot U$$

Im CGS-System hat die Kapazität *C* die

Dimension einer Länge. Es ist nämlich

$$C = \frac{Q}{U} = \left[\frac{cm\sqrt{dyn}}{\sqrt{dyn}}\right] = [cm]$$

Wie bereits ausgeführt, ergibt sich die Einheit der Ladung als

$$cm \cdot \sqrt{dyn}.$$

Die Einheit der Spannung ist mit

$$\sqrt{dyn}$$

angegeben. Setzt man diese Angaben in die angegebene Gleichung ein, erhält man das obige Ergebnis.

Im praktischen Maßsystem ist die Einheit der Kapazität das *Farad* [*F*].

$$1\,Farad = 1\frac{Coulomb}{Volt} = 1\frac{As}{Volt}$$

Ein *Farad* ist gleich 10^{11} *cm*. Außerdem sind folgende Unterteilungen gebräuchlich:

1 Millifarad	$1\ mF = 10^{-3}\ F$
1 Mikrofarad	$1\ \mu F = 10^{-6}\ F$
1 Nanofarad	$1\ nF = 10^{-9}\ F$
1 Pikofarad	$1\ pF = 10^{-12}\ F$

Kondensatoren

Ein Kondensator ist eine Einrichtung, mit der elektrische Ladungen gespeichert werden können. Ein geladener Kondensator trägt auf der einen Platte eine positive und auf der anderen eine gleich große negative Ladung. Die Kapazität eines Kondensators ist im CGS-System

$$C = \frac{F}{4\pi \cdot d}$$

Hierin wird *F* in cm^2 und *d* in *cm* gemessen. Im praktischen Maßsystem ist die Kapazität durch

$$C = \varepsilon_0 \frac{F}{d}$$

gegeben, wobei ε_0 die Influenzkonstante ist.

Sie hat den Wert $\varepsilon_0 = 8{,}859 \cdot 10^{-12}\ \frac{As}{Vm}$,

wenn *F* in m^2 und *d* in *m* angegeben sind.

Kondensatoren kann man parallel und hintereinander schalten. Bei Parallelschaltung (siehe Abb. Nr. 1.) ist die Gesamtkapazität

$$C_{ges} = C_1 + C_2 + \ldots,$$

bei Hintereinanderschaltung

$$\frac{1}{C_{ges}} = \frac{1}{C_1} + \frac{1}{C_2}$$

oder

$$\frac{1}{C_{ges}} = \frac{C_1 \cdot C_2}{C_1 + C_2}.$$

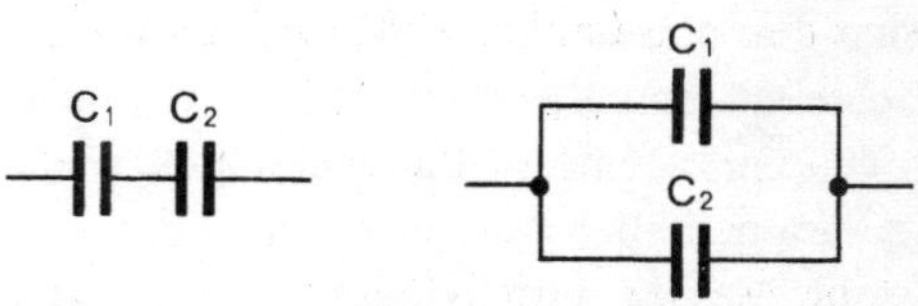

Abb. Nr. 1.

Wird der Raum zwischen den Platten eines Kondensators mit einem Stoff (Dielektrikum) ausgefüllt, nimmt die Kapazität des Kondensators zu. Das Verhältnis der durch ein Dielektrikum vermehrten Kapazität eines Kondensators zu seiner Kapazität im Vakuum wird als Dielektrizitätskonstante bezeichnet. Es ist

$$p = \alpha \cdot E$$

Dielektrizitätskonstanten einiger Stoffe:

Glas	5-10
Hartgummi	2,5-3,5
Quarzglas	3,7
Äthylalkohol	25,8 (20°C)
Wasser	81,1 (18°C)
Petroleum	2,1 (18°C)
Luft	1,000576 (0°*C*, 760 *Torr*)
Wasserstoff	1,000264 (0°*C*, 760 *Torr*)
Stickstoff	1,000606 (0°*C*, 760 *Torr*)

Obwohl die Kapazität des Kondensators durch das Dielektrikum erhöht wird, sinkt die Spannung und damit auch die Feldstärke, die zwischen den Kondensatorplatten wirksam ist. Das bedeutet, dass auf der Oberfläche des Dielektrikums dem Feld polar entgegengesetzte Ladungen vorhanden sein müssen.

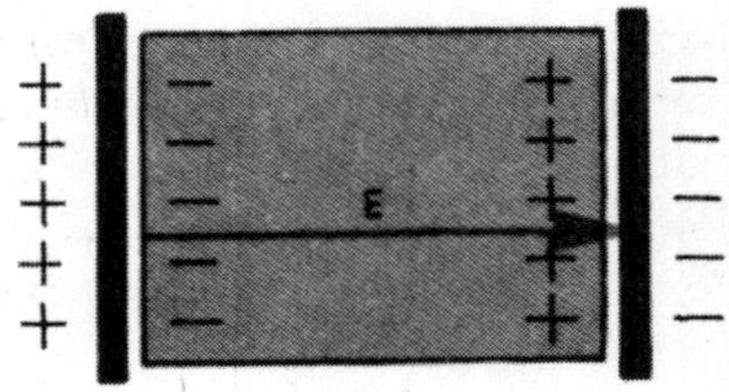

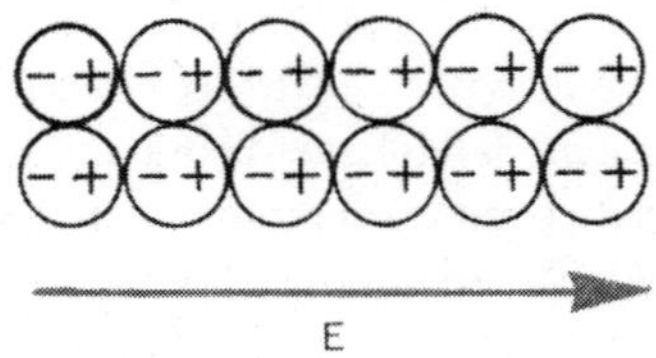

Verschiebungspolarisation

Die elektrischen Ladungen der Atombauteile sind nicht fest miteinander verbunden. Ein elektrisches Feld kann sie so verschieben, dass die Schwerpunkte der positiven und negativen Ladungen nicht mehr zusammenfallen, so dass ein Dipol entsteht, dessen elektrisches Moment der Feldstärke proportional ist, also

$$p = \varepsilon \cdot E$$

Hierin ist α die Polarisierbarkeit. Sie ist für jedes Atom charakteristisch. Die Verschiebung der Ladungen bezeichnet man entsprechend als Polarisation. Durch diese Ladungsverschiebungen tritt auf der Oberfläche des Dielektrikums eine Oberflächenladung auf, die dem elektrischen Feld polar entgegengesetzt ist.

Die Größe dieser Aufladung ist der Verschiebbarkeit der Ladungen in den Atomen und deren Anzahl pro Volumeneinheit proportional.

Orientierungspolarisation

Neben der Verschiebungspolarisation, die alle Materie aufweist, gibt es noch Substanzen, die aus geladenen Atomen, Ionen, bestehen und infolgedessen schon im feldfreien Raum ein elektrisches Moment besitzen. Diese Atomdipole sind jedoch wegen der Wärmebewegung nicht ausgerichtet, und zeigen daher kein resultierendes Moment, da jede Richtung gleich wahrscheinlich ist. Ein äußeres elektrisches Feld etwa zwingt diese Dipole etwa in seine Richtung. Dies geschieht um so mehr, je stärker das Feld und je tiefer die Temperatur ist.

Polarisation ohne äußeres elektrisches Feld [piezoelektrischer Effekt]

Wird ein aus Ionen aufgebauter Kristall, der eine polare Achse besitzt, deformiert, so wird er polarisiert. In seinem Inneren können dabei Dipolmomente auftreten oder vorhandene sich ändern. Diese Eigenschaft ist besonders bei Turmalin und Quarz ausgeprägt. Werden solche Kristalle durch Zug oder Druck deformiert, kann das Auftreten elektrischer Spannungen beobachtet werden. Legt man umgekehrt eine Wechselspannung an, deren Frequenz mit der Grund- oder einer Oberschwingung einer anregbaren Quarzplatte übereinstimmt, so gerät diese in Resonanzschwingungen. Solche schwingenden Quarze werden zur Frequenzstabilisierung von Schwingkreisen verwendet (siehe untenstehende Abbildung).

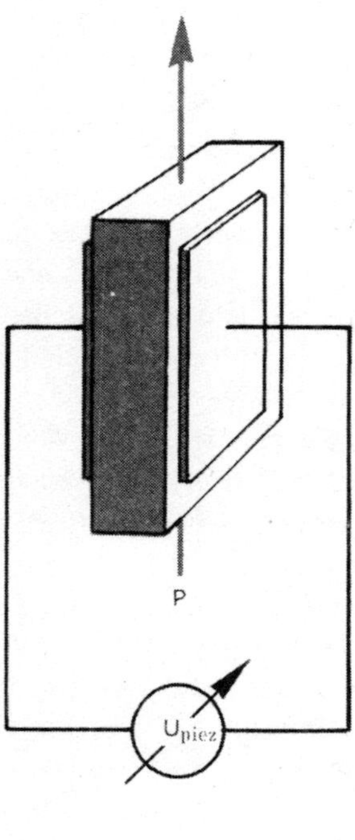

Magnetostatik

Das Magnetfeld der Erde

Ein frei drehbar aufgehängter Stabmagnet stellt sich in die Nord-Süd-Richtung ein. Er weicht dabei nicht nur vom geographischen Meridian ab, sondern neigt sich auch gegen die Horizontale. Die Abweichung vom Meridian wird **Deklination** und die Neigung gegen die Horizontale **Inklination** genannt.

Magnet und Magnetfeld

Die Enden eines Magneten werden Pole genannt. Dabei ist der nordmagnetische Pol der, der nach Norden zeigt, und der südmagnetische der, der nach Süden zeigt.

Ferner stoßen sich gleichnamige Pole ab, ungleichnamige ziehen sich an. Jeder Magnet ist mit einem Magnetfeld umgeben, das sich wie das elektrische Feld durch Kraftlinien darstellen lässt und den den Magneten umgebenden Raum, ohne an Materie gebunden zu sein, erfüllt.

Die Kraftlinien selbst verlaufen im Inneren des Magneten vom Südpol zum Nordpol, im Außenraum dagegen vom Nordpol zum Südpol. Das bedeutet, dass die magnetischen Kraftlinien geschlossene Kurven bilden. Sie durchdringen nahezu alle Stoffe. Mehrere Magnetfelder können zu einem resultierenden Feld zusammengesetzt werden.

Magnetisierung

Wird ein Eisenstab in eine stromdurchflossene Spule gebracht, so wird er magnetisiert, indem seine Elementarmagnete durch das Spulenfeld ausgerichtet werden. Dadurch erhöhen sich die magnetischen Wirkungen der stromdurchflossenen Spule. Diese Eigenschaft eines Stoffes, die Durchlässigkeit für magnetische Kraftlinien zu verstärken, nennt man seine **Permeabilität**. Die Permeabilität ändert sich mit der Stärke des Magnetfeldes und ist von der Temperatur abhängig.
Durch Steigerung des Magnetfeldes kann man die Permeabilität nicht unendlich verändern. Bei einer bestimmten Feldstärke wird Sättigung erreicht.
Die Magnetisierung wächst bei kleinen Feldstärken etwas stärker als der Feldstärke proportional an, nimmt dann später weniger stark zu und gelangt schließlich in ein Sättigungsgebiet (Neukurve). Wird die Feldstärke wieder verringert, nimmt die Magnetisierung nicht auf demselben Wege

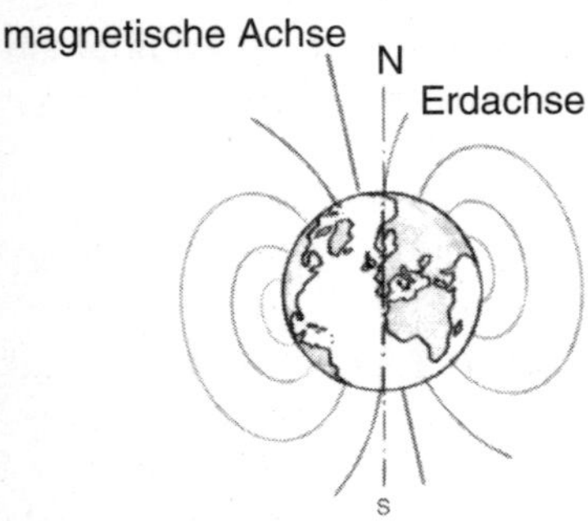

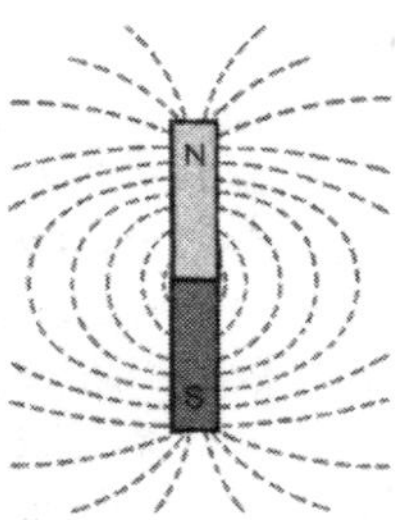

Stabmagnet

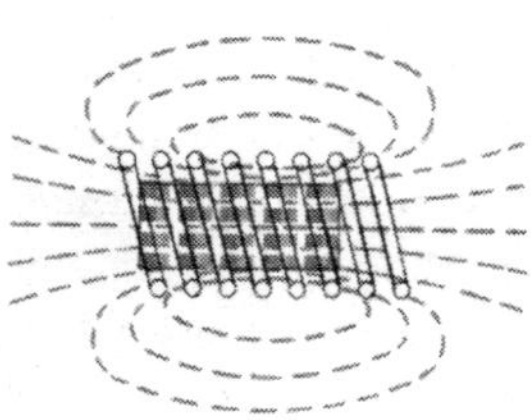

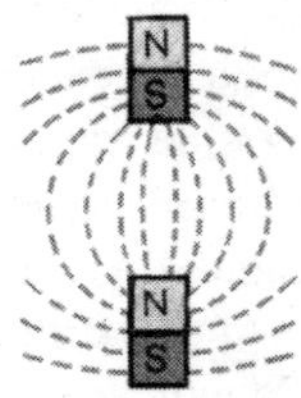

Anziehung ungleichnamiger Magnetpole

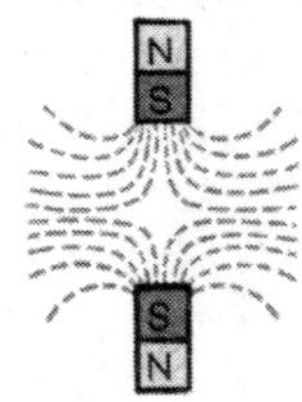

Abstoßung ungleichnamiger Magnetpole

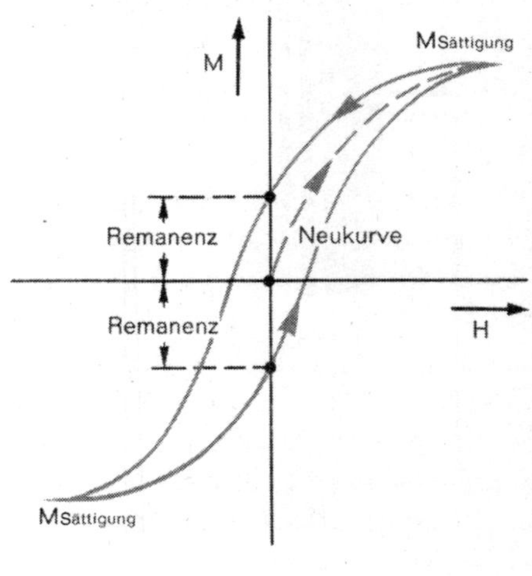

ab, so dass die Magnetisierung für $H = O$ noch einen endlichen Wert hat. Dieser Wert wird Remanenz genannt. Soll die Magnetisierung den Wert Null erreichen, muss ein Magnetfeld von entgegengesetzter Richtung überlagert werden. Die Feldstärke dieses Feldes wird Koerzitivkraft genannt. Wird diese Feldstärke weiter erhöht, nimmt die Magnetisierung wieder bis zur Sättigung zu, wenn der negative Wert von H genügend groß ist. Wird die Feldstärke jetzt wieder verringert, nimmt auch die Magnetisierung ab und erreicht für $H = O$ wieder dieselbe, nur entgegengesetzt gerichtete Remanenz. Ändert man jetzt wieder die Richtung des Feldes, so nimmt die Magnetisierung auch wieder zu. Diese Änderung der Magnetisierung wird durch die Hysteresisschleife beschrieben. Diese Schleife kann man folgendermaßen deuten: Bei der Magnetisierung eines Stoffes durch ein äußeres Magnetfeld muss innerer „Reibungswiderstand" überwunden werden. Die Kurvenfläche gibt also Auskunft über den Energieverlust (der bei einem idealen Körper sehr klein bzw. gleich Null ist). Der Energieverlust ist eine Folge der völligen Umorientierung der magnetischen Kraftflussdichte von einer Richtung in die entgegengesetzte und zurück zur Ausgangsrichtung.

Entmagnetisierung

Die Entmagnetisierung kann mit einem sich stetig schwächenden magnetischen Wechselfeld vorgenommen werden. Dabei wird die Hysteresisschleife während jeder Periode des Wechselfeldes durchlaufen. Da die Amplitude des Wechselfeldes laufend kleiner wird, wird auch die Hysteresisschleife immer kleiner, bis endlich der unmagnetische Zustand erreicht wird.

Stationäre Ströme (Gleichstrom)

Der elektrische Strom

Der elektrische Strom wird durch die Bewegung freier Elektronen im Innern eines Leiters hervorgerufen, die unter der Wirkung eines elektrischen Feldes erfolgt. Da an jedem Ort des Leiters die Stromstärke gleich groß ist, müssen sich die Elektronen mindestens im Mittel mit konstanter Geschwindigkeit bewegen.

Bei einer Stromstärke von etwa sechs Ampère wandern die Elektronen mit der sehr geringen Geschwindigkeit von ungefähr 0,4 *mm/s*. Die sehr große Geschwindigkeit der Nachrichtenübermittlung beruht daher nicht auf der Elektronenbewegung im Leiter, sondern auf der Ausbreitungsgeschwindigkeit der elektrischen Felder in dem und um den Leiter.

Der elektrische Strom fließt jedoch nur in einem geschlossenen Stromkreis. Dieser besteht aus der Stromquelle (Batterie, Steckdose), dem Verbraucher und den Leitungen zwischen beiden. In der Praxis ist stets ein Schalter vorhanden, mit dem der Stromkreis geöffnet oder geschlossen werden kann. Der elektrische Strom macht sich durch verschiedene Wirkungen bemerkbar:

Wärmewirkung
Lichtwirkung
Magnetwirkung
chemische Wirkung

Bei der Festlegung der Richtung des elektrischen Stromes geht man von der Bewegungsrichtung positiver Ionen innerhalb elektrolytischer Flüssigkeiten aus. Das bedeutet, dass die Stromrichtung der Richtung der Elektronenbewegung entgegengesetzt verläuft. Während sich die Elektronen vom Minuspol zum Pluspol bewegen, fließt der Strom vom Pluspol zum Minuspol.

Die Sicherung

Um die elektrischen Leitungen nicht zu überlasten, werden sie im Haus und in der Wohnung mit Sicherungen versehen. Diese sind so gebaut, dass ein Schmelzdraht im Inneren der Sicherung durchglüht, wenn die auf der Sicherung angegebene Stromstärke überschritten wird.

Die Glühlampe

In einem fast luftleeren Glaskolben befindet sich, an einem Tragegestell aufgehängt, ein gewendelter oder sogar doppelt gewendelter Wolframdraht. Beim Gebrauch einer solchen Lampe glüht dieser Wolframdraht hell bei einer Temperatur von über 2000° *C*. Bei dieser Temperatur verdampft ein Teil des Drahtes. Um das Verdampfen zu vermindern, werden die Glaskolben mit Edelgasen gefüllt (Argon, Krypton).

Die Leuchtstoffröhre

Für die Innenbeleuchtung werden wegen ihres hellen Lichtes auch oft Leuchtstoffröhren benutzt. Diese Röhren senden sehr viel ultraviolettes Licht aus. Um dieses für das Auge unsichtbare Licht auszunutzen, sind die Innenwände der Leuchtstoffröhre mit Leuchtstoffen überzogen, bei denen es sich um Kalzium-, Magnesium-, Zink- und Kadmiumverbindungen handelt. Sie senden weißes Licht aus, wenn sie von ultravioletten Strahlen getroffen werden. Durch Zusammenstellen verschiedener Leuchtstoffe kann das Licht solcher Lampen dem Tageslicht fast angeglichen werden.

Der Widerstand

Der Widerstand R eines Leiters ist seiner Länge l direkt und seinem Querschnitt q umgekehrt proportional. Es gilt

$$R = \rho \cdot \frac{l}{q} \quad oder \quad R = \frac{l}{x \cdot q}$$

Darin ist ρ der spezifische Widerstand, und

$$x = \frac{1}{\rho}$$

das elektrische Leitvermögen. Hat man einen Drahtwiderstand aus Mangandraht von einer Länge l = 1,806 m und einem Querschnitt q von 0,00785 mm^2, ergibt sich bei einer Leitfähigkeit

$$x = \frac{1}{\rho} = 2{,}3 \frac{m}{\Omega \cdot mm^2}$$

ein Widerstand von 100 *W.*

Es ist nämlich

$$R = \frac{l}{x \cdot q} \cdot \frac{1{,}806m}{2{,}3m/\Omega \cdot mm^2 \cdot 0{,}00785mm^2} = 100\Omega$$

Die Einheit des Widerstandes ist das Ohm [Ω]. Ein Leiter hat den Widerstand 1 *Ohm*, wenn bei einer Spannung von 1 *Volt* ein Strom von 1 *Ampère* fließt. Außerdem ist 1 *Ohm* der Widerstand einer Quecksilbersäule von 1063 *mm* Länge und 1 mm^2 Querschnitt bei 0° *C*.

Das Ohmsche Gesetz

Bei konstantem Widerstand ist der Strom der Spannung direkt proportional.
Andererseits ist bei gleichbleibender Spannung der Strom dem Widerstand umgekehrt proportional. Es ist demnach

$$I = \frac{U}{R}$$

Fließt z.B. durch einen Lötkolben ein Strom von 270 *mA* (1 *Milliampère* = $\frac{1}{1000}$ Ampère), dann errechnet sich bei einer Netzspannung von 220 *V* ein Heizwiderstand von etwa 815 Ω. Es ist nämlich

$$I = \frac{U}{R}$$

oder

$$R = \frac{U}{I} = \frac{220V}{0{,}27A} \approx 715\Omega$$

Die Kirchhoffschen Gesetze

1. Kirchhoffsches Gesetz

In einer Stromverzweigung ist der Strom im unverzweigten Teil gleich der Summe der Teilströme in den Stromzweigen.
Es ist

$$I_{ges} = I_1 + I_2 + ...$$

2. Kirchhoffsches Gesetz

Die Ströme in den einzelnen Stromzweigen verhalten sich umgekehrt zueinander wie ihre Widerstände

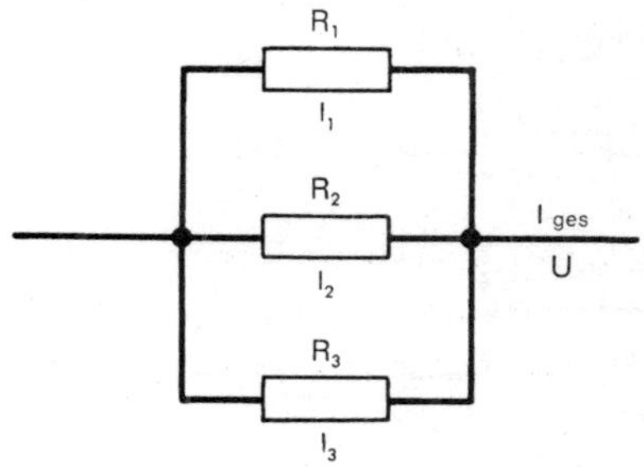

Hintereinanderschaltung von Widerständen

Bei der Hintereinanderschaltung von Widerständen ist der Gesamtwiderstand gleich der Summe der Teilwiderstände.

$$R_{ges} = R_1 + R_2 + ...$$

Benötigt man z.B. einen Widerstand von genau 800 Ω, muss man ihn, da Widerstände dieser Größe nicht serienmäßig hergestellt werden, aus anderen zusammensetzen. Da es Widerstände von 330 Ω und 470 Ω gibt, erhält man den gesuchten Widerstand durch Hintereinanderschalten dieser Widerstände.

Es ist nämlich

$$R_{ges} = R_1 + R_2 = 330 \text{ W} + 470 \text{ W} = 800 \text{ W}$$

Parallelschaltung von Widerständen

Bei der Parallelschaltung von Widerständen addieren sich die Leitwerte der Widerstände

$$\frac{1}{R_{ges}} = \frac{1}{R_1} + \frac{1}{R_2} + \ldots$$

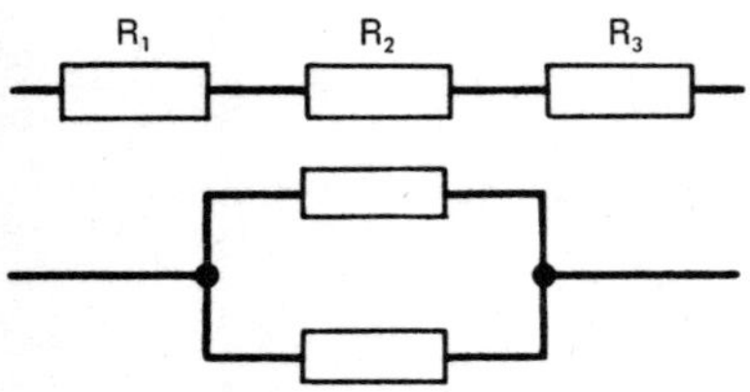

Schaltet man beide Widerstände parallel, ergibt sich

$$\frac{1}{\mathrm{R}_{ges}} = \frac{1}{\mathrm{R}_1} + \frac{1}{\mathrm{R}_2}$$

oder

$$\frac{1}{\mathrm{R}_{ges}} = \frac{\mathrm{R}_2 + \mathrm{R}_1}{\mathrm{R}_1 \cdot \mathrm{R}_2}$$

und somit

$$\frac{1}{\mathrm{R}_{ges}} = \frac{\mathrm{R}_1 \cdot \mathrm{R}_2}{\mathrm{R}_1 + \mathrm{R}_2} = \frac{330 \cdot 470}{330 + 470} = \frac{155100}{800} \approx 194\Omega$$

Das bedeutet, dass der so gefundene Gesamtwiderstand R_{ges} kleiner ist als der kleinste Einzelwiderstand. Werden nämlich in einem Stromkreis Widerstände hintereinandergeschaltet, so ist die Gesamtspannung gleich der Summe der Teilspannungen. Daraus ergibt sich mit Hilfe des Ohmschen Gesetzes

$$I \cdot R_{ges} = I\,R_1 + I\,R_2 + \ldots$$

Da außerdem der Strom überall derselbe sein muss, erhält man

$$R_{ges} = R_1 + R_2 + \ldots$$

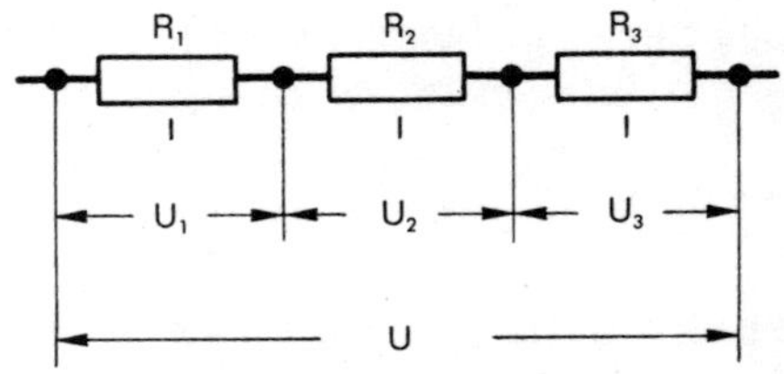

Werden in einem Stromkreis Widerstände parallel geschaltet, addieren sich die Teilströme, während der Spannungsabfall über allen Widerständen jeweils derselbe sein muss. Daraus folgt:

$$I_{ges} = \frac{U}{R_{ges}} = \frac{U}{R_1} + \frac{U}{R_2} + \ldots$$

oder

$$\frac{1}{R_{ges}} = \frac{1}{R_1} + \frac{1}{R_2} + \ldots$$

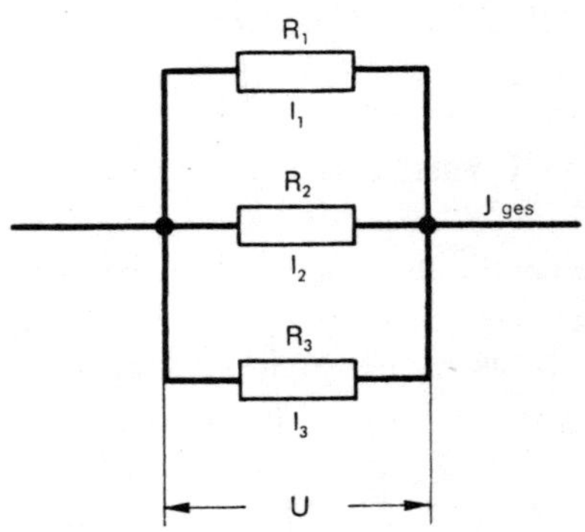

Energie und Leistung des Stromes

Die Arbeit des elektrischen Stromes wird durch die Beziehung

$$A = U \cdot I \cdot t$$

beschrieben. Im praktischen Maßsystem wird sie in Wattsekunden gemessen.
Da $I \cdot t = Q$ gilt, erhält man

$$A = U \cdot Q = [Volt \cdot Coulomb]$$

Nun ist aber

$1\ Coulomb = 3 \cdot 10^9$ *elektrostat. CGS-Einheiten* und

$1\ Volt = \frac{1}{300}$ *elektrostat. CGS-Einheiten.*

Damit errechnet sich

$$1\ Wattsekunde = 1\ Ws = 1\ Coulomb \cdot 1\ Volt = 3 \cdot 10^9 \cdot 1/300\ CGS\text{-}Einheiten$$

oder

$$1\ Ws = 10^7\ erg = 1\ Joule = 1\ Großdynmeter$$

Die Arbeit $1000 \cdot 60 \cdot 60\ Ws = 3{,}6\ 10^6\ Ws$ bezeichnet man als 1 *kWh* (*Kilowattstunde*). Es ist ferner

$$1\ kWh = 3{,}610^{13}\ erg = 860{,}41\ kcal = 3{,}67 \cdot 10^5\ kpm$$

Ist ein Bügeleisen, das 450 *Watt* (*W*) aufnimmt, 4 Stunden in Betrieb, hat es eine Arbeit von

$$A = 450\ W \cdot 4\ h = 1800\ Wh = 1{,}8\ kWh$$

geleistet.

> **Das Joulesche Gesetz**
>
> Die in einem stromdurchflossenen Leiter entstehende Wärmemenge ist
> $$W = 0{,}239 \cdot U \cdot I \cdot t\ [cal]$$

Ersetzt man *U* durch $I \cdot R$, findet man, dass die Wärme dem Quadrat des Stromes proportional ist. Es gilt nämlich

$$W = 0{,}239 \cdot I^2 \cdot R \cdot t\ [cal]$$

Das bedeutet, dass 1 *Ws* 0,239 *cal* erzeugt. Daraus ergibt sich nun

$$1\ kWs = 0{,}239 \cdot 1000 = 239\ cal$$
$$1\ kWh = 0{,}239 \cdot 1000 \cdot 3600 = 860{,}4\ kcal$$

Ist das Bügeleisen mit der Leistung von $450\ W = 0{,}45\ kW$ 20 Minuten eingeschaltet, erzeugt es eine Wärmemenge

$$W = 0{,}45\ kW \cdot \frac{1}{3} h \cdot 860{,}4\ kcal \approx 129\ kcal$$

Wird die Arbeit durch die Zeit dividiert, so erhält man die Leistung des Stromes. Es ist

$$\text{Leistung} = \frac{\text{Arbeit}}{\text{Zeit}}$$

oder

$$N = U \cdot I$$

Wird der Strom in *Ampère* und die Spannung in *Volt* gemessen, erhält man die Leistung in *Watt* [*W*]. Dabei sind

$$1000\ W = 1\ kW$$

und ferner

$$1\ kW = 1{,}36\ PS$$

Erweiterung des Messbereiches eines Ampèremeters

Das Ampèremeter ist ein Strommessgerät. Um den Strom messen zu können, muss das Ampèremeter mit dem eigentlichen Verbraucher hintereinander geschaltet sein. Außerdem muss der Widerstand des Messgerätes gegenüber dem Widerstand des übrigen Stromkreises möglichst klein sein, damit die Stromstärke durch das Instrument nur wenig beeinflusst wird. Der Messbereich eines solchen Instruments kann durch Parallelschalten eines Parallelwiderstandes, der meist „Shunt" genannt wird, erweitert werden. Hat ein Messinstrument einen Messbereich von 1 *Ampère* (1 *A*) und einen Innenwiderstand $R_{\text{Instr.}}$, so ergibt sich, wenn der Messbereich auf 10 *A* erweitert werden soll, da die Spannung über der Verzweigung konstant ist,

$$U = I_{\text{Instr.}} \cdot R_{\text{Instr.}} = I_{sh} \cdot R_{sh}$$

Hierin ist I_{sh} der Strom durch den Shunt und R_{sh} der Widerstand des Shunts.

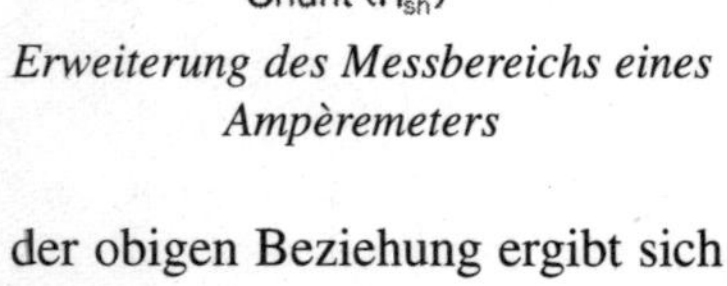

Erweiterung des Messbereichs eines Ampèremeters

Aus der obigen Beziehung ergibt sich ferner

$$R_{sh} = \frac{I_{\text{Instr.}} \cdot R_{\text{Instr.}}}{I_{sh}}$$

Bei einem ursprünglichen Messbereich von 1 *A* und einem gewünschten Bereich von 10 *A* errechnet sich somit

$$R_{sh} = \frac{1A \cdot R_{\text{Instr.}}}{10A - 1A} = \frac{1}{9} R_{\text{Instr.}}$$

Will man den Bereich eines Ampèremeters um das Zehnfache erweitern, muss der Parallelwiderstand (Shunt) 1/9 des Widerstands des Instruments betragen. Die 100- bzw. 1000-fachen Messbereiche erhält man mit Shunts, deren Widerstände 1/99 bzw. 1/999 des Instrumentenwiderstandes sind.

Erweiterung des Messbereiches eines Voltmeters

Ein Voltmeter ist ein Instrument, mit dem eine Spannung gemessen werden kann. Ein Voltmeter wird stets parallel zum Verbraucher geschaltet. Es soll einen möglichst großen Innenwiderstand besitzen, damit nur ein sehr geringer Strom durch das Instrument fließen kann. Um den Messbereich zu erweitern, genügt es, einen entsprechenden Widerstand vor das Instrument zu schalten. Es ist jedoch darauf zu achten, dass der beim Gesamtausschlag zulässige Strom durch das Instrument nicht überschritten wird. Hat ein Instrument einen Innenwiderstand von 1000 Ω und beträgt der Messbereich 100 *V*, so ist der zulässige Strom bei Vollausschlag des Instruments

$$I = \frac{U}{R} = \frac{100V}{1000\Omega} = 0{,}1A$$

Soll nun der Bereich auf 1000 *V* erweitert werden, ergibt sich aus

$$I = \frac{U}{R} = \frac{1000V}{10000\Omega} = 0{,}1A$$

Das bedeutet, dass der Widerstand um das 10-fache erhöht werden muss. Zu dem ursprünglichen Widerstand des Instruments von 1000 Ω müssen demnach noch 9000 Ω zugeschaltet werden.

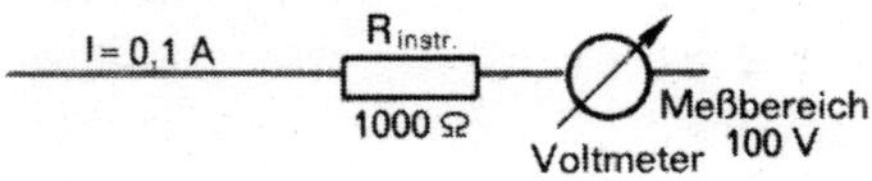

Erweiterung des Messbereichs eines Voltmeters

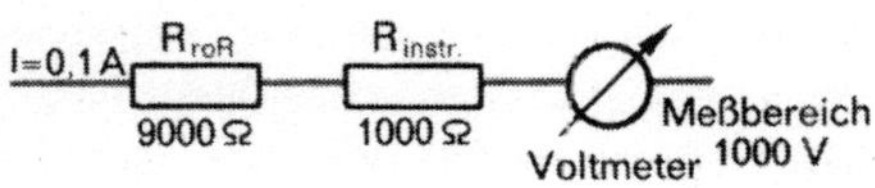

Durchgang elektrischer Ströme durch nichtmetallische Flüssigkeiten

Die Elektrolyse

Während chemisch reines Wasser den elektrischen Strom nicht leitet, gibt es Stoffe, deren Lösungen oder Schmelzen den Strom leiten. Sie werden Elektrolyte genannt. Es sind dies Lösungen von Säuren, Basen und Salzen. Während Salzlösungen vollständig in Ionen dissoziiert sind, hängt der Anteil der dissoziierten Säure oder Base jeweils von der Art der Säure oder Base (schwache, starke Säure oder Base) und der Konzentration ihrer Lösung ab. Bei Salzen sind Metallionen positiv geladen, Säurerestionen negativ. Da alle Ionen freibeweglich sind, wandern sie infolge des zwischen Kathode und Anode herrschenden elektrischen Feldes zu den Elektroden. Die positiven Metallionen wandern zur Kathode. Sie werden daher auch Kationen genannt. Die negativ geladenen Ionen wandern zur Anode und werden Anionen genannt. An den Elektroden entladen sich die Ionen, indem die Kationen Elektronen aufnehmen und die Anionen Elektronen abgeben. Dadurch ändern sie ihre chemischen Eigenschaften vollständig. Metalle scheiden sich an der Kathode ab, wenn sie nicht mit dem Kathodenmaterial oder dem Lösungsmittel reagieren. Wasserstoffionen werden zu Atomen, verbinden sich zu Molekülen und entweichen als Gas an der Kathode.

Faradaysche Gesetze

1. Die abgeschiedenen Stoffmengen sind der Stromstärke J und der Zeit t proportional. Es gilt, wenn A das elektrochemische Äquivalent ist,

$$M = A \cdot J \cdot t.$$

2. Die durch gleiche Elektrizitätsmengen abgeschiedenen Mengen verschiedener Stoffe verhalten sich wie die Äquivalentgewichte dieser Stoffe.

Zur Abscheidung eines Grammäquivalents (Äquivalentgewicht in *g*) eines Stoffes wird die Elektrizitätsmenge von 96520 *Coulomb* benötigt. Diese Zahl, die von der chemischen Natur des Stoffes unabhängig ist, wird Faradaysche Zahl genannt.

Galvanische Elemente

Werden zwei verschiedene Metalle in eine elektrolytische Lösung gebracht, entsteht ein galvanisches Element. Zwischen den beiden Metallen fließt ein Strom, dessen Richtung von den Potentialdifferenzen (Spannungsdifferenzen) der Metalle gegen die Lösung abhängt.
Man kann die Metalle nun so in einer Spannungsreihe anordnen, dass alle nachfolgenden bei einer Kombination mit einem davorstehenden in einem galvanischen Element den positiven Pol bilden. In dieser Spannungsreihe wird das Potential des Wasserstoffs gleich null gesetzt.

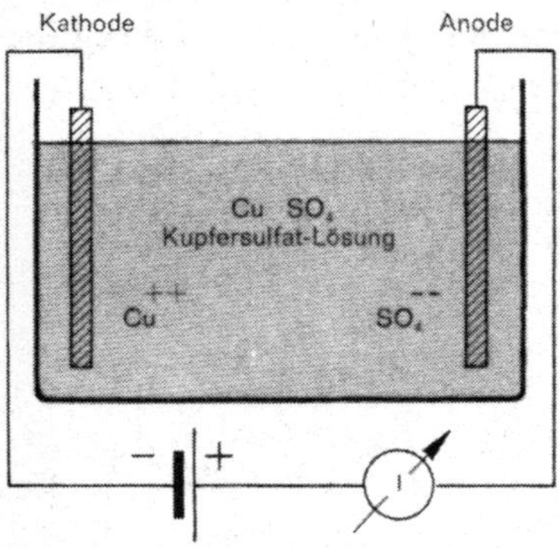

Thermoelektrische Erscheinungen

Der Seebeck-Effekt (thermoelektrische Spannung)

Lötet man zwei Metalle zusammen, so entsteht an der Lötstelle eine Berührungsspannung. Da sie auf der thermischen Bewegung der Elektronen beruht, ist diese von der Temperatur dieser Berührungsstelle abhängig. Biegt man nun die beiden Metalle zu einem Ring und hält die Kontaktstellen der Metalle auf verschiedenen Temperaturen, so entsteht im Kreise eine Spannung, die man als **Thermospannung** bezeichnet. Sie ist darauf zurückzuführen, dass die Berührungsspannung an der einen Verbindungsstelle die an der anderen übertrifft. Zur Messung der Thermospannung schaltet man einen Spannungsmesser in den Leiterkreis.

Das Thermoelement

Lötet man zwei Drähte aus verschiedenem Material zu einem Thermoelement zusammen und schaltet in einen Draht ein Messinstrument, so kann man bei unterschiedlichen Temperaturen an den Lötstellen eine Thermospannung ablesen. Diese ist nur von den Temperaturen der Lötstellen und von der Art der beiden Metalle abhängig. Solche Thermoelemente werden hauptsächlich als Thermometer verwendet. Sie besitzen eine sehr große Empfindlichkeit, kleine Wärmekapazität und daher auch eine sehr geringe Trägheit. Bei Temperaturen zwischen 300 und 1600° C werden Platin-Rhodium-Elemente verwendet.

Statische und langsam veränderliche Magnetfelder

Das Magnetfeld elektrischer Gleichströme

Das Magnetfeld in der Umgebung eines Leiters

Jeder stromdurchflossene Leiter ist von einem Magnetfeld umgeben. Dieses

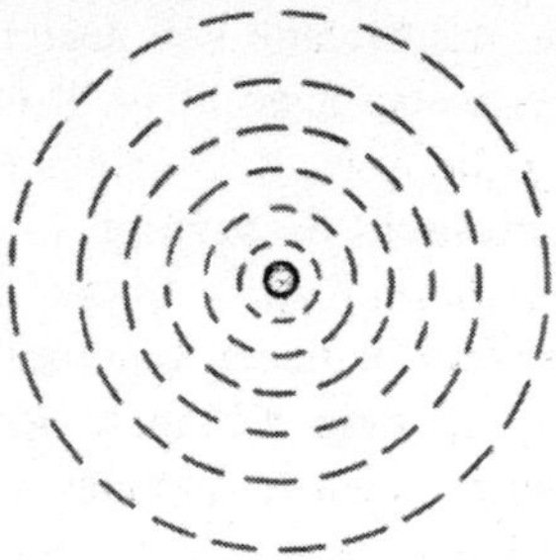

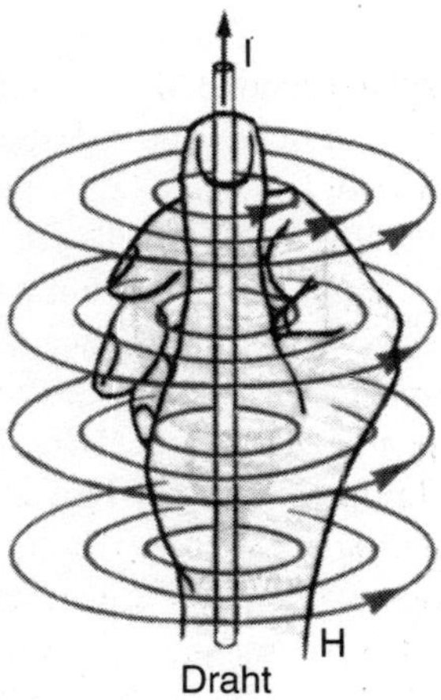

Magnetfeld wird durch geschlossene Kraftlinien dargestellt. Es sind konzentrische Kreise, die senkrecht zum Leiter liegen. Legt man den Daumen der rechten Hand in die Richtung des Stromes an den Draht, zeigen die gekrümmten Finger in die Richtung der Kraftlinien. Die Richtung der Feldlinien ist von der Stromrichtung abhängig. Das Magnetfeld *H* selbst ist um so stärker, je stärker der Strom *J* ist.

Das Magnetfeld paralleler Leiter

Werden parallele Leiter gleichsinnig vom Strom durchflossen, ziehen sie sich an. Werden sie gegensinnig vom Strom durchflossen, stoßen sie sich ab. Bei gleichsinnigem Stromfluss werden sie darum angezogen, weil zwischen den Drähten die Richtung der magnetischen Kraftlinien die gleiche ist, das Magnetfeld sich praktisch verstärkt. Bei gegensinnigem Durchfluss verlaufen die Kraftlinien jedoch gegeneinander.

Das Magnetfeld einer stromdurchflossenen Spule

Die Magnetfelder der einzelnen stromdurchflossenen Drähte heben sich zwischen den Spulenwindungen auf und bilden im Innern der Spule ein Magnetfeld, das dem eines Stabmagneten entspricht. Dreht man eine rechtsgängige Schraube in Richtung des Stromes, der durch die Windungen der Spule fließt, so bewegt sie sich auf den Nordpol der Spule zu.

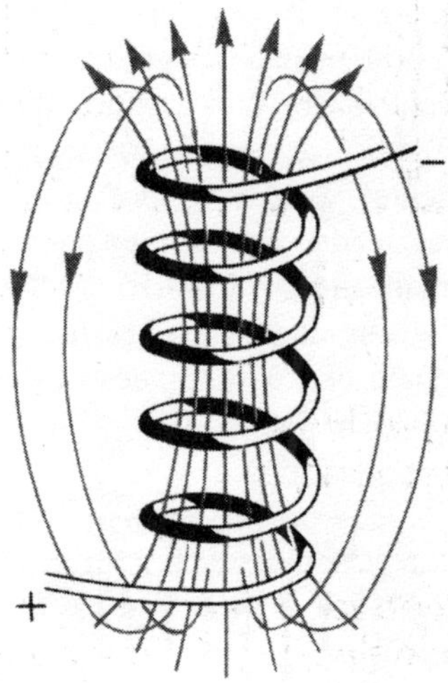

Für eine lange Spule ergibt sich die magnetische Feldstärke *H* nach dem Durchflutungsgesetz

$$\text{Feldstärke } H = \frac{\text{Stromstärke } I \cdot \text{Windungszahl } N}{\text{Spulenlänge } l}$$

Hierin ist das Produkt aus Strom und Windungszahl die Durchflutung. Wird *I* in Ampère und *l* in Metern gemessen, ergibt sich die Einheit der Feldstärke in *Ampèrewindungen/m*.

Eisen im Magnetfeld einer Spule

In dem Abschnitt über den Aufbau der Atome wird dargestellt, dass die einzelnen Atome aus dem Atomkern und einer bestimmten Zahl von Elektronen bestehen. Diese Elektronen erzeugen nun als bewegte Ladungen ein Magnetfeld. In der Materie bestehen darum sehr viele Bezirke, die sich wie kleine ungeordnete Magnete verhalten (Elementarmagnete).
Wird ein Eisenkern in das Innere einer Spule gebracht, erhöht sich die Stärke des Spulenfeldes wesentlich, da die Elementarmagnete im Eisen durch das magnetische Feld der Spule ausgerichtet werden. Die magnetische Wirkung des Eisens ist um so größer, je mehr Elementarmagnete ausgerichtet werden. Ihre Anzahl steigt mit wachsender Durchflutung und damit mit zunehmender Feldstärke der Spule an. Ist das Eisen magnetisch gesättigt, nimmt die magnetische Wirkung des Eisens auch

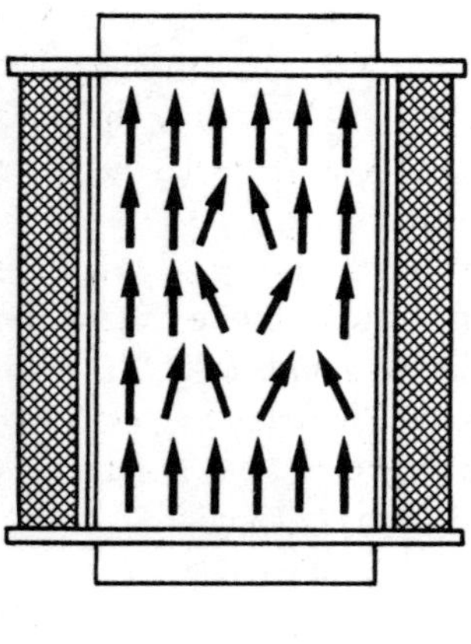

bei noch größer werdender Durchflutung nicht mehr merklich zu.

Die automatische Sicherung

Die automatische Sicherung besteht im Prinzip aus einem Schalter, der durch einen Elektromagneten betätigt wird. Die Spule des Elektromagneten wird vom Strom durchflossen und erzeugt in ihr ein magnetisches Feld. Ein Eisenkern, der mit dem Schalter verbunden ist, wird durch das Magnetfeld in die Spule gezogen.

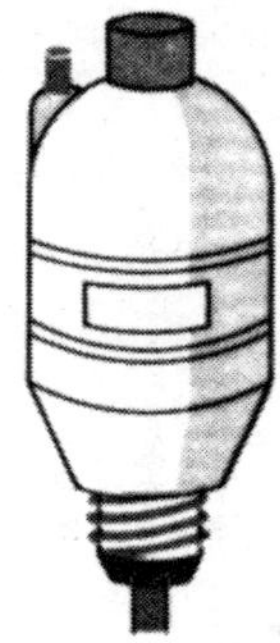

Automatische Sicherung

Bei den üblichen Stromstärken reicht jedoch das Magnetfeld dazu nicht aus. Sobald aber durch Kurzschluss oder Überlastung ein zu starker Strom durch die Spule fließt, wird das Magnetfeld der Spule so groß, dass es den Eisenkern so weit in die Spule zieht, dass der Schalter geöffnet wird.

Kraftwirkung eines Magnetfeldes auf einen stromdurchflossenen Leiter

Wird ein gerader Draht, der senkrecht zu den Kraftlinien eines homogenen Magnet-

feldes verläuft, vom Strom I durchflossen, erfährt er eine Kraft, die senkrecht zu I und H gerichtet ist.
Der Betrag der an den Draht mit der Länge l angreifenden Kraft ist:

$$K = B \cdot l \cdot I$$

Hierin ist $B = \mu \cdot H$ die magnetische Induktion mit μ als Permeabilität. Durch sie wird die Verknüpfung von Magnetfeld (H) und magnetischer Induktion (B) hergestellt.
Die Richtung der Kraft ergibt die Dreifingerregel der linken Hand: Zeigt der Zeigefinger in Richtung der magnetischen Kraftlinien und der Mittelfinger in die Richtung des Stromes, so zeigt der Daumen die Richtung der Bewegung an.

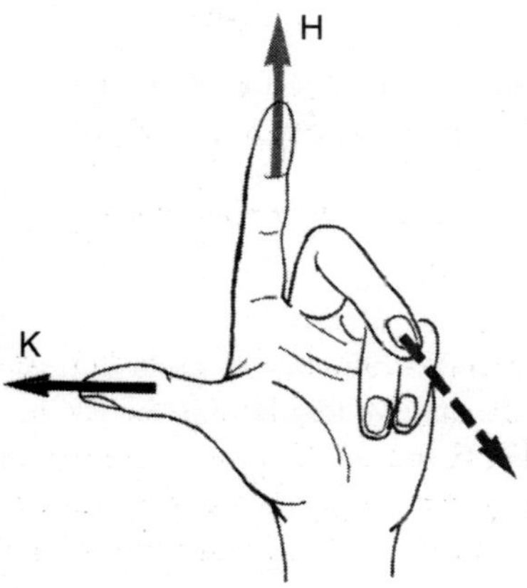

Kraftwirkung eines Magnetfeldes auf eine bewegte Ladung (Lorentz-Kraft)

Wird eine elektrische Ladung im Magnetfeld bewegt, wirkt auf sie eine Kraft, die senkrecht zur Bewegungsrichtung der Ladung und senkrecht zur Richtung des Feldes steht. Mit e_0 als Ladung eines Elek-

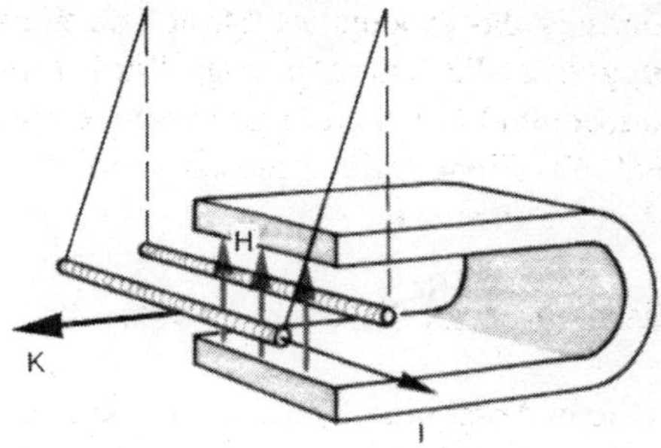

trons und v als Elektronengeschwindigkeit ergibt sich

$$K = e_0 \cdot v \cdot B$$
$$K = e_0 \cdot v \cdot \mu_0 \cdot H$$

Die elektromagnetische Induktion

Wird in einer Leiterschleife, die sich in einem Magnetfeld befindet, das hindurchgreifende Magnetfeld geändert, wird ein Strom erzeugt, der nur während der Änderung des Magnetfeldes fließt. Wenn man einen kreisförmigen Leiter einem Stabmagneten nähert, so wird in dem Leiter eine Spannung induziert, die man als **Induktionsspannung** bezeichnet. In einem geschlossenen Leiter fließt darum ein **Induktionsstrom**.
Nicht nur die Bewegung eines Magneten kann eine Induktionsspannung hervorrufen, sondern auch beim Aufbau oder Zerfall magnetischer Felder können Induktionsspannungen auftreten. Da die Induktionsspannungen nur kurzzeitig und auch nicht konstant auftreten, betrachtet man den **Spannungsstoß** $U \cdot \Delta t$.
Zwischen dem Spannungsstoß und dem Magnetfeld einer Spule besteht nun folgender Zusammenhang:

$$U \cdot \Delta t = n \cdot F \cdot \mu \cdot \Delta H$$

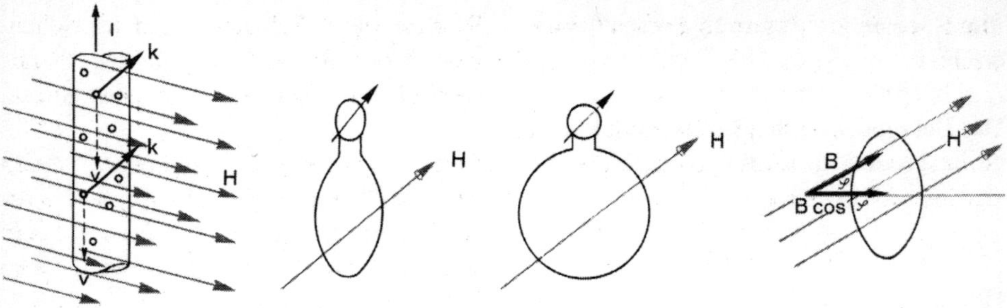

Hierin ist μ die Permeabilität, n die Windungszahl der Spule, in der das Magnetfeld (H) erzeugt wurde, und F die Spulenfläche. Δa $B = \mu \cdot H$ ist, ergibt sich

$$U \cdot \Delta t = n \cdot F \cdot \Delta B$$

wenn Δ t das Zeitintervall ist, in dem die Feldänderung Δ H stattfindet. Bezeichnet man ferner das Produkt $B \cdot F$ als magnetischen Kraftfluss oder Induktionsfluss ϕ, so ergibt sich

$$U \cdot \Delta t = n \cdot \Delta \phi$$

Hieraus ergibt sich durch Auflösen der Gleichung nach U:

$$U = n \frac{\Delta \phi}{\Delta t}$$

Das bedeutet aber, dass die induzierte Spannung U gleich dem Produkt aus der Windungszahl der Spule und der Änderung des magnetischen Kraftflusses pro Zeiteinheit ist.

Die induzierte Spannung ist der Änderungsgeschwindigkeit des magnetischen Kraftflusses bzw. der magnetischen Induktion oder der magnetischen Feldstärke proportional.

Auch durch eine einzelne Leiterschleife greift ein Induktionsfluss hindurch. Bei Änderung dieses Flusses wird ebenfalls eine Spannung erzeugt. Sie ist um so größer, je größer die Flussänderung und je kleiner die Zeit ist, in der diese Flussänderung erfolgt. Es ist

$$U_{ind} = -\frac{\Delta \phi}{\Delta t}$$

Hieraus ergibt sich mit Hilfe der Induktivität L einer Spule (Leiterschleife)

$$U_{ind} = -L \frac{\Delta I}{\Delta t}$$

L hat im elektromagnetischen CGS-System die Dimension einer Länge. Im praktischen System ist die Einheit für das *Henry*. Es ist

$$1 Henry = \frac{1 Volt}{1 Amp./s} = 10^9 cm$$

Außerdem sind folgende Unterteilungen gebräuchlich:

1 *Millihenry* [mH] = 10^{-3} [H]
1 *Mikrohenry* [μH] = 10^{-6} [H]
1 *Nanohenry* [nH] = 10^{-9} [H]

Die Energie im Magnetfeld eines Stromkreises

Die Energie eines Magnetfeldes einer vom Strom I durchflossenen Leiterschleife mit der Induktivität L ist

$$E_{magn} = \frac{1}{2} \cdot L \cdot I^2$$

> **Die Richtung der induzierten Ströme (Lenzsche Regel)**
>
> Der durch Induktion hervorgerufene Strom ist so gerichtet, dass sein Magnetfeld dem induzierenden entgegenwirkt. Aus dieser Tatsache ergeben sich die negativen Vorzeichen in den obigen Gleichungen.

Anwendung des Induktionsgesetzes

Erzeugung von Wechselströmen

Dreht man in einem homogenen Magnetfeld eine Leiterschleife um eine zu den Feldlinien senkrechte Achse, so greift durch die Leiterschleife ein Induktionsfluss φ, der sich je nach Stellung der Leiterschleife ändert. Bei einer solchen Drehung überschreibt die Flächennormale ∅ der Fläche, die von der Leiterschleife umschlossen wird, einen Kreis. Das bedeutet, dass die induzierte Spannung in Abhängigkeit vom Winkel, den die Flächennormale mit der Richtung des magnetischen Feldes bildet, schwankt. Werden diese Schwankungen in Abhängigkeit von der Zeit aufgetragen, so entsteht ein sinusförmiger Spannungsverlauf.

Bedenkt man nun, dass der äußerste Punkt der Flächennormalen einen Weg auf einer Kreisbahn zurücklegt, deren Radius 1 sein soll, so beträgt der zurückgelegte Weg $2\pi \cdot 1$. Wird dieser Weg in der Zeiteinheit T zurückgelegt, so erhält man wegen

$$f = \frac{1}{T}$$

eine Frequenz, die sogenannte **Kreisfrequenz**

$$\omega = 2\pi \cdot \frac{1}{T} = 2\pi \cdot f$$

Betrachtet man den zurückgelegten Weg nach der Zeit t, so ergibt sich ein Winkel $\alpha = \omega t$.

Das bedeutet aber, dass der Spannungsverlauf mit dem Scheitelwert der Spannung U_0 durch

$$U_0 sin\alpha = U_0 sin\omega t$$

beschrieben wird. Das gleiche gilt für den Stromverlauf. Es ist

$$I = I_0 \cdot sin\omega t$$

Fahrrad-Lichtmaschine

Eine Fahrrad-Lichtmaschine besitzt in ihrem Inneren einen hufeisenförmigen Dauermagneten. Zwischen den Polen dieses Magneten dreht sich ein Doppel-T-Anker. Das eine Ende der Ankerwicklung ist an einen isoliert aufgebauten Messingschleifring gelegt. Die Stromabnahme erfolgt durch eine Schleiffeder, die auf dem Schleifring aufliegt. Das andere Ende der Wicklung liegt am Gehäuse der Maschine und ist dadurch mit dem Fahrradrahmen verbunden. Eine zwischen die beiden Pole der Lichtmaschine gebrachte Lampe glüht, wenn der Anker schnelle Umdrehungen ausführt.

Wechselstromgenerator

Wechselstromgeneratoren sind meist Innenpolmaschinen, d.h., dass sich das Magnetfeld, das den Wechselstrom erzeugt, dreht und dass der Wechselstrom nicht durch Schleifringe abgenommen wird, sondern von festen Klemmen. Der Läufer, der sich drehende Teil des Generators, besteht in seiner einfachsten Form aus einem Doppel-T-Anker und bekommt über zwei Bürsten Gleichstrom zugeführt, der ein Magnetfeld erzeugt. Dieses sich drehende Magnetfeld erzeugt wiederum in den Windungen des Stators einen Wechselstrom, der von zwei Klemmen abgenommen werden kann.

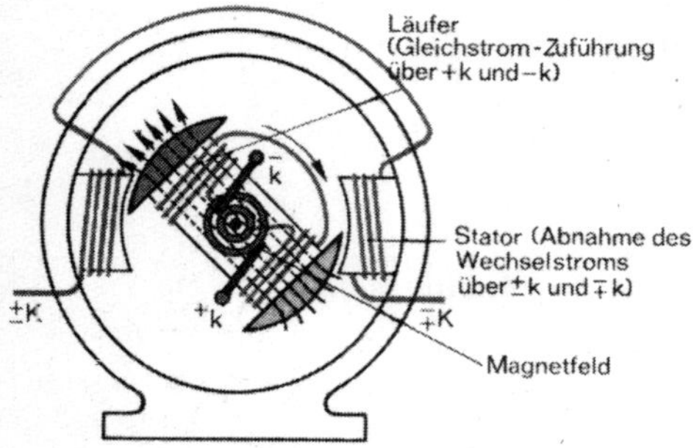

Mit solchen Generatoren werden Leistungen bis etwa 60000 *kW* bei einer Spannung von 20000 *V* erzeugt.

Drehstromgenerator

Verwendet man einen Generator, in dem drei Spulenpaare so angeordnet sind, dass sie jeweils um 120° gegeneinander verschoben sind, erhält man drei Wechselströme, die um ein Drittel ihrer Periode gegeneinander verschoben sind.

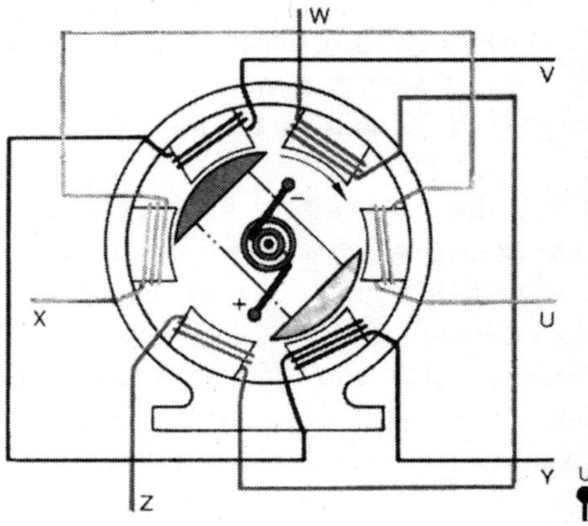

Diesen Strom nennt man Dreiphasenstrom oder Drehstrom. Wird nämlich der Anker gedreht, werden drei Spannungen induziert, die zwar gleich groß sind, aber ebenfalls um 120° gegeneinander verschoben sind; sie sind um 120° phasenverschoben.

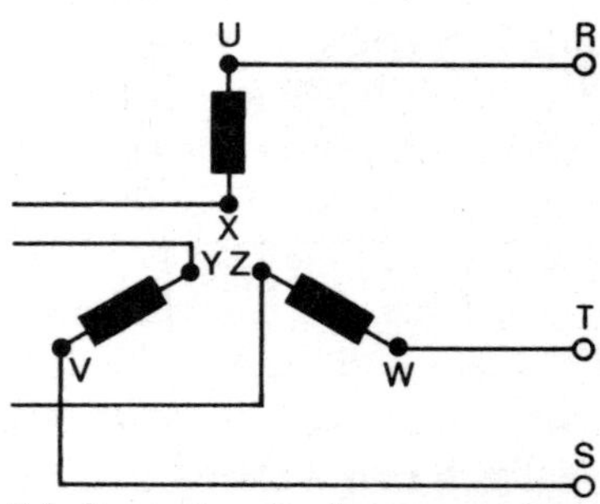

Schaltung eines Drehstromgenerators

Bei der Verwendung von Drehstrom sind sechs Leitungen erforderlich. Es zeigt sich jedoch, dass drei Drähte genügen. Addiert man nämlich an irgendeiner Stelle der graphischen Darstellung die Ströme, wird ihre Summe stets 0 sein. Diese Tatsache gestattet, die drei Enden der Wicklungen zu verbinden. Verbindet man also *X*, *Y* und *Z*, so entsteht die so genannte Sternschaltung. Dabei wird der gemeinsame Leiter als Nulleiter bezeichnet. Verbindet man dagegen *U* und *Z*, *W* mit *Y* und *V* mit *X*, ergibt sich die Dreieckschaltung.

Die Sternschaltung

Das obige Symbol bezeichnet eine Sternschaltung. Die von den drei Spulenanfängen *U*, *V*, *W* abgehenden Leiter werden Außenleiter genannt und mit *R*, *S* und *T* bezeichnet. Die Spannung zwischen den Außenleitern *R* und *S*, *S* und *T* und *T* und *R* wird Dreieckspannung genannt.

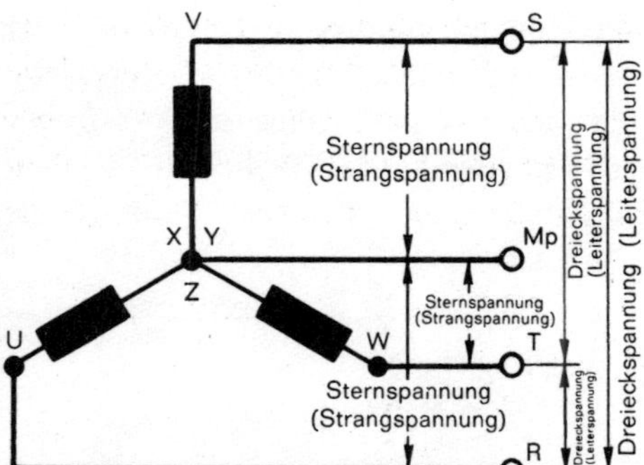

Sternschaltung

Als Sternspannung bezeichnet man jeweils die Spannung zwischen *R* und M_p, *S* und M_p und *T* und M_p. Wird die Sternschaltung gleichmäßig belastet, ist der Mittelleiter stromlos. Es genügen demnach drei Außenleiter. Bei einer Sternschaltung ist die Dreieckspannung (Leiterspannung) $\sqrt{3}$-mal so groß wie die Sternspannung. Der Dreieckstrom (Leiterstrom) ist ebenso groß wie der Sternstrom (Strangstrom).

Klemmbrettschaltung

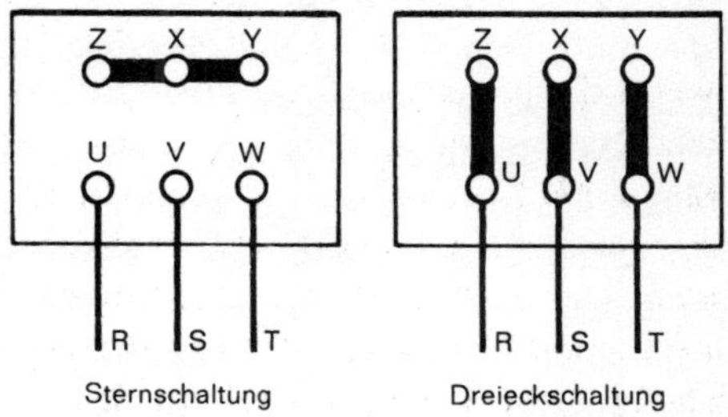

Die Dreieckschaltung

Das obige Symbol kennzeichnet die Dreieckschaltung. Bei der Dreieckschaltung ist die Dreieckspannung (Leiterspannung) gleich der Strangspannung. Der Leiterstrom ist $\sqrt{3}$-mal so groß wie der Strangstrom.

Dreieckschaltung

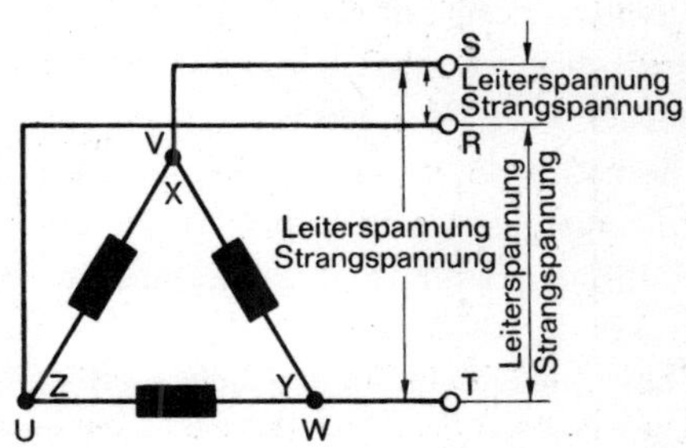

Vierleiterdrehstromnetz

Das Vierleiterdrehstromnetz besitzt vier Leiter. Beim 380-*V*-Netz beträgt die Spannung zwischen den Außenleitern 380 *V*, die Sternspannung 220 *V*. Die meisten Niederspannungsnetze sind Vierleiternetze, da zwei verschiedene Spannungen zur Verfügung stehen. Dies macht es möglich, Großgeräte (Drehstrommotoren) an die Spannung von 380 *V* und Kleingeräte (Lampen) an die Spannung von 220 *V* zu legen. Werden in einer dieser Schaltungen zwei Außenleiter vertauscht, so ändert sich die Richtung des durch den Drehstrom erzeugten Drehfeldes. Dieses entsteht in den drei um 120° versetzten Spulen.

Mit diesem Drehfeld arbeiten Drehstrommaschinen. Läuft der Anker (Läufer) einer solchen Maschine genau so schnell wie das Drehfeld, so spricht man von einer Synchronmaschine. Bei einer Asynchronmaschine läuft der Anker entweder langsamer oder schneller als das Drehfeld.

Gleichstromgenerator

Einem Generator kann Gleichstrom entnommen werden, wenn ein Stromwender (Kommutator) verwendet wird. Ein Kommutator besteht im einfachsten Fall aus zwei gegeneinander isolierten Halbringen. Jeder Halbring ist mit einem Ende der Drahtwicklung auf dem Anker verbunden. Wird dieser bewegt, so erhält man einen pulsierenden Gleichstrom.

Die rechts oben stehende Zeichnung lässt erkennen, dass der Strom in der oberen Hälfte der Schleife von links nach rechts und in der unteren Hälfte von rechts nach links fließt. Dies ändert sich auch nicht, wenn die Schleife um 180° gedreht wird. Da die Halbringe dieselbe Drehung mit-

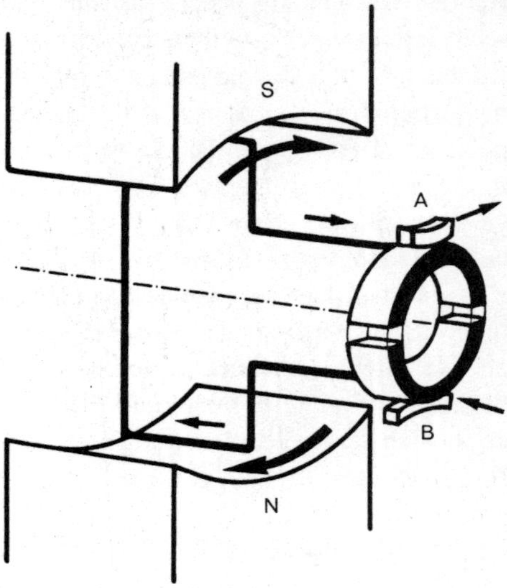

machen, bleibt auch die Polarität erhalten. An der Bürste *A* wird stets der Strom von links nach rechts und an der Bürste *B* stets von rechts nach links fließen. Ein technischer Gleichstromgenerator besitzt einen Feldmagneten und einen Läufer oder Anker. Die heute verwendeten Trommelanker bestehen aus einem Eisenkern, den Wicklungen und dem Kollektor. Der Eisenkern selbst, der zur Vermeidung schädlicher Wirbelströme aus kreisförmigen, gegeneinander isolierten Blechen zusammengesetzt ist, besitzt am Rande

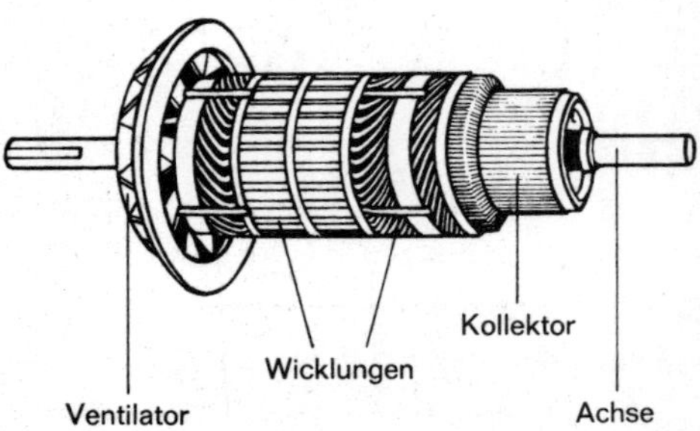

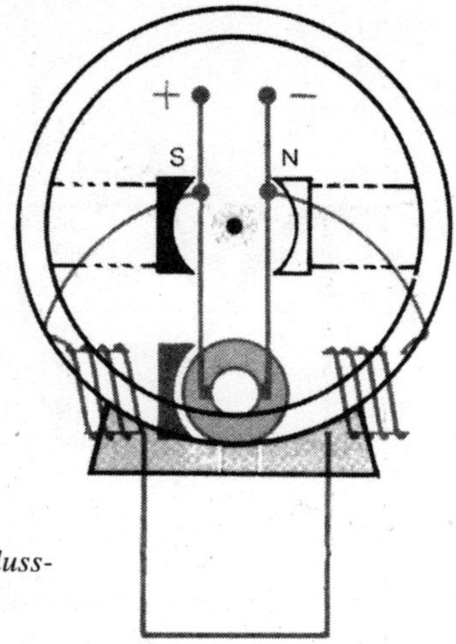

Hauptschluss-generator

Nuten, die parallel zur Drehachse verlaufen. In diese Nuten sind die Wicklungen eingebettet, so dass der Anker die Form einer Trommel erhält. Auf der Achse ist außerdem der Kollektor montiert. Er besteht aus der gleichen Zahl von Kupferlamellen, wie Wicklungen vorhanden sind. Sie sind durch Glimmer isoliert und jeweils an das eine Ende einer Wicklung

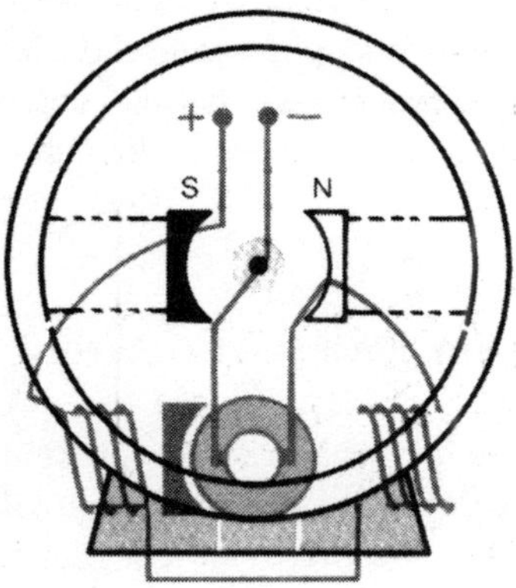

Nebenschlussgenerator

angeschlossen. Auf dem Kollektor schleifen Kohlebürsten, durch die der Strom abgenommen wird. Der so entstehende Gleichstrom ist nur noch schwach pulsierend.

Der Feldmagnet ist ein Elektromagnet, dessen Erregung der Generator selbst besorgt. Da der Eisenkern des Feldmagneten stets einen schwachen remanenten Magnetismus besitzt, entsteht im bewegten Anker sofort ein schwacher Induktionsstrom. Dieser kann wieder der Wicklung des Feldmagneten zugeleitet werden, wodurch dessen Magnetfeld verstärkt wird. Die Folge davon ist aber eine erneute Verstärkung der Induktionsströme im Anker u.s.w. Feldmagnetismus und Induktionsstrom steigern sich auf diese Weise bis zum geforderten Höchstwert. Dieses Verfahren wird als dynamoelektrisches Prinzip bezeichnet.

Je nach Art der Schaltung von Feldmagnet und Anker unterscheidet man Hauptschlussgeneratoren und Nebenschlussgeneratoren. Wird der gesamte Gleichstrom zuerst durch die Wicklungen des Feldmagneten und dann erst in die äußeren Leitungen geführt, spricht man von einem Hauptschlussgenerator. Bei dem Nebenschlussgenerator sind die Windungen des Feldmagneten parallel geschaltet.

Gleichstrommotor

Ein Gleichstromgenerator kann auch als Elektromotor verwendet werden. Lässt man nämlich durch die Ankerwicklungen Strom fließen, wird auch der Anker zum Elektromagneten. Dabei stoßen sich die gleichnamigen Pole des Ankers und des Feldmagneten ab, während sich die ungleichnamigen anziehen. Es entsteht eine Drehbewegung.

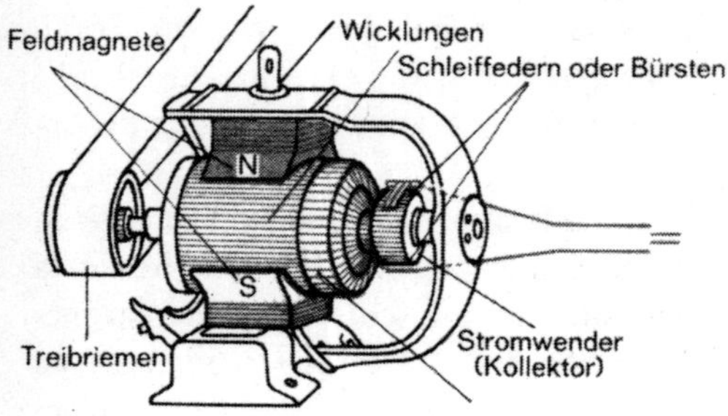

Gleichstrommotor

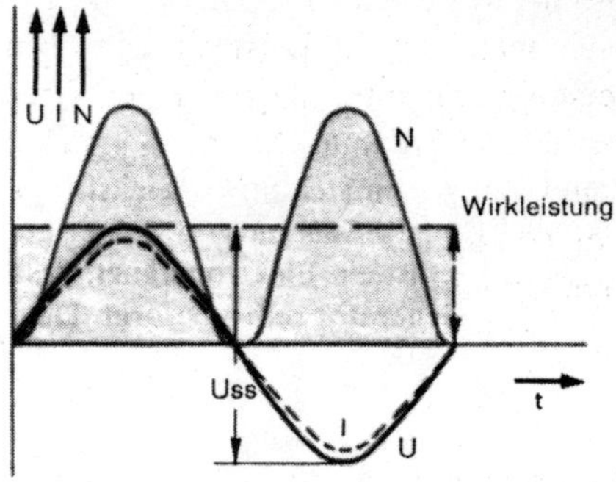

Wechselstromgrößen

Aus den obigen Beziehungen lassen sich zu jedem Zeitpunkt die Augenblickswerte von Strom und Spannung errechnen. Jede dieser Größen besitzt einen Scheitelwert (Amplitude) U_0 oder $\hat{U}$. Den Abstand des positiven Höchstwertes vom negativen nennt man Spitzenwert U_{SS}. Er ist doppelt so groß wie die Amplitude. Es gilt

$$U_{SS} = 2\,\hat{U}$$

In der Praxis drückt man den wirksamen Wert des Wechselstroms durch den Wert eines Gleichstromes aus, der dieselbe Wärmeentwicklung hervorruft. Diesen Wert nennt man den Effektivwert. Er ist um den Faktor $\sqrt{2}$ kleiner als der Scheitelwert einer sinusförmigen Wechselgröße. Es ist

$$U_{eff} = \frac{\hat{U}}{\sqrt{2}} \quad oder \quad I_{eff} = \frac{\hat{I}}{\sqrt{2}}$$

Die Leistung des Gleichstromes ist $N = U \cdot I$. Daraus folgt für den Wechselstrom

$$N = \frac{\hat{I}}{\sqrt{2}} \cdot \frac{\hat{U}}{\sqrt{2}} = \frac{\hat{I} \cdot \hat{U}}{2} = U_{eff} \cdot I_{eff}$$

Zeichnet man die Leistungskurve, so erhält man eine Sinuskurve von doppelter Frequenz. Verwandelt man dies Fläche zwischen Kurve und Aszisse in eine Rechteckfläche, so entspricht die Höhe dieses Rechtecks der **Wirkleistung**. Sie ist gleich der Hälfte des Scheitelwertes der Leistungskurve.

Phasenverschiebung

Zwei Wechselgrößen sind phasengleich oder sind in Phase, wenn sie bei gleicher Frequenz an der gleichen Stelle durch Null gehen. Sie sind phasenverschoben, oder sie haben eine Phasenverschiebung, wenn sie nicht an der gleichen Stelle durch Null gehen.

Spule im Wechselstromkreis

Eine Spule hat im Wechselstromkreis einen höheren Widerstand als im Gleichstromkreis. Da die Spule ein Magnetfeld aufbaut, benötigt sie Leistung. Diese Leistung wird beim Abbau des Feldes wieder abgegeben, so dass die Leistungsaufnahme im Mittel gleich Null ist. Diese hin- und herpendelnde Leistung wird Blindleistung genannt. Aus diesem Grunde besitzt die Spule auch einen Blindwiderstand. Er ist frequenzabhängig und wird um so größer, je größer Frequenz und Induktivität der Spule sind. Es gilt daher

$$X_L = \omega \cdot L$$

Hierin sind X_L der induktive Widerstand, ω die Kreisfrequenz 2 π *f* und *L* die Induktivität der Spule.
Da in einem Wechselstromkreis in einer Spule dauernd ein Magnetfeld auf- und abgebaut wird, geschehen Anstieg und Abfall des Stromes verzögert. An der Spule muss erst eine Spannung liegen, bevor ein Strom fließt. Das bedeutet, dass die Spannung dem Strom vorauseilt. Bei einer idealen Spule beträgt diese Phasenverschiebung 90°. Da nun (z.B.) durch die Erwärmung der Spule Energieverluste auftreten (Verlustleistung), wird die Phasenverschiebung stets kleiner als 90° sein. Demnach gibt es neben dem Blindwiderstand noch einen Wirkwiderstand *R*. Addiert man beide nach dem Satz des Pythagoras, so erhält man den Scheinwiderstand *Z* der Spule. Es wird

$$Z = \sqrt{X_L^2 + R^2} = \sqrt{(\omega L)^2 + R^2}$$

Diesen Zusammenhang kann man auch in einem Zeigerbild darstellen. Der Winkel φ gibt dabei die Phasenverschiebung an.

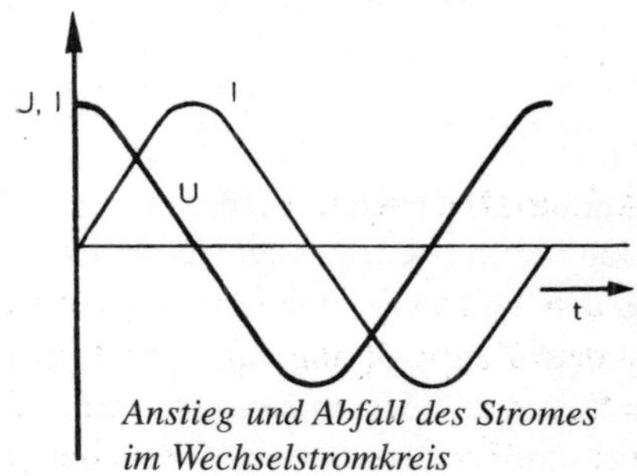

Anstieg und Abfall des Stromes im Wechselstromkreis

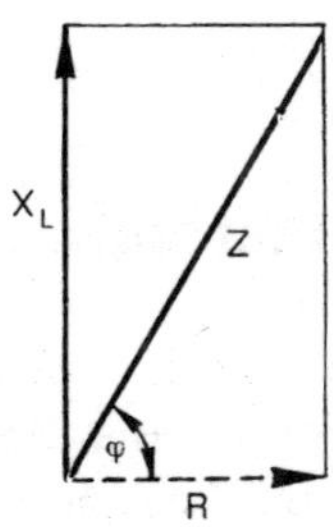

Zeigerbild im Winkel

Kondensator im Wechselstromkreis

Ein Kondensator bildet im Wechselstromkreis einen Widerstand. Zum Auf- und Abbau eines elektrischen Feldes wird Leistung benötigt und wieder freigegeben, so dass sie im Mittel Null ist und als Blindleistung bezeichnet wird. Der Kondensator besitzt also einen kapazitiven Blindwiderstand X_C. Er ist um so größer, je niedriger die Frequenz *f* und je kleiner die Kapazität *C* ist. Es gilt demnach

$$X_C = \frac{1}{\omega \cdot C}$$

Befindet sich ein Kondensator im Wechselstromkreis, wird er dauernd umgeladen.

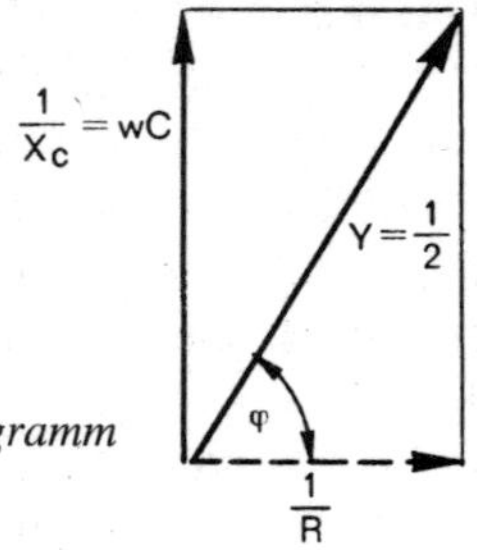

Zeigerdiagramm

Dabei ist der Strom am größten, wenn die Spannung am Kondensator Null ist. Das bedeutet, dass er erst geladen werden muss, ehe eine Spannung auftritt. Beim Kondensator eilt demnach der Strom der Spannung voraus. Auch am Kondensator treten infolge Erwärmung des Dielektrikums Verluste auf, so dass auch der Kondensator einen Wirkwiderstand besitzt. Die Zusammenhänge lassen sich durch ein Zeigerdiagramm darstellen, in dem die Leitwerte aufgetragen sind. Der Winkel φ ist wieder die Phasenverschiebung. Für den Scheinwiderstand ergibt sich außerdem:

$$Z = \sqrt{X_C^2 + R^2} = \sqrt{\left(\frac{1}{\omega C}\right)^2 + R^2}$$

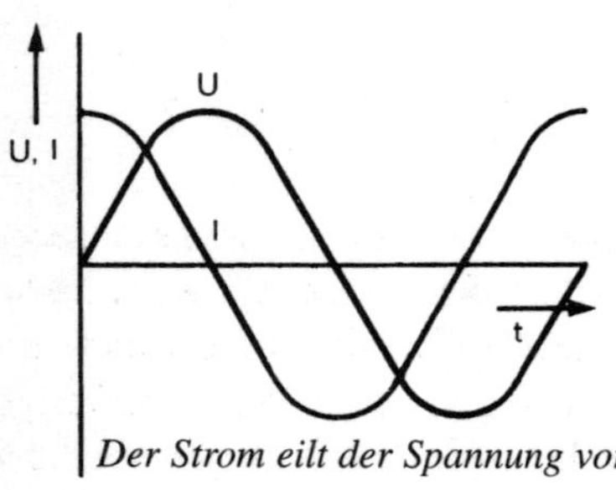

Der Strom eilt der Spannung voraus

Spule, Kondensator und Ohmscher Widerstand (Wirkwiderstand) im Wechselstromkreis

Befinden sich eine Spule L (Induktivität), ein Kondensator C (Kapazität) und ein Ohmscher Widerstand R (Wirkwiderstand) in einem Wechselstromkreis, so errechnet sich folgender Scheinwiderstand

$$Z = \sqrt{R^2 + \left(\omega L - \frac{1}{\omega C}\right)^2}$$

Auch dieser Zusammenhang lässt sich in dem untenstehenden Zeigerbild darstellen.

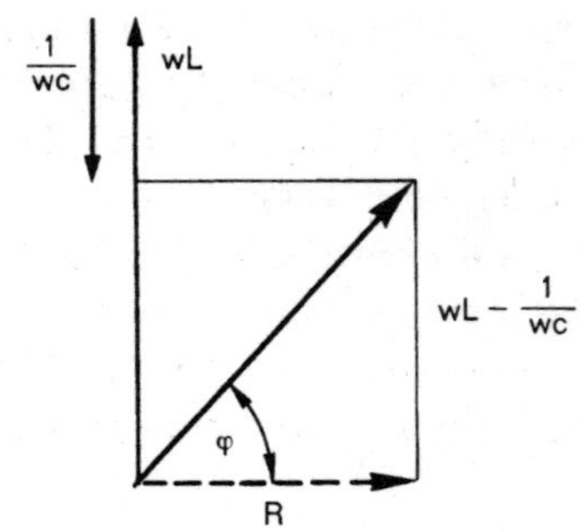

Transformatoren

Die Wirkung von Transformatoren beruht auf der Induktion. Ein Transformator besteht aus zwei Spulen, die auf einem gemeinsamen Eisenkern sitzen. Die Eingangswicklung (Primärwicklung) (1) nimmt elektrische Energie auf und gibt sie als magnetisches Wechselfeld an den Kern weiter. Von der Ausgangswicklung (2) wird sie aufgenommen und als elektrische Energie einem Verbraucher zugeführt. Ist ein Transformator unbelastet, also ohne Verbraucher, so verhalten sich die Spannungen etwa wie die Windungszahlen

$$\frac{U_1}{U_2} \approx \frac{N_1}{N_2}$$

Beim belasteten Transformator sind die Ströme den Windungszahlen umgekehrt proportional

$$\frac{I_1}{I_2} \approx \frac{N_2}{N_1}$$

Transformatoren dienen dazu, Wechselströme geringer Spannung in Ströme hoher Spannung zu transformieren und umgekehrt. Beim Transport des elektrischen Stromes vom Großkraftwerk bis zum Verbraucher werden Transformatoren eingesetzt. Großkraftwerke befinden sich oft in der Nähe von Kohlenlagerstätten, Seen oder Talsperren. In solchen Kraftwerken wird die Energie der Kohle oder des Wassers durch Generatoren in Elektrizität umgewandelt. In riesigen Wechselstromgeneratoren wird eine Spannung von 4000 – 6000 *V* erzeugt. Diese wird durch Transformatoren auf 220000 – 380000 *V* Hochspannung umgespannt und einer Fernleitung zugeführt. Am Verbraucherort wird diese hohe Spannung in Umspannwerken mit Transformatoren wieder auf die gebräuchliche Spannung heruntertransformiert. In den Umspannwerken wird die Spannung der Fernleitung zunächst auf 3000 – 6000 *V* umgespannt. Durch Hochspannungsleitungen gelangt der Strom dann zu den einzelnen Orten. Weitere Transformatoren setzen den Strom weiter auf eine Spannung von 220 *V* bzw. 380 *V* herab. Der weitere Energietransport erfolgt nun durch Freileitungen oder durch unterirdische Kabel.

magnetischer Fluss

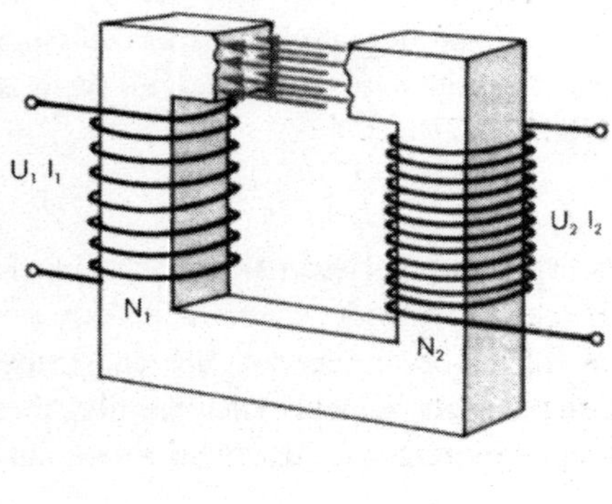

Elektromagnetische Schwingungen und Wellen

Ein Schwingkreis besteht aus einem Kondensator und einer Spule. Ein solches System schwingt mit seiner Eigenfrequenz, die auch Resonanzfrequenz genannt wird. Im Falle der Resonanz gilt

$$\omega L = \frac{1}{\omega C}$$

oder

$$\omega L - \frac{1}{\omega C} = 0.$$

Das bedeutet, dass in diesem Falle nur noch die Wirkwiderstände (Ohmsche Widerstände) von Spule und Kondensator wirksam sind. Die Resonanzfrequenz selbst lässt sich aus obiger Gleichung errechnen. Es ist

$$f = \frac{1}{2\pi\sqrt{L \cdot C}}$$

Dies ist die Thomsonsche Gleichung. Die Erregung der Schwingung wird durch den Kondensator verursacht, der sich über die Spule entlädt. Dabei entsteht in ihr ein magnetisches Feld. Nach der Lenzschen Regel fließt der Strom in der Spule nach dem Entladen des Kondensators in entgegengesetzter Richtung weiter und lädt ihn entgegengesetzt auf. Nun entlädt sich der Kondensator wieder über die Spule, und der Vorgang wiederholt sich. Dabei pendelt die Energie zwischen Spule und Kondensator hin und her.

Bandbreite und Güte

Die Bandbreite ist die Differenz der Frequenzen, bei denen die Resonanzkurve auf 70% abgesunken ist. Je größer die Bandbreite eines Kreises ist, um so kleiner ist die Güte Q des Kreises. Es ist mit f_0 als Resonanzfrequenz

$$Q = \frac{f_0}{\Delta f} = \frac{f_0}{f_2 - f_1}$$

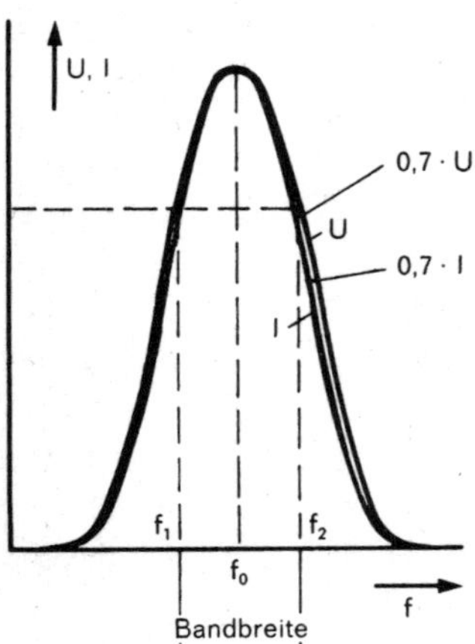

Gedämpfte elektrische Schwingungen

Im Ohmschen Widerstand eines Schwingkreises wird durch den Schwingstrom Wärme erzeugt. Diese wird der elektrischen und magnetischen Energie des Kreises entzogen. Aus diesem Grunde nimmt die Amplitude der Schwingung langsam ab. (Die Abnahme erfolgt nach einer Exponentialfunktion).

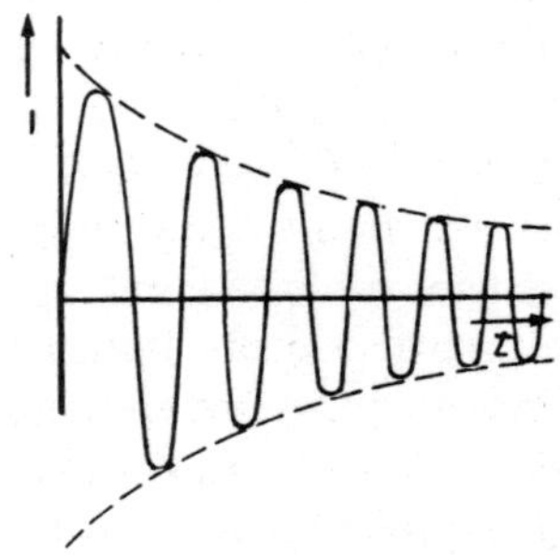

Ungedämpfte elektrische Schwingungen

Da in jedem Schwingkreis ein Ohmscher Widerstand vorhanden ist, können ungedämpfte Schwingungen ohne ständige Energiezufuhr nicht vorkommen. Um ungedämpfte Schwingungen erzeugen zu können, muss der durch Wärmeerzeugung verlorengegangene Energieanteil ersetzt werden.

Der offene Schwingkreis

Die bisher beschriebenen Schwingkreise bestanden aus einem Kondensator und einer Spule. Während des Schwingens ent-

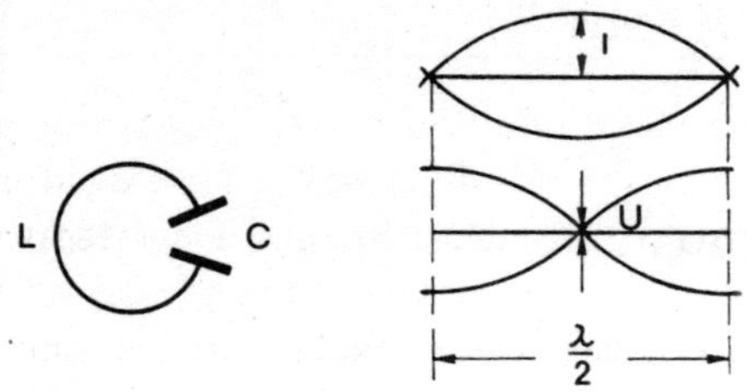

standen abwechselnd ein elektrisches und ein magnetisches Feld. Die Schwingungen selbst blieben fast nur auf den Schwingkreis beschränkt und werden kaum nach außen übertragen. Vergrößert man den Plattenabstand des Kondensators bei gleichzeitiger Verkleinerung der Platten, und verringert man die **Induktivität** der Spule, bis nur noch ein Drahtring vorhanden ist, werden elektromagnetische Schwingungen frei in den Raum gestrahlt. Nun ändert sich die Frequenz unwesentlich, wenn man den Ring zu einem geraden Draht streckt. Einen solchen geraden Draht nennt man Dipol, einen linearen oder Hertzschen Oszillator. Auf diesem Dipol bildet sich eine stehende Welle aus, deren Wellenlänge gleich der doppelten Stablänge ist. Das bedeutet, dass längs eines linearen Oszillators die effektive Stromstärke nicht konstant ist. Sie hat in der Mitte ein Maximum und ist an den Enden des Drahtes Null. Bei der Spannung verhält es sich umgekehrt. Nun besteht zwischen Lichtgeschwindigkeit c, Wellenlänge λ und Frequenz v die Beziehung

$$c = \lambda \cdot v$$

oder

$$v = \frac{c}{\lambda}.$$

Hieraus ergibt sich mit

$$\lambda = 2l$$
$$v = \frac{c}{2l},$$

wenn l die Länge des Oszillators ist.

Ausstrahlung des linearen Oszillators

Die Schwingvorgänge im Dipol sind auf die Bewegung der Elektronen während des Wechselns der Felder zurückzuführen. In der Phase, in der der Strom gleich Null ist, besitzen die Enden des Dipols entgegengesetzte Ladungen, so dass im Außenraum ein elektrisches Feld entsteht, dessen Feldlinien vom positiven zum negativen Pol verlaufen. Wird der Strom bei der Umpolung des Dipols am größten, so entsteht ein magnetisches Feld wie bei einem stromdurchflossenen Leiter. Beide Felder wechseln ständig. Aus diesem Grunde spricht man hier auch von einem elektromagnetischen Wechselfeld. Bei einem senkrecht stehenden Dipol treten auch die elektrischen Feldlinien in senkrechten Ebenen in den Raum und schließen sich zu geschlossenen Linien. Die elektrischen Feldlinien können sich nun von dem Dipol

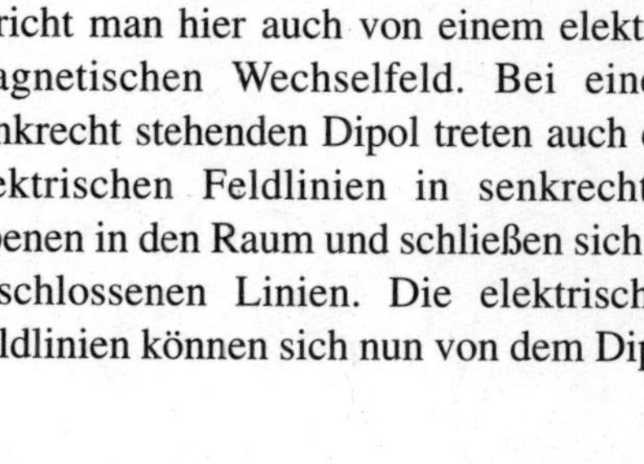

ablösen, wenn er mit einer genügend hohen Frequenz schwingt. Die magnetischen Feldlinien bilden Kreise in der waagerechten Ebene und umschließen die elektrischen Feldlinien.

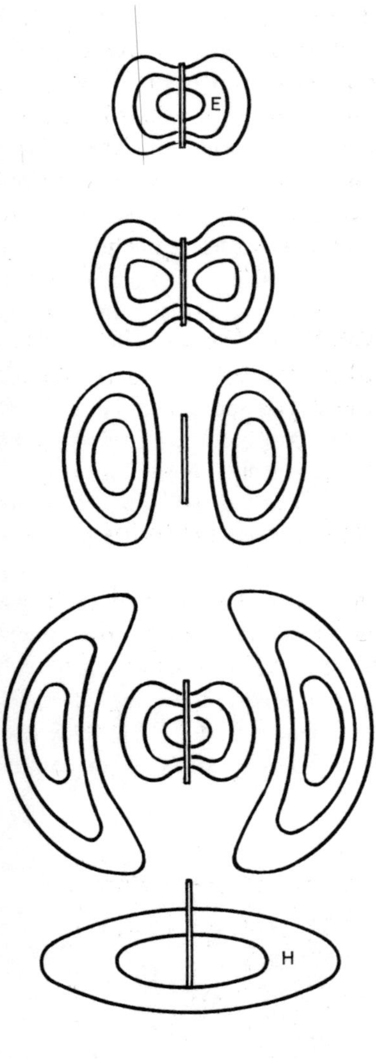

Ausbreitung elektrischer Wellen

Elektrische Wellen auf Drähten

Bringt man zwei parallele Drähte (Lecher-System) in das Strahlungsfeld eines Senders, so breiten sich die vom Sender ausgestrahlten hochfrequenten Wellen auf diesen Drähten aus und bilden stehende Wellen. Zwischen den Wellen auf den beiden Leitern besteht ein Phasenunterschied von π. Dadurch entstehen im Abstand $\lambda/2$ Strom- und Spannungsbäuche bzw. Strom- und Spannungsknoten. Hier sind Strom und Spannung dauernd Null. Die Ausbreitungsgeschwindigkeit dieser Lecher-Wellen ist gleich der Lichtgeschwindigkeit und gehorcht der Beziehung

$$c = \lambda \cdot \nu.$$

Befinden sich die Lecher-Drähte in einem Dielektrikum mit der Dielektrizitätskonstante ε, nimmt die Ausbreitungsgeschwindigkeit mit $1/\sqrt{\varepsilon}$ ab. Wird außerdem die Kapazität einer Doppelleitung pro Längeneinheit mit C^* und die Induktivität mit L^* bezeichnet, so ergibt sich daraus der Wellenwiderstand einer Leitung zu

$$Z = \sqrt{\frac{L^*}{C^*}}.$$

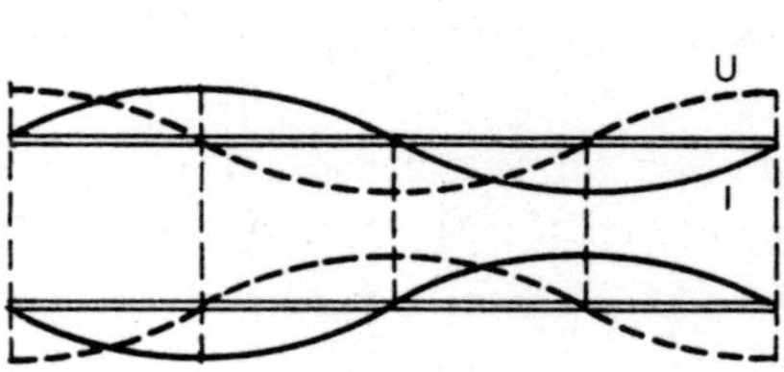

Konzentrische Leitungen

Eine konzentrische Leitung ist eine Doppelleitung. Sie besteht aus einem zylindrischen Zwischenleiter, der mit einem koaxialen Zylinder umgeben ist (Koaxialleitung). Der Innenraum kann mit einem Dielektrikum ausgefüllt sein. In diesem Zwischenraum verlaufen die elektrischen Feldlinien wie Radien und die magnetischen wie konzentrische Kreise.

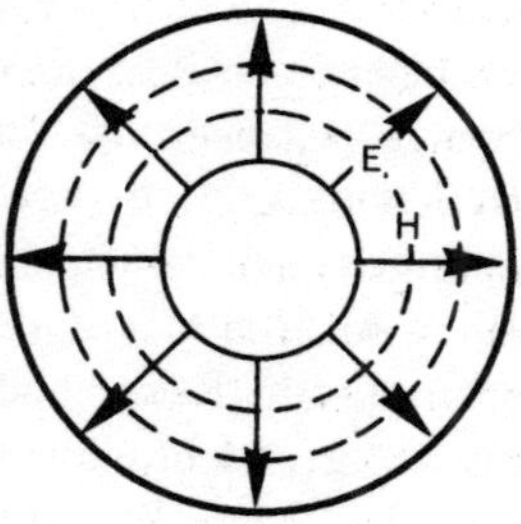

Freie elektromagnetische Wellen

Elektromagnetische Wellen können sich auch ohne metallische Leiter ausbilden bzw. ausbreiten. Sie sind transversale Wellen. Ihre Ausbreitungsgeschwindigkeit ist im Vakuum

$$c = 3 \cdot 10^{10}\ cm/s$$

und entspricht somit der Lichtgeschwindigkeit. In einem Material mit der Dielektrizitätskonstanten ε und der Permeabilität μ ergibt sich jedoch

$$v = \frac{c}{\sqrt{\varepsilon\mu}}.$$

Da aber für die meisten Dielektrika μ nahezu gleich 1 ist, erhält man schließlich

$$v = \frac{c}{\sqrt{\varepsilon}}.$$

Hieraus ergibt sich ferner das Verhältnis der Lichtgeschwindigkeit im Vakuum zur Lichtgeschwindigkeit im Medium, das Brechungsindex genannt wird. Es ist

$$n = \sqrt{\varepsilon} = \frac{c}{v}.$$

Auch die Wellen des sichtbaren Lichtes sind elektromagnetische Wellen. Sie sind aber nur ein ganz kleiner Teil aus dem Gesamtspektrum der elektromagnetischen Wellen, das von den Langwellen der Rundfunksender und der Telegraphie bis zu den γ-Strahlen radioaktiver Elemente und der Ultrastrahlung reicht.

Bewegung freier Elektronen in elektrischen und magnetischen Feldern

Elektron im elektrischen Feld

Befindet sich ein Elektron in einem homogenen elektrischen Feld, wirkt in jedem Punkt des Feldes die Kraft

$$K = m_0 \cdot b = e_0 \cdot E.$$

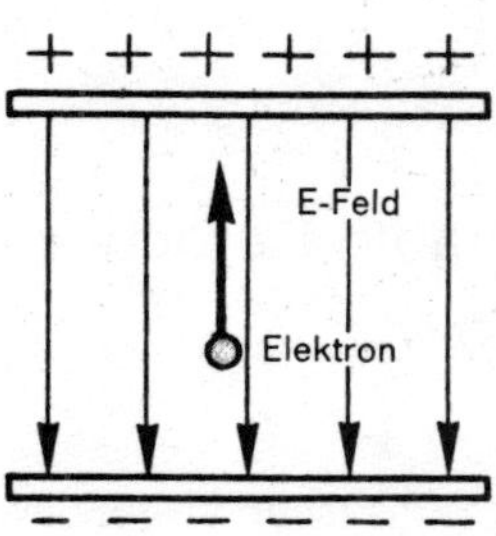

Hierin sind m_0 die Masse des Elektrons und e_0 die Ladung des Elektrons. Wegen

$$b = \frac{e_0}{m_0} \cdot E$$

ergibt sich, dass ein Elektron im elektrischen Feld eine gleichmäßige Beschleunigung erfährt. Die Beziehung

$$\frac{m_0}{2} \cdot v^2 = e_0 \cdot U$$

zeigt, dass die Geschwindigkeit v eines solchen Elektrons nur von der Spannung abhängt. Es ist nämlich

$$v = \sqrt{2 \frac{e_0}{m_0} \cdot U}.$$

Befindet sich ein Elektron in einem elektrischen Feld, das senkrecht zu seiner Bewegungsrichtung steht, ist die Ablenkung, die es erfährt, der Spannung direkt und seiner kinetischen Energie umgekehrt proportional.

Elektron im magnetischen Feld

Bewegt sich ein Elektron mit einer Geschwindigkeit v in einem Magnetfeld, dessen Kraftlinien senkrecht zur Bewegungsrichtung des Elektrons stehen, so erfährt das Elektron, wenn das Magnetfeld homogen ist, eine Kraft

$$K = e_0 \cdot v \cdot B.$$

Radar (Radio Detection and Ranging)

Mit Hilfe elektromagnetischer Wellen, die eine Wellenlänge von 0,5 – 1 m besitzen, kann man weit entfernte Gegenstände auf einem Leuchtschirm sichtbar machen. Ein Radargerät besitzt zwei Antennen, eine für den Sender und eine für den Empfänger. Der Sender sendet regelmäßig in Abständen von 0,001 – 0,0001 Sekunden elektrische Impulse aus. Die elektromagnetischen Wellen, die sich mit einer Geschwindigkeit von 300000 km/s ausbreiten, werden zum Teil von metallischen Gegenständen reflektiert. Diese reflektierten Wellen nimmt der Empfänger wieder auf. Er ist mit einer Bildröhre (Braunsche Röhre) ausgerüstet, auf der die reflektierenden Gegenstände als helle Flecken und Punkte erscheinen. Lässt man Sende- und Empfangsantenne rotieren, entsteht bei einer bestimmten Umdrehungsgeschwindigkeit (10 – 40 U/min) auf dem Bildschirm ein Leuchtbild. Radargeräte sind in der Flugsicherung und Flugüberwachung unentbehrlich geworden. Sie ermöglichen den Blindflug bei Nacht, über Wolken und im Nebel. Außerdem unterstützen sie den Start- und Landevorgang. Auch in der Schiffahrt haben sie große Bedeutung gewonnen. Hier können andere Schiffe im Nebel frühzeitig festgestellt werden, so dass ein rechtzeitiges Ausweichen möglich wird. Mit dem Radargerät werden die Umlaufbahnen der Satelliten überwacht. Auch Wettererscheinungen können frühzeitig erkannt werden.

Elektronenröhren

Die Diode

In einer Elektronenröhre fließt der Strom durch den luftleeren Raum (Vakuum). Die einfachste Elektronenröhre besitzt zwei

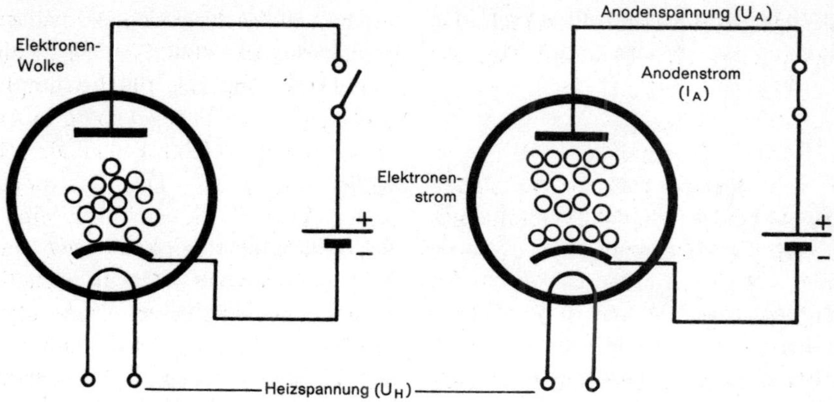

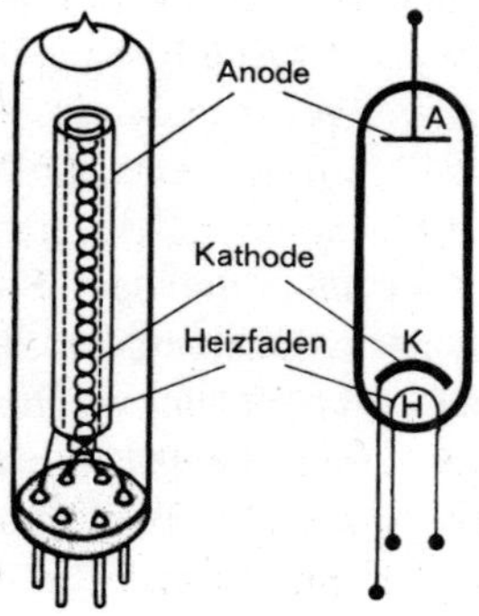

indirekt geheizte Diode

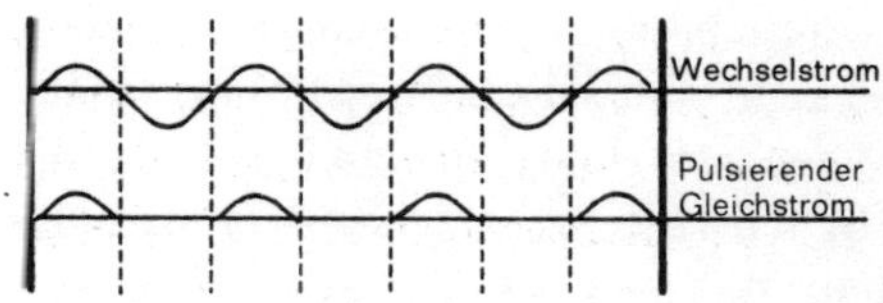

Gleichrichtung des Wechselstromes durch eine Diode

Elektroden, die Kathode und die Anode. Wegen dieser zwei Elektroden wird sie Diode genannt (di = zwei). Wird in einer solchen Röhre die Kathode erhitzt, treten bei einer bestimmten Temperatur freie Elektronen in den Raum nahe der Kathode. Dieser Vorgang wird Glühemission genannt. Um der Kathode die nötige Temperatur zu verleihen, muss man sie heizen. Dies kann direkt oder indirekt geschehen. Bei der direkt geheizten Kathode ist der Heizdraht mit einer wirksamen Kathodenschicht, die meist aus Barium-Strontiumoxid besteht, überzogen. Bei der indirekten Heizung sind Heizdraht und Kathode elektrisch getrennt. Die wirksame Kathodenschicht befindet sich auf einem Metallröhrchen, in das der Heizdraht als Wendel eingeführt ist. Die Kathode ist wieder vom Anodenblech umgeben. Dieses soll später die emittierten Elektronen auffangen.

Legt man nun an die Anode eine zur Kathode positive Spannung, werden die Elektronen aus dem Raum in der Umgebung der Kathode abgesaugt und von der Anode eingefangen. Es fließt jetzt ein Elektronenstrom von der Kathode zur Anode. Wird die Spannung umgepolt, so werden die Elektronen von der jetzt negativen Anode abgestoßen, so dass kein Strom fließen kann. Das bedeutet, dass die Diode nur dann stromführend ist, wenn die Anode positiv gegenüber der Kathode ist. Hieraus ergibt sich die Möglichkeit, Wechselstrom gleichzurichten, da die Diode ja nur dann Strom zieht, wenn die positive Halbwelle einer sinusförmigen

Wechselspannung an der Anode liegt. Man erhält einen pulsierenden Gleichstrom.

Die Triode

Die Triode besitzt drei Elektroden (tri = 3). Zwischen der Anode und der Kathode befindet sich eine weitere Elektrode, das Steuergitter. Durch Verändern einer Spannung, der Gitterspannung, kann der Elektronenstrom dieser Röhre gesteuert werden. Macht man nämlich das Gitter stark negativ gegenüber der Kathode, werden die Elektronen vom Gitter gebremst und gelangen nicht mehr zur Anode. Wird das Gitter weniger negativ gemacht, kann noch ein bestimmter Anodenstrom fließen. Ihn kann man jedoch durch geringe Änderungen der Gitterspannung verstärken oder schwächen, je nachdem, ob man das Gitter positiver oder negativer vorspannt. Da das Gitter aber stets negativ bleibt – positive Gitterspannungen würden Verzerrungen hervorrufen –, erfolgt die Steuerung einer Triode leistungslos.
Trägt man den Anodenstrom I_a in Abhängigkeit von der negativen Gitterspannung U_g auf, erhält man die sogenannte I_a-U_g-Kennlinie. Aus dieser Kennlinie ergeben sich die statischen Röhrenkennwerte. So

Messschaltung zur Aufnahme der Kennlinien

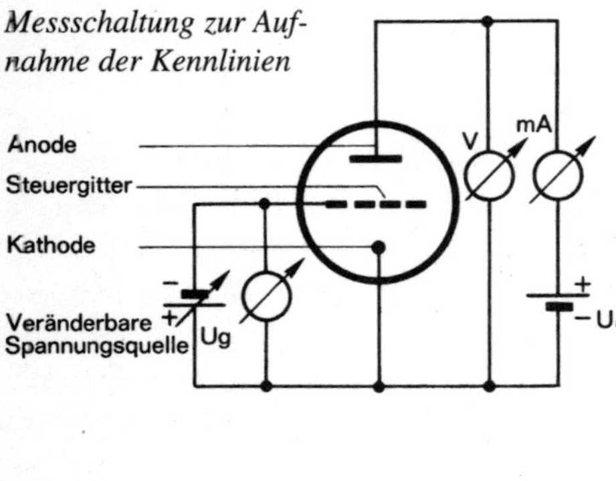

ergibt sich aus dem Verhältnis der Anodenstromänderung ΔI_a zur Gitterspannungsänderung ΔU_g die Steilheit S der Röhre. Es ist

$$S = \frac{\Delta I_a}{\Delta U_g}$$

bei konstanter Anodenspannung U_a.
Der Innenwiderstand der Röhre errechnet sich aus dem Verhältnis der Anodenspannungsänderung ΔU_a zur Anodenstromänderung ΔI_a, wenn die Gitterspannung unverändert bleibt. Es ergibt sich, wenn R_i der Innenwiderstand der Röhre ist,

$$R_i = \frac{\Delta U_a}{\Delta I_a}$$

Der Verstärkungsfaktor μ ergibt sich aus dem Verhältnis der Anodenspannungsänderung ΔU_a zur Gitterspannungsänderung ΔU_g bei konstantem Anodenstrom. Es gilt

$$\mu = \frac{\Delta U_a}{\Delta U_g}$$

Mit Durchgriff wird der Kehrwert des Verstärkungsfaktors bezeichnet. Der Durchgriff ist eine Rückwirkung der Anode auf das Gitter, die durch zurückfließende Sekundärelektronen hervorgerufen wird. Sekundärelektronen werden beim Auftreffen der Elektronen auf die Anode herausgeschleudert und gelangen in den Röhrenraum. Es ist

$$D = \frac{1}{\mu}[\%]$$

Alle diese Kennwerte gelten jeweils für einen bestimmten Punkt auf der Röhren-Kennlinie, dem Arbeitspunkt. Außerdem stehen alle Kennwerte in einem ganz bestimmten Zusammenhang. Er wird durch die Barkhausensche Röhrengleichung beschrieben:

$$S \cdot D \cdot R_i = 1$$

Trioden werden vorwiegend in Verstärkerschaltungen verwendet.

Die Pentode

Die Pentode besitzt zwei weitere Gitter, das Schirmgitter und das Bremsgitter. Durch diese beiden Gitter erhalten Pentoden eine große Steilheit, einen großen Innenwiderstand und einen kleinen Durchgriff. Dadurch wird eine große Verstärkung möglich. Pentoden werden vor allen Dingen zur Spannungsverstärkung und als Endröhren verwendet. Leistungspentoden sind für stärkere Anodenströme geeignet und besitzen eine besonders hohe Steilheit.

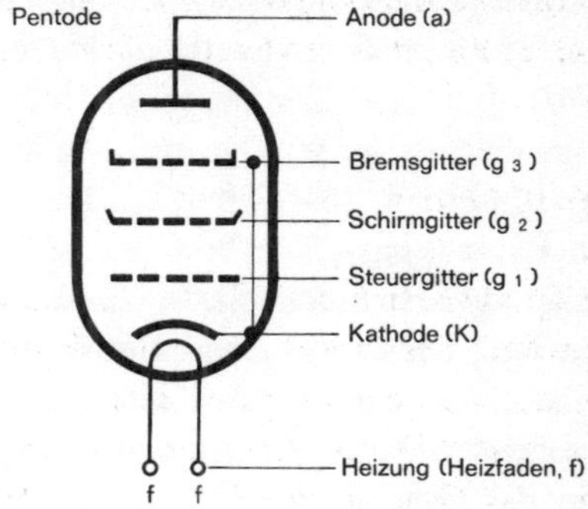

Halbleiter

Germanium (Ge) und Silizium (Si) haben unter den Halbleiterwerkstoffen die größte Bedeutung. Wird an einen Halbleiter eine elektrische Spannung angelegt, bewegen sich die Valenzelektronen (Außenelektronen), also die Elektronen, die auf der äußeren Elektronenschale der Atome kreisen,

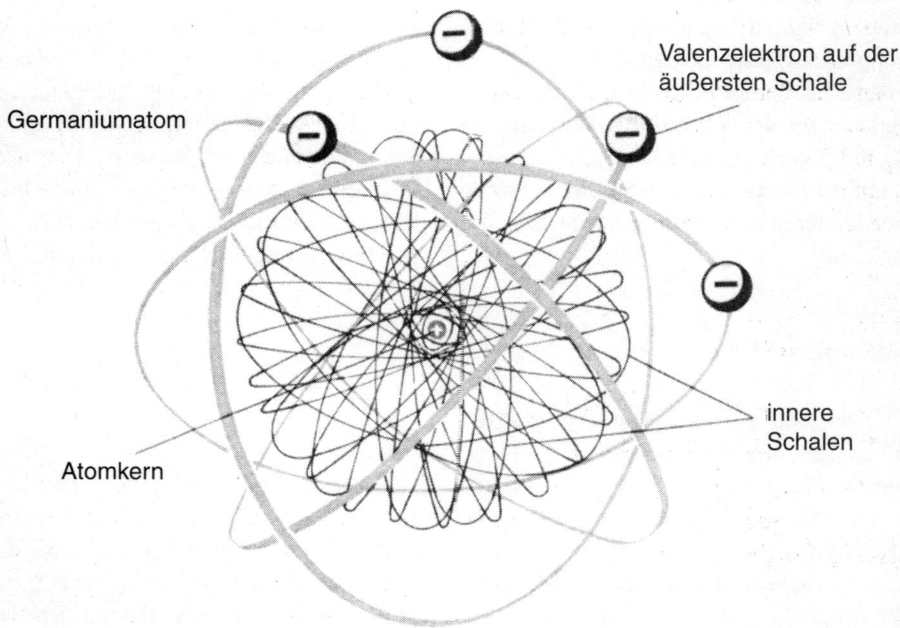

zum Pluspol der Spannungsquelle. Jedes dieser Elektronen lässt dabei ein Loch zurück. Ein Elektron kann auf seinem Wege aber wieder von einem Loch eingefangen werden. Da sich die Elektronen zum Pluspol bewegen, bewegen sich die Löcher, die sie zurückgelassen haben, zum Minuspol. Dieser Vorgang ist etwa so, als ob in einer Autoschlange ein Fahrzeug ausschert. Auf den freigewordenen Platz rückt das folgende Auto vor, das nächste folgt wieder auf den freigewordenen Platz usw. Während alle Autos vorrücken, wandert die Lücke nach hinten. Man unterscheidet daher im Halbleiterkristall eine Elektronenleitung und eine Löcherleitung.

Um die Leitfähigkeit zu erhöhen, werden die Halbleiterwerkstoffe dotiert: Werden einem Halbleiterkristall Atome zugeführt, die auf ihrer äußersten Elektronenschale ein Elektron mehr haben, entstehen überschüssige negative Ladungsträger. Es bleiben freie Elektronen übrig. Der Halbleiter ist negativ dotiert (n-Leiter).

Werden Atome zugeführt, deren äußerste Elektronenschale mit weniger Elektronen besetzt ist, fehlen negative Ladungsträger. Es entstehen Löcher. Der Halbleiter ist positiv dotiert (p-Leiter).

Da die Leitung durch Störstellen erhöht wurde, nennt man diese Leitung Störstellenleitung.

Halbleiterdioden

Grenzen ein p-Leiter und ein n-Leiter aneinander, bildet sich eine Grenzschicht, ein pn-Übergang. In diese Grenzschicht treten negative Ladungsträger (Elektronen) vom n-Leiter und positive Ladungsträger (Löcher) vom p-Leiter. Dabei finden Rekombinationen (Wiedervereinigung positiver und negativer Ladungsträger) statt. Man spricht auch von einer Diffusion (Vermischung, Durchdringung) der Ladungsträger. Dadurch wird der Ladungstransport in der Grenzschicht gesperrt, da keine freien Ladungsträger mehr vorhanden sind. Es entsteht eine Sperrschicht. Die Breite dieser Sperrschicht hängt von der angelegten Spannung ab. Legt man nämlich den n-Leiter an den Pluspol der Spannungsquelle und den p-Leiter an den negativen Pol (Schaltung der Diode in Sperrichtung), wandern die Elektronen zum Pluspol und die Löcher zum Minuspol. Dadurch wird aber die Sperrschicht immer breiter. Durch diese ladungsfreie Schicht werden außerdem zwei gut leitende Bereiche getrennt, so dass die Sperrschicht einen Kondensator bildet. Seine Sperrschicht wird Sperrschichtkapazität genannt. Diese Kapazität ändert sich ebenfalls mit der angelegten Spannung. Sie wird mit größer werdender Spannung, also mit größer werdender Sperrschichtbreite,

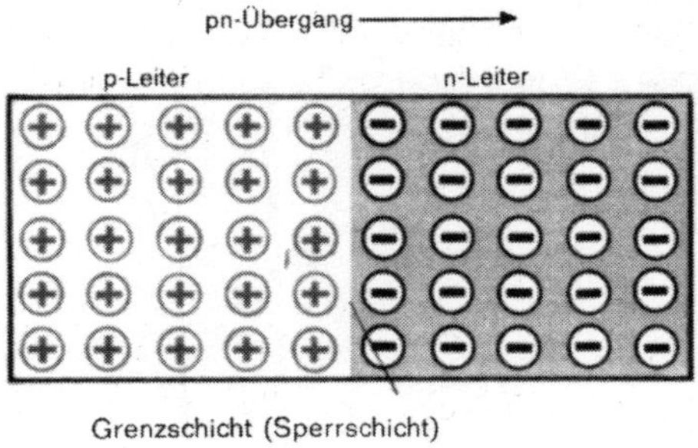

Diffusion von Ladungsträgern innerhalb der Grenzschicht

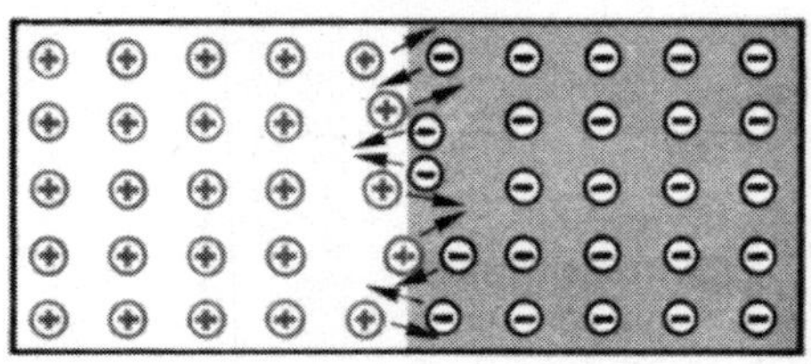

Diode in Sperrrichtung geschaltet

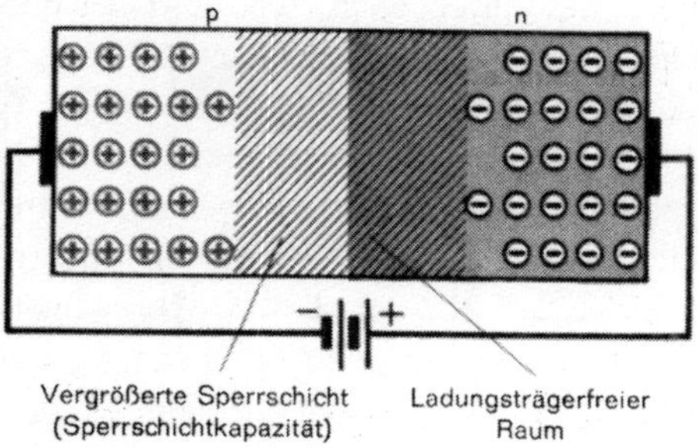

Diode in Durchlassrichtung geschaltet

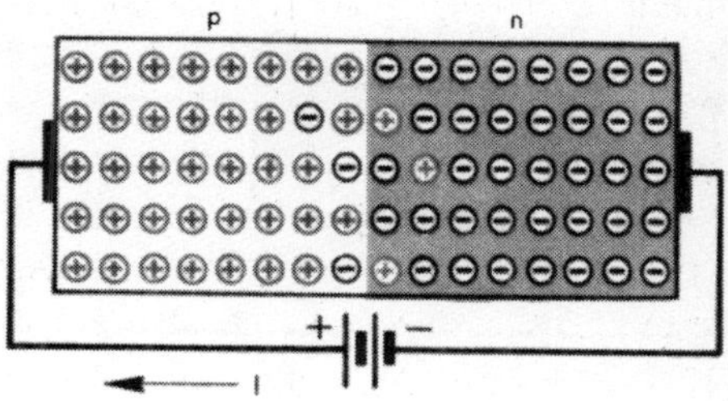

immer kleiner. Diese Spannungsabhängigkeit der Kapazität wird bei der Herstellung von Kapazitätsdioden verwendet. Sie werden zur elektronischen Abstimmung in Rundfunk- und Fernsehempfängern benutzt. In dieser Schaltung ist der Widerstand der Sperrschicht groß. Er kann 400 kΩ bis einige MΩ betragen. Dadurch ist der Sperrstrom sehr klein.

Legt man jedoch den p-Leiter an den Pluspol einer Spannungsquelle und den n-Leiter an den Minuspol, so spricht man von einer Schaltung der Diode in Durchlassrichtung. Dabei ist der Durchlasswiderstand sehr klein (einige Ω bis einige hundert Ω) und der Durchlassstrom entsprechend hoch.

Jede Halbleiterdiode wird durch einen solchen pn-Übergang dargestellt. Sie wirkt (je nach Art der Schaltung) wie ein Ventil und kann daher auch als Gleichrichter verwendet werden. Bei den Halbleiterdioden sind die Bezeichnungen der Anschlüsse von den Röhrendioden übernommen worden. So ist die p-Schicht die Anode und die n-Schicht die Kathode.

Transistoren

Bei den Transistoren unterscheidet man pnp-Transistoren und npn-Transistoren. Bei pnp-Transistoren sind die beiden äußeren Schichten p-Leiter. Die innere

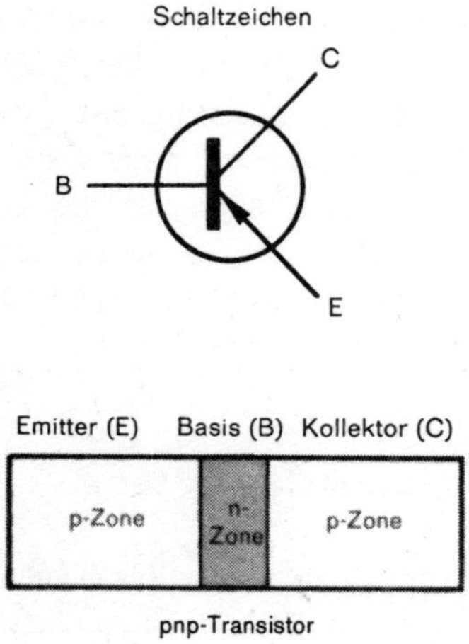

pnp-Transistor

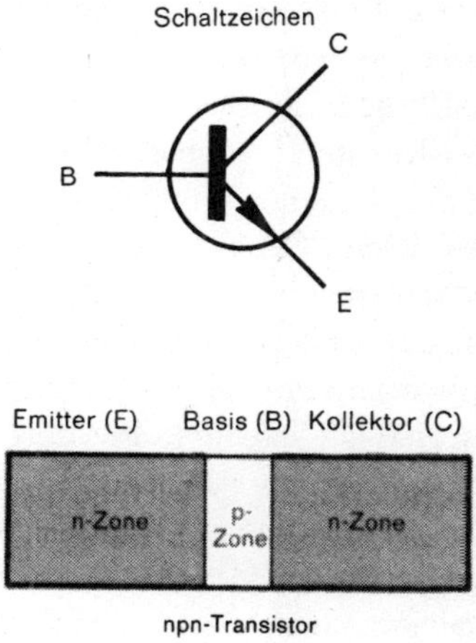

npn-Transistor

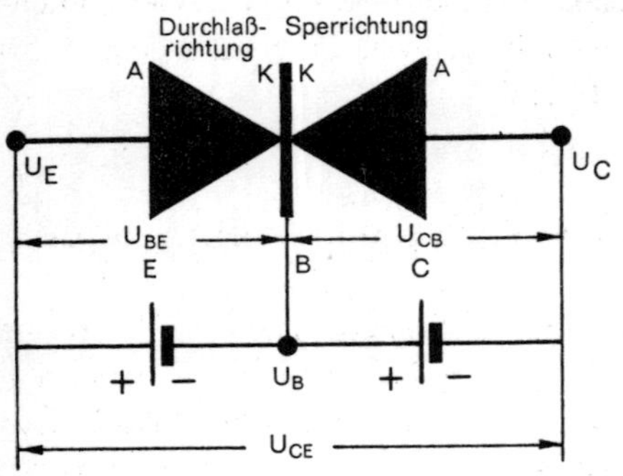

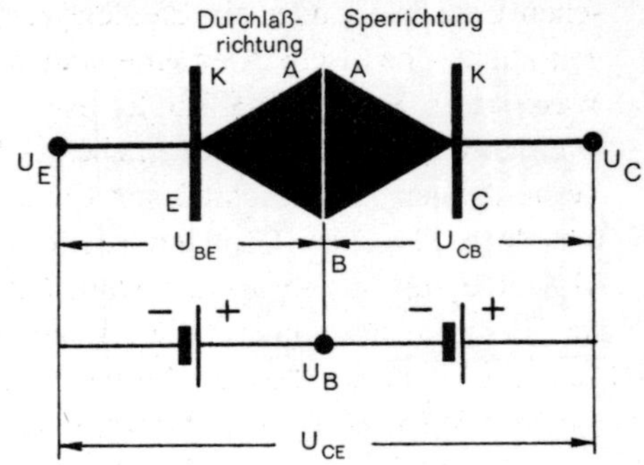

Schicht ist ein n-Leiter. Beim npn-Transistor ist es umgekehrt. Transistoren besitzen demnach zwei pn-Übergänge. Das bedeutet, dass sie aus zwei gegeneinandergeschalteten Dioden bestehen. Andererseits ist der Transistor mit einer Röhrentriode zu vergleichen. Die Kathode der Triode wird beim Transistor Emitter genannt. Das Steuergitter ist die Basis. Die Anode wird beim Transistor Kollektor genannt.

In einem Transistor fließt jedoch nur dann ein Strom, wenn die Basis-Emitter-Strecke in Durchlassrichtung und die Basis-Kollektor-Strecke in Sperrichtung geschaltet ist. Ist die Basis eines Transistors nicht angeschlossen, fließt kein Strom. Fließt jedoch über die Basis Strom, wird die in Sper-Richtung geschaltete Basis-Kollektor-Strecke leitend, und es fließt ein Kollektorstrom. Der Transistor wirkt also wie ein steuerbarer Widerstand. Da der Kollektorstrom durch den Basisstrom gesteuert wird, wird bei der Steuerung eines Transistors elektrische Leistung benötigt. Um einen pnp-Transistor betreiben zu können, muss der Emitter gegenüber dem Kollektor positiv gepolt sein. Die Basisspannung muss ebenfalls gegenüber der Emitter-Spannung negativ sein. Beim npn-Transistor ist die Polung umgekehrt.

Atomphysik

Die **Atomphysik** beschäftigt sich mit den Bausteinen der Materie, den Atomen, und ihrem inneren Aufbau. Ein Atom selbst besteht aus einem sehr viel kleineren, positiv geladenen Kern mit der Hauptmasse des Atoms, umgeben von einer die Kernladung neutralisierenden Elektronenhülle, die den Atomdurchmesser bestimmt. Dementsprechend unterscheidet man die klassische Atomphysik (die sich mit der Größe, dem Gewicht und der Zahl der Atome befasst), die Physik der Elektronenhülle und die Kernphysik.

Der Atomismus der Materie

Das **Atom** (griech.: das Unteilbare) ist die kleinste Einheit, in die man einen chemi-

schen Grundstoff oder ein Element zerlegen kann. Chemische Elemente sind z.B. Wasserstoff, Kohlenstoff, Kupfer usw.
Die meisten Stoffe sind jedoch chemische Verbindungen aus verschiedenen Elementen. Ihre kleinsten Grundeinheiten, die Moleküle, setzen sich aus den Atomen dieser Elemente zusammen. Die Atome der gleichen Elemente und die Moleküle der gleichen Verbindungen sind jeweils untereinander völlig gleich. Das Verhältnis ihrer Massen (= Verhältnis der Gewichte am gleichen Ort) nennt man **Atom-** bzw. **Molekulargewicht**, wobei man willkürlich das Atomgewicht des leichtesten Elements Wasserstoff etwa gleich 1 gesetzt hat. Ein Kohlenstoffatom z.B. hat die 12-fache Masse eines Wasserstoffatoms. Daher ist das Atomgewicht von Kohlenstoff 12. Anderseits enthalten 12 kg Kohlenstoff die gleiche Anzahl der Atome wie 1 kg Wasserstoff. Das Atom- bzw. Molekulargewicht in Gramm eines Stoffes nennt man ein **Mol** (z.B. 12 kg Kohlenstoff). Jedes Mol enthält $N = 6{,}02 \times 10^{23}$ (10^{23} bedeutet eine 1 mit 23 Nullen) Moleküle (**Loschmidtsche Zahl**; Josef Loschmidt, 1821–95). Die Masse eines einzelnen Atoms (nicht zu verwechseln mit dem Atomgewicht) lässt sich mit Hilfe der Loschmidtschen Zahl aus dem Molgewicht direkt berechnen. Ein Wasserstoffatom z.B. wiegt $1/6{,}02 \times 10^{23}$ g = $1{,}67/10^{24}$ g. Ein Sauerstoffatom ca. 16-mal soviel, also $2{,}67/10^{23}$ g.
Der Durchmesser eines Atoms lässt sich abschätzen, wenn man bedenkt, dass sich die Moleküle im festen oder flüssigen Zustand berühren werden, da sie sich nur schwer komprimieren lassen. Aus dem Volumen eines Mols kann man durch Division mit der Loschmidtschen Zahl das einem einzelnen Atom zur Verfügung stehende Volumen und damit seinen Durchmesser berechnen. Er beträgt etwa 2 bis $3/10^8$ cm.

Die elektrische Elementarladung

Nicht nur die Materie, auch die elektrische Ladungsmenge setzt sich aus kleinsten, nicht mehr unterteilbaren **elektrischen Elementarladungen** von $e = 1{,}6/10^{19}$ Amperesekunden zusammen. Die leichtesten Träger der negativen Elementarladung sind das **Elektron**, der gleich großen positiven Elementarladung das **Positron**. Beide besitzen nur den ca. 1840sten Teil der Masse eines Wasserstoffatoms: $9{,}1/10^{31}$ kg.
Elektronen sind stabil. Sie sind Bestandteile der negativen Elektronenhülle der Atome und bilden zusammen mit dem positiv geladenen massebehafteten Kern die normal vorkommenden neutralen Atome.
Das Positron ist dagegen in Gegenwart von Materie nicht stabil. Beim Zusammentreffen mit Elektronen verschwinden Positron und Elektron unter Aussendung kurzwelliger elektromagnetischer Strahlung (**Vernichtungsstrahlung**). Dieser Prozess ist umkehrbar. Aus ausreichend kurzwelligen g-Quanten können in den starken Kernfeldern Elektronen-/Positronen-Paare neu gebildet werden (**Paarbildung**). Weder bei der Vernichtungsstrahlung noch bei der Paarbildung ändert sich die Summe der elektrischen Ladung (**Satz von der Erhaltung der elektrischen Ladung**). Stabil tritt die positive Elementarladung nur in Verbindung mit einer größeren Masse als Proton (griech.: das Erste) auf. Das **Proton** ist der Kern des Wasserstoffatoms; es hat nahezu die Was-

serstoffatommasse ($1,67/10^{27}$ kg) und bildet zusammen mit einem Elektron ein normales Wasserstoffatom.
Neutrale Atome oder Moleküle können Elektronen abgeben oder aufnehmen. Sie werden dadurch je nach der Zahl der ab- oder aufgenommenen Elektronen zu ein- oder mehrfach aufgeladenen positiven oder negativen Ionen, die man dann einwertig bzw. mehrwertig nennt. Solche **Ionen** bilden sich z.B. bei der Lösung von Salzen im Wasser oder auch in Gasentladungen. Hier sind sie die Ladungsträger des elektrischen Stromes, der in beiden Fällen mit einem Materietransport verbunden ist.
Kathodenstrahlen entstehen in Glasröhren mit stark verdünnten Gasen, in die zwei Elektroden zur Stromzuführung eingeschmolzen sind. Sie treten senkrecht aus der Kathodenfläche (negative Elektrode) aus, fliegen geradlinig und können zu einem schmalen Strahlenbündel ausgeblendet werden. Die von diesem getroffene Glaswand leuchtet schwach grünlich hell auf. Bei etwas höheren Gasdrucken ist der Weg der Kathodenstrahlen auch an einem schwachen Aufleuchten des Gases zu erkennen. Kathodenstrahlen bestehen aus Elektronen (negativ geladen). Diese bilden durch ihre Bewegung einen elektrischen Strom, der in einem elektrischen Feld zwischen zwei Platten nach der positiven Platte zu abgelenkt und in einem magnetischen Feld (wie jeder Strom) senkrecht zu den magnetischen Kraftlinien abgelenkt wird. Aus der Ablenkung im elektrischen und magnetischen Feld lassen sich Geschwindigkeit und spezifische Ladung der Ladungsträger berechnen. Die Geschwindigkeit der Elektronen ist in Kathodenstrahlen außerordentlich hoch. Das Quadrat der Geschwindigkeit wächst mit der Spannung zwischen den Elektroden der Kathodenstrahlröhre und beträgt bei 100 V ca. 6000 km/sec, bei 10000 V ca. 60000 km/sec.
Die **spezifische Ladung** der Kathodenstrahlen, das Verhältnis von Ladung und Masse der Elektronen, ist infolge der kleinen Masse der Elektronen relativ groß ($1,76 \times 10^{11}$ Amperesekunden /kg) und die größte, die jemals beobachtet wurde. Sie ist etwa 1840-mal so groß wie die der Protonen, die man bei Stromdurchgang durch stark verdünnten Wasserstoff auf ähnliche Weise wie bei Kathodenstrahlen durch Ablenkung bestimmen kann. Dazu versieht man die negative Elektrode des Gasentladungsrohrs, die **Kathode**, durch Bohrung mit einem engen Kanal. Die positiven Ladungsträger fliegen hindurch und können hinter der Elektrode in elektrischen und magnetischen Feldern abgelenkt und auf ihre spezifische Ladung hin untersucht werden. Man nennt diese Strahlen Kanalstrahlen. Je nach der Füllung des Entladungsrohrs lassen sich auf diese Weise die spezifischen Ladungen der verschiedensten Ionen bestimmen und dadurch ihre Atomgewichte berechnen, wenn ihre Ladungen, die nur ein Vielfaches der Elementarladung sein können, bekannt sind. So beobachtet man beim Helium einfach und zweifach geladene Helium-Ionen. Lithium-Ionen können bis zu drei, Beryllium-Ionen bis zu vier Elementarladungen besitzen.
Der **Massenspektrograph** besteht aus einer Kanalstrahlröhre, in der die Kanalstrahlteilchen von der gleichen spezifischen Ladung durch geeignete Ablenkung in elektrischen und magnetischen Feldern auf derselben Stelle eines Leuchtschirms oder einer empfindlichen photographischen Platte vereinigt werden. Ionen ande-

rer spezifischer Ladungen (anderer Massen z.B.) vereinigen sich an anderen Plattenstellen, aus deren Lage auf die Masse der Ionen geschlossen werden kann. Durch massenspektroskopische Untersuchungen hat man festgestellt, dass die meisten chemischen Elemente aus verschiedenen Arten von Atomen (Isotopen) bestehen.

Isotope sind Elemente mit gleichem chemischem Verhalten (derselben Ordnungszahl) und verschiedenen Atomgewichten. Zum Beispiel setzt sich das normale Chlor (A.G. 35,5) aus 2 Isotopen mit den Atomgewichten 35 und 37 zusammen. Die Atomgewichte der Isotope liegen sehr nahe bei ganzen Zahlen. Sauerstoff besitzt neben dem häufigen Isotop des Atomgewichts 16 noch in sehr geringer Konzentration 2 weitere Isotope mit den Atomgewichten 17 und 18.

Die **physikalischen Atomgewichte** sind um ca. 0,27 $^0/_{00}$ größer als die chemischen Atomgewichte, weil der Chemiker dem natürlich vorkommenden Sauerstoff, der aus einem Isotopengemisch besteht, das Atomgewicht 16,00000 zuschreibt; der Physiker hingegen setzt das Atomgewicht des am häufigsten vorkommenden Sauerstoffisotops gleich 16,00000 und bezieht hierauf seine anderen Atomgewichte.

Der Mechanismus der elektrischen Leitfähigkeit

Damit ein elektrischer Strom fließen kann, müssen elektrische Ladungsträger vorhanden sein, die sich, meist unter dem Einfluss eines elektrischen Feldes, bewegen können. Die Stromstärke hängt von der Zahl der Ladungsträger, ihrer Ladung und ihrer Geschwindigkeit ab.

In einer auf Hornvakuum ausgepumpten Glasröhre, in der zwei Metallelektroden – die **Kathode** zum Anschluss der negativen, die **Anode** zum Anschluss des positiven Pols der Stromquelle – zur Stromzuführung eingeschmolzen sind, fließt erst dann ein elektrischer Strom, wenn z.B. Elektronen als Ladungsträger durch Glühemission (E-Aussendung) aus der Kathode austreten. Unter **Glühemission** versteht man die Verdampfung von Elektronen aus Metalloberflächen bei hoher Temperatur.

Im Hochvakuum fliegen die Elektronen unter dem Einfluss des elektrischen Feldes beschleunigt; die aus dem Feld aufgenommene elektrische Energie = Ladung e x die durchlaufene Spannung U setzt sich in kinetische Energie um, die ihrerseits beim Aufprall der Elektronen auf die Anode in Wärme übergeht. In der Atomphysik ist es nicht üblich, die Geschwindigkeit schnell bewegter Teilchen zu berechnen. Stattdessen gibt man ihre Energie in **Elektronen-Volt** (e-Volt) an. Ein einfach geladenes Teilchen (z.B. Elektron, Proton) hat nach dem Durchlaufen von 1 Volt Spannung 1 e Volt, ein doppelt geladenes Teilchen (z.B. Heliumkern) 2 e-Volt usw. Durch Multiplikation der Spannung als Voltzahl mit der Elementarladung $e = 1{,}6/10^{19}$ Amperesekunden erhält man aus den Elektronenvolt die Energie in Wattsekunden. Das e-Volt-Energiemaß wird auch für andere Energieformen im atomaren Bereich (potentielle Energie, Lichtquantenenergie usw.) verwandt.

Eine **Gasentladung** nennt man den Stromdurchgang durch Gase, eine unselbstständige, wenn zur Aufrechterhaltung der Entladung Ladungsträger, z.B. Elektronen, durch eine Glühkathode geliefert werden müssen.

Eine selbständige Gasentladung wird ohne zusätzlich gelieferte Ladungsträger aufrechterhalten. Hier schlagen entweder die positiven Ionen aus der Gasentladung auf der Kathode durch ihren Aufprall Elektronen heraus, die, beschleunigt, ihrerseits wieder beim Stoß auf Moleküle positive Ionen bilden (**Glimmentladung**, z.B. der Leuchtstoffröhre), oder die Kathodenoberfläche wird, meist bei höherem Gasdruck, an einer kleinen Stelle durch den Aufprall der Ionen so stark erhitzt, dass sie thermisch (durch Wärme) Elektronen emittiert (**Bogenentladung**, z.B. bei der Bogenlampe).

Gasentladungen folgen nicht dem Ohmschen Gesetz. Bereits geringe Spannungserhöhungen an der Entladungsröhre lassen den Strom sehr stark anwachsen. Deswegen werden sie ausschließlich mit strombegrenzenden Vorwiderständen betrieben. Der Strom-Spannungs-Zusammenhang in Gasentladungen wird in **Stabilisatorröhren** zur Erzeugung konstanter Gleichspannungen für elektronische Geräte ausgenutzt.

In festen Körpern ordnen sich die Atome und Ionen meist in regelmäßigen Abständen an und bilden Kristallgitter. Z.B. bildet Steinsalz ein einfaches kubisches Gitter. Man kann daher einen Steinsalzkristall in rechtwinklig begrenzte Quader spalten. Jeder Quaderkante parallel folgen positive Natrium-Ionen und negative Chlor-Ionen in gleichem Abstand (cm) aufeinander und bilden gerade Linien. In andern Kristallen gibt es auch andere Anordnungsmöglichkeiten ihrer Bausteine. Sehr oft setzt sich ein Körper aus **Mikrokristallen** zusammen und besitzt nur innerhalb kleinster Mikrobereiche die regelmäßige Kristallstruktur. Die Ionen, z.B. im Steinsalz, sitzen fest. Sie vollführen nur Wärmeschwingungen und können, zumindest bei tiefen Temperaturen, keinen Beitrag zur elektrischen Leitung leisten (Isolator).

In der Natur gibt es allerdings keine ideal reinen Kristalle. Alle Kristalle enthalten Verunreinigungen, die den regelmäßigen Aufbau der Kristallbausteine stören. Fremdatome oder Ionen oder auch größere Komplexe davon sind in dem Kristallgitter eingebaut und erzeugen dort **Fehlstellen**. Auch durch lokal begrenzte Gitterverwerfungen oder Neutralisierung einzelner Kristall-Ionen zu Atomen können Fehlstellen entstehen. In der unmittelbaren Umgebung der Fehlstellen sind die Ionen oft lockerer gebunden. Sie können durch die Temperaturschwingungen unter Umständen freigemacht werden und Elektrizitätsträger für die Stromleitung bilden. Man spricht in diesem Fall von **Ionenleitung**. Mit der Ionenleitung ist immer ein Materiestrom verbunden. Der Widerstand von Ionenleitern fällt mit steigender Temperatur, weil die Anzahl der freigemachten Ionen bei Temperaturanstieg stark zunimmt.

Die **metallische Stromleitung** folgt einem völlig anderen Mechanismus. In Metallen bilden die positiven Metall-Ionen ein festes, meist mikrokristallin strukturiertes Gitter, in dem sich eine große Anzahl von Elektronen, etwa für jedes Metallatom eines, relativ frei bewegen kann. Diese Elektronen bilden die Elektrizitätsträger des Stromes, werden durch reibungsähnliche Kräfte gebremst und geben dabei ihre kinetische Energie in Form von Stromwärme an das Metallgitter ab. Der Widerstand wächst mit steigender Temperatur, weil die Elektronen durch die wachsenden Gitterschwingungen stärker behindert werden.

Eine Abart der Elektronenleitung ist die **Supraleitung**. die nur bei sehr tiefen Temperaturen, nahe dem absoluten Nullpunkt, in einigen Stoffen auftritt. Der elektrische Widerstand supraleitender Stoffe wird unterhalb einer Temperatur, der **Sprungtemperatur**, plötzlich unmessbar klein. In einer supraleitenden geschlossenen Spule z.B. kann ein elektrischer Strom (kenntlich an seinem Magnetfeld) beliebig lange ohne Energienachlieferung aus einer Stromquelle fliegen, solange seine Temperatur tief genug ist. Starke Magnetfelder erniedrigen die Sprungtemperatur.

Eine Zwischenstellung nehmen die Elektronen**halbleiter** und **Photoleiter** ein. Hier besteht zwar wie in Metallen für Elektronen die Möglichkeit, sich in einem so genannten Leitfähigkeitsband relativ unbehindert zu bewegen, aber fast alle Elektronen sind an die Gitterbausteine mehr oder weniger fest gebunden, so dass nur wenige im **Leitfähigkeitsband** für den Stromtransport verfügbar sind. Nur an Fehlstellen lockerer gebundene Elektronen können infolge von Wärmebewegung oder durch Lichtabsorption (**innerer Photoeffekt**) in das Leitfähigkeitsband gehoben werden und einen Strom bewirken. Bei sehr tiefen Temperaturen sind Halbleiter Isolatoren, weil hier alle Elektronen festsitzen. Natürlich ist es auch möglich, dass ein Elektron aus dem Leitfähigkeitsband wieder zurück in ein „Loch" fällt, wo vorher ein anderes Elektron freigemacht war. Es scheidet dann für die Leitfähigkeit wieder aus. Ein solches Loch, in dem ein Elektron fehlt, repräsentiert eine positive Elementarladung gegenüber der neutralen Umgebung. Man nennt deshalb ein solches positives Loch auch **Defektelektron** und spricht dementsprechend von **Defektelektronenleitung** oder **Löcherleitung**, weil solche Löcher unter dem Einfluss eines elektrischen Feldes wie eine positive Elementarladung wandern können. In diesem Fall wird ein Loch von einem benachbarten Elektron gefüllt und damit neutralisiert. Gleichzeitig ist das Loch an die Stelle des Elektrons gewandert. Durch ständiges Springen benachbarter Elektronen (negativ) in ein Loch kann dieses (positiv) beträchtliche Wege zurücklegen. Da die Zahl der durch Wärmebewegung freigemachten Elektronen mit steigender Temperatur stark zunimmt, ist der Widerstand eines Halbleiters stark temperaturabhängig. Man benutzt diese Eigenschaft zum Bau von **Heißleitern**, die meist aus gut sinterfähigen Mischoxiden bestehen (z.B. Magnesiumoxid und Titanoxid).

Technisch besonders wichtig ist heute **Germanium** als Halbleiter. In sehr reinem Zustand zeigt es nebeneinander geringe Elektronen- und Löcherleitung. Fügt man aber z.B. eine kleine Menge Antimon hinzu, so geben bei Zimmertemperatur praktisch alle eingebauten Antimon-Atome als **Donatoren** (lat.: Spender) je ein sehr locker gebundenes Elektron ab. Der Widerstand wird durch die große Zahl der zusätzlichen freien Elektronen, die den Stromtransport übernehmen, sehr viel kleiner, und der Halbleiter ist ein **Elektronenleiter vom n-Typ** (**n-Kristall**, negative Stromträger). Umgekehrt fangen z.B eingebaute Galliumatome als **Akzeptoren** (lat.: Empfänger) Elektronen ein und erzeugen positive Löcher, die den Stromtransport übernehmen. Hier spricht man vom **p-Typ** (**p-Kristall**, positive Stromträger). Grenzen nun in einem Schichtkristall ein p-Kristall und ein n-Kristall aneinander, so bildet sich beiderseits der Begrenzungsfläche eine trägerverarmte Mittelzone, weil hier Elektronen in den p-Kristall und Defektelektronen in den n-Kristall so weit hineindiffundieren, bis die zurückbleibenden festen positiven Donatoren eine weitere Elektronenabwanderung und die festen negativen Akzeptoren einen weiteren Defektelektronenübergang durch ihre elektrischen Anziehungskräfte verhindern. Die Grenzzone zwischen den beiden Kristalltypen hat aber wegen ihrer geringen Ladungsträgerdichte einen relativ hohen elektrischen Widerstand und bildet eine Sperrschicht zwischen den Kristallen. Ein p-n-Kristall ist daher ein **Gleichrichter**, eine **Halbleiterdiode**, die den Strom in einer Richtung durchlässt und in der anderen fast völlig sperrt. Die Sperrwirkung verschwindet, wenn die Sperrspannung einen bestimmten Wert, die **Zener-Spannung**, überschreitet. Dieser **Zener-Effekt** wird in den **Zener-Dioden** zur Spannungsstabilisierung in elektronischen Geräten benutzt.

Transistoren bestehen aus drei aneinandergrenzenden p-n-p- oder n-p-n-Kristallen mit zwei p-n-Übergangsschichten, die sehr dicht nebeneinander liegen. Sie haben eine große Bedeutung als Stromverstärkerelemente in elektronischen Geräten erlangt. Die mittlere Kristallschicht nennt man **Basis**, die beiden angrenzenden Schichten **Emitter** und **Kollektor**.

Bei den gebräuchlichen Transistoren ist der durch den Basisstrom gesteuerte Kollektorstrom sehr viel größer (z.B. 30-fach) als der Basisstrom, weil die Defektelektronen des Emitters nur die Sperrschicht zwischen Basis und Kollektor beeinflussen. Der Kollektorstrom fließt fast vollständig über den Emitter, so dass Kollektor- und Emitterstrom untereinander fast gleich, aber viel größer als der Basisstrom sind. Eine Veränderung der Basisspannung U und damit des Basisstroms verändert proportional die Größe des verstärkten Kollektorstroms.

Lichtquanten

Die Interferenz des Lichtes schien seine Wellennatur zweifelsfrei bewiesen zu haben, als im 20. Jahrhundert immer mehr Eigenschaften des Lichtes und anderer elektromagnetischer Strahlung bekannt wurden, die schließlich zum Bild der **Lichtkorpuskel**, **Lichtquanten** oder **Photonen** führten. Da die Interferenzfähigkeit nach wie vor auch **Wellen**eigenschaften forderte, mussten beide Bilder, das Wellenbild und das Korpuskelbild in einer widerspruchsfreien Theorie vereinigt werden (Dualismus).

Am einfachsten lassen sich die korposkularen Seiten des Lichtes an einer Photozelle studieren.

Eine **Photozelle** besteht aus einem evakuierten Glaskolben, der im Inneren eine Photokathode (Silberbelag z.B. mit Caesium-Auflage) und eine Anode (Drahtbügel) zum Auffangen der durch Lichtauffall in der Photoschicht ausgelösten Elektronen besitzt. Beim Anlegen einer Spannung (Anode, positiv) fließt ein Strom nur, solange durch Belichtung Elektronen frei gemacht werden, ein Sättigungsstrom (maximaler Strom), wenn alle frei gemachten Elektronen bei ausreichender Spannung die Anode erreichen.

Die Auslösung von Elektronen aus festen, flüssigen oder gasförmigen Körpern durch Lichtabsorption nennt man ganz allgemein **Photoeffekt** oder **lichtelektrischen Effekt**. In einer Photozelle ist die Anzahl der in der Sekunde ausgelösten Elektronen (Sättigungsstrom) der Lichtintensität proportional. Die Maximalgeschwindigkeit und damit die Maximalenergie der ausgelösten Elektronen hängt aber nicht von der Lichtintensität, sondern ausschließlich von der Frequenz ν (= Lichtgeschwindigkeit /Wellenlänge, Farbe) des auslösenden Lichtes ab. Für jedes ausgelöste Elektron wird bei der gleichen Frequenz der gleiche Energiebetrag aus dem Lichtstrom entnommen. Dieser teilt sich auf in den Stromwärmeverlust, den die in tieferen Metallschichten ausgelösten Elektronen auf ihrem Weg bis zur Oberfläche erleiden, in die Austrittsarbeit zum Durchstoßen der Oberfläche (entsprechend der Verdampfungsarbeit beim Austritt eines Wassermoleküls aus einer Wasserfläche) und in die im Vakuum beobachtete kinetische Energie des Elektrons. Die Maximalenergie eines Elektrons wird beobachtet, wenn dieses unmittelbar an der Oberfläche ausgelöst wird. Sie ist zusammen mit der Austrittsarbeit der Lichtfrequenz proportional h v, unabhängig von der Beschaffenheit der Photoschicht. $h = 6{,}62/10^{34}$ Watt x sek^2 ist eine universelle Naturkonstante, die nach ihrem Entdecker Max **Planck** (1858–1947) das **Plancksche Wirkungsquantum** oder einfach die **Plancksche Konstante** genannt wird. Sie regelt alle Energieumsetzungen im atomaren Bereich und hat erst den Schlüssel zum Verständnis des Atomaufbaus gegeben. Mit der Entdeckung seines Wirkungsquantums (bei der theoretischen Untersuchung der Temperaturstrahlung) hat Planck im Jahre 1900 die modern Atomphysik begründet und das Atomzeitalter eingeleitet.

Das Bild der Lichtquanten hat sich zur Veranschaulichung vieler atomarer Vorgänge überzeugend bewährt, zumal der Photoeffekt – die vollständige Übertragung der Energie eines Lichtquants auf ein Elektron – umkehrbar ist. Die kinetische Energie E eines schnell bewegten Elektrons kann bei schneller Abbremsung vollständig für die Schaffung eines Lichtquants (Frequenz v) verbraucht werden, wobei wieder die Beziehung E = h x v gilt. Das geschieht in jeder **Röntgenröhre** (Wilhelm **Röntgen**, 1845–1923). Röntgenröhren bestehen meist aus evakuierten Glas- oder Metallröhren mit Glühkathoden und evtl. wassergekühlten Anoden, zwischen die hohe, oft regelbare Gleichspannungen, z.B. 50000 Volt, gelegt werden. Die aus der Kathode austretenden Elektronen werden durch die Spannung beschleunigt. Sie nehmen dabei in unserem Beispiel eine Energie von je 50000 e-Volt auf und geben diese beim Aufprall auf die Anode in Form von Wärme, zum Teil auch in Form von Röntgenquanten, die bei der plötzlichen Abbremsung entstehen, wieder ab. Im günstigsten Fall wird die gesamte Energie eines Elektrons in ein einziges Röntgenquant umgesetzt. Mit steigender Betriebsspannung werden die Röntgenstrahlen härter (kurzwelliger).

Röntgenstrahlen, in angelsächsischen Ländern auch **X-Strahlen** genannt, besitzen für die meisten Körper, je nach ihrer Dichte, eine große Durchdringungsfähigkeit, und zwar eine um so größere, je kurzwelliger sie sind. Sie bringen Leuchtschirme zum Leuchten, schwärzen photo-graphische Platten und Filme und ionisieren Gase, z.B. die Luft. Anwendungen finden die Röntgenstrahlen in der Medizin, der Materialprüfung, zur Aufklärung von Kristallstrukturen usw. Die Deutung der Röntgenspektren hat wesentlich zur Klärung des Atomaufbaus beigetragen.

Die neben der Quanten- ebenfalls vorhandene Wellennatur der Röntgenstrahlen geht aus einem grundlegenden Versuch hervor, den Max **v. Laue** (1879–1960) vorschlug und deutete. Die Wellenlängen sind dabei so klein, dass ein normales optisches Gitter keine deutliche Beugung und Interferenz

hervorruft. Kristalle wie z.B. Steinsalz bilden aber durch die regelmäßige Anordnung ihrer atomaren Bausteine natürliche "Raumgitter", in dem die beugenden Teilchen in sehr kleinem Abstand liegen (Atomabstand). Laue schlug nun vor, solche Kristalle mit Röntgenstrahlen zu durchstrahlen und aus der Beugungs- und Interferenzfigur auf einer Photoplatte sowohl die Wellenlänge der Röntgenstrahlen als auch den Aufbau des Kristalls zu erschließen. Dieser Versuch gelang und wurde zum Ausgangspunkt einer intensiven Röntgenanalyse des atomaren Feinbaus von Kristallen und kristallartigen Stoffen.
Die zur Wellenlängenbestimmung von Röntgenstrahlen verwendeten **Röntgenspektrometer** besitzen keine Linsen oder Hohlspiegel zur Strahlenzentrierung wie die optischen Spektrometer. Sie arbeiten stattdessen mit feinen, durch Bleiblenden begrenzten Strahlenbündeln. An Stelle der optischen Gitter benutzt man Kristalle, z.B. Steinsalzkristalle, die Röntgenstrahlen nur unter ganz bestimmten Winkeln (**Glanzwinkeln**) reflektieren, deren Größen von der Wellenlänge und dem Abstand der Gitterbausteine abhängen (nur unter den Glanzwinkeln verstärken sich die von den hintereinanderliegenden Gitterebenen reflektierten Röntgenstrahlen durch Interferenz). Das **Röntgenspektrum** besteht aus einem Bremsstrahlspektrum, das ähnlich wie das kontinuierliche Spektrum glühender Körper aus einer dichten Folge verschiedener Wellenlängen zusammengesetzt ist, und dem charakteristischen Spektrum, das aus einzelnen Spektrallinien besteht, die für dasselbe Material, in dem die Röntgenstrahlen durch Elektronenabbremsung erzeugt werden, die gleiche Wellenlänge haben und für dieses charakteristisch sind. Für die kurzwellige Grenze des Bremsstrahlspektrums ist die Energie eines Röntgenquants (h x v = Plancksche Konstante x Frequenz) gleich der Gesamtenergie eines abgebremsten Elektrons (Ladung x Spannung an der Röhre). Zur Erzeugung der langwelligeren Röntgenquanten wird nur ein Teil der Elektronenenergie verwandt.

Der Dualismus von Welle und Korpuskel

Das Licht und auch andere elektromagnetische Wellen zeigen bei ihrer Untersuchung ein sehr merkwürdiges und zunächst unverständliches Verhalten. Eine Reihe von Versuchen scheint eindeutig die **Korpuskelstruktur** (**Teilchen**zusammensetzung) des Lichtes zu beweisen, während andere Versuche wieder nur mit **Wellen**vorstellungen verstanden werden können. Diese doppelgesichtige Eigenschaft nennt man **Dualismus** der elektromagnetischen Strahlung.
Für die Korpuskelvorstellung spricht die Beobachtung, dass auf eine mit Licht bestrahlte Fläche ein **Lichtdruck** ausgeübt wird – etwa, wie eine von Gasmolekülen getroffene Fläche einen Gasdruck erfährt. Nach der kinetischen Gas-Theorie werden die Gasmoleküle an den Wänden elastisch reflektiert und übertragen dabei einen Impuls 2 m v (m Masse, v Geschwindigkeit eines Moleküls), der sich als Druck äußert. Der dementsprechende Fall liegt beim Auftreffen von Lichtquanten auf eine spiegelnde Fläche vor. Aus der Größe des gemessenen Lichtdrucks lässt sich der Impuls eines Lichtquants zu Lichtquantenenergie/Lichtgeschwindigkeit = -h v/c berechnen. Werden dagegen die Lichtquanten auf einer schwarzen Fläche vollständig absorbiert

(unelastischer Stoß), so ist der Lichtdruck erwartungsgemäß nur halb so groß wie bei Reflexion, weil nur halb so viel Impuls übertragen wird.
Das Sonnenlicht übt auf der Erde bei senkrechtem Auffall auf eine schwarze Fläche von einem Quadratmeter eine Kraft von etwa $1/_{1000}$ Pond, auf der Sonnenoberfläche beträgt die Kraft schon etwa 40 Pond und im Kern der Sterne ist der Lichtdruck so groß, dass er ihre Stabilität maßgeblich beeinflusst.
Auch einzelne Lichtquanten können genauso wie materielle Partikelchen mit einzelnen Elektronen zusammenstoßen (**Compton-Effekt**, Arthur **Compton**, 1892–1962). Sie werden dabei nach den Gesetzen des elastischen Stoßes wie Billardkugeln abgelenkt und geben einen Teil ihrer Energie, je nach dem Ablenkungswinkel, auf das Elektron ab, das sich infolge des Stoßes in Bewegung setzt. Bei einer stoßenden Billardkugel würde sich die Energieabgabe in einer Verringerung ihrer Geschwindigkeit auswirken. Lichtquanten können sich jedoch nur mit Lichtgeschwindigkeit (c) bewegen, die konstant bleibt. Daher kann sich eine Abnahme der Lichtquantenenergie h v nur in einer Verringerung der Frequenz v bzw. einer Vergrößerung der Wellenlänge l = c/v auswirken. Der Compton-Effekt wird bei der Streuung von Röntgenstrahlen beobachtet. Diese vergrößern ihre Wellenlänge je nach ihrer Ablenkung genau nach der Vorhersage der Theorie, wenn man für den Impuls des Lichtquants Energie/Lichtgeschwindigkeit = -hv/c setzt.
Alle Absorptionsvorgänge, nicht nur beim Photoeffekt, sondern auch im Inneren von Atomen können anschaulich nur mit der Korpuskelvorstellung erfasst werden, weil zum einen aus dem Strahlungsfeld nur diskrete Energiequanten aufgenommen werden und zum andern dabei innerhalb des winzigen Atoms eine starke Energiekonzentration auftritt, die man mit dem Wellenbild, nach dem die Energie auf weite, von Wellen durchflutete Räume verteilt ist, nicht verstehen kann. Die **Emission** (lat.: Aussendung) von Licht geht ebenfalls in einzelnen Atomen in Form von einzelnen Lichtquanten vor sich.
Dagegen ist das anschauliche Verständnis der Lichtausbreitung, also alles, was zwischen Emission und Absorption eines Lichtquants geschieht, nur mit der Vorstellung der **Wellenstruktur des Lichtes** erreichbar. Bei der Interferenz z.B. kann man beobachten, dass zwei Lichtbündel, die auf dieselbe Stelle eines Schirms fallen, unter Umständen (bei Kohärenz der Strahlen) sich gegenseitig auslöschen können. Nach der Wellenvorstellung trifft in diesem Fall ein Wellenberg des einen auf ein Wellental des anderen Bündels. Nach der Korpuskelvorstellung ist die Interferenz unverständlich, denn die größere der aus beiden Bündeln herrührende Anzahl von Lichtquanten müsste unter allen Umständen eine größere Helligkeit auf dem Schirm hervorrufen.
Eine Lösung dieses offensichtlichen Widerspruchs kann erst gelingen, wenn man sich klarmacht, dass es sich bei diesen anschaulichen Vorstellungen nur um **physikalische Modelle** handelt, die man sich in Analogie zu vertrauteren physikalischen Erscheinungen macht, um den Ablauf anderer Erscheinungen, hier des Lichts, einfacher übersehen zu können. Die Korpuskelvorstellung und die Wellenvorstellung des Lichts sind Bilder, die keinen Wirklichkeitscharakter besitzen – sie sind jeweils nur für die Beschreibung bestimmter Erscheinungen brauchbar.

Der Grund für die beschränkte Anwendungsfähigkeit dieser Bilder im Bereich der **Elementarprozesse**, bei denen nur einzelne Elementarteilchen wie Elektronen, Lichtquanten und Atome beteiligt sind, liegt darin, dass diese Bilder unserer täglichen, makroskopischen Erfahrungswelt entnommen sind, in der immer sehr viele gleichartige Elementarprozesse gleichzeitig in Erscheinung treten. Im atomaren Bereich gelten andere Gesetzmäßigkeiten. Sehr viele Lichtquanten müssen z.B. erst in das Auge eintreten, bis ein deutlicher Lichteindruck entsteht. Ein Stück wahrnehmbares Eisen kann innerhalb der Messgenauigkeit beliebige Energiemengen in Form von Wärme aufnehmen, solange es nicht schmilzt. Ein einzelnes Eisenatom dagegen ist nur fähig, ganz bestimmte Energiewerte, aber keine Zwischenwerte, anzunehmen. Unmittelbar können wir nur die mittlere Wirkung vieler gleichzeitiger Elementarvorgänge wahrnehmen. Beide Bilder, das Korpuskelbild und das Wellenbild, können für sich allein die Wirklichkeit im atomaren Bereich nicht beschreiben, sondern jeweils nur Teilaspekte geben. Es ist gelungen, die Erscheinungen der elektromagnetischen Strahlung, allerdings unter Verzicht auf die unmittelbare Anschauung, logisch einwandfrei in einer mathematisch formulierten Theorie darzustellen.

Eine Beziehung zwischen einer kontinuierlich verlaufenden Welle und einem Lichtquanten-(Teilchen-)Strom kann nur statistischer Art sein.

Die **statistische Deutung des Lichtverhaltens** schlägt eine Brücke zwischen der Wellen- und der Korpuskelauffassung des Lichts. Die Intensität eines Lichtstrom, der z.B. auf eine Fläche von 1 qm senkrecht auffällt (Energie pro Zeit- und Flächeneinheit), würde nach der Korpuskelvorstellung durch die Zahl der in der Sekunde nacheinander unregelmäßig an verschiedenen Stellen der Fläche auftreffenden Lichtquanten gegeben sein, nach der Wellenvorstellung aber durch das Quadrat der Wellenamplitude (Größtausschlag). Eine gleichzeitig richtige Beschreibung dieses Vorgangs mit dem Begriff der kontinuierlich (zusammenhängend) ausgedehnten Welle und dem Begriff der diskontinuierlich (unzusammenhängend) unterteilten Korpuskeln ist nach Max Born (1882–1970) dann gegeben, wenn man das Quadrat der Wellenamplitude in einem Raumelement als Maß der Wahrscheinlichkeit dafür nimmt, Lichtquanten in diesem Raumelement zu beobachten.

Ein Beugungsstreifensystem auf einem Schirm z.B. entsteht nach dieser Auffassung dadurch, dass die Ankunftswahrscheinlichkeit der Lichtquanten an den helleren Stellen größer, an den dunkleren kleiner ist. Sehr viele Lichtquanten verteilen sich auf dem Schirm, wie es der Streifenhelligkeit entspricht. Wenn aber nur 1 Quant z.B. in einer Sekunde den Beugungsspalt passiert, kann dieses den Schirm an irgendeiner Stelle treffen, mit größerer Wahrscheinlichkeit an dem Ort eines hellen Streifens. Der genaue Auftreffpunkt ist mit physikalischen Methoden nicht vorherzusagen. Man kann nur statistische Aussagen machen, wie sich z.B. nach einer Million Sekunden die dann ankommenden Millionen Quanten in unserem Beispiel auf dem Schirm verteilen. Die statistische Aussage stimmt erfahrungsgemäß um so genauer mit der Beobachtung überein, je mehr Quanten (elementare Absorptionsprozesse) an dem Prozess beteiligt sind.

Die Ausbreitungsvorgänge des Lichts werden nach dieser Auffassung nach wie vor mit Wellenvorstellungen mit Hilfe der Maxwellschen Grundgleichungen der Elektrizitätslehre (James **Maxwell**, 1831–79) berechnet. Die berechneten Amplituden haben die Bedeutung, dass sie die Wahrscheinlichkeit für das Auftreten von Absorptionsprozessen bestimmen.
Das eigentümliche Verhalten der Lichtstrahlen – einmal als Korpuskelstrom, ein andermal als Welle in Erscheinung zu treten – ist nicht auf die elektromagnetische Strahlung beschränkt.
Alle Materieteilchen zeigen die gleiche Doppelstruktur Korpuskel/Welle, wobei je nach Art der Versuchsbedingungen der Korpuskel- oder der Wellencharakter hervortritt; z.B. entsteht eine Elektronenbeugung, wenn ein Elektronenstrahl (Kathodenstrahl) ein Kristallgitter durchsetzt. Elektronenstrahlen rufen durchaus ähnliche Beugungsringe beim Durchgang durch eine kristalline Silberfolie hervor wie Röntgenwellen.
Die Wellenlängen der Elektronen ändern sich mit ihrer Geschwindigkeit (l = h/mv; h = Plancksche Konstante, m = Masse, v = Geschwindigkeit der Elektronen). Kathodenstrahlen, die eine Spannung von 1000 Volt durchlaufen haben, besitzen eine Wellenlänge von $3{,}7/10^9$ cm, etwa $1/_{10}$ Atomdurchmesser. Allen Materieteilchen, auch den Atomen, lassen sich Wellen zuordnen. Die **Wellenlängen kleiner Teilchen** berechnen sich nach derselben Formel wie die der Elektronenstrahlen. Sogar für die Lichtquanten gilt diese Formel, wenn man darin nur für den Impuls m v den Lichtquantenimpuls hv/c setzt. Allerdings sind die Wellen materieller Teilchen nicht elektromagnetisch wie die Lichtwellen. Man nennt sie **Materiewellen** oder auch **Broglie-Wellen** nach Louis **de Broglie** (1892–1987), der ihre Existenz nach theoretischen Überlegungen bei der Untersuchung der Wasserstoffspektren vorausgesagt hat. Wie bei den Lichtquanten ist das Quadrat, nun aber der Materiewellenamplitude, ein Maß für die Wahrscheinlichkeit der Beobachtung eines Materieteilchens in einem Raumelement. Erwin **Schrödinger** (1887–1959) hat eine Differentialgleichung gefunden, die **Schrödinger-Gleichung**, mit deren Hilfe die Verteilung der Materiewellen und damit auch die Aufenthaltswahrscheinlichkeit von Elektronen z.B. um einen Atomkern berechnen kann. Die Schrödinger-Gleichung liefert die theoretische Grundlage zur Berechnung der Elektronenhülle der Atome und ihrer Energieverhältnisse.
Einen anderen Ausdruck für den Dualismus von Welle und Korpuskel hat Werner **Heisenberg** (1901–1979) gefunden, der nach ihm die **Heisenbergsche Unschärferelation** genannt wird. Je deutlicher die experimentellen Bedingungen den Teilchencharakter der Elementarteilchen hervortreten lassen, um so undeutlicher wird der Wellencharakter und umgekehrt (**Komplementaritätsprinzip**). Diese Unbestimmtheit ist objektiv vorhanden, sie liegt in der Natur der atomaren Gebilde und nicht in einer Unfähigkeit des erkennenden Menschen. Der Ort eines Elektrons z.B. kann bei Beobachtung mit Licht wegen der Beugung bis auf etwa eine Lichtwellenlänge genau festgelegt werden. Eine Verkleinerung der Lichtwellenlänge erhöht aber den Impuls der Lichtquanten und damit die durch den Compton-Effekt (Stoß der Lichtquanten) unkontrollierbar erfolgende Geschwindigkeitsänderung des Elektrons. Nach Heisenberg liegt das Produkt der Messungenauigkeit für den

Ort eines Teilchens und der gleichzeitigen Messungenauigkeit für den Impuls (Masse x Geschwindigkeit) desselben Teilchens in der Größenordnung der Planckschen Konstante h. Jeder Versuch, die Ortsmessgenauigkeit zu steigern, erhöht die Impulsungenauigkeit und umgekehrt. Da alle Materieteilchen die gleiche **Doppelnatur von Welle und Korpuskel** zeigen, kann auch die Beobachtung z.B. mit dem Elektronenmikroskop grundsätzlich keine genaueren Ergebnisse erbringen.

Soll z.B. die Geschwindigkeit eines Elektrons in einem Wasserstoffatom auf 1 $^0/_0$ genau festgelegt werden, so erkauft man diese Genauigkeit mit einer gleichzeitigen Ortsunbestimmtheit von etwa dem 100-fachen Atomdurchmesser. Soll dagegen der Ort des Elektrons nur bis auf einen Atomdurchmesser genau gemessen werden, so ist gleichzeitig seine Energie bis auf das Dreifache der Ionisierungsenergie unbestimmt. Die Unschärferelation hat nur in atomaren Bereichen Bedeutung. Bei großen Massen, mit denen wir alltäglich zu tun haben, ist sie bedeutungslos.

Kausal bedingte oder **determinierte Vorgänge** im physikalischen Sinn sind solche, die sich grundsätzlich mit beliebiger Genauigkeit vorausberechnen lassen (Planck). Aus den Newtonschen Gesetzen lassen sich z.B. die Planetenbewegungen beliebig genau berechnen, wenn die „Anfangsbedingungen“, nämlich Ort und Geschwindigkeit der einzelnen Planeten zu einem Zeitpunkt, genau bekannt sind. In atomaren Bereichen hingegen und bei einzelnen Elementarprozessen, z.B. der Absorption eines Lichtquants, ist schon wegen der grundsätzlichen Nichtfeststellbarkeit der Anfangsbedingungen die Vorausberechnung nicht mehr möglich, wohl aber lassen sich Wahrscheinlichkeitsaussagen machen, die bei der gleichzeitigen Erfassung sehr vieler Elementarprozesse erfahrungsgemäß den Charakter von Kausalgesetzen annehmen. Da sich aber alle physikalischen Vorgänge aus Elementarprozessen zusammensetzen, gibt es in obigem Sinn streng genommen keine physikalischen Kausalgesetze.

Die Elektronenhülle der Atome

Das **Wasserstoffatom** hat den einfachsten Atomaufbau. Es besteht aus einem einfach positiv geladenen (eine Elementarladung) Kern, dem **Proton**, das bei sehr geringer Ausdehnung fast die gesamte Masse des Atoms in sich vereinigt, und einem **Elektron**.

Bei einer elektrischen Entladung oder bei hohen Temperaturen in Sternatmosphären strahlen Wasserstoffatome ein Linienspektrum aus, das sich **vom Ultraviolett** über den sichtbaren Bereich bis **ins Ultrarote** erstreckt. Jeweils einige dieser Spektrallinien, die sich unter geeigneten Bedingungen (auf einigen Sternen) auch in Absorption beobachten lassen, gehören offensichtlich zusammen. Man nennt sie **Spektralserien**.

Johann **Balmer** (1825–1898) ist es Ende des 19. Jahrhunderts zum erstenmal gelungen, rein empirisch eine mathematische Formel aufzustellen, mit deren Hilfe man die Wellenlängen der sichtbaren und einiger ultravioletter Linien mit außerordentlicher Genauigkeit berechnen kann. Die hierdurch dargestellte Spektralserie, die nach ihm benannte **Balmer-Serie**, hat Jahrzehnte später den Ausgangspunkt für die Entwirrung der ungemein komplizierten Spektren aller anderen Atome geliefert.

Das neutrale Wasserstoffatom hat etwa den 10^4- bis 10^5-fachen Durchmesser seines Kerns. Man hat dies aus dem relativ unbehinderten Durchgang von a-Strahlen (Heliumkerne) durch Wasserstoffgas geschlossen, bei dem nur gelegentlich eine stärkere Ablenkung eines a-Teilchens bei einem Zusammenstoß mit einem Proton beobachtet wurde. Damit Elektron und Proton in ihrem Zusammenwirken den Raum eines Wasserstoffatoms einnehmen können, müsste das Elektron nach klassischen Vorstellungen um das Proton, etwa wie ein Planet um die Sonne, kreisen, wobei sich elektrische Anziehungskraft und Zentrifugalkraft die Waage halten.

Allerdings ergeben sich gegen dieses Bild zwei erhebliche Einwände: Nach den Gesetzen der klassischen Mechanik müssten wie bei den Planeten Kreisbahnen in jedem Abstand vom Kern möglich sein. Das Wasserstoffatom könnte also keinen konstanten Durchmesser besitzen, wie es die Erfahrung zeigt. Außerdem müsste nach den Gesetzen der klassischen Elektrodynamik ein kreisendes Elektron elektromagnetische Wellen abstrahlen, dabei Bewegungsenergie verlieren und auf einer Spiralbahn schließlich in den Kern stürzen, was ebenfalls der Erfahrung widerspricht.

Einen formalen Ausweg aus diesen Schwierigkeiten fand Niels **Bohr** (1885–1962), indem er zwei Zusatzpostulate aufstellte, die jedoch mit der klassischen Physik nicht im Einklang standen: Das Elektron sollte in solchen Bahnen strahlungslos verweilen können, für die sein Drehimpuls m v r (m = Masse, v = Geschwindigkeit des Elektrons, r = Kreisbahnradius), dividiert durch 2p, gleich einem ganzzahligen Vielfachen der Planckschen Konstanten, also gleich n h ist (n = 1, 2 ...; h = Plancksche Konstante). Mit dieser **Quantelung** wird aus der großen Vielfalt der Bahnen eine diskrete Reihe stabiler Bahnen ausgesucht, für deren jede eine diskrete Energie E_n je nach der **Quantenzahl n** nach den klassischen Gesetzen berechenbar ist. Das sind die Energiewerte, die ein Wasserstoffatom annehmen kann. Die kleinste Energie besitzt das Atom für n = 1 beim kleinsten Bahnradius. Atome mit der kleinsten Energie befinden sich im Grundzustand. Alle Atome sind im Normalfall **Grundzustand**, wenn ihnen nicht von außen durch Stoß (Gasentladung, hohe Temperatur) oder durch Strahlung Energie zugeführt wird. Das Elektron springt dann nach Bohr auf eine andere „erlaubte“, stabile Bahn mit größerem Bahnradius und entsprechend größerer Energie; das Atom geht dabei in einen **Anregungszustand** über. Das Neue dabei ist, dass ein Atom nicht beliebige Energiemengen aufnehmen kann, sondern nur solche, wie es die erlaubten Bahnen zulassen. In einem angeregten Zustand verweilen die Atome nur sehr kurze Zeit (etwa $1/10^8$ Sekunden), dann springen die Elektronen spontan in die tiefste Bahn, evtl. auch nach kurzem Verweilen auf erlaubten Zwischenbahnen zurück, so dass der Grundzustand wieder erreicht wird. Das zweite Bohrsche Postulat besagt nun, dass beim Rucksprung des Elektrons von einer höheren auf eine tiefere Bahn die damit freiwerdende Energie E in Form eines Lichtquants emittiert (abgestrahlt) werden soll. Dabei gilt wieder die universale Beziehung E = h v. Anderseits soll das Atom auch in der Lage sein, Lichtquanten zu absorbieren (aufzunehmen), aber nur, wenn ihre Energie h v genau gleich der Energiedifferenz zwischen der Bahn, in der sich das Elektron gerade befindet, und einer höheren erlaubten Bahn ist.

Mit Hilfe seiner beiden Postulate gelang es Bohr, den Wasserstoffatomradius richtig als Durchmesser der kleinsten Bahn (n = 1), ohne weitere Zusatzannahmen, und außerdem die Lage der Spektrallinien ungemein genau zu berechnen und Formeln für die Spektralserien des Wasserstoffs, so auch die Balmer-Formel, abzuleiten. Durch den Übergang von der untersten (n = 1: Grundzustand) zu den oberen Bahnen (n > 1: Anregungszustände) und umgekehrt kommt die **Lyman**-Serie mit Ihren ultravioletten Linien zustande, von der zweiten Bahn (n = 2) zu den höheren die Balmer-Serie mit sichtbaren und ultravioletten Spektrallinien; es folgen noch ultrarote Serien.

Der Physiker interessiert sich weniger für die Bahnradien der kreisenden Elektronen, weil diese wegen der Welleneigenschaften der Elektronen nur bildhaften Charakter tragen und nur berechenbar, aber nicht messbar sind. Von größerer Bedeutung aber sind die Energien, die ein Wasserstoffatom beim Übergang seines Elektrons auf höhere Bahnen aufnehmen kann. Man ordnet diese für ein Atom möglichen Energiezustände oder Energieniveaus in einem Energiestufenschema an. Bei Aufnahme einer bestimmten Energie wird ein Atom gerade ionisiert. Als Mindestenergie kann das Atom die Anregungsenergie für den Übergang von der untersten zur zweiten Elektronenbahn aufnehmen. Beim Wasserstoffatom beträgt die geringste **Anregungsenergie** 10,14 e-Volt, die **Ionisationsenergie** 13,53 e-Volt. Diese Energiestufen haben reale Bedeutung.

Man kann nämlich die Energiestufen auch unabhängig von allen optischen Beobachtungen, am einfachsten beim Quecksilber, durch rein elektrische Versuche bestimmen (**Frank-Hertz-Versuch**; James **Frank**, 1882–1964, Gustav **Hertz**, 1887–1975). Elektronen werden während des Durchgangs durch Gase bei kleinen Geschwindigkeiten von den Atomen nur elastisch (praktisch ohne Energieübertragung) reflektiert. Erst wenn ihre kinetische Energie die Anregungsenergie erreicht, können sie diese an Atome durch unelastische Stöße abgeben. In der Elektronenstromkurve macht sich das Auftreten unelastischer Stöße in geeigneten Schaltungen bemerkbar. Gleichzeitig beginnen die durch Elektronenstoß angeregten Atome die aufgenommene Anregungsenergie in Form von Lichtquanten wieder auszustrahlen.

Das Spektrum des Wasserstoffatoms ist weitaus einfacher als das aller anderen Atome, weil es nur ein einziges Elektron besitzt, durch dessen Bewegung die Strahlung verursacht wird. Die anderen Atome haben positive Kerne mit einer größeren Zahl von Elementarladungen und im neutralen Zustand eine entsprechende Anzahl negativer Elektronen. Das Helium z.B. hat eine 2-, das Lithium 3-, das Beryllium 4-fache Kernladung und 2, 3 bzw. 4 Elektronen zur Neutralisation, wie man durch massenspektroskopische Untersuchungen festgestellt hat. Man nennt die Kernladungszahl auch **Ordnungszahl**, weil sie den Platz eines Elements im **Periodischen System** und damit seine chemischen Eigenschaften festlegt. Höhere Ordnungszahlen werden durch die Aufnahme von Röntgenspektren bestimmt.

Die Spektren des einfach ionisierten Heliums, des zweifach ionisierten Lithiums usw. sind **wasserstoffähnliche Spektren**, weil sie nur jeweils durch ein Restelektron hervorgerufen werden, das allerdings in einem doppelt bzw. dreifach so starken

Kernfeld wie beim Wasserstoffatom kreist, engere Bahnen beschreibt und infolgedessen energiereichere Lichtquanten emittiert bzw. absorbiert. Das wirkt sich in einer Verschiebung der Spektren nach dem Ultravioletten zu aus. Alle anderen Spektren sind wesentlich komplizierter, weil sich die verschiedene Elektronen um den Kern gegenseitig beeinflussen. Vor allem kommt man zur Kennzeichnung der Energiestufen nicht mehr mit einer Quantenzahl n und einer einzigen Energie- bzw. Termleiter aus.

Schon Sommerfeld (Arnold **Sommerfeld**, 1868–1951) hatte die Bohrsche Theorie erweitert und auf Ellipsenbahnen übertragen. Dazu war neben der **Hauptquantenzahl n** die Einführung einer zweiten ganzzahligen **Nebenquantenzahl** l erforderlich, die nun aber nicht beliebige Werte annehmen konnte; zu jeder Hauptquantenzahl ist nur eine beschränkte Zahl von Nebenquantenzahlen möglich. Weiter kann sich nach der Bohrschen Theorie die Bahnebene nur in ganz bestimmten Winkeln zu einem Magnetfeld einstellen. Dies bedingt die Einführung einer dritten, so genannten **magnetischen Quantenzahl m**, ebenfalls mit einer beschränkten Anzahl von Möglichkeiten, je nach dem Wert von l, und schließlich hat das Elektron selbst einen Drehimpuls, den so genannten Spin (im klassischen Bild: Rotation um sich selbst). Der **Spin** erfordert eine vierte **Quantenzahl s**, die aber nur die beiden Werte $+^1/_2$ oder $-^1/_2$ annehmen kann. Mit Hilfe dieser vier Quantenzahlen lassen sich die Spektren aller Atome erfassen und in Term-Schemen einordnen.

Die Quantenzahlen wurden in Verbindung mit den klassischen Vorstellungen von Elektronenbahnen, ihrer Form und ihrer Lage anhand des empirischen Materials gefunden, ohne dass ihre Begründung aus der klassischen Physik heraus möglich war. Erst die Entdeckung des Wellencharakters der Materie hat zu einem Verständnis der Quantenzahlen geführt. Nach den (heute überholten) ersten Vorstellungen de Broglies wurden die stabilen Bahnen des Elektrons aus der unendlichen Fülle der möglichen Bahnen dadurch ausgewählt, dass auf ihnen eine ganze Zahl (Quantenzahl) von Wellen untergebracht werden sollte.

Tatsächlich aber sind die Elektronenwellen nicht an einzelnen „Bahnen“ gebunden, sondern verteilen sich um den ganzen Kern herum. Diese Verteilung lässt sich mit Hilfe der Schrödinger-Gleichung berechnen. In der Schrödinger-Gleichung für das Wasserstoffatom z.B. kommt die Gesamtenergie E des Atoms vor. Die Gleichung gibt als Lösung nur dann eine stehende (nicht strahlende) Wellenverteilung, wenn diese Energie ganz bestimmte **Eigenwerte** besitzt, die von der Wahl dreier ganzer Zahlen abhängt. Dieses sind die bereits erwähnten Quantenzahlen, die nach der Wellenauffassung die Zahl und Lage der Knotenebenen bestimmen, in denen die Schwingungsamplitude der stehenden Wellen verschwindet. Die Quantenzahlen nach Schrödinger haben bei Hinzunahme der Spin-Quantenzahl die gleichen Eigenschaften, wie sie schon vorher aus der empirischen Untersuchung der Spektren erschlossen waren. Je nach Wahl der Quantenzahlen gibt es verschiedene Verteilungen (**Eigenfunktionen**) der stehenden Wellen um den Kern, zu denen jeweils bestimmte Eigenwerte der Gesamtenergie des Atoms gehören.

Der Übergang des Atoms von dem einen in einen andern Energiezustand ist mit Absorption oder Emission von Strahlung verbunden. Die Theorie erlaubt nicht nur die Frequenz der Quanten richtig zu berechnen, sondern darüber hinaus auch die Absorptions- oder Emissionswahrscheinlichkeit (als **Übergangswahrscheinlichkeit**) von Lichtquanten. Dabei stellt sich heraus, dass durchaus nicht alle Übergänge unter Beteiligung von Lichtquanten (wohl aber durch Stöße) möglich (erlaubt) sind. Z.B. besagt eine **Auswahlregel**, dass sich die Nebenquantenzahl bei jedem Übergang um eine Einheit ändern muss.

Merkwürdigerweise gibt es bei ganz verschiedenen Eigenfunktionen, die gleichzeitig die Ladungsverteilung um den Kern angeben, bei verschiedenen Quantenzahlen die gleiche Gesamtenergie des Atoms. Man spricht in diesem Fall von einer **Entartung** der Energiezustände. Beim Wasserstoffatom sind viele Energiezustände entartet, so dass man zu ihrer Beschreibung mit der Hauptquantenzahl n und einer einzigen Energiestufenleiter praktisch auskommt. Dass aber auch zur erschöpfenden Darstellung des Wasserstoffatomverhaltens noch weitere Quantenzahlen erforderlich sind, zeigen der **Stark-Effekt** (Johannes **Stark**, 1874–1957) und der **Zeeman-Effekt** (Pieter **Zeeman**, 1865–1943). Beim Stark-Effekt beobachtet man Absorption und Emission der Atome unter dem Einfluss von starken elektrischen, beim Zeeman-Effekt von starken magnetischen Feldern. In beiden Fällen werden einzelne Spektrallinien in Gruppen von dicht beieinander liegenden Linien aufgespalten. Die starken Felder verzerren nämlich die entarteten Terme (gleiche Energie, verschiedene Quantenzahlen; verschiedene Ladungsverteilung um den Kern) verschieden, so dass zwischen den ursprünglich gleichen Energien verschiedener Terme Energiedifferenzen und damit auch eine Trennung der ursprünglich aufeinanderfallenden Spektrallinien auftritt.

Da alle anderen Atome außer dem Wasserstoffatom im neutralen Zustand mehrere Elektronen besitzen, von denen das eine strahlende Elektron sich immer auch in den Feldern der anderen befindet, ist bei diesen die Entartung von vornherein behindert. Damit werden die Spektren sehr viel komplizierter. Man braucht zur Darstellung der Terme mehrere Leitern. Überdies bestehen viele Spektrallinien aus dicht beieinanderliegenden Doppel- oder Mehrfachlinien (**Dubletts**, **Multipletts**).

Bei Zimmertemperatur befinden sich die Atome normalerweise im Grundzustand, aus dem sie durch Absorption geeigneter Lichtquanten in ihre angeregten Zustände übergehen können. Nach dem Übergang vom Grundzustand in den niedersten Anregungszustand strahlt das Atom die gleiche Frequenz wieder aus, die es vorher absorbiert hat. Man spricht in diesem Fall von **Resonanzfluoreszenz** und von der **Resonanzlinie** des Atoms. Diese ist gleichzeitig die langwelligste Linie, die ein Atom ausstrahlen kann.

Beim Übergang in einen höheren Anregungszustand kann das Atom die aufgenommene Energie durch sofortige Rückkehr in den Grundzustand in Form eines einzigen Lichtquants wieder abgeben oder dies auch nach kurzzeitigem Verweilen auf Zwischenzuständen in Form von mehreren Lichtquanten, wobei das Elektron in immer tiefere Zustände fällt. Dabei kann es vorkommen, dass der tiefste Zustand, den das Elektron bei seinem stufenweisen Fallen erreicht, zwar noch höher als der Grundzustand liegt, ein weiteres Fallen in den Grundzustand unter Aussendung eines

Lichtquants jedoch nur mit sehr geringer Übergangswahrscheinlichkeit möglich ist und sonst die Auswahlregeln verletzt würden. Das Elektron befindet sich dann in einem **metastabilen Zustand**, in dem es dann relativ sehr lange verweilen kann. In Gasen kann allerdings die Anregungsenergie des metastabilen Zustands durch Stoß auf die Stoßpartner als kinetische Energie oder auch als Anregungsenergie auf andersartige Atome übertragen werden. Für den Mechanismus technisch wichtiger Gasentladungen ist dieser Vorgang von Bedeutung.

Metastabile Anregungszustände gibt es auch in festen Körpern, z.B. in Rubinkristallen, die aus Aluminiumoxid mit einem sehr geringen Chromzusatz (0,05 %) bestehen. Diese Kristalle besitzen breite Absorptionsbanden und einen metastabilen Zustand der Chrom-Ionen, in den die durch Lichtabsorption gehobenen Elektronen hineinfallen. Von dort würden sie nur langsam (geringe Lichtintensität) in den Grundzustand, unter Emission einer scharfen roten Spektrallinie, entsprechend der Energiedifferenz ($E = h\,\nu$), zurückfallen. Man kann die Emission jedoch außerordentlich beschleunigen, wenn man Lichtquanten derselben Frequenz einstrahlt (**induzierte Emission**). Dieser Vorgang ist mit der Erregung erzwungener Schwingungen vergleichbar. Hier wie dort schwingen Erreger und Schwinger bzw. erregendes und zusätzlich emittiertes Lichtquant in der gleichen Frequenz und fester Phasenlage zueinander, das heißt beide Lichtquanten sind miteinander kohärent. Dieser Effekt wird in dem **Maser** (microwave amplification by stimulated emission of radiation) ausgenutzt, der ursprünglich als Verstärker im Mikrowellengebiet arbeitete und später, nachdem man die Maser-Eigenschaften, z.B. des Rubins, im optischen Bereich entdeckt hatte, auch für sichtbares Licht verwendet wurde. In diesem Fall spricht man vom optischen Maser oder auch **Laser**. Damit nun viele Lichtquanten in Phase ausgestrahlt werden können, braucht man einen Resonator, der auf ihre Frequenz abgestimmt ist. Dazu benutzt man z.B. Rubinstäbe von etwa 5 mm Durchmesser und 50 mm Länge, die mit planparallelen Endflächen sehr genau ein ganzzahliges Vielfaches der Wellenlänge der Laser-Welle beträgt. Die eine Endfläche des Stabes ist spiegelnd versilbert, während die andere auch reflektiert, aber noch ein wenig durchlässig ist. Dann können sich in Längsrichtung des Stabes stehende Lichtwellen, aber nur von der Laser-Frequenz, ausbilden. Die metastabilen Zustände müssen in diesem Fall stärker als die Grundzustände mit Elektronen besetzt sein. Dies erfordert seitliche Einstrahlungsleistungen zur Auffüllung der metastabilen Niveaus von etwa 500 Watt (**optisches Pumpen**). Im **Pulsbetrieb** wird darauf die Laser-Frequenz in sehr kurzer Zeit kohärent ausgestrahlt, und zwar durch die etwas durchlässige Stirnfläche des Rubins in einem sehr kleinen Öffnungswinkel, wie man ihn mit anderen Lichtquellen nicht erreichen kann. Strahlungsleistungen von 104 Watt und bei Linsenfokussierung von 10^8 Watt/cm^2 werden erreicht. Damit kann man dünne Bleche durchschmelzen. Neben dem Rubin sind noch andere Laser-Kristalle mit etwa 30 Laser-Wellenlängen bekannt, die zum Teil auch im Ultraroten liegen. In Gas-Lasern (z.B. Neon- /Heliumgemisch) lässt sich auch ein kontinuierlicher Betrieb mit kleineren Leistungen erreichen.

Aus dem Vergleich der Spektren von Elementen, die im Periodischen System nebeneinander stehen, lassen sich wichtige Schlüsse über den **Aufbau der Elektronenhülle** ziehen. Je nach Art der Erzeugung der Spektren in elektrischen Funken (**Funkenspektrum**, hohe Spannung) oder im Lichtbogen (**Bogenspektrum**, niedrige Spannung) unterscheiden sich die Spektren eines Elements. Das Bogenspektrum ähnelt bis auf wenige Ausnahmen in der Anordnung der Terme dem Funkenspektrum des folgenden Elements (**spektroskopischer Verschiebungssatz**), wobei die Terme des Funkenspektrums nur nach dem Kurzwelligen hin verschoben sind. Man hat daraus zum einen geschlossen, dass das Funkenspektrum Spektrallinien des einfach ionisierten Atoms enthält, das genauso viele Elektronen, aber eine um eins größere Kernladung besitzt wie das vorhergehende Element im neutralen Zustand, und zum andern, dass die gegenseitige Anordnung der inneren Elektronen verschiedener Elemente etwa die gleiche ist, nur werden ihre „Bahnen" bei höheren Kernladungen stärker zusammengezogen, was eine Verschiebung der entsprechenden Spektrallinien zum Kurzwelligen hin bedingt. Mit solchen spektroskopischen Untersuchungen hat man festgestellt, dass die für das Wasserstoffatom gefundenen Gesetzmäßigkeiten bei Berücksichtigung der höheren Kernladungen der andern Elemente im Prinzip erhalten bleiben. Nur kommt zweierlei hinzu: Die Entartung der Terme ist aufgehoben, und jeder durch die vier Quantenzahlen festgelegte Energiezustand darf jeweils nur durch ein einziges Elektron besetzt werden (**Pauli-Prinzip**, Wolfgang **Pauli**, 1900–1958). Durch Vermehrung der Kernladung z.B. von 6 (Kohlenstoff) auf 8 (Sauerstoff) Elementarladungen bleiben die 6 untersten Zustände besetzt. Nur die beiden nächsthöheren werden zusätzlich mit 2 Elektronen aufgefüllt.

Die Elektronen ordnen sich nach ihren Hauptquantenzahlen 1, 2, 3 usw. in **Schalen** an, die man **K-**, **L-**, **M-** usw. **Schalen** nennt. Diese können bei Auffüllung 2 bzw. 8 bzw. 18 usw. Elektronen enthalten. Wenn nur die K-Schale mit 2 Elektronen (Helium) oder die äußersten angebrochenen Schalen mit 8 Elektronen besetzt sind, ist ein Element besonders stabil (große Ionisierungsarbeiten) und chemisch inaktiv. Es hat dann Edelgas-Charakter. Ein Element mit nur einem Elektron in der äußersten Schale ist chemisch besonders aktiv (Alkalimetalle).

Das Pauli-Prinzip hat zur Folge, dass die Röntgenspektren und die optischen und die ultravioletten Spektren erhebliche Unterschiede zeigen. Die energiereichen Röntgenspektren kommen durch einen Platzwechsel der Elektronen in den inneren Schalen zustande. Dieser ist aber nur möglich, wenn die entsprechenden Plätze vorher von Elektronen geräumt sind, weil das Pauli-Prinzip eine Doppelbesetzung verbietet. Z.B. kommt die K-Emissionslinie durch den Übergang eines Elektrons von der L-Schale auf die K-Schale zustande. Dazu muss aber ein Elektron zuvor aus der K-Schale, z.B. durch einen Elektronenstoß ausreichender Energie, geräumt sein (Ionisation).

Mit dem Freiwerden eines L-Niveaus kann dorthin ein Elektron nachfallen usw., d.h., mit dem Auftreten der K-Linie erscheint gleichzeitig das gesamte Röntgenspektrum. In Absorption werden Röntgenlinien wegen des Mangels an verfügbaren Plätzen für die springenden Elektronen nicht

beobachtet. Es gibt nur **Röntgenabsorptionskanten**.
Bei der Erzeugung optischer Spektren bewegen sich jedoch die äußeren Elektronen zwischen freien, noch unbesetzten Plätzen. Die Resonanzlinien können hier immer, andere Linien nur bei besonderen Bedingungen (hohe Temperatur) auch in Absorption beobachtet werden.

Moleküle und Molekülspektren

Nähern sich etwa zwei Wasserstoffatome auf atomare Entfernungen, so können sie sich unter Umständen (je nach der Spin-Einstellung ihrer Elektronen) gegenseitig anziehen. Diese Anziehungskräfte sind typisch wellenmechanischer Natur und mit klassischen Vorstellungen nicht zu veranschaulichen. Sie wirken, anders als die elektrischen und die Gravitationskräfte, nur auf sehr geringe Entfernungen. Man nennt sie **Austauschkräfte**, weil man ihr Auftreten mit einem Platzwechsel der beiden Elektronen verbindet. Bei weiterer Annäherung der beiden Atome aneinander treten die abstoßenden Kräfte in Erscheinung, die in Gasen die elastische Abstoßung der Atome und Moleküle untereinander hervorrufen.
Bei einem bestimmten Abstand r der Kerne, der die Molekülgröße bestimmt, halten sich die beiden Kräfte das Gleichgewicht. Beide Elektronen gehören dann beiden Kernen gemeinsam an. Eine Verringerung des Abstandes ist nur durch Arbeitsleistung gegen die dann überwiegenden abstoßenden Kräfte, eine Vergrößerung des Abstandes durch Arbeitsleistung gegen die überwiegenden anziehenden Kräfte möglich. Eine solche Bindung der Atome nennt man **homöopolare Bindung**. Sie ist dadurch gekennzeichnet, dass ein Elektronenpaar, in anderen Fällen auch mehrere Elektronenpaare, beiden Partnern des Moleküls gemeinsam sind.
Chlorwasserstoff ist ein Beispiel für einen anderen Bindungstyp, die **heteropolare Bindung**. Hier entnimmt das Chloratom dem Wasserstoffatom sein Elektron und wird zu einem negativen Ion, welches das positive Wasserstoff-Ion ebenfalls in einem Gleichgewichtsabstand r bindet. Heteropolar gebundene Moleküle haben ein **elektrisches Moment**, während dies bei homöopolar gebundenen nicht der Fall ist. Beide Bindungsarten unterscheiden sich auch in dem Auftreten ultraroter Spektrallinien.
Die Kerne eines Moleküls können bei beiden Bindungsarten gegeneinander um ihre Ruhelage schwingen, etwa wie eine an einer Schraubenfeder aufgehängte Kugel um die Ruhelage zu schwingen vermag. Während die Kugel aber mit jeder Amplitude und Schwingungsenergie schwingen kann, ist das bei den beiden Kernen des Moleküls nicht so. Ihre Schwingungsenergie ist aus wellenmechanischen Gründen gequantelt und kann nur eine Folge diskreter Werte annehmen.
Daneben ist das **Molekül** imstande, um eine Achse senkrecht zur Verbindungslinie der beiden Kerne zu rotieren. Auch hier sind nicht alle Drehgeschwindigkeiten (genauer: Drehimpulse) erlaubt. Der Drehimpuls ist ebenfalls gequantelt, so dass auch die Drehenergie nur eine diskrete Folge von Werten annehmen kann.
Als drittes ist zu beachten, dass das Molekül auch verschiedene Energiezustände infolge eines Elektronensprungs annehmen kann. Dabei ändert sich gleichzeitig der Gleichgewichtsabstand r der Kerne.

Die Energiedifferenzen der Rotationsquanten liegen in der Größenordnung der mittleren Wärmeenergie der Moleküle bei Zimmertemperatur, so dass sich die **Rotationsenergien** der Moleküle bei Zimmertemperatur infolge der Wärmebewegung dauernd ändern. Die Energie der Schwingungsquanten ist etwa 20-mal größer. Daher können die **Schwingungsenergien** (Amplituden) eines Moleküls erst bei hohen Temperaturen geändert werden. Die **Elektronensprungenergien** der Moleküle sind nochmals etwa 10-mal größer.

Jede Energieänderung E eines Moleküls ist, falls sie nicht durch Stoß hervorgerufen wird, mit der Emission oder Absorption von Lichtquanten nach der grundlegenden Beziehung E = h v verbunden. Dabei ist zu beachten, dass die Änderungen der Energieformen meist miteinander gekoppelt sind. Dies hat zur Folge, dass die Moleküle im Gegensatz zu den Atomen nicht in Serien zusammenfassbare Linienspektren, sondern ungemein komplizierte **Bandenspektren** besitzen.

Nur die Rotationsenergie kann sich auch unbeeinflusst von Schwingungs- und Elektronensprungenergie für sich allein ändern. Das Rotationsspektrum (nur bei heteropolar gebundenen Molekülen) besteht aus fast äquidistanten (im gleichen Abstand) Linien im fernen Ultrarot bei etwa 50-100 m der sogenannten Rotationsbande. Mit ihrer Hilfe kann man z.B. die Trägheitsmomente und damit auch die Abstände der beiden Kerne des Moleküls berechnen.

Eine Änderung der Schwingungsenergie ist immer auch mit einer Änderung der Rotationsenergie verbunden. Dies bewirkt im nahen Ultrarot bei Wellenlängen von einigen m die Entstehung der **Rotationsschwingungsbanden**. Ein Elektronensprung verändert gleichzeitig Schwingungs- und Rotationsenergie des Moleküls. Hier tritt an die Stelle einer Linie des Atoms ein ganzes **Bandensystem** des Moleküls. Die Bandensysteme liegen im Ultraviolett und im Sichtbaren. Durch ihre Analyse lässt sich z.B. auch die **Dissoziationsenergie** (Trennenergie) der Moleküle bestimmen, weil es möglich ist, Moleküle durch Lichtabsorption in ihre Bestandteile zu zerlegen. Bei mehr als zweiatomigen Molekülen komplizieren sich die Verhältnisse noch erheblich.

Die Radioaktivität

Die erste Entdeckung der spontan ausgesandten durchdringenden Strahlung eines **radioaktiven** (lat.: strahlungstätig) Elements (Uran) geht auf Henry **Becquerel** (1859–1906) zurück. Heute ist eine große Zahl radioaktiver Isotope – verschiedene Isotope gleicher Elemente verhalten sich verschieden – bekannt, die zum Teil in der Natur vorkommen, größtenteils jedoch künstlich hergestellt sind. Die radioaktive Strahlung kommt aus den Atomkernen und ist in allen Fällen mit der Umwandlung der Kerne, ihrer Ordnungszahl und damit auch der Änderung ihres chemischen Charakters verbunden.

Nur ein Teil der radioaktiven Strahlung, die so genannte **g-Strahlung (Gammastrahlung)**, ist stark durchdringend. Sie ähnelt in ihrem Verhalten der Röntgenstrahlung und unterscheidet sich von dieser nur durch ihre kürzere Wellenlänge und die höhere Energie ihrer Strahlungsquanten, die bis zu einigen M e-Volt (Millionen Elektronenvolt) geht. Die **g -Strahlung** tritt fast nur als Begleiterscheinung neben einer korpuskularen (Körper-)Strahlung auf, deren Reichweite in Materie begrenzt ist. Die **a-Strahlen** (**Alphastrahlen**) bestehen aus den positiv geladenen Heliumkernen, die **b⁻-Strahlen** (**Betastrahlen**) aus den negativen Elektronen und die **b⁺-Strahlung** aus den positiven Positronen. a-Strahlen können in Luft nur einige Zentimeter zurücklegen, b-Strahlen das Zehn- bis Hundertfache.

Die Aussendung eines b^--Strahls erhöht, die Aussendung eines b^+-Strahls (nur bei künstlicher Radioaktivität) erniedrigt die Ordnungszahl (Kernladungszahl) eines Atoms um eine Einheit, ohne dass dadurch seine Masse wesentlich geändert würde. Anstatt ein b^+-Teilchen auszusenden, nehmen einige Kerne auch aus ihrer Hülle, meist aus der K-Schale, ein Elektron auf (**inverse K-Umwandlung**).

In diesem Fall erscheint das Röntgenspektrum des neugebildeten Elements, weil Elektronen der äußeren Schalen in die entstandene Lücke nachfallen können. Bei Aussendung eines a-Teilchens (Heliumkern) erniedrigt sich die Ordnungszahl um zwei Einheiten, während gleichzeitig das Atomgewicht um vier Einheiten abnimmt. Es ist daher zur physikalischen Kennzeichnung der Atome bzw. ihrer Isotope notwendig, neben der Ordnungszahl das Atomgewicht der Isotopen anzugeben. Man setzt meist oben vor das Elementsymbol das auf eine ganze Zahl abgerundete Atomgewicht, gelegentlich auch unten vor das Symbol die Kernladungszahl; z.B. ist $^{23}11$ Na (bzw. $_{11}23$ Na) das stabile natürlich vorkommende Natrium mit dem Atomgewicht 22,99; das $^{24}11$ Na ist hingegen ein künstlich hergestelltes Natrium, unter b-Strahlaussendung in das auch natürlich vorkommende Magnesium $^{24}12$ Mg verwandelt. Die beiden Uranisotope $^{235}92$ U und $^{238}92$ U sind zwar beide radioaktiv, haben aber verschiedene Strahlungs- und Umwandlungseigenschaften. In der Umgangssprache bezeichnet man die Isotope auch als Uran 235 bzw. Uran 238.

Die radioaktiven Elemente verzehren sich durch ihre Ausstrahlung sehr verschieden schnell. Als Maß für die Zerfallsgeschwindigkeit benutzt man die **Halbwertszeit**. Innerhalb dieser Zeit zerfällt das strahlende Isotop auf die Hälfte seiner Substanz, in der doppelten Halbwertszeit auf ein Viertel, in der zehnfachen auf ein Tausendstel usw. Dementsprechend nimmt auch die Strahlungsintensität ab. Das **Zerfallsgesetz** ist ein Wahrscheinlichkeitsgesetz, das nur für eine große Zahl gleichartiger zerfallsfähiger Atome gilt. Ein einzelnes Radiumatom kann z.B. innerhalb der nächsten Sekunde oder auch erst nach Millionen Jahren zerfallen. Es sind Halbwertszeiten von ca. $^1/_{10\,000}$ Sekunden (Ra C´) und ca. 260 Milliarden Jahren (Samarium) gemessen worden. Das Radium hat eine Halbwertszeit von 1580 Jahren, das Kobalt 60 von 5,3 Jahren. Je kleiner die Halbwertszeit ist, um so stärker strahlt ein radioaktives Präparat. Als mittlere Lebensdauer eines Isotops bezeichnet man das 1,44-fache der Halbwertszeit.

Durch die Messung der Halbwertszeit (mit Zählrohren) in Verbindung mit der Bestimmung der ausgestrahlten Strahlenart können kleinste, durch chemische Methoden nicht mehr erfassbare Mengen eines Isotops identifiziert werden.

Von **natürlicher Radioaktivität** spricht man bei den in der Natur vorkommenden radioaktiven Stoffen. Die meisten dabei entstehenden Stoffe sind ihrerseits ebenfalls radioaktiv. Sie lassen sich, von wenigen Ausnahmen abgesehen, in drei radioaktive Familien oder Reihen einordnen, in denen je ein Element aus einem anderen Mitglied der Familie hervorgeht.

Die **Uran-Radium-Reihe** geht von dem Uran ^{238}92 U aus, enthält das Radium und endet bei einem stabilen Blei-Isotop mit dem Atomgewicht 206. Die **Uran-Aktinium-Reihe** beginnt mit dem Uran ^{235}92 U und endet bei dem stabilen Blei-Isotop 207. Die **Thorium-Reihe** beginnt mit dem Thorium ^{232}90 Th und endet mit dem Blei-Isotop 208.

Daneben ist noch eine Reihe natürlich vorkommender, sehr langlebiger radioaktiver Isotope, z.B. von Kalium, Rubidium, Samarium, Cassiopeium und Rhenium, bekannt, die sich ohne Zwischenstufen in stabile Elemente umwandeln.

Künstliche Radioaktivität zeigen einige in der Natur nicht vorkommende Isotope von allen Elementen, die man durch Kernumwandlung, z.B. im Kernreaktor, hergestellt hat. Die künstliche Radioaktivität ist auch eine unvermeidbare Begleiterscheinung bei Kernspaltprozessen zur Energieerzeugung, weil die dabei auftretenden Neutronen fast alle Elemente in radioaktive Isotope umzuwandeln vermögen. Die Radioaktivität natürlich vorkommender und künstlich hergestellter Stoffe unterscheidet sich nicht, abgesehen davon, dass die bei künstlichen Stoffen häufige Positronenstrahlung bei den natürlichen Isotopen nicht vorkommt. Die Herstellungsmöglichkeit strahlender Isotope aller Elemente hat zur gesteigerten Anwendung der Radioaktivität in der Forschung, der Medizin und der Technik geführt. Die **Indikatormethode** (lat.: Anzeigermethode) benutzt kurzlebige radioaktive Isotope oder ihre Verbindungen als Beimengungen (**Spurenelemente**) zu stabilen Elementen und ihren Verbindungen. Dadurch ist es möglich, mit Hilfe von Geigerzählern den Weg der Säfte in Pflanze, Tier und menschlichem Körper zu verfolgen. Für die Diagnose (Krankheitserkennung) wird die radioaktiv kenntlich gemachte Anreicherung z.B. von Jod in der Schilddrüse oder von arteigenem Blutserum-Eiweiß in Gehirntumoren ausgenutzt.

Die **Strahlungstherapie** (Strahlungsbehandlung) durch das langlebige **Radium** z.B. bei Krebsbehandlung ist seit langem üblich. Neuerdings wird statt des Radiums das 1000-fach stärker strahlende und billiger herzustellende Kobalt 60 zur Verkürzung der Bestrahlungszeiten verwendet. Daneben werden heute durch Anreicherung kurzlebiger radioaktiver Isotope in Krankheitsherden besonders wirksame Bestrahlungen unter Schonung gesunder Gewebe durchgeführt.

Nachweismethoden für energiereiche Strahlung

Der Nachweis der radioaktiven Strahlen beruht auf der Eigenschaft schnell bewegter geladener Korpuskeln (z.B. a-, b-Strahlen), beim Durchgang durch Materie diese zu ionisieren. Die neutralen g-Strahlen lösen durch Photoeffekt oder Compton-Effekt, gelegentlich auch durch Paarbildung, schnell bewegte Elektronen aus und werden dann ebenfalls über diese durch Ionisation nachgewiesen.

Um Strahlungsintensitäten zu messen, benutzt man luftgefüllte **Ionisationskammern** mit zwei gegeneinander isolierten Elektroden, an die eine Spannung von etwa 1000 Volt gelegt wird. Ohne Strahlung isoliert die Luft. Durch Eintritt von

Strahlung in die Kammer werden dort Ionen gebildet, die sich unter dem Einfluss der Spannung auf die Elektroden hin bewegen und einen elektrischen Strom bilden. Dieser wird mit hochempfindlichen Instrumenten gemessen und stellt ein Maß für die Intensität der Strahlung dar.
Eine andere Methode, die Wirkung der primär durch ein einzelnes a-Teilchen ausgelösten Elektronen und Ionen in einem Gas (Luft) zu verstärken, wird in dem **Zählrohr** (**Geiger-Zähler**, Hans **Geiger**, 1882–1945) verwandt. Dieses besteht aus einem geschlossenen zylindrischen Rohr mit einem isoliert eingeführten konzentrischen Draht. Die Luft in dem Rohr ist bis zu etwa einem Zehntel ausgepumpt und oft mit einem organischen Zusatz versehen. Über einen hohen Widerstand wird zwischen Draht und Zylinder eine Spannung von etwa 500-1200 Volt gelegt. Tritt nun durch ein mit einer dünnen Metallfolie bedecktes Fenster ein schnell bewegtes Teilchen in den Zylinder (Zählraum), so werden die dadurch gebildeten Elektronen und Ionen in dem starken elektrischen Feld in der Nähe des Drahtes durch Stoß-Ionisation an Zahl vervielfacht. Es gibt einen kurzen Stromstoß, der an dem Vorwiderstand einen Spannungsstoß hervorruft. Dieser wird einem normalen Verstärker zugeführt, verstärkt und in einem Lautsprecher hörbar gemacht oder zur Steuerung eines elektronischen oder mechanischen Zählwerks benutzt.

Von Pawel Alexejewitsch **Tscherenkov** (1904–1990) zusammen mit Igor Jewgenjewitsch **Tamm** (1895–1971) und Ilja Michailowitsch **Frank** (1908–1990) und Mitarbeitern ist ein Strahlennachweisverfahren entwickelt worden, das die Geschwindigkeit sehr energiereicher Teilchen unmittelbar zu messen gestattet. Wenn sich solche Teilchen in einem Körper (Flüssigkeit, Kristall) mit einer Geschwindigkeit bewegen, welche die des Lichts in dem Körper übersteigt, so entstehen durch die Bewegung bläuliche Lichtstrahlen (Tscherenkov-Strahlen), die sich nur in einem bestimmten, von der Größe der Geschwindigkeit abhängigen Winkel zu der Bewegungsrichtung ausbreiten. Für Schall ist bei Bewegung mit Überschallgeschwindigkeit ein dementsprechender Effekt bekannt. In den viel benutzten Tscherenkov-Zählern werden die Tscherenkov-Strahlen zur Geschwindigkeitsmessung schneller Teilchen benutzt.
Die **Funkenkammer** besteht aus vielen Aluminiumplatten, zwischen denen sich mit Neon gefüllte Kunststoffkästchen befinden. In diesen kommt es beim Durchgang eines geladenen Teilchens zu Entladungen, an denen man den Weg des Teilchens verfolgen kann.

Künstliche Kernumwandlung

Das Jahrhunderte währende vergebliche Bestreben der Alchimisten des Mittelalters, Elemente ineinander umzuwandeln, ist erst in der Neuzeit von Erfolg gekrönt worden. Der Hauptgrund für das Scheitern früherer Versuche bestand in dem Fehlen ausreichender Energiequellen. Der chemische Charakter eines Elements hängt von dessen Kernladungszahl ab. Zur Elementumwandlung genügen die Reaktionen der äußeren Elektronen in den Elektronenhüllen, wie bei den chemischen Umsetzungen, nicht, denn die Kerne selbst müssen miteinander reagieren. Dazu müssen sie erst in ausreichende Nähe, etwa in Kerndurchmesserabstand, kommen. Zwei

Umstände erschweren diesen Vorgang: Die sehr kleinen Kerne befinden sich isoliert und geschützt im Zentrum ihrer Elektronenhüllen, die die zehntausendfache Ausdehnung der Kerne besitzen, und außerdem sind alle Kerne positiv geladen und stoßen sich gegenseitig ab. Trotz der relativ kleinen Kernladungen werden die Abstoßungskräfte ungeheuer groß, weil sie umgekehrt mit dem Quadrat der Entfernung zunehmen (Coulombsches Gesetz). Während man es bei der Bildung eines Moleküls mit Energien von wenigen e-Volt zu tun hat, liegt der Energieaufwand zur Zusammenbringung zweier Kerne in der Größenordnung von einigen Millionen e-Volt und auch dies nur, wenn mindestens der eine Stoßpartner eine kleine Kernladung besitzt. Man muss daher z.B. ein Proton mit sehr hoher Spannung beschleunigen, damit es in ausreichende Kernnähe gelangen und mit diesem reagieren kann. Aber selbst so schnelle Protonen haben wenig Aussicht, Kernprozesse hervorzurufen, weil sie schon vorher, bis zu einem Kerntreffer, durch viele Elektronenhüllen der Moleküle fliegen müssen und aus diesen die Elektronen herausreißen und dabei ihre Energie allmählich aufzehren, bis diese nicht mehr für eine genügende Kernannäherung ausreicht.

Die Sachlage änderte sich grundlegend mit der Entdeckung der Neutronen durch James **Chadwick** (1891–1974). **Neutronen** sind nur um etwa 1 $^0/_{00}$ schwerer als Protonen, sind aber elektrisch neutral und können sich praktisch ohne Energieverlust einem Kern beliebig nähern, da sie nicht ionisierend wirken. In vielen Fällen wirken langsame Neutronen sogar stärker als schelle Neutronen, weil sie infolge ihrer geringen Geschwindigkeit länger in Kernnähe verweilen und mit Kernen gelegentlich schon in größerer Entfernung reagieren können.

Im Jahr 1917 ist es Ernest **Rutherford** (1871–1937) gelungen, den ersten künstlich hervorgerufenen Kernumwandlungsprozess (**Kernreaktion**) zu beobachten. Er verwendete die schnellen a-Teilchen eines radioaktiven Elements zum Stoß auf Stickstoffkerne und bemerkte dabei in einer Nebelkammer die Ausstoßung eines Protons aus einem Stickstoffkern, der in einen Kern des Sauerstoff-Isotops 17 verwandelt wurde.

Bei allen Umwandlungsprozessen wird ein stoßendes Teilchen von dem Kern aufgenommen und ein zweites Teilchen unmittelbar darauf ausgestoßen. Als Stoßpartikeln sind Protonen, Deuteronen (Kerne des zweiwertigen Wasserstoffes Deuterium), a-Teilchen, Neutronen und g-Quanten geeignet, mit Ausnahme der Deuteronen auch bei Kernprozessen.

Für die Reaktionswahrscheinlichkeit von Kernprozessen hat man den Begriff **Wirkungsquerschnitt** eingeführt. Das ist eine gedachte Kreisfläche um den Kern, die von dem stoßenden Teilchen durchstoßen werden muss, damit eine Kernreaktion eintritt. Der Wirkungsquerschnitt wird in **barn** ($1/10^{24}$ cm^2) gemessen. Er liegt bei schnellen Stoßpartikeln zum Teil erheblich unter 1 barn. Nur langsame Neutronen haben größere Wirkungsquerschnitte, bei Reaktionen mit ^{10}Bor sind es 4000 barn, mit Gadolinium sogar 250000 barn.

Kernreaktionen zeigen oft Resonanzerscheinungen, wenn die kinetische Energie des stoßenden Teilchens mit den inneren Energieniveaus des Kerns korrespondiert. Das macht sich in plötzlichem Ansteigen und Wiederabfall des Wirkungsquerschnitts bemerkbar, wenn man diesen, abhängig von der Energie des stoßenden Teilchens, aufträgt. Solche Resonanzen bei Neutronenreaktionen mit Uran 238 sind z.B. für den Reaktorbetrieb von großer Bedeutung.

Bei der Untersuchung von Kernprozessen und der dadurch gewonnenen radioaktiven Isotope sind zwei vorher unbekannte Elementarteilchen entdeckt worden, die aus Kernen kommen und beide nicht beständig sind: das Positron und das Neutron. Das Positron verschwindet beim Zusammentreffen mit einem Elektron, und das Neutron ist radioaktiv und zerfällt mit einer Halbwertszeit von etwa 14 Minuten in ein Proton und ein Elektron. Neutronen reagieren mit den meisten Kernen und ermöglichen die Gewinnung von Kernenergie. Mit den Protonen zusammen bilden sie die Bestandteile aller Kerne. Wegen ihrer Ladungslosigkeit werden sie von den Elektronenhüllen der Atome nicht behindert und können weite Strecken auch in dichter Materie zurücklegen. Die stärksten **Neutronenquellen** sind die Kernreaktoren.

Der Nachweis schneller Neutronen geschieht am einfachsten durch ihre Abbremsung in Wasserstoff oder wasserstoffhaltigen Substanzen, z.B. Paraffin. Beim zentralen Zusammenstoß zwischen einem Neutron und einem Proton tauschen sich die Geschwindigkeiten wegen ihrer Massengleichheit aus. Die schnellen Protonen können dann in üblicher Weise beobachtet werden. Langsame Neutronen werden durch Kernprozesse nachgewiesen, bei denen a-Teilchen gebildet werden, die zur Beobachtung gelangen.

Die für Kernprozesse oft verwendeten **Deuteronen** sind Kerne des zweiwertigen Wasserstoffes Deuterium. Dieses bildet mit Sauerstoff das **schwere Wasser**, das ähnliche Eigenschaften wie das normale Wasser hat, aber in größerer Konzentration auf Lebewesen tödlich wirkt. Schweres Wasser wird durch Elektrolyse aus dem Meerwasser gewonnen, in dem es nur in sehr geringer Konzentration (0,15 $^0/_{00}$) vorhanden ist, und bildet die Ausgangssubstanz für die Gewinnung des Deuteriums.

Es gibt noch ein drittes, in der Natur nicht vorkommendes, radioaktives Wasserstoff-Isotop (Halbwertszeit 12 Jahre) mit dem Atomgewicht 3, das **Tritium** (**Triterium**). Sein Kern heißt **Triton**.

Außer vielen, in der Natur nicht vorkommenden, radioaktiven Isotopen bekannter Elemente hat man durch Kernprozesse auch völlig neue Elemente in vielen Isotopen hergestellt, die **Trans-Urane**, mit Ordnungszahlen größer als die des Urans (92). Alle diese Isotope sind radioaktiv und spaltbar, zum Teil schon durch langsame Neutronen, z.B.: **Neptunium** (93), **Plutonium** (94), **Americium** (95), **Curium** (96), **Berkelium** (97), **Californium** (98), **Einsteinium** (99), **Fermium** (100) und **Mendelevium** (101) usw. (bis 105).

Von diesen ist das Plutonium $^{239}94$ Pu als spaltbarer Kernbrennstoff besonders bedeutungsvoll. Es ist ein a-Strahler mit der Halbwertszeit von 24000 Jahren und wird in Brutreaktoren aus Uran 238 durch Neutronenaufnahme über die b-strahlenden Zwischenprodukte Uran 139 und Neptunium gewonnen.

Der Kernaufbau

Alle Kerne außer Wasserstoff 1 sind aus kleineren Elementarteilchen zusammengesetzt und können im Prinzip in diese zerlegt werden. Ein Kernisotop wird durch seine **Kernladungszahl z** (Ordnungszahl) und sein **Atomgewicht A** gekennzeichnet, das nahezu ganzzahlig ist. Die in der Natur vorkommenden Elemente sind meist Isotopengemische und haben oft nichtganzzahlige Atomgewichte. Bei kleineren Ordnungszahlen ist das Atomgewicht oft doppelt so groß wie die Ordnungszahl. Höhere Atomgewichte übersteigen die doppelte Ordnungszahl. Es liegt nahe anzunehmen, dass die Elementarbausteine der Kerne die nahezu gleichschweren Protonen (z = 1, A = 1) und Neutronen (z = 0, A = 1) sind (Heisenberg), die man unter der Sammelbezeichnung **Nukleonen** zusammenfasst. In Kernumwandlungsprozessen können beide in Kerne eingebaut und wenigstens die Neutronen auch aus Kernen entnommen werden. Dann ist die Zahl der Protonen in einem Kern gleich der Ordnungszahl z, und die Summe von Neutronen und Protonen ergibt das Atomgewicht.

Es fragt sich nun, warum ein Kern trotz der starken Coulombschen Abstoßungskräfte zwischen den Protonen zusammenhält. Dazu sind anziehende **Kernkräfte** erforderlich, welche die elektrischen Abstoßungskräfte überwinden. Sie haben **Austauschcharakter** und wirken nur auf äußerst geringe Entfernung. Theoretische Überlegungen haben gezeigt, dass der Austausch von Elektronen oder Positronen zwischen Proton und Neutron die Stärke der Kernkräfte nicht erklären könnte. Es werden nach Hideki **Yukawa** (1907–1981) schwere Teilchen, **Pionen**, zwischen den Nukleonen ausgetauscht.

Die Kernbindungsenergie geht im Wesentlichen auf diese in der klassischen Physik nicht enthaltenen Kernkräfte zurück. Es ist die Energie, die man aufwenden muss, um einen Kern durch Überwindung der Kernkräfte in seine einzelnen Protonen und Neutronen zu zerlegen. Die Energie ist negativ, weil man zur Überwindung der Kernkräfte Arbeit aufnehmen muss.

Sie ist so groß, dass sie sich in einem Massenverlust (**Packungseffekt**) der Kerne gegenüber der Masse der freien Protonen und Neutronen, aus denen sich die Kerne zusammensetzen, bemerkbar macht (Energie = Masse x Lichtgeschwindigkeitsquadrat). Die Massendifferenz heißt **Massendefekt**. Dieser kann aus den Atomgewichten durch Vergleich mit der Summe der Atomgewichte der Nukleonen bestimmt werden und dient als Maß für die Bindungsenergien.

Üblicherweise rechnet man in TME (Tausendstelmasseneinheit = $1{,}66/10^{30}$ kg; 1 Masseneinheit entspricht dem Atomgewicht 1), die man den Atomgewichten direkt entnehmen kann. Ein Massendefekt von 1 TME bedeutet eine Bindungsenergie von 0,931 M e-Volt für jedes Atom oder rund 26000 Kilowattstunden für jedes Mol (= Atomgewicht in Gramm). Das Atomgewicht des Heliums z.B., dessen Kern aus zwei Protonen und 2 Neutronen besteht, ist um 0,030 (= 30 TME) kleiner als die Summe der Atomgewichte seiner Bestandteile. Danach beträgt die Bindungsenergie des Heliumkerns 28 M e-Volt (30 x 0,931), die bei der Bildung von einem Helium-Atom aus Wasserstoff frei wird, und für 1 Mol (= 4 g Helium) etwa 780000 Kilowattstunden. Das ist rund 6 Millionen mal so viel, wie bei der Verbrennung von 4 g Wasserstoff frei wird.

Das Volumen der Kerne wächst, wie man durch Streuversuche mit a-Strahlen festgestellt hat, proportional der Zahl ihrer Nukleonen, etwa wie das Volumen eines Wassertropfens mit der Zahl seiner Moleküle wächst. Wie die Moleküle durch die Oberflächenspannung infolge ihrer

Kohäsionskräfte in dem Tropfen zusammengehalten werden, so werden die Nukleonen durch die Kernkräfte zusammengehalten, die sich im Inneren des Kerns in Näherung aufheben und eine Art Kernoberflächenspannung bilden. Man kann sich die Wirkung dieser Oberflächenspannung nach Georg **Gamov** (1904–1968) durch eine Mulde veranschaulichen (**Potentialtopf**), die von einem ringförmigen Wall umschlossen ist, und sich die Nukleonen darin wie Kugeln vorstellen, deren kinetische Energie nicht ausreicht, die Höhe des Walls zu erreichen und draußen herunterzurollen. Nur verlangen die Welleneigenschaften der Nukleonen, dass diese nur ganz bestimmte kinetische Energien haben und infolgedessen nur bis zu entsprechenden Höhen den Wall hinauflaufen können und dass die untersten Energiezustände nach dem Pauli-Prinzip jeweils nur einmal mit einem Nukleon besetzt sind. Natürlich sind Übergänge zu höheren Zuständen durch Stoß oder Quantenabsorption und die Rückkehr in die Grundzustände unter Aussendung von Kern-g-Quanten möglich.

Nach diesem Gamovschen **Tröpfchenmodell** ist nach der klassischen Physik nicht zu verstehen, wie ein Kernteilchen die Potentialmulde spontan im radioaktiven Prozess verlassen könnte, wohl aber wellenmechanisch. Nach der Wellenvorstellung ist die das Nukleon darstellende Welle nicht nur innerhalb des Kerns, sondern mit einer sehr geringen Amplitude auch außerhalb vorhanden. Nach der statistischen Deutung der Wellen besteht damit eine geringe Wahrscheinlichkeit dafür, dass das Teilchen außerhalb angetroffen wird, wenn seine Energie auch nach klassischen Vorstellungen niemals zum Überrollen des Ringwalls reichen würde (**Tunneleffekt**). Die Wahrscheinlichkeit ist berechenbar und um so geringer, je höher und breiter der Potentialwall ist. Ist nun das durch Tunneleffekt nach draußen gelangte Teilchen positiv geladen (a-Teilchen), so wird es durch die abstoßenden Kernkräfte beschleunigt und kann draußen als hochenergetisches a-Teilchen beobachtet werden. Dass beim radioaktiven Zerfall nicht Protonen, sondern a-Teilchen ausgestrahlt werden, hängt mit der starken Kernbindungsenergie des Heliumkerns zusammen, wonach der Austritt eines a-Teilchens energetisch günstiger ist als der Austritt eines Protons. Alle von der gleichen Kernart ausgestrahlten a-Teilchen haben dieselbe Energie von einigen M e-Volt und in Luft die gleiche Reichweite. Für jedes M e-Volt werden etwa 30 000 Ionenpaare gebildet. Radiaktive a-Strahlung tritt nur bei schweren Isotopen, in der Reihe der Elemente etwa oberhalb von Wismut, auf.

Die b-Strahlungsaktivität tritt bei leichten und schweren Isotopen auf, sehr oft bei künstlich hergestellten Kernen. Sie ist insofern schwerer zu verstehen, als die b-Strahlen eines Isotops keineswegs die gleiche Reichweite besitzen. Ihre Energie schwankt zwischen 0 und einem Höchstwert, obwohl die strahlenden und die neugebildeten Kerne jeweils die gleiche Energie (Atomgewicht) besitzen. Zur Erklärung nimmt man an, dass gleichzeitig mit einem b-Teilchen immer ein **Neutrino** (wie Lichtquanten mit der Ruhemasse 0) ausgestrahlt wird, das mit dem b-Teilchen zusammen die Energiedifferenz der beiden Kerne übernimmt.

g-Strahlen treten bei radioaktiven Umwandlungen als Begleiterscheinung auf, wenn z.B. der strahlende Kern im angeregten Zustand zurückgelassen wird und in seinen Grundzustand zurückkehrt. In Analogie zur Resonanzfluoreszenz der Elektronenhülle sollte man auch eine **Kernresonanzfluoreszenz** erwarten, d.h., durch Absorption eines geeigneten g-Quants sollte ein Kern in einen angeregten Zustand übergehen und unmittelbar danach durch Ausstrahlung (in anderer Richtung) eines Quants derselben Energie in den Grundzustand zurückkehren.

Rudolf **Mössbauer** (geb. 1929) ist es als erstem gelungen, eine **rückstoßfreie Kernresonanzabsorption** experimentell zu verwirklichen (**Mössbauer-Effekt**).

Hierzu wird z.B. Iridium 191, das eine Kernresonanzlinie von 129 k e-Volt besitzt, in ein geeignetes Kristallgitter eingebaut. In Kristallgittern, die man wie ein großes Molekül betrachten kann, sind die Gitter-Schwingungen ähnlich gequantelt wie die Molekülschwingungen. Ist nun die auf einen freien Iridium-Kern übertragene Rückstoßenergie kleiner als das Schwingungsquant, so kann der Kristall die Rückstoßenergie nicht aufnehmen. Dann verschwindet die Verschiebung zwischen Emissions- und Absorptionslinie, so dass volle Resonanzfluoreszenz möglich ist. In diesem Fall nimmt der gesamte Kristall den Rückstoß des g-Quants auf, wobei aber die Rückstoßenergie wegen der großen Kristallmasse praktisch 0 ist.

Die Bedeutung des Mössbauer-Effekts besteht darin, dass mit seiner Hilfe wegen der Schärfe der Linien relative Messgenauigkeiten erreicht werden, die man mit keinem anderen physikalischen Messverfahren auch nur entfernt erreichen kann; z.B. lassen sich noch **Dopplerverschiebungen** der Linien bei Geschwindigkeiten der Emissions- und Absorptionskristalle gegeneinander von wenigen Millimetern /Sekunde einwandfrei nachweisen.

Der Energieverlust von g-Quanten beim Aufwärtsfliegen im Schwerefeld der Erde konnte schon bei 20 m Höhendifferenz nachgewiesen werden.

Beschleunigung von Stoßpartikeln für Kernuntersuchungen

Durchläuft ein Teilchen mit einer Elementarladung (Proton, Deuteron, Elektron) im elektrischen Feld eine Spannung von 1 Volt, so entnimmt es diesem eine Energie von 1 e-Volt, ein Teilchen mit 2 Elementarladungen (Heliumkern = a-Teilchen) 2 e-Volt. Möglichkeiten, die Teilchen in einer Beschleunigungsröhre auf höhere Energien, etwa Millionen e-Volt (M e-Volt) oder Milliarden e-Volt (G e-Volt) zu bringen, sind kaum oder gar nicht gegeben, weil man solche Spannungen isolationstechnisch nicht beherrscht. Von Ernest O. **Lawrence** (1901–1958) stammt der Gedanke, diese Schwierigkeit durch eine Mehrfachbeschleunigung des gleichen Teilchens zu umgehen. Die Teilchen werden dazu durch starke Magnetfelder auf Kreisbahnen herumgeführt und bei jedem Umlauf ein oder mehrere Male durch eine relativ niedrige Wechselspannung beschleunigt. In dem **Zyklotron** von Lawrence befindet sich zwischen den Polen eines starken Elektromagneten (ca. 12000 Gauß) im Vakuum eine in zwei Hälften (wegen ihrer Form „Ds" genannt) aufgeschnittene Dose, an die eine hochfrequente Wechselspannung (Dezimeterwelle) angelegt wird. Die aus einer Ionenquelle in der Mitte zwischen den Halbdosen kommenden Ionen werden durch die Spannung der Hochfrequenz beschleunigt, durchlaufen in der einen feldlosen Dosenhälfte einen Halbkreis, werden in dem

Dosenspalt, da sich die Spannung inzwischen umgekehrt hat, aufs neue beschleunigt, durchlaufen in der anderen Dosenhälfte einen vergrößerten Halbkreis usw. Die Zeit zum Durchlaufen eines Halbkreises ist bei Teilchen gleicher Masse und Ladung von der Teilchengeschwindigkeit unabhängig. Als Ionenquelle wird z.B. ein feiner Elektronenstrahl durch die Mitte der Kammer benutzt, der Gasreste ionisiert. Mit solchen Zyklotrons sind a-Teilchen bis 40 M e-Volt beschleunigt worden. Die Maximalenergie der Teilchen ist durch die relativistische Massenzunahme bei hohen Geschwindigkeiten begrenzt, wodurch sich die Umlaufszeiten der schnellen Teilchen verlangsamen, so dass die Beschleunigungsstöße nicht mehr im richtigen Rhythmus erfolgen. Das **Synchrozyklotron** ist eine Abart des Zyklotrons, arbeitet mit veränderlicher Frequenz der Beschleunigungsspannung, zum Ausgleich der Massenzunahme schneller Teilchen, und gestattet das Erreichen größerer Teilchenenergien. Je nach der Bauart der verschiedenen verbesserten Zyklotrontypen spricht man auch von **Betatron**, **Gigatron** usw. Die Europäische Organisation für Kernforschung (CERN) besitzt bei Genf den zur Zeit in Europa stärksten Beschleuniger, ein Protonen-Zyklotron für über 25 G e-Volt. Das Zyklotron-Prinzip wird mit einigen Zusatzeinrichtungen auch für Elektronen verwendet. Das größte deutsche Elektronensynkroton bei Hamburg (DESY) wurde 1984 in Betrieb genommen und erreicht 7,5 G e-Volt. Bei **Linearbeschleunigern** verzichtet man auf die Kreisbahnen im Magnetfeld und setzt die ebenfalls mit Wechselspannung gespeisten Beschleunigungsstrecken in geeignetem Abstand hintereinander.
Eine andere Art der Mehrfachbeschleunigung, bevorzugt für Elektronen, beruht auf dem Betatronverfahren (Wirbelbeschleuniger, Elektronenschleuder). Das **Betatron** ist im Prinzip ein Transformator, der an Stelle der Sekundärwicklung ein in sich geschlossenes, hoch evakuiertes, kreisförmiges Glasrohr besitzt. Beim Anstieg des Transformatormagnetfeldes werden Elektronen in die Röhre eingeschlossen, die durch die in der Röhre infolge der Feldänderung induzierte Spannung beschleunigt, millionenmal herumgetrieben, bis auf nahezu Lichtgeschwindigkeit gebracht werden. Die dabei erfolgende Massenzunahme des Elektrons stört nicht. Durch geeignete Dimensionierung des Magnetfeldes lässt es sich erreichen, dass die Elektronen auf einem Kreis, dem so genannten Sollkreis bleiben. Die Grenze dieses Verfahrens ist durch die Strahlung der umlaufenden Elektronen gegeben, die mit wachsender Elektronenenergie stark zunimmt. Der Energiegewinn pro Umlauf muss größer als der Strahlungsverlust während eines Umlaufs sein.

Kosmische Strahlung, Elementarteilchen

Auf der Erdoberfläche ist ständig eine ionisierend Strahlung zu bemerken, die von überall vorhandenen radioaktiven Elementen der Erde, z.T. aber auch aus dem Weltraum kommt, wie zuerst Viktor **Hess** (1883–1964) zeigen konnte. Man nennt sie **kosmische Strahlung** (**Höhenstrahlung**, **Ultrastrahlung**).

Die aus dem Weltraum kommende Primärstrahlung besteht großenteils aus Protonen, die bei der Durchquerung des weit in den Raum greifenden Magnetfeldes der

Erde abgelenkt werden. Nur die senkrecht auf die magnetischen Pole (in der Nähe der geographischen Pole) zufliegenden Protonen können unabgelenkt in die Nähe der Erdoberfläche gelangen. Am magnetischen Äquator gelingt dies nur den energiereicheren, weil die magnetische Ablenkung mit steigender Energie abnimmt. Infolgedessen hängt die Stärke der Höhenstrahlung von der erdmagnetischen Breite (etwa der geographischen Breite) ab. In größeren Höhen wirkt das Magnetfeld für geladene Teilchen mit nicht zu hoher Energie wie ein Käfig, in dem sie längs der magnetische Kraftlinien zwischen den magnetische Polen hin- und hergeschleudert werden. Dadurch kommt in einem breiten, sich fast bis an die Pole erstreckenden Gürtel parallel zum Äquator eine Anreicherung von Höhenstrahlteilchen zustande, die maximal in etwa 4000 und 15000 km Höhe eine 1000-20 000-fache Strahlungsintensität gegenüber dem normalen Wert hervorruft.

Die primäre Höhenstrahlung erreicht die Erdoberfläche nicht. Aber durch ihre Einwirkung bildet sich in den oberen Schichten der Atmosphäre die Sekundärstrahlung, die auf der Erde beobachtet wird. Ihre „weiche" Komponente besteht großenteils aus Elektronen, die „harte" Komponente aus instabilen **Myonen**. Die Energie der Primärteilchen ist zum Teil so groß, dass Kerne von diesen in viele Bruchteile zerschlagen werden können, die sternartig auseinanderfliegen. Dabei bilden sich unter anderen Elementarteilchen auch die Myonen, sehr durchdringende Teilchen von etwa 200-facher Elektronenmasse. Die beobachteten Elektronen entstehen bevorzugt durch harte g-Quanten, die durch Paarbildung Elektronen und Positronen erzeugen; diese erzeugen bei Abbremsung neue g-Quanten usw. Dadurch wächst die Zahl der Elektronen kaskadenartig zu einem Schauer (**Kaskadenschauer**) an. In der Höhenstrahlung sind noch eine Reihe anderer instabiler geladener und ungeladener Elementarteilchen verschiedenster Masse und Lebensdauer entdeckt worden. Diese bilden sich erst unter der Einwirkung der sehr energiereichen Höhenstrahlteilchen. Nach dem **Masse-Energie-Äquivalentsatz** (**$E = m c^2$**) ist dazu jeweils eine Mindestenergie notwendig, die mit der Masse der neugebildeten Elementarteilchen wächst; z.B. braucht man zur Erzeugung eines Elektron-Positron-Paares eine Mindestenergie von etwa 1 M e-Volt.

Um einen **Nukleonenzwilling** (z.B. Proton /Antiproton) zu erzeugen, sind schon mindestens 5,7 G e-Volt erforderlich. Die Erzeugung von Teilchen mit noch höheren Massen erfordert noch höhere Energien.

Seitdem es gelungen ist, in Maschinen höhere Teilchenenergien zu erzielen, mit denen man ebenfalls Elementarteilchen erzeugen kann, ist die Zahl der bekannten künstlich erzeugten Elementarteilchen, die durchweg instabil sind, stark angewachsen.

Zu vielen Elementarteilchen, vielleicht zu allen, gibt es **Antiteilchen**. Teilchen und Antiteilchen haben etwa gleiche Masse und gleichen Spin, unterscheiden sich aber in ihrem elektrischen und magnetischen Verhalten, z.B. im Vorzeichen ihrer Ladung. So könnte das negative Antiproton mit einem Positron (**Antielektron**) das leichteste Element Antiwasserstoff der Antimaterie bilden. **Antimaterie** ist jedoch in Gegenwart der normalen Materie nicht beständig, weil sich die Elementarteilchen beim Zusammentreffen mit ihren Antiteilchen in Quantenstrahlung auflösen. Umgekehrt können Antiteilchen zusammen mit ihren Elementarteilchen durch ausreichenden Energieaufwand neu gebildet werden.

Kernenergiegewinnung und Kernspaltung

Die Kernenergiegewinnung wird heute ausschließlich durch die in Kernreaktoren ablaufende **Kernspaltung** von Uran bzw. Plutonium durch meist **thermische Neutronen** getragen. Die Spaltung läuft dabei, sich selbst erhaltend und gesteuert, als **Kettenreaktion** ab.

Um Kernspaltung zur Energiegewinnung nutzen zu können, müssen im dafür vorgesehenen Kernreaktor, ähnlich wie in einem normalen Ofen, „Brennstoff" zugerührt, die „Flamme" dadurch erhalten und „Schlacke" entfernt werden. Die Spaltung von Uran-233, Uran-235 bzw. Plutonium-239 mit thermischen Neutronen, das sind Neutronen mit Geschwindigkeiten, die Gasmoleküle bei Zimmertemperatur besitzen ($W_k = {}^1/_{40}$ e V), weist zwei wesentliche Vorteile auf: Die Spaltwahrscheinlichkeit liegt im Unterschied zu konkurrierenden Reaktionen mit über 500 barn sehr hoch, und jede Spaltung liefert zwei bis drei allerdings schnelle Neutronen. Ein Spaltvorgang bringt also neben reichlich 200 M e-V Energie auch die für die Erhaltung des Prozesses nötigen Neutronen hervor. Diese müssen nun noch abgebremst werden, damit sie in einer neuen Generation wieder spalten können. Da die **Spaltzone** aber nicht beliebig groß gemacht werden kann, sind sorgfältige Überlegungen notwendig, um Neutronenverluste so gering wie möglich zu halten. Erst wenn es gelingt, aus jeder Spaltung mindestens ein Neutron für eine neue Spaltung zur Verfügung zu haben, kann sich der Energieerzeugungsprozess selbst erhalten. Der Reaktor wird dann als **kritisch** bezeichnet; eine **Kettenreaktion** läuft ab.

Als **spaltbares Material** kommen natürliches Uran aus 99,3 % U-238 und nur 0,7 % U-235, heute aber meist mit U-235 angereichertes Uran, bzw. über Neutroneneinfang in U-238 erzeugtes Plutonium, Pu-239, Pu-240, Pu-241 oder ebenso aus Thorium-232 gewonnenes U-233 zum Einsatz. Der **Reaktivitätsüberschuss** wird durch neutronenabsorbierende **Steuerstäbe**, die Cadmium oder Bor enthalten, beseitigt. Zum Abbremsen der Neutronen auf „thermische" Energien finden **Moderatoren** aus Wasser, Schwerwasser oder Graphit Verwendung. Wasser dient neben Gasen, z.B. Helium oder Kohlendioxid, auch zur Kühlung der Spaltzone. Die den Reaktorkern umgebenden **Neutronenreflektoren** aus Beryllium oder Graphit senken die Neutronenverluste, die stets durch die die Spaltzone verlassenden Neutronen entstehen.

In Leistungsreaktoren ist der feste Kernbrennstoff (Uranoxid, Urankarbid) in Brennstabkassetten aus Zirkoniumlegierungen gitterartig in den Moderator eingebracht, und man spricht hier vom **heterogenen Reaktor**. Kleinere Forschungsreaktoren arbeiten auch mit wässrigen Lösungen aus Uran-235-Salzen; man nennt sie **homogene Reaktoren**. Zunehmend erfolgt dabei eine Konzentration auf wenige Reaktortypen. Große Kraftwerksreaktoren weisen thermische Leistungen von 3 GW auf. Dazu sind 10^{20} Spaltungen je Sekunde nötig; somit werden täglich 3,2 kg U-235 gespalten. Mit wachsendem

Verbrauch des Spaltstoffs in den Brennelementen, dem **Abbrand**, reichern sich dort unter den Spaltprodukten starke Neutronenabsorber als **„Reaktorgifte"** an. Deshalb erfolgt auch ein turnusmäßiger Austausch der Brennstabkassetten. Die starke g- und Neutronenstrahlung in Reaktornähe erfordert einen sorgfaltig ausgelegten **biologischen Strahlenschutz**, vorwiegend aus starken Spezialbetonwänden, sowie getrennte Kühlkreisläufe als Barriere gegen den Austritt aktivierter Substanzen. Durch extreme Sicherheitsbestimmungen liegt aber die radioaktive Umweltbelastung bei Kernkraftwerken erheblich niedriger als bei vielen vergleichbaren Kohlekraftwerken, da in manchen Kohlelagerstätten Spuren natürlicher Radioaktivität zu finden sind. **Störfälle**, deren größter das Durchschmelzen der Spaltzone durch die Schutzhülle darstellt, verursachen eine hohe Umgebungsaktivität, haben aber nichts mit einer Kernwaffenexplosion gemein. Zur Vermeidung solcher Ereignisse wurden deshalb in aller Welt umfassende Richtlinien und Sicherheitsbestimmungen für den Reaktorbetrieb ausgearbeitet.
Eine strategische Aufgabe zur Vergrößerung der Spaltstoffreserven besteht in der Umwandlung des 140-mal mehr auf der Erde vorhandenen U-238 durch Neutroneneinfang in „thermisch" spaltbares Plutonium. Erfolgversprechend erscheint die Verwendung von Reaktoren, die in ihrem Kern mit **schnellen Neutronen** hochangereichertes U-235 oder Plutonium spalten und in einem **Mantel** um die Spaltzone gebrachtes U-238 in Plutonium verwandeln. Solche **schnellen Brüter** werden mit flüssigem Natrium gekühlt, da Wasser eine unerwünschte Moderatorwirkung hätte. Die Brutrate zur Verdoppelung des Spaltstoffeinsatzes ist derzeit aus technologischen Gründen noch nicht befriedigend. Deshalb sind neben der Weiterentwicklung dieses Konzepts Untersuchungen zum **Elektrobrüten** im Gange, bei dem stromintensive G e-V-Protonenstrahlen, auf Uranblöcke geschossen, in diesen über spezielle Kernreaktionen ökonomisch Spaltmaterial erbrüten sollen.

Relativitätstheorie

Kurz nach der Jahrhundertwende begann Albert **Einstein** (1879–1955) auf wenigen, aber gut gesicherten Erfahrungen ein Gedankengebäude von großer Geschlossenheit und Tragfähigkeit zu errichten: die **Relativitätstheorie**.
Der messende Physiker benötigt stets ein **Bezugs- oder Koordinatensystem**, relativ zu dem er seine Messergebnisse angibt, z.B. die Wände seines Labors oder den Fixsternhimmel. Man kann sich physikalische Messungen stets als Messungen von Raum- und Zeitgrößen vorstellen, und zu diesen benötigt man „geeignete" Maßstäbe und Uhren. Zunächst ist der Physiker völlig frei in der Wahl von Bezugssystem, Maßstäben und Uhren. Jedoch lehrt die Geschichte der Physik, dass es oft eine besonders zweckmäßige Wahl gibt, bei der die Messergebnisse sich in besonders einfache Naturgesetze zusammenfassen lassen. So ist es unzweckmäßig, eine Gummischnur zur Längenmessung zu benutzen, zweckmäßig vielmehr, einen „starren" Maßstab zu verwenden; ebenso trachtet man danach, „gleichmäßig" gehende

Uhren zu haben. Gibt es nun auch ein durch besondere Eigenschaften ausgezeichnetes Bezugssystem, dessen Benutzung man dem Physiker mehr anraten kann als die jedes anderen? Man kann die ganze Relativitätstheorie dahingehend zusammenfassen, dass sie diese Frage verneint. Aus dem Grundsatz „Es gibt kein ausgezeichnetes Bezugssystem“ für physikalische Messungen, entwickelte die Relativitätstheorie eine Fülle oft erstaunlicher Einzelaussagen. Ob die physikalische Welt so beschaffen ist, dass ein solches **Relativitätsprinzip** gilt, ist eine Sache der Erfahrung und nicht spekulativ zu entscheiden. Die Relativitätstheorie bedeutet nach dem Vorangehenden keineswegs, dass „alles relativ“ ist, dass etwa sogar für jeden Menschen andere Naturgesetze gelten und somit objektive Wissenschaft nicht möglich ist. Vielmehr wird im Gegenteil festgestellt, dass dieselben Naturgesetze für alle denkbaren Bezugssysteme und damit erst recht für alle Beobachter gelten und somit objektiv sind. Unterschiede in den Messungen ergeben sich nur daraus, dass jeder Beobachter sie auf sein Bezugssystem bezieht; jeder Beobachter weiß aber auch, welche Messungen sich in einem anderen System ergeben. So wie die objektive Länge eines Stabes in verschiedenen Richtungen verschieden lange Schatten wirft, so lehrt die Relativitätstheorie, wie ein objektiv gültiges Naturgesetz sich auf die Messungen in verschiedenen Bezugssystemen unterschiedlich projiziert.

Dass das Relativitätsprinzip mindestens teilweise gültig ist, wusste man schon aus den Erfahrungen der von Newton begründeten Mechanik. Es ist nämlich gleichgültig, ob man z.B. Wurf-, Stoß- oder Fallvorgänge in einem ortsfesten Labor studiert oder in einem erschütterungs- und kurvenfrei dahingleitenden Wagen, wie groß dessen Geschwindigkeit auch sei. Hat man erst einmal ein System, in dem die Gesetze der Newtonschen Mechanik gelten (**Inertialsystem**), so gelten sie auch in allen gleichförmig dazu bewegten Bezugssystemen. Dies ist das Relativitätsprinzip der klassischen Mechanik.

Nun schien es aber eine Zeitlang, als ob sich aus der Ausbreitung des Lichtes ein Widerspruch zu diesem Prinzip ergeben müsste. Seitdem man wusste, dass Licht eine elektromagnetische Wellenausbreitung darstellt, suchte man nach dem Träger dieser Wellen und nannte ihn Äther. Man versuchte dem Äther materielle Eigenschaften beizulegen, um mit ihrer Hilfe die Lichtausbreitung zu erklären. Man hielt sich dabei ganz an die gewohnten Vorstellungen, die sich aus der Ausbreitung von Schallwellen, etwa in Luft, ergeben hatten. So hängt die Messung der Schallgeschwindigkeit davon ab, ob sich der Messende gegenüber der Luft bewegt, oder aber, ob sein Bezugssystem in der Atmosphäre ruht. Das gegenüber der Luft unbewegte Bezugssystem wäre in diesem Beispiel ein „ausgezeichnetes“; in ihm ergibt sich die Schallgeschwindigkeit in allen Richtungen als gleich groß. In den bewegten Systemen verändert der Wind die Schallgeschwindigkeit. Nun ergab sich die Frage: Kann man nicht nach dem Bezugssystem suchen, das gegenüber dem Äther unbewegt ist, in dem also die Lichtgeschwindigkeit in allen Richtungen gleiche Größe besitzt? Das Ergebnis dieser Suche nach dem Ätherwind war negativ. Besonders A. A. **Michelson** (1852–1931) maß die Lichtgeschwindigkeit auf der Erde zu verschiedenen Jahreszeiten mit großer Genauigkeit und fand sie stets in

allen Richtungen gleich, obwohl die Erde auf ihrer Bahn um die Sonne doch einen kräftigen Ätherwind wechselnder Richtung erzeugen müsste. Gerade diese Ergebnisse waren der Anlass zur Aufgabe der Äthervorstellung und für die Aufstellung des Prinzips von der **Konstanz der Lichtgeschwindigkeit**. Einstein erweiterte also in der so genannten **Speziellen Relativitätstheorie** das Relativitätsprinzip der klassischen Mechanik durch die Forderung, dass alle zu einem Inertialsystem gleichförmig bewegten Beobachter die gleiche Lichtgeschwindigkeit messen. Mit anderen Worten, ein Lichtblitz soll auf einen „ruhenden" Beobachter mit der gleichen Geschwindigkeit zukommen wie auf einen, der der Lichtquelle entgegeneilt. Dies war ja gerade, so absurd es zunächst klingt, das Ergebnis des Michelson-Versuches und ähnlicher Versuche. Einstein hat diese „Absurdität" nicht erfunden, sondern eher aufgehoben. Er stellte nämlich durch sorgfältige mathematische Analyse fest, dass dies nur möglich ist, wenn die Uhren in den verschieden bewegten Bezugssystemen nicht mehr synchron gehen und zwei Ereignisse an verschiedenen Orten, die für das eine Bezugssystem gleichzeitig sind, in Bezug auf die Uhren anderer Bezugssysteme zu verschiedenen Zeiten stattfinden (**Relativität der Gleichzeitigkeit**).
Stellt man die Uhren eines Bahnhofsystems auf Gleichzeitigkeit ein und gleicht man in einem Zug befindliche Uhren auf dem Ausgangsbahnhof der Bahnhofsuhr an, so verlieren diese Zuguhren ihre Übereinstimmung mit den Bahnhofsuhren, sobald sich der Zug in gleichförmige Bewegung setzt, und zwar, so ergeben die Rechnungen, gehen die Zuguhren in der Bewegung gegenüber den Bahnhofsuhren nach. Auf diese Weise „gelingt" es der Natur, den Bahnhofsbeobachter wie den Zugbeobachter für eine heraneilende Lichtwelle die gleiche Geschwindigkeit messen zu lassen. Die unmittelbare Beobachtung der Verlangsamung bewegter Uhren gelang erst einige Jahrzehnte nach der Aufstellung der Speziellen Relativitätstheorie. Allerdings musste man dazu die Uhren mit großer Geschwindigkeit bewegen. Die Berechungsformeln, die sogenannten **Lorentz-Transformationen** – sie waren schon vor Einstein bekannt und sind nach Hendrik A. **Lorentz** (1853–1928) benannt – ergeben nämlich, dass für eine Verlangsamung von 10 % schon über 40 % der Lichtgeschwindigkeit (also 120000 km/Sek.) notwendig sind. Normale Uhren kommen daher nicht in Betracht. Für den Physiker sind aber auch die Atome „Uhren", weil ihre inneren Schwingungen als Zeitmarken zu benutzen sind. Man kann diese Schwingungen als das Licht von Spektrallinien nachweisen. Eine Verlangsamung müsste sich als Rotverschiebung (Längerwelligkeit) der beobachteten Spektrallinie bemerkbar machen. Eine solche Rotverschiebung hat man an Kanalstrahlen tatsächlich im erwarteten Betrage festgestellt.

Eine weitere Folgerung aus der Lorentz-Transformation besagt, dass ein bewegter Stab seine „Länge" verkürzt. Diese Längenkontraktion (Lorentz-Kontraktion) erscheint weniger befremdlich, wenn man sich darauf besinnt, dass der Begriff „Länge eines bewegten Stabes" offenbar bedeutet, dass man die „gleichzeitige" Lage seiner Endpunkte misst. Da die Uhren des bewegten Beobachters anders gehen, beurteilt er die „Gleichzeitigkeit" anders als der Beobachter, für den der Stab ruht. Während im Sinne des obigen Beispiels für den Zugbeobachter in seinem Zug ein Meter ein Meter bleibt, misst der Bahnhofsbeobachter alle Längen des vorbeirasenden Zuges um 10 % kleiner (wenn der Zug 40 % der Lichtgeschwindigkeit erreichen könnte). Genauso geht es dem Beobachter im Zug mit den für ihn vorbeifliegenden Längen auf den Bahnsteigen. Jeder kann aber nach den gleichen Formeln ausrechnen, wie lang eine für ihn bewegte Strecke in Ruhe wäre; diese **Ruhelänge** ist für jeden Beobachter dieselbe objektive Größe.

Als wichtigste Folgerung der Relativitätstheorie hat Einstein gefunden, dass die Masse eines bewegten Körpers größer ist als die in Ruhe: Bei etwa 40 % Lichtgeschwindigkeit ist sie um 10 % größer, bei 87 % Lichtgeschwindigkeit doppelt so groß wie die **Ruhemasse**. Letztere ist wieder eine objektive, in jedem Bezugssystem und für jeden Beobachter gleiche Größe. An schnell bewegten Elektronen hat man diese **Massenveränderlichkeit** exakt bestätigen können. Für eine Bewegung mit Lichtgeschwindigkeit wird die Masse, d.h. der Widerstand gegen weitere Beschleunigung, sogar unendlich groß. Daher kann es keine größere Geschwindigkeit geben als die Lichtgeschwindigkeit. In der Relativitätstheorie gewinnt demnach diese Geschwindigkeit die Bedeutung einer nicht überschreitbaren Grenzgeschwindigkeit. Keine Verständigung zwischen zwei Orten der Welt kann schneller erfolgen. Ein Ereignis auf einem Stern in 100 Lichtjahren Entfernung kann erst in 100 Jahren zu uns dringen. Wir können daher nicht in den Raum schauen, ohne auch in die Zeit zurückzublicken. Je größer die Entfernung, um so „älter" die Gegenstände, die wir dort erblicken. Diese Verschmelzung von Raum und Zeit hat Hermann **Minkowski** (1864–1909) dazu geführt, die Zeit als vierte Dimension gleichberechtigt neben die drei Raumdimensionen zu stellen, weil nur aus Raum- und Zeitmessungen auf den physikalischen Zustand der Welt geschlossen werden kann. Diese **Vierdimensionalität** der Raum-Zeit-Welt (Minkowski-Welt) ist nichts Mystisches oder Unanschauliches, sondern das natürliche Ordnungsprinzip der Welt, in der wir leben und Erfahrungen machen. Ein fahrendes Auto ist ein „vierdimensionaler" Vorgang, zu dessen Beschreibung die 4 Dimensionen der **Raum-Zeit** erforderlich und gebräuchlich sind. Aus der Massenveränderlichkeit bewegter Körper hat Einstein geschlossen, dass Energie, die man einem Körper zur Beschleunigung zuführt, sich in Masse verwandelt. Er folgerte daraus, dass sich allgemein Masse und Energie ineinander umwandeln lassen, und verschmolz damit die bis dahin getrennt gültigen Sätze von der Masse- bzw. Energie-Erhaltung. Diese **Masse-Energie-Äquivalenz** drückt sich mathematisch in der berühmt gewordenen Formel $E = m c^2$ aus (E = Energie in Watt-Sekunden, m = Masse in kg, c^2 = Quadrat der Lichtgeschwindigkeit (= 9×10^{16} m²/sec²)). Diese Formel ist besonders für die Berechnung der **Atomkernenergie** von Bedeutung gewesen. In 1 kg Masse (z.B. 1 Liter Wasser) sind theoretisch 25 Milliarden Kilowattstunden enthalten. Praktisch ist es allerdings bisher nicht gelungen, Atome oder Kernbausteine in nutzbare Energie zu verwandeln, sondern nur die bei der Kernspaltung frei werdende, nach der Einsteinschen Formel berechenbare Bindungsenergie der Atomkerne. Daher wandelt sich in einem Atomreaktor nur wenig mehr als 1/1000 des „Brennstoffes" (z.B. Uran) in Energie um, und auch in Sternen wie der Sonne ist nur ein ähnlicher Bruchteil der Masse für die Energieproduktion verfügbar. Wiederholt hat sich die Spezielle Relativitätstheorie bei der Auffindung neuer grundlegender Naturgesetze bewährt. So fand L. **de Broglie** mit ihrer Hilfe die Formel für die Wellenlänge von Materiewellen, und Paul **Dirac** (1902–1984) konnte „relativistisch" zeigen, dass das Elektron rotiert und daher einen Drehimpuls, einen Spin, besitzt.

Die alte klassische Mechanik von Newton wird durch die Relativitätstheorie nicht falsch. Diese stellt nur eine Verfeinerung dar, die man erst braucht, wenn man Vorgänge studiert, deren Geschwindigkeit mit der Lichtgeschwindigkeit vergleichbar ist. Für „langsame" Vorgänge wäre es allerdings eine unnötige Komplikation, wenn man dafür die Formeln der Relativitätstheorie verwenden wollte.

In der **Allgemeinen Relativitätstheorie** geht Einstein dementsprechend über das spezielle **Relativitätsprinzip** hinaus. Während dieses nur die Gleichberechtigung aller zu einem Inertialsystem gleichförmig bewegten Bezugssysteme behauptet, wird nun die Gleichberechtigung aller, also auch der beschleunigten Systeme postuliert. Mit anderen Worten, die Naturgesetze sollen sich so formulieren lassen, dass sie sich in einem rasch bremsenden oder eine Kurve durchfahrenden Zug genauso anwenden lassen wie auf dem „ruhenden" Bahndamm. Die quantitative Analyse dieses Gedankens erforderte einen erheblich größeren mathematischen Aufwand als die Spezielle Relativitätstheorie. Kurz kann man das Ergebnis dahingehend kennzeichnen, dass die Union von Raum und Zeit zu einer umfassenderen von **Raum, Zeit, Materie** erweitert wird. Nach dieser Theorie werden die Messergebnisse, die man mit Maßstäben, Uhren und Lichtstrahlen erhält, von den Massen beeinflusst, die im Weltraum als Sterne und Staub vorhanden sind. Die Masse unserer Sonne z.B. verändert den umgebenden Raum in einer Weise, die man als **Raumkrümmung** bezeichnen kann. Als Folge ergibt sich u.a., dass Lichtstrahlen, die an der Sonne vorbeilaufen, von ihrem geradlinigen Weg abgekrümmt werden. Um diesen Effekt zu messen, photographiert man bei Sonnenfinsternissen den Sternenhimmel. Eine weitere Folge ist, dass die Planetenbahnen um die Sonne nicht unveränderliche Ellipsen sind, sondern dass die längste Ausdehnung der Ellipse sich langsam im Raume dreht (**Perihelbewegung**, am deutlichsten beim sonnennächsten Planeten Merkur). Uhren, also auch wieder Atomuhren, gehen im Schwerefeld einer Masse langsamer (**Rotverschiebung** der Spektrallinien). Alle drei Effekte sind tatsächlich vorhanden; allerdings sind die beobachtbaren Wirkungen so klein, dass genaue Zahlenwerte noch nicht endgültig feststehen. Im Gegensatz zur genauestens bestätigten Speziellen Relativitätstheorie ist die experimentelle Prüfung der Allgemeinen Relativitätstheorie immer noch im Gange.

Ähnliches gilt für die kosmologischen (d.h. den **Bau der Welt** als Ganzes betreffenden) Ausblicke dieser Theorie. Danach „krümmen" die gesamten Massen des Weltraumes diesen so, dass ein Lichtstrahl nach einer bestimmten Zeit wieder an den Ausgangspunkt zurückkehrt, ähnlich wie ein Weltumsegler auf der dreidimensionalen Erdkugel. Die Dauer dieser Lichtweltreise wird heute auf ca. 25 Milliarden Jahre geschätzt. Danach ist die Welt geometrisch ein endlich großer, aber unbegrenzter **Kugelraum**. Mit der Relativitätstheorie verträglich wären allerdings auch gekrümmte, unendlich ausgedehnte Räume. Die Raumkrümmung ist wegen der geringen Massenfüllung des **Weltraumes** nur sehr klein, und dieser unterscheidet sich daher nur wenig von einem nicht gekrümmten Raum, in dem die bekannte euklidische Geometrie (**Euklid**, um 300 v. Chr.) gilt. Nach dieser beträgt z.B. die Winkelsumme in einem Dreieck 180°. In gekrümmten Räumen sollte die Winkelsumme von 180° abweichen. Eine weitere Entwicklung der astronomischen Beobachtungsverfahren könnte vielleicht eine Entscheidung über die Endlichkeit oder Unendlichkeit des Weltalls ermöglichen.